GÉOLOGIE

Classe de Quatrième

DIVISIONS A ET B

Enseignement secondaire des Lycées et Collèges
(PROGRAMME DE MAI 1912)

GÉOLOGIE

ACCOMPAGNÉE DE

**Nombreux Dessins, Photogravures, Tableaux synoptiques
Résumés, Lectures**

PAR

Henri COUPIN   ET   **E. BOUDRET**

Docteur ès sciences
Chef de travaux pratiques d'histoire naturelle
à l'Université de Paris
Lauréat de l'Institut

Professeur agrégé au Lycée
Janson-de-Sailly

PREMIER CYCLE

Classe de Quatrième

DIVISIONS A ET B

QUATRIÉME ÉDITION

Revue, corrigée, augmentée et mise en accord
AVEC LE PROGRAMME DU 4 MAI 1912
Enrichie d'une carte en couleurs de la France géologique

PARIS

LIBRAIRIE CLASSIQUE FERNAND NATHAN

16, RUE DES FOSSÉS-SAINT-JACQUES, 16

(Place du Panthéon, Vᵉ)

1919

Constructions Anatomiques

Par G. EISENMENGER
Docteur ès sciences

PLANCHES A DÉCOUPER ET A CONSTRUIRE

SÉRIE I

LE CORPS HUMAIN

I. — LA DENT. III. — L'ENCÉPHALE.

II. — LE CŒUR. IV. — L'ŒIL.

Chaque planche 0 50

V ET VI. — L'HOMME.

Deux planches, vendues ensemble ...... 1 fr. 50

EN PRÉPARATION

SÉRIE II. — LES ANIMAUX.

SÉRIE III. — LES VÉGÉTAUX.

SÉRIE IV. — L'ÉCORCE TERRESTRE.

PRÉFACE

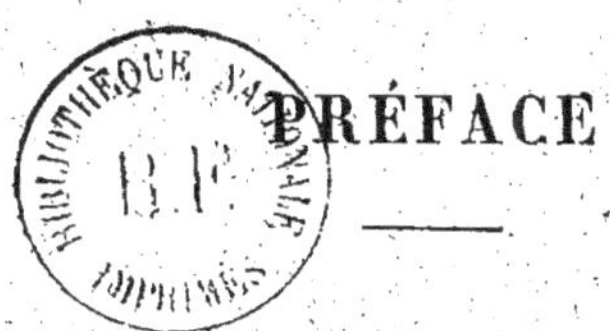

Ces notions de géologie, conformes aux nouveaux programmes pour les classes de *Quatrième A et B* (Arrêté du 4 mai 1912) sont, ainsi que nos notions de zoologie et de botanique, caractérisées principalement comme suit : *langage* aussi *simple* que possible ; division en *leçons* avec résumés et lectures, emploi de caractères typographiques spéciaux pour souligner les *notions essentielles*, tableaux synoptiques, illustration abondante dans laquelle on a cherché à mélanger, dans une mesure convenable, *l'attrait du pittoresque* et le souci de la *précision scientifique*.

L'*étude des roches* est un peu ardue pour des élèves qui n'ont encore aucune notion de chimie. Cependant nous croyons très utile, sinon indispensable, que l'élève connaisse, par exemple, *l'imperméabilité des roches argileuses, la dureté des roches siliceuses, la solubilité des roches calcaires*, avant d'aborder l'étude des phénomènes actuels. Nous avons donc commencé par l'étude des roches, mais en nous bornant aux *notions essentielles pour la suite du cours*. Ces notions sont rendues moins arides par quelques mots sur les applications dont sont susceptibles les roches les plus importantes.

Dans l'étude des phénomènes actuels, on s'est attaché à prendre toujours pour *point de départ l'observation et l'expérience*, afin de se rapprocher de la méthode propre aux sciences naturelles.

On s'est efforcé aussi d'*appeler l'attention des élèves* sur une foule de *petits faits* qu'ils ont l'occasion d'observer journellement, mais sur lesquels ils n'ont généralement pas pris la peine de réfléchir. Beaucoup de ces faits ont soit une *analogie évidente*, soit *un rapport assez intime* avec les phénomènes naturels à étudier, et l'allusion à un fait bien connu ou facile à observer amène l'esprit de l'élève à se représenter plus facilement le phénomène inconnu, dont l'examen n'est pas toujours à sa portée immédiate.

Dans l'étude des *phénomènes dus à la chaleur centrale*, après avoir cité les observations qui justifient cette hypothèse, nous avons suivi l'ordre : *mouvements lents, mouvements brusques, volcans*, qui nous paraît préférable pour l'enseignement méthodique des faits, tels qu'on les explique actuellement.

Nous avons abordé l'étude *des phénomènes anciens* par *l'ère quaternaire* ; il nous a paru, en effet, plus rationnel, puisque nous sommes partis des *phénomènes actuels*, objet de l'étude précédente, d'aller d'époques en époques, en commençant par *la plus récente*. Ainsi l'histoire de la terre apparaîtra nettement à l'élève comme *une suite ininterrompue*.

Enfin, l'on trouvera à la fin de ce volume *une carte de la France géologique* que nous avons voulue *très simplifiée*, ne donnant, par un coloris tranché, que les divisions *indispensables*. Ainsi le jeune lecteur aura, croyons-nous, une vision plus *nette* de la répartition des différents terrains en France.

Fig. 1. — Le lac de Retournemer dans les Vosges.

PREMIÈRE PARTIE

GÉNÉRALITÉS SUR L'ÉTAT ACTUEL DE LA TERRE

Leçon I

Forme de la Terre. Continents et Mers.

RÉSUMÉ. — **1.** La **Géologie** est l'étude de la Terre au point de vue de sa *formation*, de son *développement* et des *êtres vivants* qui l'ont peuplée aux différentes époques de son existence.

2. La *Terre* a la forme d'une *sphère*. C'est la forme qu'une masse liquide prend d'elle-même dans certaines circonstances.

3. Cette sphère est *aplatie* suivant la ligne des pôles d'une quantité insensible à l'œil. Un aplatissement analogue se produit lorsqu'une sphère déformable *tourne autour d'un axe* passant par son centre.

4. La surface solide de la Terre présente des *saillies* formant les *continents* et des *dépressions* occupées par les *mers*. La surface des mers est environ deux fois et demie celle des terres : celles-ci sont surtout situées dans l'hémisphère Nord.

5. Les plus hautes montagnes et les plus grandes profondeurs de la mer ne modifient pas sensiblement la sphéricité de la Terre.

6. On évalue la hauteur *moyenne* des continents à 700 mètres environ et la profondeur *moyenne* des mers à 3.600 mètres environ, mais les saillies et les dépressions sont réparties de façon assez irrégulière.

1. **Définition de la Géologie.** — La Géologie (du grec *gê*, terre, et *logos*, discours) est la science qui s'occupe de la *Terre* au point de vue de sa *formation*, de son *développement* et des *êtres vivants* qui l'ont peuplée aux différentes époques de son existence.

On voit donc que, comme la Géographie, la Géologie s'occupe de la description de la Terre. On peut même dire que la *Géographie physique n'est qu'un chapitre de la Géologie*. D'autre part, comme la prospérité d'une région dépend beaucoup de la fertilité de son sol et de la richesse de son sous-sol, on voit que la *Géographie économique* elle-même est en relation étroite avec la géologie de la région.

2. **Sphéricité de la Terre.** — Avant d'aborder la partie de la Géologie que nous avons à étudier dans cet ouvrage, c'est-à-dire la description des *phénomènes* ou *changements* qui se produisent sous nos yeux dans les couches superficielles du sol, il sera bon de rappeler certaines notions générales sur la Terre. On sait qu'elle a la forme d'une *boule* ou **sphère**. Mais peut-on s'expliquer pourquoi cette forme plutôt qu'une autre ?

On constate que les liquides ont une tendance à prendre la forme sphérique dans bien des circonstances, notamment quand ils sont en masse isolée dans l'espace. Telles sont, par exemple, les gouttelettes d'eau qui forment le brouillard ou les nuages et qui se rassemblent à certains moments en gouttes de pluie. On ne peut se rendre compte directement de leur forme, soit à cause de leur petitesse, soit à cause de leur mouvement de chute, mais le phénomène de l'*arc-en-ciel*, auquel elles donnent lieu quelquefois, s'explique justement par la sphéricité des gouttes. Nous voyons d'ailleurs l'arc-en-ciel se produire en petit dans les gouttelettes d'eau qui jaillissent d'un jet d'eau.

Pour constater directement cette forme, il faut empêcher le mouvement de chute de la goutte en la posant sur une plaque de verre enduite d'une mince couche de graisse, de façon à ce que la goutte ne s'étale pas, *ne mouille pas le verre*, comme on dit.

FIG. 2. — Goutte de rosée à la surface d'une feuille de capucine.

Les gouttes de rosée (*fig*. 2), souvent comparées poétiquement à des perles, affectent aussi quelquefois cette forme de boule, à cause d'une matière cireuse qui recouvre les feuilles. De même les gouttes de mercure ou de certains métaux fondus se mettent en boule sur une plaque de verre bien propre ou sur une table.

FIG. 3. — Goutte d'huile en équilibre dans un liquide ayant le même poids spécifique qu'elle.

On constate encore le même phénomène en mettant une goutte d'huile (*fig*. 3) dans un mélange d'eau et d'alcool fait en proportions convenables de telle sorte que l'huile, qui ne s'y dissout pas, flotte à l'intérieur du liquide sans monter ni descendre.

On peut réaliser facilement des conditions analogues en versant dans un tube à essai, d'abord de l'eau, puis de l'alcool à 90° que l'on a soin de faire couler lentement le long de la paroi du tube. Les deux liquides sont alors superposés. L'eau, dont le litre pèse 1 kilogramme (poids spécifique 1), occupe le fond du tube, et l'alcool, dont le litre ne pèse que $0^{kg},8$ (poids spécifique 0,8), reste au-dessus. D'ailleurs les deux liquides sont susceptibles de se mélanger intimement, et si l'on agitait le tube, le mélange se ferait immédiatement. Mais si on laisse le tube sans l'agiter, le mélange ne se fait que très lentement à partir de la surface de contact.

On a donc en réalité : 1° au fond du tube, de l'eau pure, de poids spécifique 1 ; 2° dans le haut du tube, de l'alcool à 90°, de poids spécifique 0,8 ; et 3°, dans la région où les deux liquides se touchent, une série de couches d'eau et d'alcool mélangés, dont les poids spécifiques sont compris entre 1 et 0,8.

Si l'on fait tomber dans le tube une goutte d'huile, dont le poids spécifique est 0,9, on voit cette goutte tomber à travers l'alcool et s'arrêter dans la région où elle trouve un mélange d'eau et d'alcool de même poids spécifique qu'elle-même. *On constate alors qu'elle est en boule.*

Ces différents faits nous amènent à penser que la forme sphérique de la Terre pourrait s'expliquer en admettant que cet astre, avant d'être à l'état où nous le voyons, a passé par l'état liquide. Nous verrons par la suite que l'on a d'autres raisons de croire qu'il en est bien ainsi.

3. Aplatissement de la Terre. — La forme sphérique de la Terre n'est pas rigoureusement parfaite. Cependant il ne faut pas s'exagérer la valeur de cette déformation. Si nous pouvions voir la Terre d'un point de l'espace assez éloigné pour en apprécier la forme d'ensemble, notre œil aurait l'impression d'une boule parfaitement régulière, comme c'est le cas pour la Lune.

Ce n'est que par des mesures très précises que l'on a pu constater que la Terre est légèrement aplatie *suivant la ligne des pôles.*

Le rayon qui va du centre de la Terre à l'un des pôles a 6.356 kilomètres, tandis que celui qui va du centre de la Terre à un point de l'équateur en a 6.378, soit une différence de 22 kilomètres en faveur de ce dernier, ou $\frac{1}{300}$ environ du rayon.

Sur une boule de 6 centimètres de diamètre, ce qui est à peu près la grosseur d'une bille de billard, une irrégularité proportionnelle à celle de la Terre représenterait donc une différence de $\frac{1}{10}$ de millimètre entre le rayon du pôle et celui de l'équateur, c'est-à-dire une différence absolument insensible à l'œil.

Mais une remarque intéressante à ce sujet, c'est la relation qui paraît exister entre cet aplatissement et le mouvement de rotation de la Terre sur elle-même, autrement dit le mouvement qui donne naissance à la succession des jours et des nuits.

L'expérience montre, en effet, **qu'une sphère** susceptible de se déformer **s'aplatit** suivant l'axe de rotation **lorsqu'on la fait tourner assez vite**. On se sert souvent pour faire cette expérience (*fig.* 4) d'une sorte de squelette de sphère formé par des lames d'acier très flexibles, réunies à une tige autour de

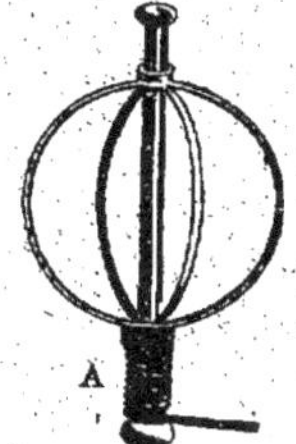
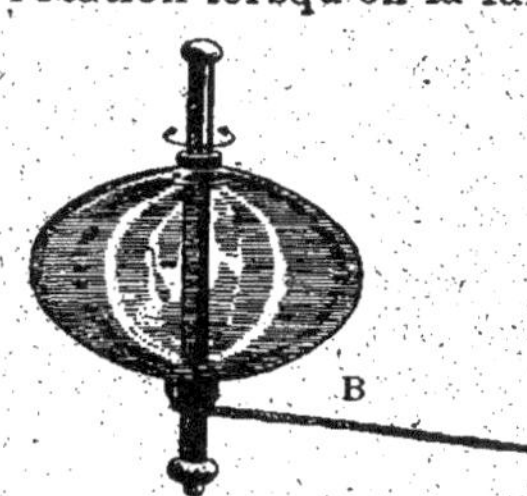

Fig. 4. — Appareil servant à montrer qu'une sphère s'aplatit lorsqu'on la fait tourner suffisamment vite. A, appareil au repos; B, appareil en mouvement.

laquelle la sphère peut tourner sous l'action d'une manivelle. Chaque lame d'acier forme une demi-circonférence fixée invariablement à l'axe à une de ses extrémités. A l'autre extrémité, elle vient se souder à un anneau qui peut glisser le long de l'axe.

Lorsqu'on fait tourner la sphère, on la voit s'aplatir d'autant plus que la vitesse de rotation est plus grande.

On explique cet effet par la *force centrifuge* (du latin *centrum*, centre, et *fugere*, fuir), force qui tend à éloigner du centre le corps ou le point matériel assujetti à tourner en cercle. La force centrifuge est d'autant plus grande que le point considéré est plus éloigné du centre ou de l'axe de rotation. Pour une sphère qui tourne autour d'un axe passant par son centre, elle est donc maximum pour un point situé sur l'équateur, et minimum pour un point situé sur l'axe.

Appliquons ces remarques à la sphère terrestre. Un point de l'équateur, en tournant autour de la ligne des pôles, fait un tour complet, c'est-à-dire 40.000 kilomètres en vingt-quatre heures, plus de 1.660 kilomètres à l'heure ou plus de 460 mètres à la seconde, ce qui réalise une vitesse au moins 10 fois plus grande que celle de nos machines les plus rapides.

Cette vitesse diminue progressivement à mesure que le point considéré s'éloigne de l'équateur vers le pôle. A la latitude de 60°, c'est-à-dire à peu près celle de Saint-Pétersbourg, la vitesse est devenue moitié plus petite, le trajet décrit en vingt-quatre heures n'étant plus que de 20.000 kilomètres.

Elle diminue ensuite très vite pour devenir nulle aux pôles. On est donc amené à attribuer l'aplatissement de la Terre à son mouvement de rotation autour de son axe.

Mais pour que la rotation ait pu avoir cet effet, il faut que la sphère terrestre ait été, à un certain moment au moins, capable de se déformer, c'est-à-dire qu'elle ait passé par l'*état liquide*. Nouveau fait à l'appui de ce que nous disions ci-dessus.

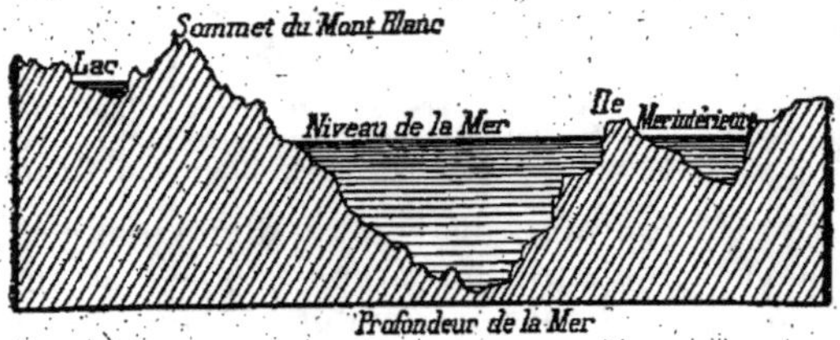

4. Continents et mers. — On sait que la surface du globe terrestre se partage en continents et mers. Mais partout où l'on a effectué des sondages

Sommet du Mont Blanc

Lac

Niveau de la Mer

Île

Mer intérieure

Profondeur de la Mer

Fig. 5. — Coupe de la surface de la Terre montrant les saillies et les dépressions dont elle est couverte.

en mer, on a toujours trouvé, à une profondeur plus ou moins grande, un fond solide. La surface du globe est donc continue, mais elle forme des **saillies** et des **dépressions** (*fig.* 5). Les saillies forment les *continents* et les *îles*; les dépressions sont occupées par les *mers*.

Les régions polaires étant encore très mal connues, on ne peut évaluer qu'approximativement les surfaces occupées par les terres et les mers. Mais, d'après les données les plus probables, la surface des mers serait à peu près 2 fois et demie celle des terres.

Un point intéressant à noter, c'est l'inégale répartition des terres et des mers (*fig.* 6) de part et d'autre de l'équateur, et

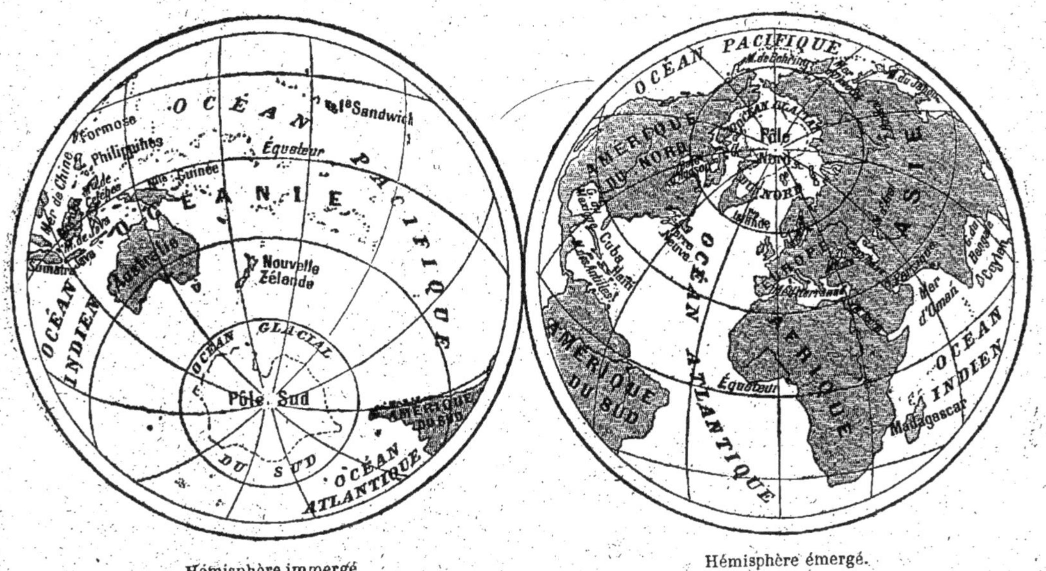

Fig. 6. — Répartition des terres et des mers à la surface du globe.

l'opposition remarquable qui en résulte entre les continents et les mers suivant un même diamètre terrestre.

Ainsi les deux grands continents, l'ancien et le nouveau, sont surtout situés dans l'hémisphère Nord et n'empiètent sur l'hémisphère Sud que par des pointes.

On sait que si l'on joint au centre de la Terre un point quelconque de la surface, et qu'on prolonge le rayon terrestre ainsi tracé jusqu'à ce qu'il rencontre de nouveau la surface du globe terrestre, les deux points situés aux deux extrémités de ce diamètre sont dits **antipodes** l'un de l'autre (du grec *anti*, contre, et *pous*, *podos*, pied), parce que deux hommes se tenant debout en ces deux points auraient les pieds opposés l'un à l'autre.

Par suite de la répartition que nous venons de signaler pour les continents, les antipodes des points situés sur un continent quelconque tombent presque toujours en plein océan. Ainsi pour l'ancien continent, les antipodes sont dans l'immense océan Pacifique, entre l'Australie et l'Amérique du Sud, sauf pour quelques régions relativement peu étendues. L'Amérique du Nord a ses antipodes dans l'océan Indien, et l'Amérique du Sud dans l'océan Pacifique Nord, l'extrême pointe correspondant comme antipode à la région continentale voisine de Pékin.

L'Australie a ses antipodes dans l'océan Atlantique Nord.

Enfin la même opposition paraît exister entre les régions polaires. Autour du pôle Nord, les régions explorées sont occupées en grande partie par une mer où Nansen a observé des profondeurs de plus de 3.000 mètres, tandis que les explorations antarctiques ont fait découvrir l'existence autour du pôle Sud d'un continent assez étendu, dont font partie des volcans et des montagnes, parmi lesquelles plusieurs dépassent 3.000 mètres.

5. Les saillies et les dépressions ne modifient pas sensiblement la forme de la Terre. — Examinons maintenant d'une façon un peu plus détaillée le relief des continents et la configuration du fond des mers.

On sait que, dans certaines régions, le relief s'accentue considérablement en formant des **montagnes** plus ou moins élevées (*fig.* 1).

Lorsque nous nous trouvons en présence de certaines de ces montagnes, dont la masse énorme et les escarpements formidables excitent notre admiration, nous sommes amenés à nous demander ce qu'il faut penser de la sphéricité de la Terre, que nous avons affirmée plus haut.

Mais en y réfléchissant, nous comprenons que ce sentiment d'admiration est dû surtout aux difficultés que nous éprouvons, ou que nous pressentons, pour gravir la montagne considérée, et par suite à la comparaison que nous faisons instinctivement entre notre propre taille et la hauteur de la montagne.

Pour apprécier l'influence d'une montagne sur la sphéricité de la Terre, ce n'est pas à la taille d'un homme qu'il faut comparer la hauteur de la montagne, mais au rayon terrestre. Or, la montagne la plus élevée, le mont Everest, dans l'Himalaya, est évaluée à 8.840 mètres, soit moins de 9 kilomètres, tandis que le rayon terrestre a plus de 6.360 kilomètres. La hauteur de la plus haute montagne n'est donc qu'une fraction du rayon terrestre inférieure à $\dfrac{9}{6300}$ ou à $\dfrac{1}{700}$, c'est-à-dire que sur une sphère de 7 *centimètres de rayon*, le mont Everest serait représenté par une saillie de *moins de* $\dfrac{1}{10}$ *de millimètre*.

Nous pouvons faire une remarque analogue au sujet des profondeurs de la mer, car la plus grande profondeur observée jusqu'ici est de 9.636 mètres, au voisinage des îles Mariannes, dans l'océan Pacifique, ce qui, comparé au rayon terrestre, donne une fraction de $\dfrac{1}{660}$, à peine supérieure à la précédente. En additionnant la hauteur de la plus haute montagne et la profondeur maxima observée dans les océans, on a $8.840 + 9.636 = 18.476$ mètres, ce qui, comparé au rayon terrestre, donne la fraction $\dfrac{1}{350}$ environ, c'est-à-dire que *sur une sphère de la grosseur d'une belle orange, de* $3^{cm},5$ *de rayon*, cette dénivellation totale serait représentée *par* $\dfrac{1}{10}$ *de millimètre*, et par conséquent serait insensible à l'œil.

On voit par là que les saillies que présente la peau des oranges (*fig.* 7) sont *proportionnellement* bien plus hautes que la plus haute montagne de la Terre. Les saillies et dépressions de la surface terrestre peuvent être comparées tout au plus aux *légères rugosités que l'on voit sur une coquille d'œuf*.

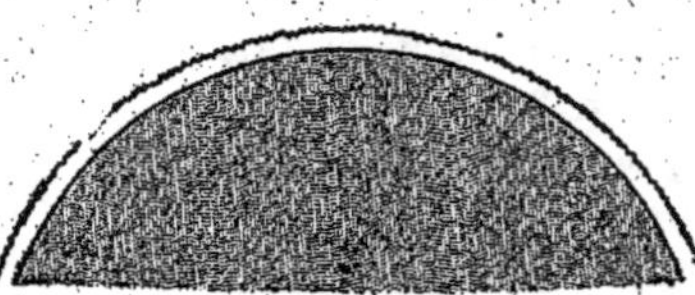

Fig. 7. — Coupe de la surface d'une orange.

6. Valeur moyenne des saillies et des dépressions. — Après avoir considéré les cas extrêmes comme hauteur des montagnes et comme profondeur des mers, disons quelques mots des cas les plus ordinaires.

Pour donner une idée de la valeur du relief des continents, on a imaginé de faire des cartes dites **hypsométriques** (du grec *hypsos*, hauteur, et *métron*, mesure), qui marquent d'une teinte spéciale les régions d'altitude comprise entre certaines valeurs. On se rend compte ainsi d'un seul coup d'œil de la faible étendue relative des régions situées au-dessus de 2.000^m. En France, par exemple, ces régions sont localisées dans les Alpes et dans les Pyrénées.

On a évalué approximativement *à* 700 *mètres l'altitude moyenne des continents*, c'est-à-dire l'altitude qu'aurait l'ensemble des continents et des îles si l'on étalait uniformément les parties les plus élevées sur toute la surface émergée.

De même, pour représenter la profondeur des océans, on a imaginé des cartes dites **bathymétriques** (du grec *bathus*, profond, et *metron*, mesure), qui montrent par leurs teintes diverses que les régions de profondeur supérieure à 5.000 mètres sont relativement peu étendues.

On a évalué *à* 3.600 *mètres environ la profondeur moyenne des océans*, c'est-à-dire la profondeur uniforme qu'ils auraient si on comblait les fosses les plus profondes aux dépens des régions où la profondeur est moindre.

Un autre point qui saute aux yeux quand on observe ces cartes hypsométriques et bathymétriques, c'est que les régions de grande altitude sont généralement situées vers le bord des continents, de même que les régions océaniques de grande profondeur sont situées au voisinage des rivages ou de certaines chaînes d'îles, plutôt que vers le centre des océans.

Nous nous contentons ici de signaler ce fait, en en réservant l'explication pour plus tard.

LECTURE

Galilée et le mouvement de rotation de la Terre. — Tout le monde sait aujourd'hui que la Terre tourne sur elle-même d'un mouvement lent et continu et, enseignée dès l'enfance, la chose nous paraît toute naturelle. Jadis, il n'en fut pas de même, et Galilée, pour avoir essayé — après Copernic — de le démontrer à ses contemporains, fut poursuivi par eux, jusqu'à sa mort, d'une haine féroce. Il n'arriva même à convaincre personne.

« On lui fit, dit M. E. Weill, toutes sortes d'objections bizarres. Comment la Terre, dépourvue de membres, pouvait-elle se déplacer ? La Terre marche depuis bien longtemps, elle doit être fatiguée et son mouvement s'arrêter. On disait que si les planètes marchent, chacune d'elles est conduite par un ange directeur : or, on a voyagé par toutes les régions terrestres et l'on n'a point rencontré l'ange directeur de notre globe ; d'ailleurs cet ange ne peut habiter au centre de la terre qui est le séjour des démons.

Ces objections nous font sourire aujourd'hui, mais elles étaient alors parfaitement naturelles. Képler lui-même, le grand Képler, qui devait continuer de façon si admirable les travaux de Copernic, croyait à l'âme de la Terre, il ajoutait foi aux prédictions astrologiques ; il disait que, dans la musique des astres, Saturne et Jupiter jouent la basse, Mars le ténor, Vénus et la Terre la haute-contre et Mercure le fausset.

On fit encore à Galilée des objections d'une réelle valeur scientifique. On lui dit que si la Terre tournait, les objets terrestres devaient être lancés dans l'espace exactement comme la boue qui est attachée à la roue d'un carrosse est rejetée au loin lorsque le carrosse se met en mouvement. A cette objection, Galilée ne pouvait pas répondre d'une manière concluante comme on le fait aujourd'hui, car la réponse nécessite la connaissance de certains principes de mécanique qui étaient encore inconnus. Galilée est l'un des fondateurs de la mécanique moderne et il ne pouvait invoquer les conséquences que ses successeurs devaient tirer de ses propres travaux. Aujourd'hui nous pouvons retourner cette objection contre les adversaires de Galilée et nous y trouvons une preuve du mouvement de la Terre.

Ce n'est point parce que la Terre est immobile que ses habitants ne sont pas lancés dans l'espace, c'est parce qu'elle ne tourne pas assez vite. Si nous reprenons, en effet, la roue de carrosse des adversaires de Galilée, nous voyons que la boue qui est attachée à la jante, c'est-à-dire aux points qui sont animés du mouvement le plus rapide, est bien rejetée au loin ; mais la boue qui est attachée au moyeu, aux points de la roue qui tournent très lentement, y reste fixée. Eh bien, nous pouvons trouver sur Terre des régions analogues à la jante de la roue, des régions qui tournent d'un mouvement plus rapide, ce sont les régions équatoriales ; nous pouvons trouver des régions analogues au moyeu, les régions polaires. Dès lors, si la Terre tourne réellement, cette force qui tend à arracher les corps de sa surface et qu'on appelle force centrifuge sera plus considérable dans les régions équatoriales que dans les régions polaires ; elle s'opposera à la force qui fixe les objets à la surface du globe, c'est-à-dire à leur poids, elle aura pour effet de diminuer ce poids et les corps seront moins lourds dans les régions équatoriales que dans les régions polaires. Pour voir si la Terre tourne, il suffira donc de peser un corps dans une région polaire et de peser ensuite le même corps à l'équateur. Mais il faut prendre la précaution de ne point faire ces pesées avec une balance, car les poids que l'on emploierait seraient, eux aussi, moins lourds à l'équateur qu'au pôle. On les fera avec un peson à ressort, avec quelque chose qui ressemblera à un pèse-lettre. L'expérience est tout à fait concluante ; les objets sont moins lourds à l'équateur qu'au pôle et un corps qui pèserait 1 kilogramme au pôle ne pèse plus que 997 grammes à l'équateur. Nous avons donc un preuve du mouvement de rotation de la Terre.

Avec un peu d'imagination on peut préciser ce qui arriverait si la Terre se mettait à tourner plus vite. Ce calcul montre que si la Terre tournait 17 fois plus vite qu'elle ne tourne, la force centrifuge dans les régions équatoriales compenserait alors exactement la pesanteur et les corps ne pèseraient plus rien du tout. On pourrait alors faire l'amusante expérience que voici : un individu partirait d'une région polaire en portant un lourd fardeau et se dirigerait vers l'équateur. A mesure qu'il avancerait, il traverserait des régions dont la vitesse serait de plus en plus considérable, la force centrifuge due au mouvement de la Terre serait de plus en plus intense, et le fardeau deviendrait de plus en plus léger.

Lorsque notre homme serait arrivé à l'équateur, ce fardeau ne pèserait plus rien du tout et les autres corps terrestres seraient également sans poids. Il pourrait faire des bonds prodigieux sans aucun effort ; il pourrait soulever des masses énormes, des maisons, des montagnes, sans la moindre peine ; il pourrait lancer des projectiles qui se perdraient entre les astres ; il pourrait, pour ainsi dire, lapider les étoiles. Et puis, si, à la suite d'un nouveau cataclysme la Terre se mettait à tourner encore plus vite, les objets des régions équatoriales, les êtres vivants, les hommes seraient projetés loin du globe, le sol lui-même s'émietterait dans l'espace et ce serait la fin de notre pauvre monde terrestre. »

Leçon II

La terre végétale et les roches sous-jacentes. Les roches calcaires.

RÉSUMÉ. — **1.** Si on creuse le sol (puits, mines, carrières, tranchées de routes ou de chemins de fer, etc.), on trouve généralement, au-dessous de la *terre végétale*, une série de *couches parallèles*, horizontales ou inclinées, de nature différente, que l'on appelle *roches*, quelle que soit leur consistance (pierre, sable, argile, etc.).

2. Les roches disposées en *couches parallèles* sont appelées *stratifiées* ou *sédimentaires*; elles paraissent s'être *déposées au fond des eaux*.

3. Quelquefois, surtout dans les régions accidentées, on trouve des roches *n'ayant pas cette disposition* et formées de *cristaux enchevêtrés* de nature différente. On les appelle roches *massives, cristallines* ou *éruptives*; elles paraissent être *venues par éruption*.

4. Les roches *stratifiées* se divisent, d'après leur nature, en cinq catégories : *calcaires, argileuses* et *siliceuses*, très communes, *salines* et *combustibles*, moins fréquentes.

5. Les roches *calcaires*, formées de *carbonate de chaux : a)* se *rayent* facilement au couteau ; *b)* font *effervescence* au contact des acides, c'est-à-dire qu'elles dégagent du gaz carbonique; *c)* se *décomposent par la chaleur* en chaux vive qui reste et gaz carbonique qui se dégage ; *d)* se *dissolvent* dans l'eau contenant du gaz carbonique, mais se déposent si ce gaz se dégage.

6. Les principales *roches calcaires* sont : le *marbre blanc ou coloré*, le *calcaire grossier*, le *calcaire oolithique*, la *craie blanche ou colorée*, la *pierre lithographique*, etc.

1. Le sol et le sous-sol. — Il nous faut maintenant faire plus ample connaissance avec les couches superficielles du sol.

Lorsqu'on *creuse le sol* pour des travaux quelconques, tels que fondations d'une maison, puits, mines, carrières, tranchées de routes (*fig. 8*) ou de chemins de fer, on voit que la couche de terre meuble ou **terre végétale**, utilisée pour la végétation, n'est jamais très épaisse : suivant les endroits elle offre une épaisseur de quelques centimètres à 1 ou 2 mètres.

Au-dessous de cette terre végétale on trouve le plus souvent une série de **couches parallèles**, *horizontales ou inclinées*, plus ou moins épaisses et de nature différente, composant le sous-sol.

Fig. 8. — Tranchée d'une route.

Cette disposition est très nette, notamment, dans les carrières à ciel ouvert des environs de Paris, où les couches sont sensiblement horizontales. On y trouve une succession de couches formées d'argile, de sable, de pierre à bâtir, etc. On est convenu de désigner la matière formant chacune de ces couches sous le nom de **roches**, quelle qu'en soit la **consistance**. Ainsi, *en langage géologique*, le sable, malgré la mobilité de ses grains, et l'argile malgré sa faible dureté, constituent des roches aussi bien que la pierre elle-même.

2. Les roches stratifiées ou sédimentaires. — Les roches qui présentent cette disposition en couches parallèles ont été appelées **stratifiées** (du latin *stratus*, couche, et *fieri*, se trouver). On les appelle aussi roches **sédimentaires** (du latin *sédimen*, dépôt), parce qu'elles paraissent s'être déposées lentement au fond des eaux.

En effet, si on met dans un tube de verre de l'eau troublée par des matières terreuses, on voit, après quelques heures de repos, l'eau s'éclaircir (*fig.* 9). Les matières en suspension qui la troublaient se sont déposées au fond du tube en couches horizontales, les parcelles les plus grossières occupant le fond et les parcelles de plus en plus fines venant au-dessus.

Les roches sédimentaires occupent la plus grande partie de la surface des continents.

3. Roches massives, cristallines ou éruptives. — Cependant il existe un autre groupe de roches qui ont des caractères tout à fait différents et que l'on trouve principalement dans les régions accidentées. *Elles ne présentent pas du tout la disposition en couches parallèles* et paraissent s'être *solidifiées en masse.* Lorsqu'elles sont partagées par des cassures, celles-ci sont orientées de façons très diverses. Leur substance est formée de *cristaux enchevêtrés (fig.* 36), de nature différente, assez souvent visibles à l'œil nu et miroitant à la lumière.

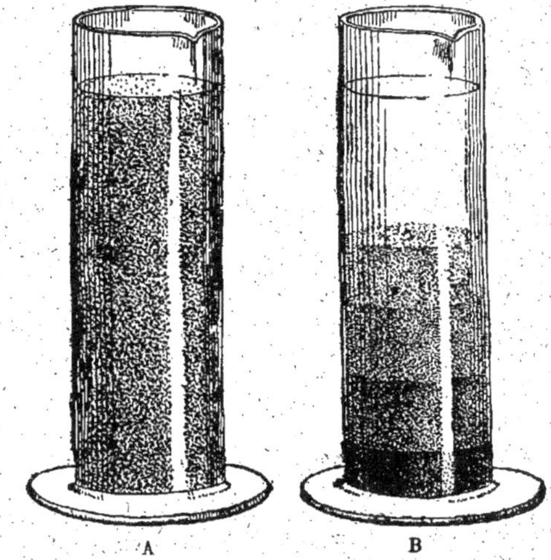

Fig. 9. — A. Eau boueuse; B. La même après quelques heures de repos.

Leur disposition et leur structure font penser que ces roches sont *venues de l'intérieur de la terre* alors qu'elles étaient à une température assez élevée pour les maintenir à l'état de fusion, et qu'elles se sont solidifiées par refroidissement, c'est-à-dire que leur origine rappellerait celle des laves rejetées par les volcans.

On les appelle roches **massives**, par allusion à leur disposition en *masse non stratifiée*, ou roches **cristallines**, à cause de leur *structure*, ou encore roches **éruptives**, par allusion à *l'origine* qu'on leur attribue.

Les roches qui forment les couches superficielles du globe se partagent donc en deux grands groupes : les roches **stratifiées** ou **sédimentaires** et les roches **massives** ou **éruptives**.

Nous allons maintenant étudier sommairement ces deux groupes de roches, en indiquant leurs propriétés essentielles auxquelles nous aurons à faire allusion par la suite.

ROCHES STRATIFIÉES OU SÉDIMENTAIRES

4. Le caractère commun de ces roches est leur disposition **en couches parallèles**. Mais leur diversité conduit à les diviser en *cinq catégories*, d'après la nature chimique de la *substance qui y prédomine*. Cette substance est toujours plus ou moins mélangée d'impuretés.

Les trois catégories les plus répandues sont : les roches **calcaires**, les roches **argileuses** et les roches **siliceuses**. Les deux autres, bien moins fréquentes, sont : les roches **salines** et les roches **combustibles**.

ROCHES CALCAIRES

5. Caractères distinctifs. — Les roches **calcaires** sont celles dans lesquelles prédomine la substance chimique nommée **calcaire** ou **carbonate de chaux**. On les reconnaît facilement aux caractères suivants :

a) Elles peuvent toutes **se rayer au couteau**, c'est-à-dire qu'elles sont moins dures que l'acier. Certains calcaires tendres peuvent même être rayés par l'ongle.

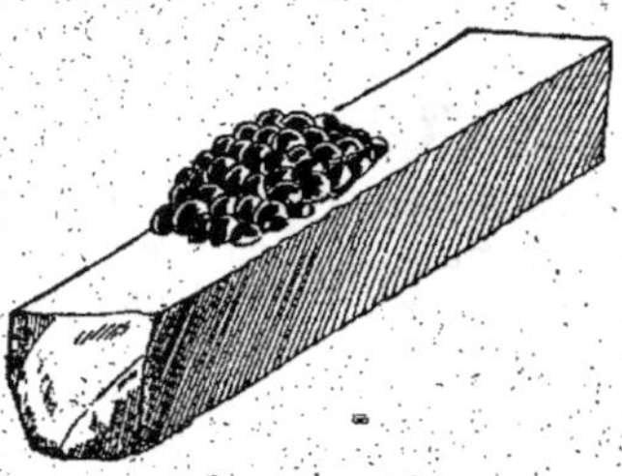

Fig. 10. — Effervescence produite par une goutte d'acide déposée à la surface d'un morceau de calcaire.

b) Une *goutte d'acide*, déposée à la surface, provoque une **effervescence**, c'est-à-dire un *bouillonnement* dû à un dégagement de *gaz carbonique* (*fig.* 10). On peut se servir pour obtenir cet effet d'une goutte de vinaigre qui n'est autre que de l'acide acétique étendu d'eau.

Pour montrer dans les cours que le gaz qui se dégage est bien du gaz carbonique, on met dans une éprouvette à pied quelques morceaux de calcaire, de la craie, par exemple ; on ajoute de l'eau, puis quelques gouttes d'acide chlorhydrique ou sulfurique. L'acide ainsi ajouté se trouve étendu par l'eau qui baigne le calcaire et produit un dégagement régulier de bulles de gaz qui se mélangent à l'air de l'éprouvette.

Or, on montre en chimie que le *gaz carbonique* est *plus dense que l'air* et qu'il *éteint les corps en train de brûler*. Ces deux propriétés vont nous permettre de reconnaître la nature du gaz dégagé.

En effet, en introduisant dans l'éprouvette une bougie allumée soutenue par un fil de fer (*fig.* 11), on constate que, tant que la flamme est au-dessus du bord de l'éprouvette, la bougie continue à brûler, mais qu'elle s'éteint dès qu'on enfonce la flamme au-dessous du bord, ce qui prouve que le gaz dégagé éteint un corps enflammé, qu'il ne dépasse pas les bords de l'éprouvette, c'est-à-dire qu'il est plus dense que l'air. Nous en concluons que c'est du gaz carbonique.

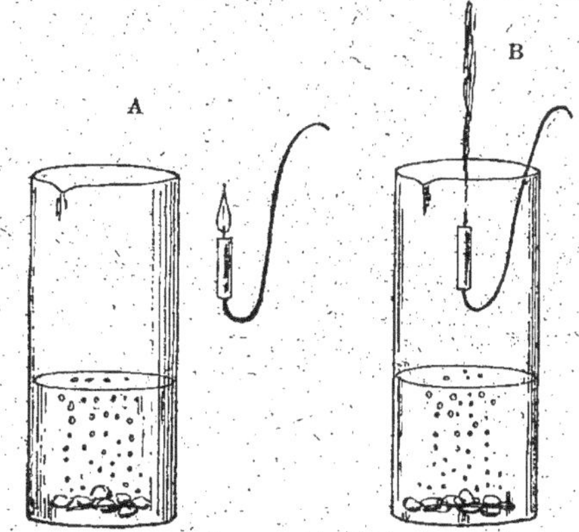

Fig. 11. — Expérience montrant que, du calcaire traité par un acide, se dégage du gaz carbonique.

A, Début de l'expérience ; B, La bougie introduite dans la vase s'éteint.

c) Un autre caractère, moins expéditif, mais qui nous renseigne mieux sur la composition du calcaire, est *l'action de la chaleur*.

Si l'on chauffe le calcaire à haute température dans un vase ouvert, il **se transforme en chaux vive**, qui reste dans le vase, tandis que du *gaz carbonique se dégage* dans l'air. C'est là la réaction qui se produit journellement dans les fours à chaux (*fig.* 12), la *pierre à chaux* que l'on y introduit n'étant autre chose que du calcaire.

La chaux vive se trouve dans le four. Quant au gaz carbonique, on le recueille quelquefois pour l'utiliser, mais on le laisse souvent se dégager dans l'atmosphère. On l'a vu néanmoins manifester sa présence par des accidents d'asphyxie arrivés à des imprudents qui, pour se préserver du froid, s'étaient réfugiés au voisinage d'un four à chaux et s'y étaient endormis.

Cette réaction nous montre la *séparation du carbonate de chaux* en deux corps, *chaux vive* et *gaz carbonique*, qui peuvent en se combinant, reconstituer le carbonate de chaux primitif.

FIG. 12. — Four à chaux.

On peut montrer en petit dans les cours la décomposition du calcaire en chaux vive en chauffant pendant une demiheure environ un bâton de craie dans la flamme d'un brûleur à gaz. Après refroidissement, si on verse quelques gouttes d'eau froide sur le bâton ainsi traité, on constate qu'il s'échauffe, se boursoufle et tombe en poussière. La *chaux vive* s'est transformée en *chaux éteinte* en absorbant de l'eau (*fig.* 13). C'est l'opération que nous voyons faire aux maçons pour obtenir le *mortier* dont ils se servent dans la construction des maisons. Ce mortier n'est, en effet, que de la chaux éteinte délayée avec du sable et de l'eau.

d) Enfin un dernier caractère qui a une grande importance géologique, et que nous aurons à invoquer plusieurs fois dans la suite du cours, c'est *l'action dissolvante que l'eau exerce sur le calcaire* dans certaines conditions.

L'expérience indique que l'eau qui ne contient pas de gaz carbonique, par exemple de l'eau que l'on a fait bouillir pour en chasser les gaz dissous, est incapable de dissoudre le calcaire en quantité notable. Au contraire, l'eau riche en gaz carbonique, comme l'eau de Seltz, par exemple, dissout le calcaire d'autant mieux qu'elle est plus chargée de gaz carbonique.

Pour montrer ce fait en quelques instants, voici comment on opère souvent dans les cours: on se base sur ce fait que le

Fig. 13. — Transformation de la chaux vive en chaux éteinte sous l'influence de l'eau.

carbonate de chaux prend naissance par le simple contact de la chaux et du gaz carbonique. Par exemple, si l'on mélange de *l'eau de chaux*; c'est-à-dire de l'eau contenant de la chaux en dissolution, avec de *l'eau de Seltz*, qui contient en dissolution du gaz carbonique, il se forme instantanément du *carbonate de chaux*.

Si l'on verse de *l'eau de Seltz goutte à goutte dans l'eau de chaux*, les premières gouttes d'eau de Seltz *rendent laiteuse l'eau de chaux*, qui était d'abord limpide. Le trouble laiteux provient du carbonate de chaux, en grains extrêmement fins, qui a pris naissance par le contact de la chaux et du gaz carbonique sans se dissoudre dans l'eau. Nous en concluons que le *carbonate de chaux ne se dissout pas dans ces conditions*.

Mais si nous *continuons à ajouter de l'eau de Seltz*, le *trouble laiteux*, après avoir d'abord augmenté, *diminue* et bientôt l'eau devient *absolument limpide*. La quantité de carbonate de chaux qui s'est formée a cependant augmenté tant qu'il y a eu de la chaux libre. Puisqu'on ne le voit plus sous forme de trouble blanc, c'est qu'il *s'est dissous*. S'il ne se dissolvait pas d'abord, c'est donc qu'il n'y avait pas assez de gaz carbonique.

S'il en est bien ainsi, le trouble devra reparaître si on ajoute un peu plus d'eau de chaux. Et c'est ce qui arrive en effet.

L'influence d'un excès de gaz carbonique peut encore être montrée en faisant bouillir dans un tube à essai un peu de la liqueur devenue limpide grâce à une suffisante quantité d'eau de Seltz. L'*ébullition*, qui chasse l'excès de gaz carbonique, *fait reparaître le trouble*.

On peut encore ajouter une nouvelle preuve en mélangeant les deux liquides dans l'ordre inverse, c'est-à-dire *en versant de l'eau de chaux dans l'eau de Seltz*. On constate que les premières gouttes d'eau de chaux ne produisent aucun trouble, mais que le trouble apparaît bientôt par une addition suffisante d'eau de chaux.

Le fait de la dissolution du calcaire dans l'eau chargée de gaz carbonique est donc bien démontré.

6. Principales roches calcaires. — Il nous reste à citer les roches calcaires les plus connues.

La plus recherchée, parce que, quoique se rayant au couteau, elle est relativement dure et qu'elle est de plus susceptible de se polir, est le marbre.

On le trouve quelquefois *blanc*, légèrement translucide. C'est le marbre des statuaires (marbre de Paros,

Fig. 14. — Marbre veiné.

dans l'Archipel; marbre de Carrare, en Italie). Mais il est beaucoup plus souvent *coloré* de teintes très diverses, *veiné* (*fig.* 14), comme on dit, et sert pour les constructions, et surtout pour la décoration. Nous en avons en France des carrières importantes dans les Pyrénées (Campan, Saint-Béat, etc.) et d'autres d'importance moindre dans le Boulonnais, dans les Ardennes, etc.

Les calcaires durs employés comme marbre contiennent assez souvent des cristaux assez gros de carbonate de chaux. La forme la plus fréquente est celle que l'on désigne sous le

FIG. 15. — Spath d'Islande.

nom de **spath d'Islande**, dont toutes les faces sont des parallélogrammes, et qui a la curieuse propriété de faire voir en double les objets que l'on regarde par transparence au travers (*fig.* 15). Ces cristaux se partagent assez facilement par le choc en cristaux plus petits présentant la même forme. Cette propriété, qui existe à un degré plus ou moins marqué dans tous les corps cristallisés, s'appelle le **clivage**.

Des variétés plus communes de calcaire sont employées comme pierre à bâtir. Telles sont :

Le **calcaire grossier** (*fig.* 16), qui constitue la pierre à bâtir de la région de Paris et dans lequel on trouve très fréquemment des traces de coquilles longues et pointues ;

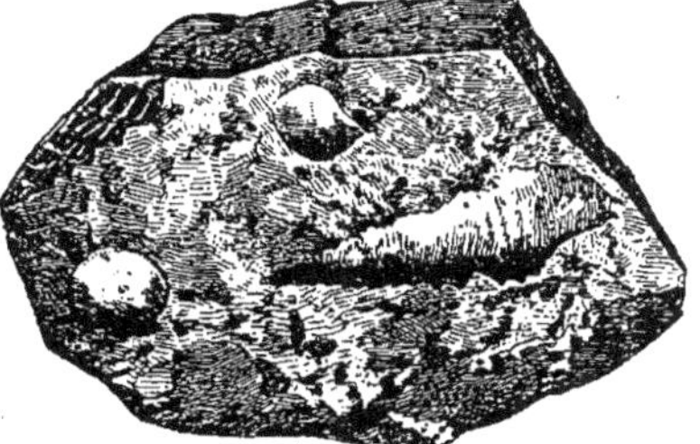

FIG. 16. — Calcaire grossier, avec empreintes de coquilles fossiles.

Et le **calcaire oolithique** (du grec *oon*, œuf, et *lithos*, pierre) (*fig.* 17), ainsi nommé parce qu'il est formé de petits grains agglutinés que l'on a comparés à des œufs de poissons. On le trouve abondamment en Bourgogne et dans le Jura.

La craie blanche, que l'on trouve à Meudon, près de Paris, si abondante en Normandie, en Picardie, en Champagne, en Touraine, est encore une variété de calcaire utilisée, soit quelquefois pour les constructions, soit surtout pour confectionner le *blanc d'Espagne* et les *bâtons de craie* destinés à écrire au tableau noir. Comme la craie brute est parsemée de petits grains de silice beaucoup plus durs, on doit, pour ces derniers usages, l'en débarrasser en la pulvérisant, puis la délayer dans l'eau et la laisser ensuite se déposer dans des bassins. Les grains de silice tombent plus vite au fond

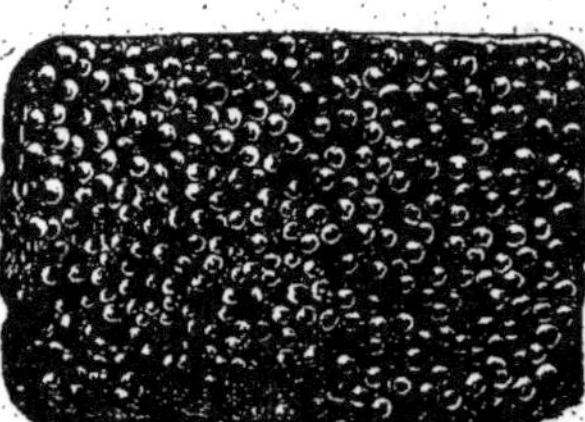

FIG. 17. — Calcaire oolithique.

et se séparent ainsi en grande partie. On agglomère ensuite la craie purifiée en *pains*, que l'on dessèche et que l'on vend sous le nom de blanc d'Espagne, ou que l'on découpe en bâtons de craie. En la mélangeant avec diverses substances colorées, on obtient les bâtons de craie colorée. Outre la craie blanche, on trouve aussi des variétés naturelles de craie colorée en vert, en jaune, en gris par des matières étrangères.

Citons enfin en dernier lieu le calcaire lithographique (*fig.* 18) ainsi nommé parce qu'il sert pour le mode d'impression dit

FIG. 18. — Pierre lithographique.

lithographie. C'est un calcaire à grain très fin, mélangé d'argile et susceptible d'être poli. Pour s'en servir, on dessine à l'envers les traits ou les caractères à reproduire, en utilisant un crayon gras ou une encre grasse spéciale qui ne s'étale pas sur la pierre. Celle-ci, recouverte ensuite d'acide, est rongée à sa surface partout où elle n'est pas protégée par les traits que l'on y a tracés, de sorte que ces traits sont légèrement en relief. Si on fait alors passer sur la pierre un rouleau imprégné d'encre, celle-ci ne se dépose que sur les traits en relief, et on n'a plus qu'à appliquer sur la pierre une feuille de papier au moyen d'une presse pour que les traits s'y impriment.

LECTURE

Le marbre. — Le marbre est le plus beau des calcaires, tant par la finesse de son grain que par le beau poli qu'il est susceptible de

Fig. 19. — Carrière de marbre.

prendre. Parmi les marbres, le plus recherché est celui dit *statuaire*, que l'on tirait autrefois de Paros en Grèce, mais que l'on fait venir aujourd'hui de Carrare, en Italie, pour en faire des statues. Pour la décoration, on recherche plutôt ceux qui sont veinés ou qui présentent à leur intérieur des fossiles dont la teinte est différente de la leur. Parmi les plus connus de ces marbres, il faut citer les *griottes* et les campans, disposés en grandes masses dans les schistes des Pyrénées ; le marbre rose dit *Napoléon* et les variétés rougeâtres dites *Henriette* et *Caroline*, qui se trouvent dans le Boulonnais ; le marbre *rouge antique* du Harz ; le *bleu turquin*, veiné de blanc, et le *bleu fleuri*, veiné de noir, d'Italie ; le *jaune antique* de Sienne ; les *marbres bréchoïdes* que l'on peut comparer à des morceaux de marbres réunis par un ciment calcaire et auxquels on donne différents noms rappelant leur aspect (*brocatelles, cervelas*), etc. Le marbre se trouvant généralement dans des carrières à ciel ouvert (*fig* 19), on l'exploite facilement grâce au dispositif du *fil hélicoïdal* imaginé par un ingénieur belge. La partie principale de ce dispositif se compose de trois fils d'acier tordus en hélice et disposés en une corde sans fin qui, au moyen de poulies entraînées par un moteur, joue le rôle d'une scie par rapport au bloc que l'on veut détacher. Dans la rainure que creuse ainsi le fil, on fait couler du sable humide, qui, entraîné dans le mouvement, frotte sur le marbre et a vite fait de le scier. Les blocs une fois extraits sont livrés bruts aux sculpteurs qui les emploient alors, soit pour le bâtiment (cheminées, escaliers, soubassements, carrelages, etc.), soit pour l'ameublement (lavabos, buffets, dessus de tables, pendules, colonnes de lampes, etc.), soit pour faire des statues. Ces industriels, après avoir *dégrossi* les blocs, leur font subir le *polissage*, qui ne demande pas moins de cinq opérations : 1° l'*égrisage* (frottement avec du grès mouillé) ; 2° le *rabot* (continuation plus soignée du frottement) ; 3° le *bouchage* (oblitération des cavités avec un ciment spécial, de couleur appropriée à celle du marbre ; 4° l'*adouci* (frottement à la pierre ponce mouillée) ; 5° le *piqué* (frottement avec un mélange pulvérulent de plomb et de bouillie d'émeri), suivi souvent par le *lustré* (frottement avec de la potée d'étain, à l'aide d'un chiffon humide).

Leçon III

Les roches argileuses, siliceuses, salines et combustibles.

RÉSUMÉ. — 1. Les roches *argileuses*, c'est-à-dire dans lesquelles prédomine l'*argile*, combinaison de silice, d'alumine et d'eau, se reconnaissent aux caractères suivants : *a*) elles ont un *contact savonneux; b*) elles sont *rayées par l'ongle; c*) elles *absorbent l'eau* en formant une pâte que l'on peut pétrir (*plasticité*), et cette eau est *retenue énergiquement* par l'argile (*imperméabilité*); *d*) elles *durcissent par la cuisson* au four en perdant leur plasticité.

2. Les *principales roches argileuses* sont : le *kaolin* ou terre à porcelaine, l'*argile plastique* (faïences et poteries communes, briques, tuiles, modelage, etc.), le *schiste* ou argile feuilletée, l'*ardoise*.

La *marne* est un mélange d'argile et de calcaire.

3. Les roches *siliceuses*, c'est-à-dire dans lesquelles prédomine la *silice, rayent l'acier*, et par suite *font feu au briquet*. Elles sont insolubles dans l'eau, non plastiques et ne font pas effervescence par les acides.

4. Les *principales roches siliceuses* sont : le *sable* et le *gravier*, aux grains arrondis et non soudés, les *grès* et les *conglomérats*, aux grains arrondis et soudés, le *silex* ou pierre à feu et la *meulière*.

5. Les deux principales *roches salines* sont : le *gypse* ou pierre à plâtre, un peu soluble dans l'eau et donnant par cuisson modérée et broyage le plâtre ; et le *sel gemme*, identique au sel marin, mais souvent mélangé de matières terreuses.

6. Les *principales roches combustibles*, formées de *charbon* plus ou moins impur, provenant de végétaux décomposés, sont : l'*anthracite*, la *houille*, le *lignite* et la *tourbe*.

ROCHES ARGILEUSES

1. Caractères distinctifs. — Les **roches argileuses** sont celles dans lesquelles prédomine la substance chimique nommée **argile**, qui est formée d'une combinaison de *silice*, d'*alumine* et d'*eau* (*silicate d'alumine hydraté*)

Ces roches se reconnaissent aux caractères suivants ;

a) Leur contact rappelle celui du savon.

b) Elles se laissent rayer par l'ongle (*fig.* 20).

c) Leur propriété importante au point de vue géologique est l'action

Fig. 20. — Les roches argileuses sont rayables à l'ongle.

de l'eau. Elles absorbent l'eau très énergiquement, de sorte que si on en met un morceau au contact de la langue, il s'y colle pour ainsi dire en absorbant la salive qui la recouvre : on dit qu'il **happe à la langue.**

Si la quantité d'eau est plus grande, l'argile en s'en imbibant se ramollit et **forme une pâte** qui peut être pétrie de façon à prendre la forme que l'on veut : c'est ce qu'on exprime en disant que l'argile est **plastique.** Une fois qu'elle est ainsi imbibée d'eau, l'argile la **retient énergiquement,** ne la perdant que peu à peu par la dessiccation au soleil, en

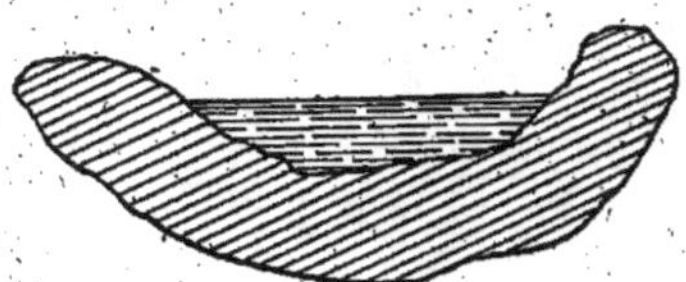

Fig. 21. — L'eau versée dans une cupule faite avec de l'argile ne la traverse pas.

se fendillant parce qu'elle diminue de volume. Nous voyons quelquefois, pendant les périodes sèches de l'été, la surface du sol ainsi fendillée, dans les endroits où l'argile prédomine.

Cette action de l'argile sur l'eau nous explique ce qu'on appelle son **imperméabilité** (*fig.* 21), c'est-à-dire la propriété qu'elle a d'arrêter l'eau qui s'infiltre dans le sol, lorsque celle-ci a pénétré jusqu'à elle et l'a imbibée.

Enfin si la quantité d'eau est encore plus grande, l'argile s'y délaye et y reste facilement en suspension.

d) Au point de vue des applications, l'argile possède une autre propriété très importante. Tant qu'elle n'a

Fig. 22. — Fabrication des briques.

été que desséchée au soleil, il suffit de l'imbiber d'eau pour qu'elle redevienne plastique. Mais, une fois **durcie par la cuisson au four** à haute température, **elle a perdu sa plasticité.**

Nous le voyons très nettement avec les briques, qui sont

formées d'argile cuite au four (*fig.* 22) : nous pouvons les imbiber d'eau sans qu'elles deviennent susceptibles d'être pétries. Il est bien évident d'ailleurs que c'est là une condition nécessaire à leur utilisation dans les constructions de nos pays, où les fortes pluies ne sont pas rares.

Dans certains pays au climat très sec, comme le Sud algérien, les indigènes se servent quelquefois, pour construire leurs habitations, de briques simplement desséchées au soleil. Cette pratique ne présente pas d'inconvénients tant que les conditions ordinaires du climat persistent ; mais s'il survient par hasard, une pluie abondante, ces constructions s'effondrent en une masse de boue.

2. Principales roches argileuses. — La variété naturelle la plus pure de roche argileuse est le **kaolin** ou *terre à porcelaine*, qui est blanche comme de la craie, mais qui s'en distingue facilement par son contact **savonneux**. On la trouve abondamment en France dans la région de Saint-Yrieix (Haute-Vienne), en Saxe et dans certaines régions de la Chine et du Japon. Elle sert à fabriquer la porcelaine et la faïence fine par une cuisson qui fait perdre à l'argile sa plasticité.

Les variétés d'argiles les plus fréquentes sont plus ou moins colorées en jaune, en vert, en brun, par les impuretés qui accompagnent la substance principale. Telle est, par exemple, **l'argile plastique**, que l'on exploite dans beaucoup d'endroits pour fabriquer des *briques*, des *tuiles*, des *poteries communes*, des *creusets*, etc. Elle sert aussi aux sculpteurs pour le *modelage*. Il y en a une carrière importante aux portes mêmes de Paris, près de Vanves.

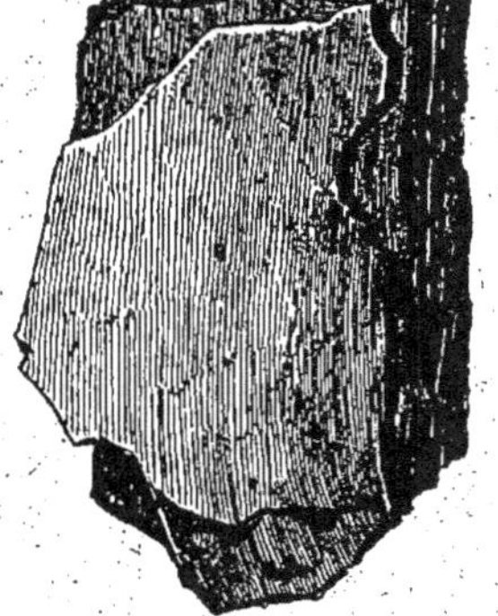

Fig. 23. — Schiste.

Dans certaines régions accidentées, les roches argileuses ont été modifiées en **schistes**, c'est-à-dire en roches qui se divisent facilement en **feuillets parallèles** (*fig.* 23). Ces schistes présentent des degrés de dureté très variables. La variété de schiste la plus importante par ses applications est l'ardoise, dans laquelle les propriétés de l'argile sont sensiblement modifiées. Il existe des ardoisières importantes près d'Angers (*fig.* 24), ainsi qu'à Fumay dans les Ardennes.

Enfin on trouve fréquemment des variétés d'argile mélangée d'une proportion assez forte de calcaire : on les appelle **marnes**. Leurs propriétés tiennent à la fois de celles

FIG. 24. — Carrière d'ardoises près d'Angers.

de l'argile et de celles du calcaire. Ainsi elles sont peu perméables à l'eau comme l'argile et font effervescence par les acides comme le calcaire. On les utilise en agriculture pour *amender les terres*, c'est-à-dire pour améliorer certains sols. Par la cuisson dans les fours à chaux, elles donnent une chaux dite *chaux hydraulique*, parce qu'elle a la propriété de durcir sous l'eau, tandis que la chaux ordinaire ne durcit qu'à l'air.

ROCHES SILICEUSES

3. Caractères distinctifs. — Les roches siliceuses sont celles dans lesquelles domine la silice non combinée, c'est-à-dire la substance qui compose les cristaux connus sous le nom de **quartz** ou *cristal de roche* (*fig.* 25).

Elles se reconnaissent surtout à leur **dureté**, qui leur permet de **rayer l'acier**. Par le *frottement* ou par le *choc* d'un morceau d'acier sur une roche siliceuse, des parcelles d'acier sont arrachées, et si elles sont suffisamment échauffées par la violence du choc, on les voit brûler à l'air en petites étincelles. C'est là d'ailleurs le principe du *briquet*. Aussi exprime-t-on cette propriété des roches siliceuses en disant qu'elles **font feu au briquet**.

De plus, elles **ne font pas effervescence** au contact des acides comme les roches calcaires; elles **ne se dissolvent pas dans l'eau**, et enfin elles ne s'y délayent pas comme l'argile.

4. Principales roches siliceuses. — Tantôt elles se présentent sous forme de parcelles plus ou moins grosses,

Fig. 25. — Cristaux de quartz ou cristal de roche.

indépendantes les unes des autres, arrondies comme si elles s'étaient usées par le frottement. On les appelle alors, suivant la grosseur des parcelles, **sable, gravier, cailloux roulés**. On se sert du sable, soit dans les constructions,

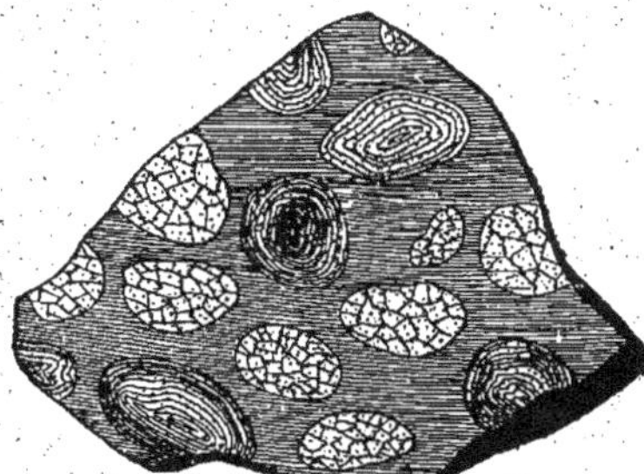

Fig. 26. — Morceau de poudingue coupé en travers.

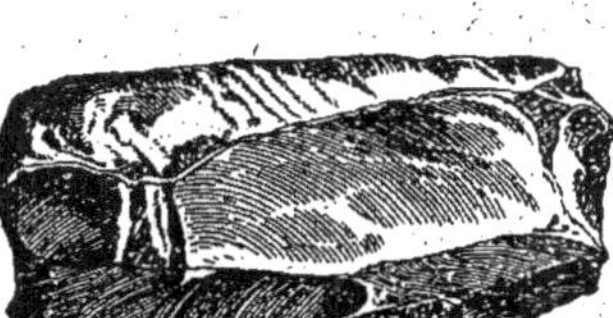

Fig. 27. — Morceau de silex.

pour faire le mortier, soit dans certaines industries, comme la verrerie.

Tantôt les parcelles siliceuses plus ou moins grosses constituant la roche sont soudées les unes aux autres, comme si
une matière formant ciment était venue après coup les *agglomérer*, d'où le nom général de **conglomérat** qu'on leur donne
alors.

FIG. 28. — Carrière de craie de Meudon.
Remarquer les rognons de silex qui s'y trouvent alignés en bandes horizontales.

Lorsque les grains ainsi soudés sont très fins, la roche
s'appelle **grès**. Tel est le *grès à paver*, qui sert encore à paver
les chaussées dans beaucoup de rues, bien qu'on tende à le
remplacer par le pavé de bois moins bruyant.

Lorsque les éléments soudés entre eux sont plus gros, comme
du gravier ou même des cailloux roulés, la roche s'appelle
poudingue (*fig.* 26) : c'est le mot anglais *pudding* francisé, à
cause de la ressemblance de cette roche avec le gâteau
anglais ainsi nommé.

Citons enfin comme derniers exemples bien connus de roches

siliceuses ne rentrant pas dans les deux groupes précédents :
Le **silex** ou *pierre à feu* (*fig.* 27), que l'on trouve dans la craie en masses irrégulièrement arrondies, nommées *rognons de silex*, souvent alignées (*fig.* 28) en bandes parallèles ;

Et la **meulière**, tantôt assez compacte et utilisée pour faire des *meules* de moulin, tantôt caverneuse (*fig.* 29) et utilisée surtout pour les fondations des

Fig. 29. — Meulière.

maisons, parce qu'elle résiste à l'humidité mieux que le calcaire.

ROCHES SALINES

Fig. 30. — Gypse en fer de lance.

5. Ces roches sont bien moins communes que celles des trois catégories précédentes. Les deux principales sont le **gypse** et le **sel gemme**. Toutes deux sont solubles dans l'eau et peuvent être rayées à l'ongle. Le **gypse** ou *pierre à plâtre* est du *sulfate de chaux hydraté*. C'est donc, comme le calcaire, un composé de la chaux, mais il ne fait pas effervescence au contact des acides. Il se dissout en petite quantité dans l'eau, même privée de gaz carbonique. On le trouve quelquefois en cristaux assemblés de manière à figurer un *fer de lance* (*fig.* 30), et se séparant facilement en lames minces par *clivage* ; mais ces grands cristaux ne forment jamais une masse bien importante. La masse principale du gypse exploité comme pierre à plâtre se présente sous la forme dite **gypse saccharoïde** (du latin *saccharum*,

sucre, et du grec *eidos*, forme), à cause de sa ressemblance avec le sucre ordinaire, formé de petits cristaux miroitants enchevêtrés.

Après cuisson modérée (*fig.* 31) et réduction en poudre, il constitue le **plâtre**, lequel est capable d'absorber une petite quantité d'eau en se transformant de nouveau en une masse compacte. On s'en sert pour enduire les murs et les plafonds à l'intérieur des maisons. On s'en sert aussi pour faire des moulages.

Le sel **gemme** est exactement le même corps chimique que le sel marin, mais il est souvent mélangé de matières terreuses qui le ternissent. On le trouve souvent emprisonné dans des masses d'argile ou de marne qui l'ont préservé d'une action dissolvante trop rapide de

FIG. 31. — Four à plâtre.

l'eau. On l'exploite dans l'Est de la France, notamment à Varangeville, près Nancy.

Les mines de sel gemme les plus importantes d'Europe sont celles de Wieliczka, en Galicie, près de Cracovie, où on extrait le sel jusqu'à 300 mètres environ de profondeur.

Il y en a aussi d'importantes à Cardona, en Catalogne, où le sel forme une petite montagne de 150 mètres de hauteur environ, dans laquelle on n'a qu'à piocher à ciel ouvert.

ROCHES COMBUSTIBLES

6. Ces roches sont celles dont la partie principale est formée de **charbon** ; elles sont désignées sous le nom général de *combustibles minéraux*. Les principales sont, dans l'ordre de pureté décroissante :

L'**anthracite**, qui brûle en donnant peu de fumée et en produisant beaucoup de chaleur.

La **houille** ou *charbon de terre*, qui donne plus ou moins de fumée suivant les variétés, et qui fournit par distillation le *gaz d'éclairage*, en laissant comme résidu le *coke*.

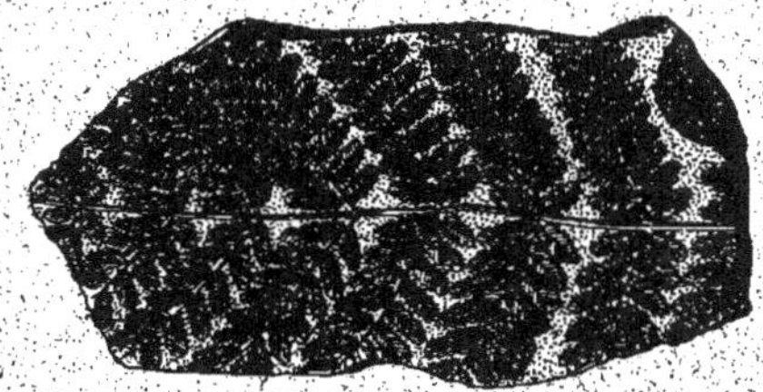

Fig. 32. — Empreinte d'une fougère conservée dans un morceau de houille.

Le **lignite**, combustible de valeur moindre que la houille et qui donne beaucoup de fumée [1].

Et enfin la **tourbe** [2], qui n'est utilisable qu'après avoir été desséchée, et qui en brûlant dégage beaucoup de fumée et une odeur désagréable.

Tous ces combustibles contiennent des traces certaines de leur **origine végétale**, si bien qu'on a pu décrire, grâce à elles, un grand nombre des végétaux (*fig.* 32), aujourd'hui disparus, qui ont contribué à former les trois premiers. Le dernier, la tourbe, se forme encore de nos jours dans certains endroits marécageux.

Fig. 33. — Exploitation de pétrole.

On pourrait rapprocher de ces roches un autre produit naturel important, le **pétrole**, qui contient également du char-

---

1. C'est un lignite très compact qui constitue le *jayet* ou *jais* dont on fait des bijoux

2. Voir notre *Botanique*, classe de Cinquième, p. 349.

bon à l'état de combinaison liquide ; mais on n'est pas encore fixé sur son mode de formation. Les exploitations de pétrole (*fig.* 33), les plus importantes se trouvent dans les environs de Bakou, près de la mer Caspienne, et dans la Pensylvanie, aux Etats-Unis.

LECTURE

Une visite dans une mine de sel gemme. — Il faudrait un mois pour visiter en détail la cité de sel de Wieliczka (*fig.* 34), ville souterraine où des êtres humains travaillent sans relâche, de génération en génération depuis des siècles.

Les chevaux qui y sont employés y naissent et y meurent sans jamais avoir vu la lumière du jour. A Wieliczka, tout est silencieux et sombre, sauf quand l'écho des voix vient résonner sous les voûtes nombreuses et parmi les voies tortueuses ou lorsque la torche d'un guide vient jeter sa clarté sur des merveilles massives et brillantes.

Wieliczka est une toute petite ville située à une dizaine de kilomètres environ de Cracovie, dans la Pologne autrichienne, et c'est là le centre de l'industrie du sel de Galicie. Cette cité souterraine n'a commencé à être travaillée que vers l'an 1044 et depuis lors les mineurs ont transformé ses noires profondeurs en un royaume féerique de toute beauté. Ce ne sont partout que salles spacieuses, chapelles, autels, statues, candélabres, lustres, escaliers gigantesques, colonnes artistement travaillées, trônes majestueux, le tout taillé à même le sel et d'une beauté unique au monde. Les mines s'étendent aujourd'hui sur une longueur de 4 kilomètres.

A demi aveuglé par l'obscurité, presque effrayé par l'écho fantastique du bruit de ses propres pas, le voyageur qui descend dans les mines de Wieliczka, en quittant l'ascenseur qui l'y amène, entre tout d'abord dans les salles de dimensions colossales percées par les mineurs selon les plans savamment tirés par les ingénieurs.

Sans guide, on se perdrait presque dans un dédale de salles immenses.

C'est tout d'abord la grande salle de bal de Letow aux décorations murales, aux galeries illuminées de lustres, dont la beauté dépasse tout ce que peut rêver l'imagination. Il semble que quelque bonne fée ait ici touché les parois souterraines de sa baguette magique pour en faire surgir soudain ces merveilles.

La salle Letow date de 1750 et doit son nom à un certain Letowski qui dirigeait les mines à cette époque. Des fêtes magnifiques y furent données à plusieurs reprises, quand des hôtes de distinction s'y sont rendus. Car Wieliczka se flatte, à bon droit, d'avoir reçu la visite de nombreux souverains, et la salle Letow possède même un trône fameux où siègent les hôtes de marque qui viennent visiter les mines. Cette salle de bal se trouve exactement située à 72 mètres au-dessous de la surface terrestre, et c'est là le premier des sept étages de la mine, dont trois galeries seulement peuvent être visitées.

Fig. 34 — Intérieur de la mine de sel gemme de Wieliczka.

Au détour de l'un des corridors principaux se trouve la chapelle de Saint-Antoine taillée dans le roc salin. L'entrée en est symétriquement fermée et de belles statues, sculptées à même le sel, l'ornent de chaque côté. Les cantiques que l'on y chante sont d'un effet solennel et majestueux.

L'éclairage de la mine, quand on vient la visiter, c'est-à-dire l'illumination des lustres magnifiques qui contiennent des milliers de bougies, est à la charge des touristes et revient à une centaine de francs environ. Lorsque les guides allument des feux de bengale, ces lueurs font scintiller le cristal de myriades de rubis, de saphirs et d'émeraude dont l'effet est merveilleux.

L'une des attractions principales des mines de Wieliczka est un lac souterrain, à 260 mètres au-dessous du niveau du sol. Les eaux en sont sombres, épaisses et lourdes, et tandis qu'un bachot à fond plat flotte à sa surface, elles viennent battre sourdement les parois de la mine. C'est d'un effet sinistre qui ne manque pas de donner le frisson, par ce silence de mort. Involontairement, on vient à songer aux eaux d'un Styx imaginaire. Les mines contiennent seize lacs semblables, mais celui-ci, situé dans la grotte du prince Rodolphe, est le seul sur lequel on navigue. Il est d'usage, lorsqu'on est parvenu au milieu de ce lac, à un point qui est exactement, paraît-il, le centre de ces mines, de tirer un coup de fusil, et pendant plusieurs minutes, on entend les répercussions de ce bruit, répété par tous les échos d'alentour. La voix même du batelier semble être celle d'un géant qui se ferait entendre dans les profondeurs du chaos [1].

Leçon IV

Les roches cristallines et cristallophylliennes.

RÉSUMÉ. — 1. Dans l'exemple bien connu du *granite*, on distingue trois sortes de cristaux : le *quartz* et le *feldspath*, de couleur claire, et le *mica* noir.

2. Le *quartz* ou cristal de roche, formé de *silice* cristallisée, raye le verre et l'acier. On le trouve quelquefois en gros *prismes à six faces*, terminés par des pyramides, tantôt incolores, tantôt teintés de noir, de jaune, de violet (*améthyste*).

3. Les *feldspaths*, formés de *silice*, d'*alumine* et d'*un autre corps*, qui est la potasse, la soude ou la chaux suivant les variétés, se présentent en cristaux allongés, facilement clivables, qui *rayent le verre*, mais sont *rayés par le quartz*.

4. Les *micas*, formés aussi de *silice*, d'*alumine* et de *plusieurs autres corps*, potasse, magnésie, oxyde de fer, etc., suivant les variétés, sont *rayés par l'ongle* et facilement séparables en *lames*

---

1. Imité de l'anglais.

minces, tantôt incolores (*mica blanc*), tantôt de couleur foncée (*mica noir*).

5. Les *roches cristallines autres que le granite* contiennent soit ces *mêmes minéraux*, soit d'autres composés de la silice, de couleur souvent foncée, vert noirâtre (*amphibole, serpentine, talc*, etc.).

6. Au point de vue de la *structure*, les roches cristallines se divisent en roches *granitoïdes*, formées entièrement de cristaux visibles à l'œil nu ; roches *porphyroïdes*, formées de cristaux assez gros disséminés dans une pâte de cristaux microscopiques, et roches *microlithiques*, dans lesquelles il n'y a guère que des cristaux microscopiques, mélangés à des parties non cristallisées.

7. Les roches *granitoïdes* comprennent, outre le *granite*, la *granulite* (mica blanc), le *syénite* (amphibole), etc.

8. Les roches *porphyroïdes* comprennent diverses variétés susceptibles d'un très beau poli : *porphyre rouge, porphyre vert*, etc.

9. Les roches *microlithiques* comprennent les *laves* rejetées par les volcans actuels et les roches analogues, *basaltes, trachytes*, etc.

10. Les roches *cristallophylliennes* sont des roches à la fois *cristallines* comme les précédentes et *feuilletées*, c'est-à-dire pouvant se partager en tranches parallèles : *gneiss, micaschiste*, etc.

❀❀❀   ❀❀❀   ❀❀❀

LES ROCHES MASSIVES OU CRISTALLINES

1. **Exemple du granite.** — Un des caractères des roches massives ou cristallines est de ne présenter aucune trace de stratification, mais ce caractère n'est bien visible que si on les considère en grandes masses, par exemple, dans la carrière même d'où on les extrait. Un autre caractère, visible même sur de petits échantillons, est d'être formées d'une agglomération de cristaux de nature différente, enchevêtrés les uns dans les autres.

Fig. 35. — Granite.

Prenons-en d'abord un exemple bien connu, le **granite** (*fig.* 35) que nous voyons employé à **Paris** comme *bordures* ou comme *dalles* de trottoirs. Si on l'examine à l'œil nu ou mieux encore à la loupe, on y distingue *trois sortes de cristaux* : les uns *noirs*, les autres d'un *blanc* assez souvent teinté de rose, et d'autres enfin d'un *blanc* plus clair ou légèrement grisâtre (*fig.* 36).

L'étude de ces cristaux a fait reconnaître dans les cristaux noirs un minéral nommé **mica noir**, dans les cristaux rosés un autre minéral nommé **feldspath** et dans les cristaux blancs le minéral nommé **quartz** ou *cristal de roche*.

Disons d'abord quelques mots de ces minéraux.

2. Quartz. — Le quartz ou *cristal de roche* se trouve quelquefois en gros cristaux bien distincts ayant la forme d'un *prisme à six faces* terminé par une pyramide. Il est quelquefois transparent

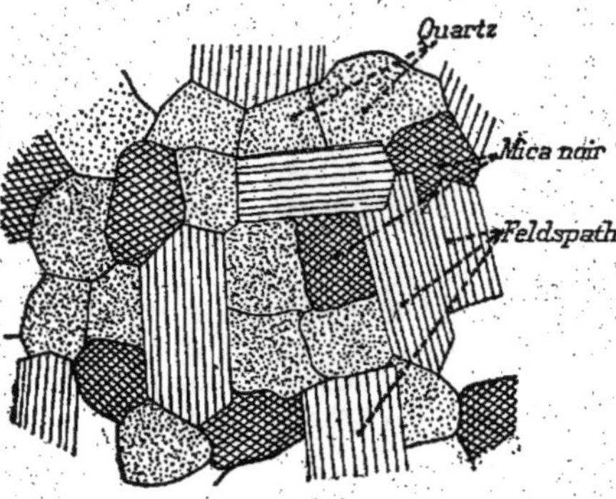

Fig. 36. — Surface du granite grossie pour en montrer les éléments cristallins.

comme le verre ou le cristal, d'où le nom de cristal de roche qu'on lui a donné ; mais il est plus dur que le verre et même que l'acier, c'est-à-dire qu'*il raye ces deux corps*. Sa composition chimique est celle de la *silice*.

Lorsqu'il est bien transparent, il est formé de silice pure. Mais souvent il a une teinte laiteuse qui nuit à sa transparence. On le trouve aussi quelquefois plus ou moins teinté en jaune, en brun, en violet, sans qu'on connaisse bien la cause de ces colorations.

La variété violette, nommée *améthyste*, est utilisée en bijouterie.

3. Feldspaths. — Tandis que le nom de quartz ne s'applique qu'à une seule espèce chimique, la silice cristallisée, le nom de feldspath, au contraire, s'applique à *plusieurs corps* de composition chimique et de forme cristalline différentes. La sorte de feldspath qui existe dans le granite commun est désignée sous le nom d'**orthose** (du grec *orthos*, droit, à cause de sa forme cristalline, qui comporte des angles droits) (*fig.* 37).

Il se présente en *cristaux à longues faces*, que l'on peut assez facilement *séparer en cristaux plus petits* par clivage.

Le feldspath orthose est *moins dur que le quartz*, c'est-à-dire que celui-ci le raye, mais il est cependant encore assez dur pour *rayer le verre*.

Au point de vue chimique, c'est un composé contenant de la *silice*, de *l'alumine* et de la *potasse* (*silicate double d'alumine et de potasse*). Les autres espèces de feldspaths, que l'on trouve dans des roches autres que le granite, contiennent toutes de la silice et de l'alumine, mais la potasse y est accompagnée ou même totalement remplacée, soit par la *soude*, soit par la *chaux*.

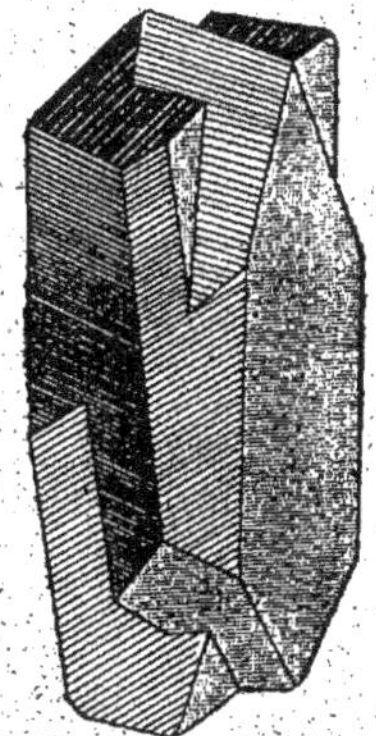

FIG. 37. — Cristaux d'orthose.

4. Micas. — Le nom de **mica** s'applique aussi à *plusieurs corps* de composition différente, les uns *incolores*, transparents comme le verre, mais beaucoup moins cassants, les autres de teinte plus ou moins *foncée* ou même tout à fait *noire*. C'est cette dernière sorte, le **mica noir**, qui existe dans le granite commun.

Tous les micas se présentent sous forme de plaques brillantes, se clivant facilement en lames minces (*fig.* 38).

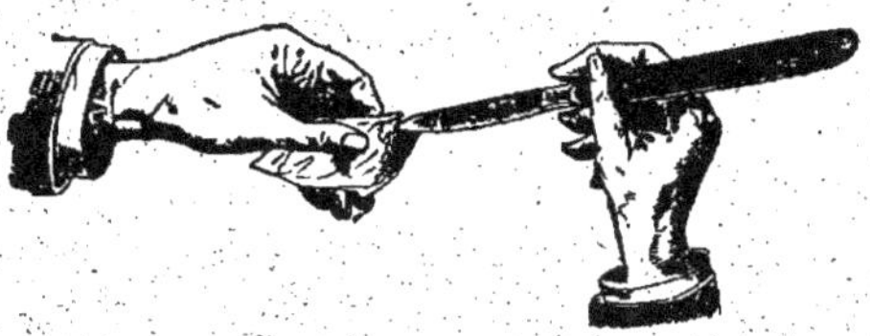

FIG. 38. — Le mica se clive facilement.

La variété incolore dite **mica blanc** est utilisée comme vitres dans les pays où elle est abondante. On s'en sert aussi comme vitres dans la marine militaire, à la place du verre que rompraient les détonations des pièces d'artillerie, ainsi que dans les poêles à feu visible, à cause de sa résistance à la chaleur.

Le mica est bien moins dur que les minéraux précédents, car il est rayé même par l'ongle.

Comme composition chimique, il contient aussi de la *silice* et de l'*alumine*, accompagnées de *plusieurs autres corps* variables suivant les sortes de mica, *potasse, magnésie, oxyde de fer*, etc. Le mica noir est 'e plus riche en fer.

5. Autres minéraux des roches cristallines. — Si l'on examine des *roches cristallines autres que le granite*, on y trouve souvent aussi du quartz et l'une ou l'autre des nombreuses sortes de feldspaths et de micas. Quelquefois aussi, surtout pour les roches de couleur plus sombre que le granite, on voit d'autres minéraux d'un vert plus ou moins foncé, dont les faces miroitantes sont plus ou moins nettes.

Citons seulement l'amphibole, de couleur variable, dont une variété, l'asbeste ou *amiante* (*fig.* 39), se sépare en fibres que l'on peut tisser ; la serpentine, d'un vert plus ou moins foncé ; le talc, au contact savonneux, employé comme craie à tracer sur le drap par les tailleurs et comme poudre pour faciliter les frottements par les gantiers, etc.

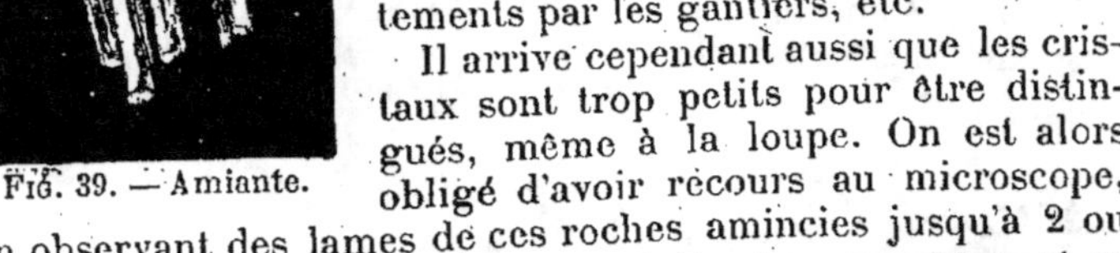
Fig. 39. — Amiante.

Il arrive cependant aussi que les cristaux sont trop petits pour être distingués, même à la loupe. On est alors obligé d'avoir recours au microscope, en observant des lames de ces roches amincies jusqu'à 2 ou 3 centièmes de millimètre de façon à être transparentes, et en employant un éclairage spécial sur lequel nous ne pouvons insister. On distingue alors les différents minéraux d'après les colorations qu'ils prennent dans cet instrument.

6. Structures diverses des roches cristallines. — La diversité des roches cristallines ne tient pas seulement à la nature des minéraux qui les constituent. Elle dépend aussi de leur structure, qui varie suivant la grosseur des cristaux des minéraux composants.

On peut, à ce point de vue, diviser les roches cristallines en trois groupes :

a) Celles dans lesquelles *toute la masse de la roche* est formée de *cristaux visibles* à *l'œil nu* ou à la loupe : on les appelle roches granitoïdes, parce que cette structure est celle du granite;

b) Celles dans lesquelles des *cristaux relativement gros* et assez abondants sont *enchâssés dans une pâte* où l'œil armé de la loupe ne distingue pas de cristaux, mais où le microscope en montre de très fins : on les appelle **roches porphyroïdes**, parce que le porphyre (*fig.* 40) fait partie de ce groupe ;

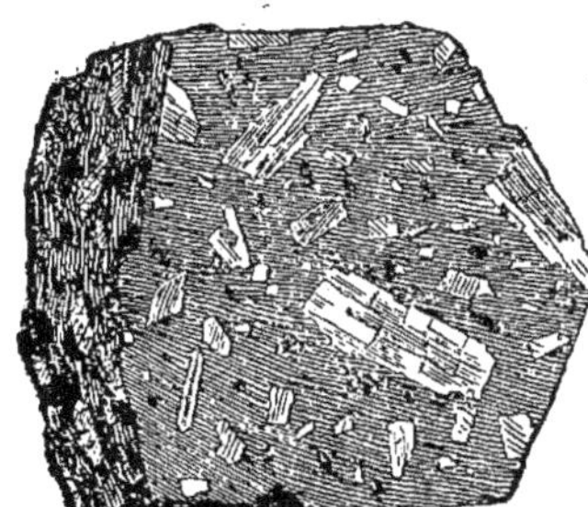

Fig. 40. — Porphyre.

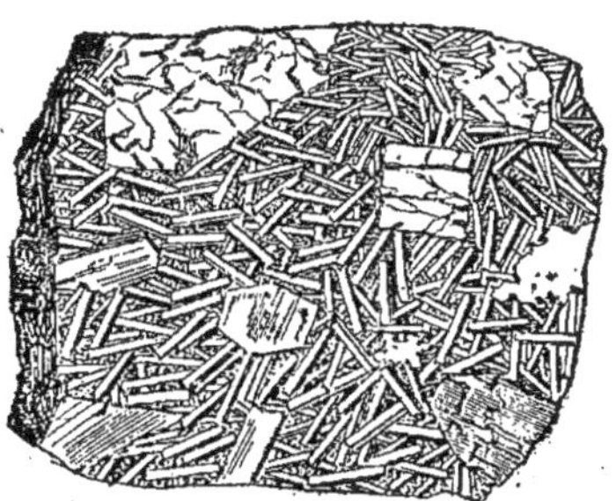

Fig. 41. — Fragment (grossi) d'une roche microlithique.

c) Celles dans lesquelles les cristaux visibles à l'œil sont assez rares, les *cristaux microscopiques abondants* (*fig.* 41), et où il y a de plus des *parties vitreuses*, c'est-à-dire semblables à du verre par l'absence de cristallisation : on les appelle **roches microlithiques** (du grec *micros*, petit, et *lithos*, pierre), à cause de l'abondance des petits cristaux.

7. Roches granitoïdes. — Nous avons déjà décrit le type de ce groupe, le **granite**. Ajoutons seulement qu'il en existe des masses importantes dans le département de la Manche, ainsi qu'en Bretagne, en Vendée, dans le Morvan, le Massif Central, les Vosges, les Alpes, les Pyrénées. On en distingue d'ailleurs bien des variétés. On l'utilise à cause de sa dureté comme bordures ou comme dalles de trottoir, comme piédestal de statues ou même, dans les pays où il abonde, comme pierre de construction. Le seul inconvénient qu'il présente est précisément sa dureté, qui le rend difficile à tailler.

Une autre sorte de roche granitoïde est celle nommée **granulite**, dans laquelle on trouve surtout du *mica blanc* au lieu de mica noir. La granulite forme le massif du Mont Saint-

Michel. On la rencontre aussi en Bretagne, dans le Morvan et dans le Massif Central.

Citons encore la **syénite** (de Syène, en Egypte), dans laquelle le mica est remplacé par de l'*amphibole* vert foncé, presque noir.

C'est cette roche qui compose l'obélisque de Louqsor (*fig.* 42), rapporté d'Egypte et dressé sur la place de la Concorde, à Paris.

Il y en a encore bien d'autres sortes dont nous ne parlerons pas, notamment des roches de couleur plus sombre.

8. Roches porphyroïdes. — Leur diversité n'est pas moins grande que celle des roches granitoïdes. Sans insister sur leur énumération, faisons remarquer surtout que leur structure leur permet de prendre un poli beaucoup plus parfait que les précédentes. Aussi s'en sert-on pour la décoration des édifices. Citons seulement le **porphyre vert** des monuments grecs, et le **porphyre rouge** que les Romains importaient d'Egypte. On exploite aujourd'hui dans la Haute-Saône et dans diverses régions montagneuses des roches analogues.

Fig. 42. — Obélisque de Louqsor.

9. Roches microlithiques. — Ces roches sont celles que rejettent les volcans actuels et que l'on désigne sous le nom général de **laves**. Leur présence dans certains endroits où il n'existe plus de ces sortes de montagnes en activité, comme en Auvergne, par exemple, est considérée comme une preuve de leur existence antérieure à cause de l'analogie complète qu'elles présentent comme composition et comme disposition en coulées avec les produits des volcans actuels.

D'après leur composition et leur aspect, on leur donne différents noms.

Citons, par exemple, le basalte, roche noire avec quelques cristaux verts, lourde, riche en fer au point d'être attirée par l'aimant.

Les parties profondes des coulées présentent souvent la disposition en prismes juxtaposés, à cause de la diminution de volume que la roche a subie en se solidifiant par refroidissement. C'est là l'origine des curiosités naturelles connues sous le nom de *chaussées de basalte* [chaussée des Géants en Irlande (*fig.* 178), grotte de Fingal (*fig.* 43) dans les îles Hébrides] ou *d'orgues* [orgues d'Espaly (*fig.* 44) dans le Massif Central].

L'Etna et le Vésuve rejettent encore des laves assez analogues.

Citons encore le **trachyte**, roche moins foncée que le basalte, rude au toucher, dont il existe plusieurs variétés encore rejetées par les volcans actuels, comme l'**andésite**, qui tire son nom de la

Fig. 43. — Grotte de Fingal.

chaîne des Andes, et qui fut rejetée par la montagne Pelée, lors de sa terrible éruption de 1902.

D'autres laves sont encore de teinte plus claire.

Les différences de structure des roches cristallines paraissent devoir s'expliquer par les circonstances dans lesquelles s'est produite la cristallisation.

L'expérience montre, en effet, que lorsqu'un corps cristallise par refroidissement de sa masse en fusion, les *cristaux* qui se forment sont *d'autant plus gros* que le *refroidissement est plus lent.*

En se basant sur ce fait, deux savants français, MM. Fouqué et Michel Lévy, ont réussi à reproduire artificiellement des

roches cristallines de structure différente. Par exemple, en
faisant fondre dans un creuset un mélange correspondant à la

Fig. 44. — Orgues d'Espaly.

composition du
basalte, et en re-
froidissant plus
ou moins vite,
ils ont obtenu,
tantôt du vrai
basalte à struc-
ture microli-
thique, tantôt
une roche sombre
de structure
porphyroïde,
tantôt une roche
sombre de struc-
ture granitoïde.

D'après ces
expériences, les
roches microli-
thiques seraient
des roches érup-
tives solidifiées dans les mêmes conditions que les laves des
volcans actuels, tandis que les roches porphyroïdes et granitoïdes se seraient solidifiées beaucoup plus lentement dans
les profondeurs du sol des régions volcaniques.

ROCHES CRISTALLOPHYLLIENNES

10. On trouve aussi dans certains endroits, surtout au voisinage des roches éruptives dont nous venons de parler, des
roches qui paraissent *intermédiaires* entre les *roches sédimentaires* et les *roches éruptives*. Elles rappellent les roches éruptives en ce qu'elles sont formées de *cristaux variés* et elles
rappellent les roches sédimentaires en ce qu'elles présentent
des traces plus ou moins nettes de *stratification*.

Quelquefois même cette structure stratifiée permet de les
partager facilement en plaques minces.

On les appelle roches **cristallophylliennes** (du grec *krystallos*, cristal, et *phyllon*, feuille), parce qu'elles sont à la fois cristallines et feuilletées plus ou moins nettement.

Les deux sortes les plus connues de ces roches sont :

Le **gneiss** (*fig.* 45), qui est formé des mêmes éléments que le granite, mais dans lequel les paillettes de mica sont alignées parallèlement. Cette disposition est d'ailleurs plus ou moins nette, à tel point que l'on qualifie certains

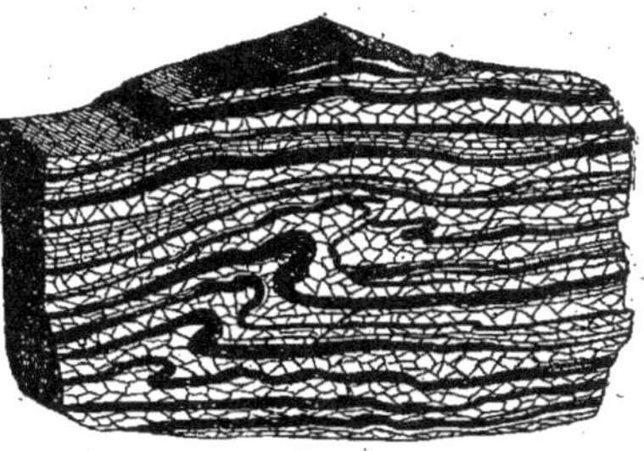

FIG. 45. — Gneiss.

gneiss de *granitoïdes*, à cause de leur grande ressemblance avec le granite ;

Et le **micaschiste**, dans lequel le mica existe en larges plaques miroitantes séparées par des lits de quartz.

Ces roches cristallophylliennes sont très communes en Bretagne, dans le Massif Central et dans les Alpes.

LECTURE

Une partie de la France en porphyre. — Le célèbre massif de l'Esterel (*fig.* 46), une des curiosités de la côte d'Azur, est presque entièrement constitué par un porphyre, dont la couleur rouge brun foncé donne une physionomie toute particulière au paysage lorsqu'il y domine.

Fig. 46. — Une vue du massif de l'Esterel.

Les points les plus remarquables du massif sont les défilés sauvages dans lesquels la rivière d'Endre et son affluent, le vallon de Saint-Pons à l'ouest, ainsi que le ruisseau du Blavet, au centre, traversent la chaîne. Les flancs escarpés de ces gorges sont constitués par des porphyres et semblent formés d'un amoncellement d'aiguilles prismatiques de toutes dimensions, laissant entre elles des anfractuosités mises à profit par la végétation ainsi développée avec une fantaisie charmante. Des lentisques et des bruyères en massifs élevés, des smilax aux gracieuses tiges grimpantes, des arbousiers, des myrtes, des ajoncs, des cistes, constituent une riche flore d'arbustes, de plantes basses, croissant au pied des pins maritimes, seuls arbres de haute futaie, dont les troncs rectilignes, le port régulier, contrastent vivement avec les allures variées des buissons qui couvrent les pentes.

Les plateaux, les crêtes et les pitons qui couronnent la masse porphyrique ne sont pas moins pittoresques que les ravins qui l'entaillent : c'est toujours en grands prismes verticaux ou à peu près

que la roche est divisée, et cette disposition donne lieu à des à pic
creusés de grottes, à des arêtes dentelées, à des mornes escarpés du
plus bel effet. Dans le massif du Rouët, la grotte appelée Baume-
Reinarde est assez spacieuse pour avoir donné autrefois asile aux
habitants de la région poursuivis à la suite des événements de 1851.

Un trait particulier des escarpements porphyriques est le véritable chaos de blocs éboulés qui en encombre le pied. Le Grand-
Clapier, près du sommet du Rouët, est un des plus curieux entassements de cette nature.

Dans l'Esterel, ce qu'il faut surtout admirer, ce sont les paysages
auxquels la mer vient apporter ses merveilleux effets décoratifs, sa
couleur bleue dont le teint se marie d'une façon si heureuse avec le
vert sombre des pins et les tons si riches des rochers de porphyre.
Du sommet du mont Vinaigre, point culminant du massif (616 mètres),
jusqu'au cap Roux, dont la silhouette accentuée est si caractéristique, on peut parcourir tous les vallons, pour en contempler les
pentes sauvages, couvertes de bois de pins, et couronnées de pitons
aux parois abruptes; on peut aussi cheminer sur les crêtes pour
voir de près ces rochers curieux en même temps qu'on a sous les
yeux de grandioses perspectives; chaque pas offre aux regards un
nouveau tableau où tout concourt au charme : la variété des lignes
et des couleurs; les oppositions créées par l'aspect riant des portions boisées, à côté des apparences désolées qu'offrent les amon-
cellements de blocs porphyriques, et les falaises rocheuses qui les
surmontent.

Mais c'est surtout au bord de la mer que le spectacle est vraiment
merveilleux. Le porphyre de l'Esterel est lentement attaqué par la
mer, mais le choc des vagues a cependant peu à peu raison de cette
roche si dure, soit en en détachant des fragments quand elle est
fissurée, soit en corrodant les divers éléments qui la composent. Il
est résulté, de cette action lente, des érosions très irrégulières qui
donnent aux rochers de porphyre les formes les plus bizarres, surtout remarquables par leurs contours accusés. Les Lions, à Saint-
Raphaël, sont bien connus de tous les voyageurs qui ont visité cette
ravissante station hivernale.

En dehors du porphyre rouge, qui a été appelé aussi porphyre de
l'Esterel, la même région contient un épanchement de moins grande
importance formé par un porphyre bleu, qui a été exploité autrefois par les Romains, et dont on tire actuellement de grandes quan-
tités de pavés et de ballast. Les gisements de cette roche, composée
d'une pâte bleuâtre avec cristaux de feldspath, de quartz et d'amphibole, et dont l'homogénéité et la dureté sont les qualités principales, se trouvent aux environs d'Agay. La mer baigne le pied des
carrières et le porphyre bleu y forme des rochers de couleur claire,
aux contours arrondis bien distincts de ceux que constitue, dans le
voisinage, le porphyre de l'Esterel[1].

1. D'après M. Zürcher.

TABLEAU SYNOPTIQUE DES ROCHES

Roches

Sédimentaires (en couches parallèles)

Calcaires
- caractères : rayées par l'acier ; effervescence par les acides ; décomposées par la chaleur ; solubles dans l'eau contenant du gaz carbonique.
- exemples : marbre, calcaire grossier, calcaire ôolithique, craie, calcaire lithographique.

Argileuses
- caractères : rayées à l'ongle ; plastiques ; imperméables ; durcissant par la cuisson.
- exemples : kaolin, argile plastique, schiste, ardoise.

Siliceuses
- caractères : rayent l'acier ; insolubles ; ne font pas effervescence par les acides.
- exemples : sable et gravier, grès et poudingue, silex, meulière.

Salines
- caractères : rayées par l'ongle ; solubles dans l'eau.
- exemples : gypse et sel gemme.

Combustibles
- caractères : formées de charbon impur.
- exemples : anthracite, houille, lignite, tourbe.

Eruptives (cristaux variés enchevêtrés)

Minéraux constituants : quartz, feldspaths, micas et autres silicates.

Structure

granitoïde
- caractère : cristaux enchevêtrés visibles à l'œil.
- exemples : granite, granulite, syénite, etc.

porphyroïde
- caractère : cristaux assez gros enchâssés dans une pâte de cristaux microscopiques.
- exemples : porphyre vert, porphyre rouge, etc.

microlithique
- caractère : cristaux surtout microscopiques entremêlés de parties non cristallisées.
- exemples : laves, basalte, trachyte, andésite, etc.

Cristallophylliennes
- Structure : cristalline et feuilletée.
- Exemples : gneiss et micaschiste.

FIG. 47. — Le Sidobre.
(Cliché du *Manuel de l'eau*, édit. par le *Touring-Club de France*).

DEUXIÈME PARTIE

PHÉNOMÈNES ACTUELS SE RATTACHANT
A L'ACTION DE LA CHALEUR SOLAIRE

Leçon V

Notions générales. — Les vents
et leur action de transport. — Les dunes.

RÉSUMÉ. — **1.** La *surface du sol* et l'écorce terrestre se *modi-fient* continuellement, soit *brusquement* (éruptions volcaniques, tremblements de terre, éboulements, etc.), soit *lentement* (actions de l'air, de l'eau, etc.).

2. L'*atmosphère* est formée principalement d'*azote* (environ 4/5 et d'*oxygène* (environ 1/5). Elle contient aussi un peu de *gaz carbonique* et de *vapeur d'eau*. Son épaisseur est inconnue.

3. L'atmosphère est le siège de *mouvements continuels* dus aux *différences de température et de pression* (vents alizés, brises de terre et de mer, etc.).

4. Dans les régions désertiques, les *roches*, *désagrégées* par les variations de température, tombent en *poussière* qui est *entraînée par le vent*. Un transport analogue se produit sur les rivages maritimes bas et sablonneux.

5. Les *dunes maritimes* se montrent sur les *côtes basses et sablonneuses*. Elles ont *deux pentes différentes*, l'une douce vers la mer, l'autre plus raide vers l'intérieur des terres. En arrière, il y a souvent des *étangs d'eau douce*.

6. Elles sont dues à l'*action du vent*, qui pousse le sable desséché contre les *obstacles* (touffes d'herbe, buissons, rochers). Les *étangs* sont formés par les *cours d'eau arrêtés* ou retardés par le sable.

7. Les *dunes de Gascogne*, qui envahissaient les villages, ont été *fixées par des pins*, aujourd'hui exploités pour le *bois* et la *résine*.

⭐   ⭐   ⭐

1. Notions générales. — Nous avons maintenant à examiner s'il ne se produit pas, à la surface de la terre ou dans son écorce, des *modifications*.

A première vue, nous serions tentés de croire qu'il n'en est rien; mais, après réflexion, nous pouvons nous rendre compte que cette première idée provient d'une illusion qui tient à la faible durée de notre existence, en comparaison de la durée énorme des temps géologiques.

D'abord, certains *phénomènes brusques*, qui frappent l'imagination par le nombre des victimes ou par l'importance des dégâts qu'ils produisent, comme les *éruptions volcaniques*, les *tremblements de terre*, les *avalanches*, les *éboulements de montagnes*, les *inondations* par les torrents, nous offrent de premiers exemples très nets de ces modifications que subit la surface de notre globe.

Mais à côté de ces phénomènes brutaux, il y en a bien d'autres, qui nous paraissent insignifiants au premier abord, mais qui acquièrent cependant une grande importance *à la longue* par la *continuité* de leur action ou par leur *répétition* fréquente.

Nous étudierons d'abord ceux de ces phénomènes qui peuvent se rattacher à une même cause, extérieure à notre globe, à savoir la **chaleur solaire** à laquelle sont dus les mouvements de l'atmosphère, c'est-à-dire les **vents**.

Ceux-ci, en entraînant avec eux la *vapeur d'eau* puisée dans les océans par la chaleur solaire, donnent naissance aux **pluies**, qui alimentent les **sources** et les **cours d'eau**.

Enfin les **êtres vivants**, animaux et végétaux, qui ne sauraient vivre sans la chaleur et la lumière solaires, peuvent jouer aussi un rôle géologique, qui doit être logiquement rapporté à sa cause première, le soleil.

Nous étudierons successivement ces trois ordres de phénomènes.

ACTION DE L'AIR

2. L'atmosphère. — On sait que la sphère terrestre est entourée d'une couche d'air nommée **atmosphère**.

L'air est formé surtout d'*azote*, qui y entre pour les 4/5 environ, et d'*oxygène*, qui fournit l'autre 1/5. En plus de ces deux gaz principaux, on en a découvert plusieurs autres qui n'y existent qu'en proportion très faible. Celui de ces gaz accessoires qui nous intéresse le plus au point de vue géologique est le *gaz carbonique*, que nous verrons intervenir dans plusieurs des phénomènes que nous avons à étudier, bien qu'il n'existe dans l'atmosphère qu'en proportion très faible, puisque 10.000 litres d'air contiennent seulement 4 à 6 litres de gaz carbonique.

Enfin, l'air contient toujours une certaine quantité de *vapeur d'eau*, indispensable à la vie des animaux et des plantes.

L'épaisseur de l'atmosphère est inconnue. On s'est élevé plusieurs fois en ballon jusqu'à des hauteurs dépassant 7.000 mètres. Mais, comme l'air devient de moins en moins dense à mesure qu'on s'élève, la respiration devient de plus en plus difficile, et plusieurs accidents mortels ont fait renoncer à ce mode d'exploration directe.

Depuis quelques années, on a adopté le système des *ballons-sondes*, c'est-à-dire des *ballons non montés*, pourvus seulement d'appareils fonctionnant automatiquement par un mouvement d'horlogerie, et *enregistrant* les différentes observations qu'auraient pu faire les aéronautes. Ces ballons ont atteint plusieurs fois l'altitude de 15.000 mètres, et parfois plus de 30.000 mètres. Comme ces ballons ne peuvent flotter que dans un air ayant encore une certaine densité, on est conduit à penser que l'épaisseur de l'atmosphère atteint et même dépasse sans doute 60 kilomètres.

Fig. 48. — Montgolfière.

3. Mouvements de l'atmosphère. — L'atmosphère, grâce à la *mobilité* de ses particules, est *constamment en mouvement*.

Par exemple, il suffit d'une différence de température entre deux masses d'air voisines et communiquant ensemble pour qu'il s'établisse un *double courant* entre ces deux masses. Ainsi entre deux chambres d'un même appartement, l'une chaude, l'autre froide, la flamme d'une bougie nous montre, par le sens dans lequel elle s'incline, qu'il se produit dans le bas de la porte de communication un *courant d'air froid* de la pièce froide vers la pièce chaude, et dans le haut de la porte un *courant inverse d'air chaud*.

L'explication de ce fait est d'ailleurs très simple. *L'air qui s'échauffe* tend à augmenter de volume, c'est-à-dire à devenir moins dense. Par suite il *tend à s'élever* dans l'atmosphère. C'est là le principe des premiers ballons ou *montgolfières* (*fig.* 48), que l'on gonflait avec de l'air chaud.

On peut rendre ce mouvement visible en mettant au-dessus d'un poêle allumé, ou même de la flamme d'une bougie, une bande de papier découpée en spirale et soutenue en son centre par un fil qui lui permet de tourner. La bande de papier ainsi soutenue forme une sorte d'hélice qui tourne rapidement dès qu'on la met au-dessus du corps chaud, rendant ainsi manifeste le courant ascendant d'air chaud.

L'air chaud qui monte est remplacé à mesure par de l'air froid qui vient du voisinage. Cet air froid à son tour est remplacé par l'air chaud qui circule dans les régions plus élevées.

Une autre cause des mouvements de l'atmosphère, c'est la **différence de pression** qui peut exister entre deux régions. Nous en avons un exemple en petit dans nos mouvements respiratoires.

FIG. 49. — Production de la *brise de mer* pendant le jour.

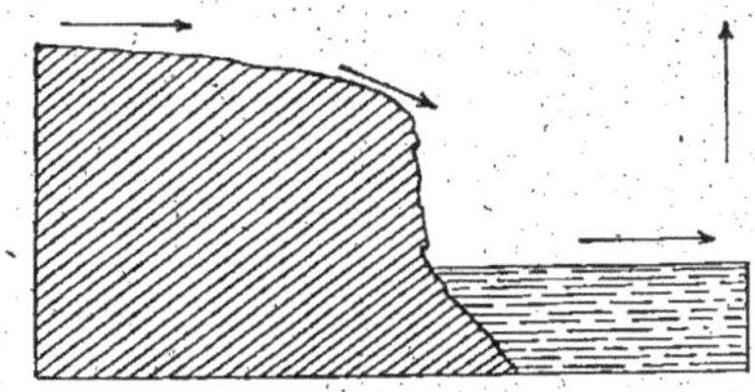

FIG. 50. — Production de la *brise de terre* à la tombée de la nuit.

Lorsque nous dilatons notre poitrine, il se produit dans nos poumons une **dépression**, c'est-à-dire une *diminution de pression* et l'air extérieur pénètre dans les voies respiratoires pour rétablir l'équilibre. De même, lorsqu'est provoqué dans l'atmosphère, sous l'action de causes qui ne sont pas encore bien connues, un **centre de dépression**, c'est-à-dire une région où la pression est moindre que dans les régions voisines, il y a vers le centre de dépression un *appel d'air*.

Si ce ne sont pas là les seules causes des mouvements de l'atmosphère, ce sont au moins les deux principales.

Ainsi prennent naissance, notamment, les grands vents réguliers nommés **alizés** et **contre-alizés,** qui se forment entre les régions équatoriales fortement échauffées et les régions polaires, de même que la **brise de mer** (*fig.* 49), due à ce que la terre s'échauffe plus vite que la mer pendant le jour, et la **brise de terre** (*fig.* 50), due à ce que la terre se refroidit plus vite que la mer pendant la nuit.

Arrivons maintenant aux effets géologiques que peuvent provoquer ces mouvements de l'atmosphère.

4. Le vent soulève la poussière. — C'est là un fait tellement connu, qu'il peut sembler banal de le mentionner ici. Cependant on va voir qu'il est digne de retenir notre attention.

Remarquons d'abord que ce fait se produit surtout dans les *endroits dépourvus de végétation.* Ainsi, dans nos pays, c'est surtout sur les routes que nous voyons, par les temps secs, la poussière soulevée par les coups de vent. Il est facile de comprendre que les plantes protègent les parcelles mobiles du sol contre l'action du vent. C'est donc surtout dans les *régions désertiques* (*fig.* 51) que les effets dont nous nous occupons se font sentir.

En effet, dans ces dernières, le climat est extrêmement sec. Les rares plantes qui peuvent vivre dans ces conditions sont des plantes de petite taille, à feuilles extrêmement réduites, et ne protègent guère le sol contre l'action du vent.

D'ailleurs les *pluies étant très rares*, les parcelles du sol sont presque toujours desséchées et facilement soulevées par le vent.

D'autre part, les *écarts de température* entre le jour et la nuit sont *considérables* à cause de la sécheresse de l'air. Les *roches échauffées* à la surface pendant le jour au point que l'on ne peut y tenir la main, se *refroidissent* rapidement dès que le soleil ne donne plus sur elles. Elles *se fendillent* sous l'action de ces variations de température, et les fragments qui en résultent se réduisent de même en fragments de plus en plus petits pour tomber finalement en *poussière.*

Cette poussière, *entraînée par le vent* à mesure qu'elle se forme, s'accumule en certains endroits, tandis que partout ailleurs, la roche compacte et les pierres sont constamment remises à nu par l'enlèvement continu de la poussière, et sont toujours en état de subir l'effet des variations de température.

FIG. 51. — Vue du désert.

De là les deux aspects que présentent les régions désertiques : *désert de pierre*, que l'on appelle *hamada* dans le Sahara, et *désert de sable*, que l'on appelle *erg*. Cette dernière partie occupe environ 1/7 de la surface totale du Sahara.

Les plages des rivages maritimes bas et sablonneux, nues et exposées aux vents violents du large, se trouvent dans des conditions analogues aux régions désertiques et se prêtent aussi au transport du sable par le vent. C'est ainsi que se produisent les **dunes**.

5. Description des dunes. — Les **dunes** sont des *collines de sable* qui prennent naissance soit dans les *régions désertiques*, soit sur les *rivages maritimes* bas et sablonneux. Les dunes désertiques atteignent jusqu'à 200 mètres de hauteur et se déplacent peu à peu sous l'action du vent. Lorsque ces dunes se trouvent près d'un lac, le sable poussé par le vent envahit le lac et tend à le combler; il en est ainsi dans la région du Tchad. Mais nous parlerons surtout des dunes maritimes qui sont plus à notre portée. En France, par exemple, on en trouve sur le *littoral de la mer du Nord* aux environs de Dunkerque, sur *le littoral atlantique* au sud de la Gironde et sur la Méditerranée dans le *golfe du Lion*. Leur hauteur est variable. Ainsi, tandis qu'elles atteignent rarement 10 mètres sur les bords du golfe du Lion, elles ont jusqu'à 75 ou 80 mètres sur les côtes de Gascogne et jusqu'à 180 mètres sur les côtes sahariennes de l'Atlantique.

Lorsqu'on arrive au sommet d'une de ces dunes, après une ascension rendue pénible par la difficulté de la marche dans le sable mouvant, on constate que la *pente tournée vers la mer* est sensiblement *plus douce que l'autre.*

En arrière de la première crête, il s'en trouve quelquefois une ou plusieurs autres, de plus en plus élevées vers l'intérieur des terres, et présentant toujours ces deux pentes différentes disposées de la même façon.

On peut remarquer de plus que généralement la *crête n'est pas rectiligne*, mais arquée, la convexité étant tournée du côté de la mer.

Quelquefois, comme on le voit notamment en Gascogne, des *étangs d'eau douce* s'étendent en arrière de la ligne des dunes.

6. Mode de formation des dunes. — Cherchons maintenant à nous rendre compte de la façon dont se forment les dunes (*fig. 52*).

Remarquons d'abord que les conditions indiquées précédemment au n° 4 pour le transport des poussières par le vent se trouvent ici réalisées, surtout dans le cas d'une mer pourvue de marées. Le rivage est formé dans ces endroits de *sable fin* dans lequel ne pousse qu'une *maigre végétation*. Tant que ce sable est humecté par l'eau, le vent n'a pas de prise sur lui, mais lorsque la mer baisse par le jeu des marées, le sable ne tarde pas à se dessécher et à devenir très mobile. Ceux qui fréquentent les plages ont pu remarquer que l'*on marche facilement sur le sable humide*, tandis que la *marche* devient *très pénible dans le sable sec*, où le pied s'enfonce profondément.

Quand le *vent souffle de la mer*, comme cela arrive généralement pendant le jour par l'effet de la *brise de la mer*, les grains

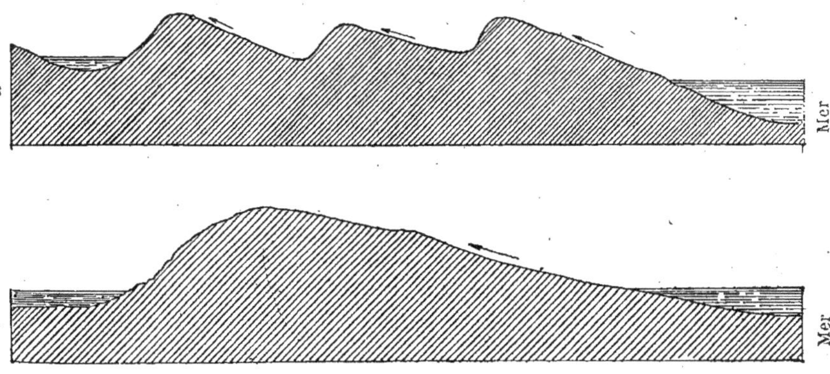

Fig. 52. — Schémas de la formation des dunes (A) et des chaines de dunes (B).

de sable desséché sont **poussés vers l'intérieur** des terres. Si un obstacle quelconque, *touffe d'herbe, buisson, rocher*, les arrête, les *grains de sable s'accumulent* contre l'**obstacle** jusqu'à ce qu'ils le submergent. Mais pour qu'il en soit ainsi, il faut que la *pente* tournée vers la mer soit *assez faible pour que le grain de sable puisse la remonter* sous l'action du vent. Si la pente est trop forte, le sable s'arrêtera en route, ce qui diminuera la pente générale et la rendra peu à peu assez faible pour que le sable puisse arriver jusqu'en haut. Une fois que l'obstacle est enfoui dans le sable du côté de la mer, les grains qui arrivent en haut de la pente, toujours poussés par le vent, *franchissent la crête*. Mais à partir de ce moment, le *vent n'a plus de prise sur eux et seule la pesanteur peut les faire descendre*. C'est pourquoi la pente tournée vers l'intérieur des terres est nécessairement plus forte, car tant qu'elle n'est pas suffisante, les grains de sable ne roulent pas les uns sur les autres sous la seule action de leur poids ; ils restent en route, ce qui accroît la pente générale, jusqu'à ce qu'elle permette la chute des grains.

Nous comprenons donc facilement comment les **deux pentes** s'établissent **nécessairement** avec une valeur différente. Cette disposition ne pourrait être renversée que par une tempête soufflant de l'intérieur des terres. Mais, au moins sur les côtes de Gascogne, les tempêtes viennent généralement du sud-ouest ou de l'ouest, de sorte que la disposition des dunes y reste toujours la même.

Quant à la **courbure de la crête** de la dune, nous nous l'expliquons aussi par l'*influence des obstacles*, car à droite et à gauche de l'obstacle, le sable n'étant pas gêné dans sa marche y chemine plus vite.

On peut réaliser en petit ces conditions et assister à la formation d'une petite dune en enfonçant dans le sable d'une plage une planchette, qui figure l'obstacle naturel.

La **formation des étangs** en arrière de la dune s'explique facilement par l'*envahissement du lit des cours d'eau* qui se dirigent vers la mer. Leur eau est ainsi arrêtée ou du moins retardée dans sa marche.

7. Déplacement des dunes et leur fixation. — Il résulte clairement de ce qui précède que les **dunes se déplacent progressivement** vers l'intérieur des terres.

On en a vu une en Bretagne, aux environs de Saint-Pol-de-Léon, se déplacer à raison de près de 500 mètres par an. Mais cette vitesse de progression est tout à fait exceptionnelle.

Dans les dunes de Gascogne, on a observé une vitesse moyenne de 20 à 30 mètres par an, déplacement relativement faible mais présentant cependant bien des inconvénients : les *villages* envahis par le sable étaient *obligés de se déplacer*, et les nouvelles constructions étaient menacées elles-mêmes pour un avenir plus ou moins éloigné.

On a donc cherché le moyen de **fixer les dunes.**

L'étude des auteurs anciens a montré que la région des dunes de Gascogne était autrefois couverte de forêts et que l'on n'avait pas alors à se plaindre de l'envahissement des sables. Il est donc problable que c'est la *destruction des forêts* par l'homme en vue d'un bénéfice immédiat qui a amené cet état de choses regrettable.

Le remède indiqué était donc le **reboisement**. Les arbres, en effet, arrêtent l'action du vent par leurs branches et leurs feuilles, et d'autre part les feuilles mortes qui jonchent le sol protègent le sable contre l'enlèvement.

L'ingénieur français **Brémontier** réussit, vers la fin du xviiie siècle, à vaincre toutes les difficultés de l'entreprise, et obtint ainsi non seulement la **fixation des dunes**, mais par surcroît la **mise en valeur** de ces surfaces improductives, aujourd'hui recouvertes de pins maritimes.

Depuis cette époque, l'homme, instruit par l'expérience, exploite *rationnellement* ces forêts, c'est-à-dire qu'il a soin de planter de nouveaux arbres à mesure qu'il abat ceux qui sont arrivés à une taille suffisante.

Le bois n'est pas le seul produit utile des pins. Ceux-ci fournissent aussi la **résine**, qui sort d'elle-même de la tige en certains endroits. On provoque un écoulement de résine plus abondant en faisant une *entaille* à la tige, et on recueille cette résine dans de *petits pots* suspendus au-dessous de l'entaille. Le procédé Brémontier a été appliqué dans d'autres endroits avec le même succès. Les plantes employées varient suivant les régions, mais le principe est toujours le même : *protéger le sable contre l'action du vent* en le recouvrant d'une végétation appropriée au climat.

TABLEAU SYNOPTIQUE DE L'ACTION DE L'AIR

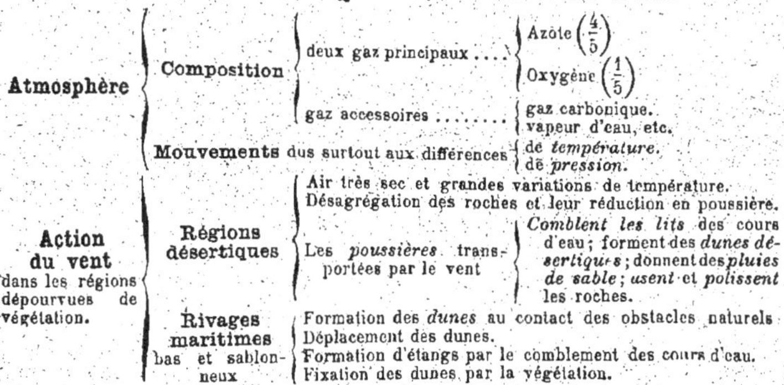

Atmosphère	Composition	deux gaz principaux	Azote $\left(\frac{4}{5}\right)$ — Oxygène $\left(\frac{1}{5}\right)$
		gaz accessoires	gaz carbonique, vapeur d'eau, etc.
	Mouvements dus surtout aux différences		de *température*, de *pression*.
Action du vent dans les régions dépourvues de végétation.	Régions désertiques	Air très sec et grandes variations de température. Désagrégation des roches et leur réduction en poussière.	
		Les *poussières* transportées par le vent	*Comblent les lits* des cours d'eau ; forment des *dunes désertiques* ; donnent des *pluies de sable* ; *usent* et *polissent* les roches.
	Rivages maritimes bas et sablonneux	Formation des *dunes* au contact des obstacles naturels. Déplacement des dunes. Formation d'étangs par le comblement des cours d'eau. Fixation des dunes par la végétation.	

LECTURE

Brémontier et les dunes de Gascogne [1]. — En 1787 un grand ingénieur, Brémontier, s'aidant des observations et de quelques essais faits précédemment dans la région, traça et parvint à faire mettre à exécution un programme de travaux en vue de fixer par la végétation forestière les sables envahisseurs. Sur cette arène mobile, là où la nature, réduite à ses seules forces, s'était arrêtée, impuissante, l'intelligence, la volonté opiniâtre d'un homme réussirent.

Par des clayonnages disposés à l'encontre du vent de l'ouest, par des couvertures de branchages que des crochets de bois fixaient au sol, par des semis de plantes herbacées ou semi-ligneuses : le *gourbet*, le *genêt* et l'*ajonc*, on parvint à fixer momentanément les sables et à donner aux jeunes semis de *pin maritime* (*fig.* 53) l'abri et la protection temporaires qui seuls pouvaient leur permettre de se développer.

Le succès dépassa toutes les espérances. Là où l'on ne voyait ni un arbre, ni un buisson, ni une touffe d'herbe, s'étendent aujourd'hui les ondulations verdoyantes d'un immense bois de pins. Là où la gorge desséchée ne respirait que la poussière sableuse soulevée par le vent, règne maintenant une atmosphère humide tout imprégnée de parfums de résine. Là où l'homme voyait avec terreur le sable stérile s'avancer chaque jour, menaçant d'ensevelir ses cultures, ses vignes, sa demeure, se trouve pour lui une inépuisable source de profits.

Toute une population est occupée à exploiter, façonner, transporter des bois et surtout extraire de ces bois de pins cette matière précieuse — la résine — qui sert de préparation à tant de produits industriels : couleurs, vernis, savons, bougies, torches de résine, cire à cacheter, goudrons, poix, noir de fumée, graisse végétale ou graisse de résine pour machines, encre d'imprimerie, calfatage des navires, injection des bois, industrie du dégraissage, préparation de vêtements caoutchoutés et imperméables, soudure de certains métaux, essence de térébenthine, utilisations médicinales et pharmaceutiques, etc.

Cette transformation de la zone des dunes prépara et provoqua une autre transformation non moins importante. Derrière ces monticules de sable qui s'étendaient tout le long des rivages, s'était formée cette immense zone marécageuse connue sous le nom de *Landes* de Gascogne. Au désert sablonneux et aride du littoral succédait le steppe humide et malsain, presque désert aussi ; rien de plus triste que l'aspect de cette vaste plaine inculte, en hiver à demi envahie par les eaux, en été couverte d'ajoncs, de bruyères et de grandes herbes desséchées par le soleil. On l'a représentée souvent avec ses larges et mélancoliques horizons, ses troupeaux de moutons

1. D'après M. E. Cardot (*Manuel de l'arbre* publié par le Touring-Club).

FIG. 53. — Ancienne dune, aujourd'hui couverte d'une belle forêt de pins.
(Cliché du *Manuel de l'arbre*, édité par le *Touring-Club de France*.)

étiolés que des bergers perchés sur de hautes échasses, le teint hâlé, la face amaigrie, promenaient à travers la lande et, çà et là, sur de petites éminences, à l'abri d'un bouquet de pins, une misérable chaumière ou un pauvre village dont les habitants luttaient péniblement contre la misère et la fièvre. Ici encore l'homme a triomphé de la nature ; après avoir vaincu le désert, il a vaincu le marais.

Un homme dont le nom vient à côté de celui de Brémontier, l'ingénieur Chambrelent, entreprit de remettre en valeur ces landes stériles. C'est l'arbre forestier, le pin maritime surtout, qui fut encore l'instrument de régénération.

Mais pour qu'il pût réussir sur ce sol inondé, une grande partie de l'année, il fallait tout d'abord par un vaste réseau de canaux d'assainissement assurer le libre écoulement des eaux stagnantes. Et pour qu'il pût donner lieu plus tard à des exploitations fructueuses, il fallait des routes de pénétration, des chemins de fer. En une quinzaine d'années, ce magnifique programme de restauration, qui s'étendait à plus de 600.000 hectares, fut presque complètement réalisé et, à la forêt bienfaisante des dunes, s'ajouta l'immense forêt landaise, plus bienfaisante encore: car si l'invasion des sables faisait reculer l'homme, le chassant de son pays, de son habitation, le marais faisait pis, il le tuait, lui infusait le lent poison de la fièvre. Or, la forêt, complétant les résultats des canaux d'écoulement et d'évacuation des eaux, fit bientôt de cette région l'une des plus saines du globe.

ACTION DE L'EAU

Leçon VI

Notions générales. — Eau d'infiltration.

RÉSUMÉ. — 1. Les *vents chauds* qui passent sur l'Océan s'y chargent d'*humidité* et donnent naissance en se refroidissant aux *brouillards*, aux *nuages*, et aux *pluies*.

2. L'*eau des pluies*, distribuée très inégalement suivant les régions, se partage en trois parties : *a*) l'eau qui s'évapore et retourne dans l'atmosphère (*eau d'évaporation*) ; *b*) l'eau qui s'infiltre dans le sol (*eau d'infiltration*) ; *c*) l'eau qui ruisselle à la surface du sol (*eau de ruissellement*).

3. L'*eau d'évaporation* représente une fraction assez considérable de l'eau tombée (2/3 *pour le bassin de la Seine,* 3/4 *pour le bassin du Mississipi*).

Elle ne produit pas d'effet géologique immédiat.

4. L'*eau d'infiltration* s'enfonce sous l'action de la *pesanteur* jusqu'à ce qu'elle rencontre une *couche imperméable* (argile ou marne), qu'elle imbibe en formant une *nappe d'eau souterraine*.

5. Si la *nappe d'eau affleure* à la surface du sol sur le flanc d'un coteau, elle donne naissance à une *source*.

6. Si on *creuse le sol* jusqu'à la rencontre d'une nappe d'eau, on obtient un *puits ordinaire*.

1. Notions générales. — Nous avons vu précédemment comment se produisent les grands mouvements de l'atmosphère.

Ces mouvements ont des conséquences bien plus importantes que celles que nous avons étudiées jusqu'ici. Ils sont, en effet, l'origine de la **circulation de l'eau à la surface du globe**. Nous avons dit que l'atmosphère, au moins dans ses couches inférieures, contient toujours plus ou moins de vapeur d'eau, dont la présence est favorable à la vie des animaux et des plantes. Cette vapeur d'eau est due à l'**évaporation**, sous l'influence de la **chaleur solaire**, *de l'eau des océans ou des grands* *lacs.* Plus l'air est chaud, plus il peut contenir de vapeur d'eau. Les vents les plus humides, c'est-à-dire les plus chargés en eau à l'état de *vapeur invisible*, sont donc ceux qui nous

Cliché Dʳ Evans.

FIG. 54. — Nuages.

viennent des régions chaudes après avoir passé sur l'Océan. Dans nos pays, par exemple, ce sont les vents du sud-ouest.

Ces vents humides, en se refroidissant sous différentes causes, soit par la rencontre d'un courant d'air froid, soit *en s'élevant sur le flanc d'une montagne*, arrivent à ne plus pouvoir conserver

à l'état de vapeur invisible toute l'humidité qu'ils contiennent.
Il se forme alors des **nuages** (*fig.* 54), c'est-à-dire une agglo-

Fig. 55. — Nuages se formant sur le flanc d'une montagne.

mération d'un nombre infini de petites gouttelettes d'eau. On
assiste quelquefois dans les montagnes (*fig.* 55) à la formation
de ces nuages dans un air jusque-là limpide.

Le brouillard (*fig.* 56) n'est autre chose qu'un nuage qui se forme au voisinage du sol par le refroidissement nocturne d'un air suffisamment humide.

Fig. 56. — Le brouillard.

Les nuages, à leur tour, donnent naissance aux **pluies** et aux neiges. Nous nous occuperons d'abord des pluies, en réservant l'étude de l'action des neiges pour plus tard.

Fig. 57. — Pluviomètre.

2. Répartition des pluies. — On a essayé de se rendre compte de la quantité d'eau de pluie qui tombe annuellement en un endroit donné. On se sert pour cela du pluviomètre (*fig.* 57), sorte *d'entonnoir* qui recueille l'eau de pluie et la laisse écouler dans une *éprouvette graduée* dont le fond a une surface 100 *fois plus petite*, par exemple, que celle de l'entonnoir. Si, après une averse, on a trouvé dans l'éprouvette une hauteur d'eau de 100 *millimètres*, on en conclut que l'eau tombée sur la surface de l'entonnoir représente une épaisseur de 1 *millimètre*.

En répétant ces observations pendant toute l'année et additionnant les résultats, on obtient la hauteur d'eau tombée à l'endroit considéré pendant l'année écoulée. Après un certain nombre d'années d'observations, on peut établir une **moyenne annuelle** des hauteurs d'eau tombées en un même endroit.

C'est ainsi qu'on a trouvé qu'à Paris, la moyenne annuelle est de $0^m,54$, tandis qu'au Havre elle est de $0^m,80$.

Dans les régions montagneuses, comme le Massif Central, la moyenne annuelle est sensiblement plus élevée : elle dépasse $1^m,50$.

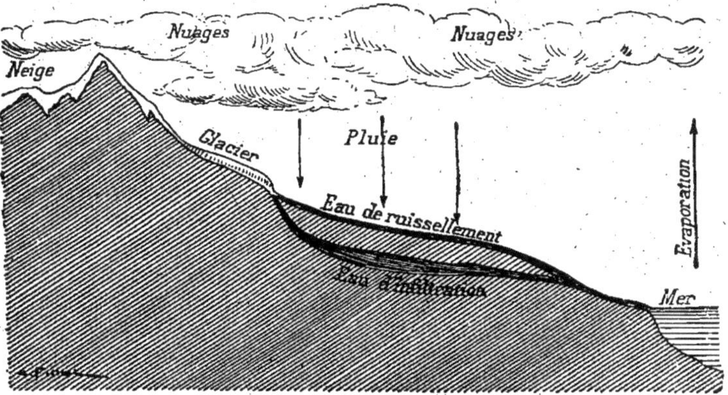

Fig. 58. — Schéma de la circulation de l'eau dans la nature.

La région du globe où les pluies paraissent être le plus abondantes est le flanc sud des monts Himalaya, où la moyenne annuelle atteint 12 à 14 mètres.

Les régions où la moyenne annuelle est inférieure à $0^m,25$ sont des régions désertiques.

D'ailleurs, cette moyenne annuelle ne suffit pas pour donner une idée exacte du climat d'un pays. Ainsi Paris et Nice ont à peu près la même moyenne annuelle, bien que les climats soient bien différents. Le nombre des jours de pluie est bien plus petit à Nice qu'à Paris, mais les pluies s'y produisent généralement par averses abondantes.

Voyons maintenant (*fig.* 58) ce que deviennent les eaux de pluie. Elles se partagent en **trois portions** qui ont une destinée différente, au moins provisoirement. Une première partie retourne à l'état de vapeur dans l'air ; on l'appelle **eau d'évaporation**. Une deuxième partie s'infiltre dans le sol, pour reparaître quelquefois plus loin sous forme de sources : c'est **l'eau d'infiltration**. Enfin la troisième partie ruisselle à la surface du sol ; c'est **l'eau de ruissellement**. Les deux dernières portions, qui se dirigent vers les régions basses, retournent donc, au moins en partie, à la masse des océans, d'où elles proviennent.

EAU D'ÉVAPORATION

3. La portion de l'eau de pluie qui s'évapore après être tombée est celle des trois portions qui nous occupera le moins longtemps, car elle n'a pas de rôle géologique immédiat. Nous n'en dirons que quelques mots, surtout pour indiquer sa valeur relative, qui est plus grande qu'on ne le croirait au premier abord.

Cette valeur dépend naturellement des régions considérées et des saisons, car elle est d'autant plus grande que la température est plus haute. Mais, même dans les régions tempérées, elle atteint une valeur relativement élevée. Les mesures faites, par exemple, dans le bassin de la Seine, montrent que ce fleuve ne rapporte à la mer que le 1/3 de l'eau tombée sous forme de pluie dans tout le bassin.

Des mesures analogues faites sur le bassin du Mississipi, il résulte que c'est seulement le 1/4 de l'eau tombée sur tout son bassin qui va à la mer.

Dernier exemple, relatif au lac de Genève, pour montrer l'importance de l'évaporation dans les lacs : le débit du Rhône à sa sortie du lac représente environ la moitié du débit total des cours d'eau d'importance diverse qui s'y jettent. Bien que toutes ces mesures ne puissent être qu'approximatives, elles nous donnent cependant un aperçu de l'*importance de l'évaporation*, même dans les régions tempérées.

EAU D'INFILTRATION

4. Mécanisme de l'infiltration. — De temps immémorial l'homme a remarqué que, en l'absence des sources qui lui fournissent l'eau dont il a besoin, il suffit de creuser le sol à une profondeur plus ou moins grande pour atteindre l'eau, et il a utilisé cette remarque pour se procurer, au moyen de puits, ce liquide indispensable à son existence. L'observation lui a montré aussi que les puits et les sources sont influencés par les pluies, car beaucoup de puits et de sources *tarissent après une longue sécheresse*. Nous allons essayer de nous rendre compte de ces phénomènes.

Les différentes roches composant l'écorce terrestre sont, suivant leur nature, **perméables** ou **imperméables.**

Les roches **imperméables** sont les roches **argileuses** et certaines **marnes** assez riches en argile.

Toutes les autres roches sont plus ou moins **perméables.**

Les unes, celles qui sont *meubles comme le sable*, sont perméables grâce à l'indépendance réciproque des grains qui les forment, ce qui permet à l'eau de circuler dans les espaces vides qui séparent ces grains.

Les autres roches, dont les éléments constituants sont soudés entre eux, peuvent cependant également s'imbiber d'eau malgré la continuité apparente de leur substance. Les carriers ont reconnu depuis longtemps cette propriété, et ils appellent *eau de carrière* cette eau qui imbibe les pierres au moment où ils les extraient. Mais de plus il arrive presque toujours que ces roches compactes sont **fissurées** par des causes que nous signalerons plus tard. Ces fissures facilitent beaucoup la pénétration de l'eau.

Il nous est facile, d'après cela, de nous expliquer le phénomène de l'infiltration.

L'eau tombée à la surface du sol continue à être sollicitée par la **pesanteur,** qui tend à la rapprocher du centre de la Terre. Si les roches superficielles sont perméables, ce qui est le cas le plus fréquent, une partie au moins de l'eau obéira directement à cette action de la pesanteur en *s'enfonçant dans le sol*.

Le reste, ou du moins la partie qui ne s'évapore pas immédiatement, y obéira aussi d'une autre façon en *ruisselant à la surface*, pour peu que celle-ci soit en pente, car, en suivant la pente, l'eau se rapproche aussi du centre de la Terre.

Ne nous occupons, pour le moment, que de la partie qui s'infiltre. *Elle obéit à l'action de la pesanteur tant que rien ne s'oppose à sa descente*, c'est-à-dire tant qu'elle ne rencontre pas une *couche imperméable d'argile ou de marne*.

Lorsque, après un trajet vertical plus ou moins long, elle rencontre une telle couche, nous savons, *d'après les propriétés de l'argile*, qu'elle imbibe cette roche très avide d'eau et qu'elle y est retenue énergiquement. *Son mouvement de descente est donc arrêté.* Après que l'argile est bien imbibée, si de nouvelle eau arrive par infiltration, elle s'accumule au-dessus de l'argile en formant ce qu'on appelle une **nappe d'eau souterraine.**

5. Sources. — Si les couches où se produit l'infiltration affleurent par leur tranche sur le flanc d'un coteau, l'*eau arrêtée par l'argile* pour constituer la nappe souterraine se trouvera *en A à l'air libre*, et elle pourra *ruisseler* à la surface du sol suivant la pente du coteau. On aura donc en A une source, plus ou moins abondante suivant l'importance de la nappe et suivant les facilités de circulation qu'offrira la roche occupée par elle.

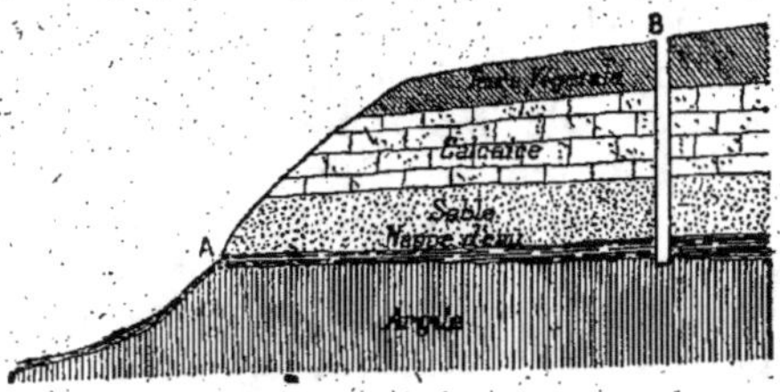

6. Puits ordinaires. — Supposons maintenant que l'on creuse un trou dans le sol en B (*fig.* 59), il est facile de comprendre que l'eau ne séjournera pas dans le trou, tant que le fond n'aura pas atteint le niveau de la nappe d'eau. Admettons, en effet, qu'il y ait de l'eau au fond à un moment donné, rien n'empêcherait celle-ci de descendre plus bas, comme la pesanteur l'y sollicite. De tels trous sont utilisés quelquefois sous le nom de **puisards** ou **puits perdus** pour se débarrasser des eaux superficielles trop abondantes.

FIG. 59. — Schéma d'un puits.

Mais, dès que le fond du trou atteint le niveau de la nappe d'eau, il n'en est plus de même. L'eau y reste parce que, retenue par l'argile, elle ne peut descendre plus bas. On a donc ici un **puits ordinaire**. On se contente de *creuser un peu au-dessous du niveau de la nappe d'eau* pour former une sorte de cuvette qui constitue un *petit réservoir* dans lequel on n'a qu'à puiser, ce qu'on fait au moyen de seaux ou de pompes.

Que se produirait-il si, pour une raison ou pour une autre, on continuait à creuser dans l'argile en modérant l'afflux de l'eau et en l'épuisant à mesure qu'elle arrive ?

On finirait par traverser complètement la couche d'argile, et, si la couche située au-dessous est perméable, l'eau cesserait de séjourner au fond du puits. On aurait de nouveau un **puits perdu**.

Cela ne veut pas dire que la nappe d'eau que nous avons considérée disparaîtrait entièrement, car l'eau qui la constitue ne suinterait que lentement le long des parois du puits, et la couche d'argile continuerait à en retenir la plus grande partie. On pourrait donc creuser dans le voisinage d'autres puits qui seraient alimentés par cette même nappe d'eau. Mais le puits considéré d'abord n'aurait plus d'eau.

En le creusant davantage, il serait toutefois possible d'arriver à une **nouvelle nappe d'eau**, correspondant à une nouvelle couche imperméable plus profonde que la première.

Mais, dira-t-on, comment les eaux d'infiltration peuvent-elles alimenter cette deuxième nappe d'eau, puisqu'elles sont arrêtées par la première couche imperméable ?

Remarquons d'abord qu'on ne saurait comparer une couche d'argile à un vase parfaitement étanche, mais bien plutôt à un vase ayant de légères fuites. Ce seul fait suffirait pour expliquer la formation, à la longue, d'une deuxième nappe d'eau plus profonde que la première. Mais il y a d'autres causes.

Les roches sédimentaires sont rarement d'une horizontalité parfaite, et de plus, la surface du sol présente souvent des ravins ou des vallées plus ou moins profonds. Il existe donc des dispositions de roches telles que celle que représente la figure de la page suivante.

L'eau qui alimente la *première nappe* s'est infiltrée en P *(fig.* 60) et a traversé le gypse, qui, nous l'avons dit, est légèrement soluble. Cette eau sera donc *chargée de gypse.*

L'eau qui alimente la *deuxième nappe* provient, pour une petite partie, des fuites de la première nappe, mais pour la plus grande partie, des eaux infiltrées en A : elle sera donc *beaucoup moins chargée de gypse.*

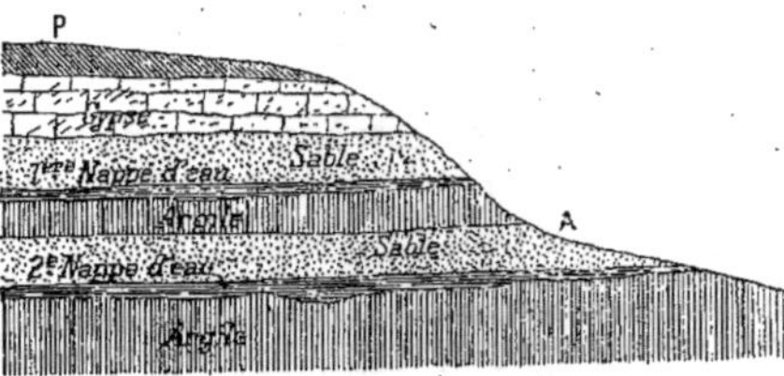

Fig. 60. — Schéma de deux nappes d'eau superposées.

Ce fait se présente notamment dans la région de Paris, où le gypse est assez commun. Comme l'eau gypseuse est impropre au savonnage et à la cuisson de certains légumes, on est quelquefois amené à en chercher d'autre qui n'ait pas ce défaut.

Pour le faire économiquement, on a recours depuis quelque temps à ce que l'on appelle des **puits tubulaires.** Au lieu de creuser un trou de plus d'un mètre de diamètre, que l'on est obligé de maçonner pour retenir les terres, on se contente d'enfoncer dans le sol un tube de diamètre convenable pour puiser l'eau au moyen d'une pompe. Pour faciliter la pénétration, le tube se termine par un foret d'acier surmonté de petits trous par lesquels l'eau peut pénétrer dans le tube.

Lorsque l'on atteint une nappe, on en essaye l'eau, et si elle ne convient pas aux usages que l'on attend d'elle, on continue le forage jusqu'à ce que l'on trouve une autre nappe d'eau possédant les qualités nécessaires.

LECTURE

Le Mississipi. — Le Mississipi *(fig.* 61), dont il est question dans la Leçon, est un grand fleuve de l'Amérique, aux énormes affluents, qui se jette dans le golfe du Mexique. Chateaubriand (1768-1848) en a tracé un tableau enchanteur, — bien qu'un peu trop théâtral cependant, comme c'était la manière d'écrire de l'époque :

« Ce fleuve, dit-il, dans un cours de plus de 1.000 lieues, arrose

une délicieuse contrée. Mille autres fleuves tributaires du Mississipi,
le Missouri, l'Illinois, l'Arkansas, l'Ohio, le Wabache, le Tenaze, l'en-
graissent de leur limon et le fertilisent de leurs eaux. Quand tous
ces fleuves se sont gonflés des déluges de l'hiver, quand les tempêtes ont abattu des pans entiers de forêts, le temps assemble sur
toutes les sources des arbres déracinés : il les unit avec des lianes,
il les cimente avec des vases, il y plante de jeunes arbrisseaux et

FIG. 61. — Le Mississipi tel qu'il était autrefois.

lance son ouvrage sur les ondes. Charriés par des vagues écumantes,
ces radeaux descendent de toutes parts au Mississipi. Le vieux
fleuve s'en empare et les pousse à son embouchure pour y former
une nouvelle branche. Par intervalles, il élève sa grande voix en
passant sous les monts; il répand ses eaux débordées autour des
colonnades des forêts et des pyramides des tombeaux indiens : c'est
le Nil des déserts. Mais la grâce est toujours unie à la magnificence
dans les scènes de la nature; et, tandis que le courant du milieu
entraîne vers la mer les cadavres des pins et des chênes, on voit sur
les deux courants latéraux, le long des rivages, des îles flottantes de
pistias et de nénufars, dont les roses jaunes s'élèvent comme de
petits pavillons. Des serpents verts, des hérons bleus, des flamants
roses, de jeunes crocodiles s'embarquent passagers sur ces vais-

seaux de fleurs, et la colonie, déployant au vent ses voiles d'or, va aborder endormie dans quelque anse retirée du fleuve.

« Les deux rives du Mississipi présentent le tableau le plus extraordinaire. Sur le bord occidental, des savanes se déroulent à perte de vue : leurs flots de verdure, en s'éloignant, semblent monter dans l'azur du ciel, où ils s'évanouissent. On voit, dans ces prairies sans bornes, errer à l'aventure des troupeaux de trois ou quatre mille buffles sauvages[1]. Quelquefois, un bison chargé d'années, fendant les flots à la nage, se vient coucher parmi les plus hautes herbes, dans une île du Mississipi. A son front orné de deux croissants, à sa barbe antique et limoneuse, vous le prendriez pour le dieu mugissant du fleuve, qui jette un regard satisfait sur la grandeur de ses ondes et la sauvage abondance de ses rives.

« Telle est la scène sur le bord occidental : mais elle change tout à coup sur la rive opposée et forme avec la première un admirable contraste. Suspendus sur le cours des ondes, groupés sur les rochers et sur les montagnes, dispersés dans les vallées, des arbres de toutes les formes, de toutes les couleurs, de tous les parfums, se mêlent, croissent ensemble, montent dans les airs à des hauteurs qui fatiguent les regards. Les vignes sauvages, les bignonias, les coloquintes s'enlacent au pied de ces arbres, escaladent leurs rameaux, grimpent à l'extrémité des branches, s'élancent de l'érable au tulipier, du tulipier à l'alcée, en formant mille grottes, mille voûtes, mille portiques. Souvent, égarées d'arbre en arbre, ces lianes traversent des bras de rivières sur lesquels elles jettent des ponts et des arches de fleurs. Du sein de ces massifs embaumés, le superbe magnolia élève son cône immobile ; surmonté de ses larges roses blanches, il domine toute la forêt, n'a d'autre rival que le palmier, qui balance légèrement auprès de lui ses éventails de verdure.

« Une multitude d'animaux, placés dans ces belles retraites, y répandent l'enchantement et la vie. De l'extrémité des avenues, on aperçoit des ours enivrés de raisins, qui chancellent sur les branches des ormeaux ; des troupes de caribous se baignent dans un lac ; des écureuils noirs se jouent dans l'épaisseur des feuillages ; des oiseaux moqueurs, des colombes virginiennes de la grosseur d'un passereau descendent sur les gazons rougis par les fraises ; des perroquets verts, à tête jaune, des piverts empourprés, des cardinaux de feu grimpent en circulant au haut des cyprès ; des colibris étincellent sur le jasmin des Florides, et des serpents oiseleurs sifflent suspendus aux dômes des bois, en s'y balançant comme des lianes.

« Si tout est silence et repos dans les savanes, de l'autre côté du fleuve, tout ici, au contraire, est mouvement et murmure : des coups de becs contre le tronc des chênes, des froissements d'animaux qui marchent, broutent ou broient entre leurs dents les noyaux des

---

1. Ces buffles sauvages ou bisons n'existent plus aujourd'hui (voir notre *Zoologie*).

fruits, des bruissements d'ondes, de faibles mugissements, de sourds meuglements, de doux roucoulements remplissent ces déserts d'une tendre et sauvage harmonie. Mais quand une brise vient à animer toutes ces solitudes, à balancer tous ces corps flottants, à confondre toutes ces masses de blanc, d'azur, de vert, de rose, à mêler toutes les couleurs, à réunir tous les murmures, il se passe de telles choses aux yeux, que j'essayerais en vain de les décrire à ceux qui n'ont point parcouru ces champs primitifs de la nature.»

Leçon VII

Puits artésiens. — Actions mécaniques des eaux d'infiltration.

RÉSUMÉ. — 1. Les *puits artésiens* ou jaillissants se produisent, d'après le *principe des vases communicants*, lorsqu'une nappe d'eau souterraine est enfermée sous une *couche imperméable en forme de cuvette*. Ex. : bassin de Paris, Sahara algérien, etc.

2. *L'eau* qui imbibe les roches, en *gelant et dégelant* alternativement, *désagrège les roches* et en agrandit les *fissures*.

3. L'eau qui imbibe l'*argile* en rend la *surface glissante*.

4. Ces deux effets expliquent les *glissements* et les *éboulements* des régions montagneuses (glissement de la *Grand-Combe*, éboulements du *Rossberg*, de la *Dent du Midi*, d'*Airolo*, etc.).

5. L'argile, par les *variations de volume* qu'elle subit suivant sa richesse en eau, peut amener des *déplacements dans les constructions* établies sur elle (*tours penchées* de Pise et de Saint-Martin d'Etampes).

❀ ❀ ❀

1. Puits artésiens. — Pour terminer la question des puits, il nous reste à parler des **puits jaillissants**, souvent nommés **puits artésiens**, parce que c'est dans l'Artois qu'on en a creusé d'abord, au moins dans l'Europe occidentale. Ce sont des puits dans lesquels *l'eau s'élève d'elle-même* jusqu'à la surface du sol ou même au-dessus.

L'explication de ces puits repose sur le *principe du jet d'eau*, c'est-à-dire sur ce principe que *l'eau contenue dans un système de vases ou de tubes communiquant entre eux tend à s'élever au même niveau dans tout l'ensemble.*

Pour montrer ce principe, on se sert de l'appareil ci-contre (*fig.* 62). On verse de l'eau dans le vase V jusqu'à un certain niveau, les deux robinets R et R' étant fermés. Puis

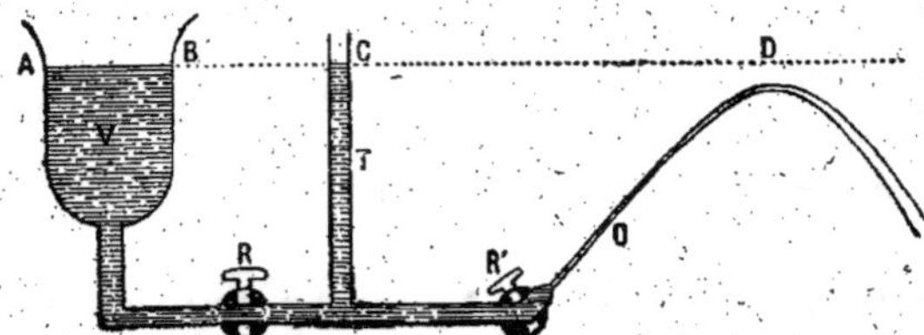

FIG. 62. — Appareil imitant les puits artésiens.

on ouvre le robinet R. On voit alors *l'eau monter dans le tube* T *jusqu'au niveau* C *qui est le même que* AB. Si on ouvre ensuite le robinet R', on voit *l'eau jaillir* par l'orifice O jusqu'à une *hauteur qui approche du niveau* ABC sans l'atteindre tout à fait. Si le jet d'eau n'arrive pas tout à fait en D, comme il le devrait d'après le principe, c'est que *les frottements* qui ont lieu à l'orifice O diminuent un peu l'impulsion de l'eau.

Pour nous rapprocher encore plus des conditions dans lesquelles se produisent les puits artésiens, imaginons *deux cuvettes placées l'une dans l'autre* (*fig.* 63) en laissant entre elles un certain espace occupé par du sable. Supposons de plus que la cuvette intérieure soit percée en son fond d'un trou dans lequel soit mastiqué *un tube.*

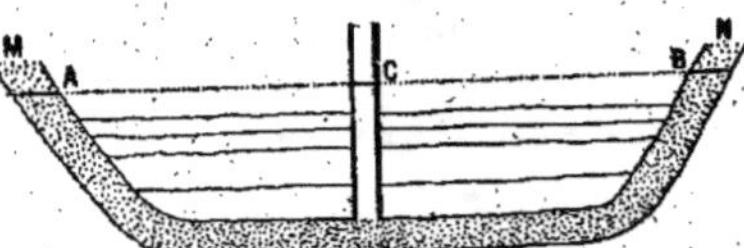

FIG. 63. — Schéma d'un puits artésien.

Si nous versons de l'eau jusqu'au niveau AB dans l'espace qui sépare les deux cuvettes, *l'eau s'élèvera dans le tube jusqu'au point* C situé sur le même niveau.

Nous avons là l'image d'un puits artésien. Il suffit d'imaginer que *chacune des deux cuvettes est une couche d'argile ou de marne* imperméable et que l'espace occupé par le sable entre les deux cuvettes est une couche perméable. Le fond de la cuvette intérieure peut être occupé par une succession de roches quelconques, perméables ou imperméables. Le *tube nous représente le puits artésien*. Il suffit que le niveau supérieur des couches quelconques placées dans la cuvette centrale n'atteigne pas le niveau AB pour que l'eau arrive par le tube au-dessus de la surface du sol en ce point.

Ici encore interviennent les *frottements s'il y a écoulement* de l'eau qui arrive par le puits, de sorte que le niveau atteint sera un peu inférieur au niveau AB.

La nappe d'eau qui alimente le puits artésien provient de *l'infiltration* qui a lieu *sur tout le pourtour des cuvettes* par la tranche de la couche de sable qui y affleure, comme en M et en N.

Ces conditions se trouvent réalisées à merveille dans le *bassin de Paris*. Une nappe d'eau, qui est à un peu moins de 600 mètres au-dessous du niveau de la Seine, est emprisonnée dans une couche de sable entre deux couches imperméables qui forment *d'immenses cuvettes*, dont les bords affleurent dans le sud du département des Ardennes, en Champagne, en Bourgogne et jusque vers la vallée de la Loire, à des altitudes toujours au moins égales à 100 mètres.

Le premier puits artésien creusé dans la région de Paris fut celui de Grenelle en 1842. On atteignit la nappe d'eau à 548 mètres de profondeur. A l'origine, son débit était de 3.200 mètres cubes par vingt-quatre heures au niveau du sol, c'est-à-dire à l'altitude de 37 mètres au-dessus du niveau de la mer. A l'altitude de 73 mètres, niveau du réservoir où on voulait amener l'eau, le débit se trouvait réduit à 1.100 mètres cubes. Depuis cette époque, le débit a encore baissé sensiblement. Dans ces dernières années, il était de 350 mètres cubes à l'altitude de 73 mètres. La température de l'eau est sensiblement constante et égale à 28°.

Quelques années plus tard, en 1861, un deuxième puits artésien fut creusé à Passy, c'est-à-dire sur un coteau bordant la Seine, et non plus dans le fond de la vallée. La nappe d'eau fut atteinte à 580 mètres de profondeur, c'est-à-dire à peu près au même niveau qu'à Grenelle si l'on tient compte de la différence d'altitude entre Grenelle et Passy.

Le diamètre de ce deuxième puits étant plus grand que celui

du premier, son débit fut bien supérieur et fit baisser sensiblement celui du puits de Grenelle, qui en est à peu de distance. De 20.000 mètres cubes par vingt-quatre heures au niveau du sol, à l'altitude de 54 mètres, le débit du puits de Passy n'était plus que de 6.200 mètres cubes à l'altitude de 77 mètres, niveau du réservoir.

Plusieurs autres puits artésiens ont été creusés depuis, dans bien d'autres régions. Citons notamment ceux que l'administration française a creusés en bien des points du Sahara algérien, et qui ont permis la création de nouvelles oasis.

ACTIONS MÉCANIQUES DES EAUX D'INFILTRATION

2. Désagrégation par la gelée. — Au point de vue des actions géologiques qu'elles peuvent produire les eaux d'infiltration exercent des **effets mécaniques** et des **effets dissolvants**.

Les effets mécaniques des eaux d'infiltration peuvent être dus aux **alternatives de gelée et de dégel.** On sait que l'*eau augmente de volume quand elle se congèle*, puisque nous voyons la glace flotter sur l'eau. Cette augmentation de volume se produit avec une force considérable, capable de briser des vases très résistants et même un obus solidement bouché (*fig.* 64). Lorsqu'une *pierre imbibée d'eau* est *exposée à la gelée*, l'augmentation de volume de l'eau qui se congèle à l'intérieur de la pierre tend à écarter les particules de celle-ci. Tant que la gelée persiste, la glace joue le rôle de ciment entre les différentes parties qu'elle a disjointes, mais, au moment du dégel, la pierre *s'effrite*. De là l'expression : *geler à pierre fendre.*

Fig. 64. — Obus rempli d'eau et éclaté sous l'action de la gelée.

Cette action se fait sentir surtout dans les régions montagneuses, où les alternatives de gelée et de dégel sont fréquentes, même en été. Elle a pour effet de **désagréger les roches compactes**, c'est-à-dire de les réduire en fragments de plus en plus petits, qui, en se détachant au moment du dégel, sont l'origine des **pluies de pierres** redoutées des alpinistes, et d'**augmenter la largeur des fissures** qui existent souvent dans ces roches.

3. Argile rendue glissante par l'eau. — Les effets mécaniques de l'eau d'infiltration peuvent se rattacher aussi aux propriétés de l'argile vis-à-vis de l'eau. *En absorbant l'eau*, l'argile se gonfle et *sa surface peut devenir glissante* comme une planche enduite de savon.

Nous avons tous remarqué combien, par les temps de pluie, la marche est pénible, par suite des glissades involontaires, dans les chemins argileux non empierrés.

Pour peu que la couche d'argile ainsi rendue glissante soit inclinée, toute la masse de roches située au-dessus peut alors glisser sur sa surface.

4. Glissements et éboulements. — Les *deux effets* des eaux d'infiltration dont nous venons de parler, en agissant *isolément* ou *simultanément*, nous expliquent les **glissements** et les **éboulements** des régions montagneuses.

C'est ainsi qu'en février 1896, la ligne du chemin de fer, à la Grand-Combe, près d'Alais (Gard) dut être déplacée, à cause du *glissement* lent d'une colline, que l'on surnomma la *Montagne qui marche*.

Quelquefois le glissement, au lieu de se continuer lentement, s'accélère et devient un *éboulement* qui peut occasionner une catastrophe. L'une des plus célèbres est celle du **Rossberg**, en Suisse, près de Lucerne, qui se produisit le 2 septembre 1806, *détruisant trois villages* et engloutissant plus de *quatre cents personnes*.

Un autre éboulement, moins terrible dans ses conséquences, parce qu'il eut lieu dans une région moins habitée, fut celui de la **Dent du Midi**, dans le Valais, en 1835.

Un troisième exemple est l'éboulement d'**Airolo**, dans la Suisse italienne, au débouché du tunnel du Saint-Gothard, en 1898.

Il ne se passe guère d'années où on n'observe dans nos régions montagneuses de tels éboulements plus ou moins importants. Il est arrivé aussi que l'éboulement, obstruant le cours d'un fleuve, donna naissance à un *lac temporaire*, dont les eaux, insuffisamment retenues par les matières provenant de l'éboulement, s'écoulèrent ensuite en quelques heures, produisant des ravages considérables sur leur parcours. Un tel accident se produisit en 1841 sur le cours de l'Indus.

5. Tours penchées. — Enfin les propriétés de l'argile peuvent

Cliché Kuhn

Fig. 65. — Tour penchée de Pise.

encore amener un autre effet. *En s'imbibant d'eau*, elle *se gonfle*, et inversement, *en se desséchant*, elle *diminue de volume*. Ces variations de volume amènent des déplacements des couches du sol situées au-dessus de l'argile. Les constructions qui peuvent s'y trouver établies sont donc exposées à des déplacements qui quelquefois les tiraillent de façon inégale. Il peut en résulter des *lézardes* ou des *déplacements d'ensemble*. C'est ainsi qu'on s'explique l'inclinaison des **tours penchées** de Pise (*fig.* 65) et de Saint-Martin d'Etampes.

LECTURE

Les puits du désert. — Dans les plaines sahariennes du sud de la province de Constantine, se trouve une région, l'Oued-Rir, qui, jadis, était un affreux désert, et qui, aujourd'hui, est devenue une riche contrée grâce aux nombreux puits artésiens qu'on y a creusés. Certains indigènes ont la spécialité de la recherche des endroits favorables à ces derniers. A l'endroit où ils se proposent d'en forer un, ils creusent une excavation de 3 à 6 mètres de profondeur et, là, rencontrent toujours une couche d'eau saumâtre, eau mauvaise qu'ils cherchent à épuiser en l'enlevant avec des outres de peaux de bouc. Si, malgré leurs efforts, la nappe ne s'épuise pas, ils abandonnent la place et vont chercher fortune ailleurs. Si, au contraire, la nappe se tarit, ils consolident leur excavation en la calfatant avec des troncs de dattiers réunis par du mortier mélangé de noyaux de dattes, puis ils creusent le sol jusqu'à ce qu'ils arrivent à une pierre bien connue d'eux, pierre qui fait feu sous le briquet, et qui recouvre toujours la nappe d'eau convoitée. C'est alors qu'on fait appel à un ouvrier de bonne volonté, auquel on verse — pour les risques qu'il va courir — le «prix du sang», lequel varie de 500 à 1.000 francs. On le descend dans le fond et il donne le coup de

Fig. 65 *bis*. — Poissons trouvés dans des puits du Sahara.

pioche fatal. A ce moment, l'eau se met généralement à jaillir avec tant de force, qu'il est projeté en l'air ou vient s'aplatir contre les parois. S'il n'est pas noyé, il s'en tire rarement sans quelques blessures, le rendant parfois infirme pour tout le reste de sa vie.

L'eau qui fait ainsi irruption est à la température de 25° ; elle est généralement chargée de sables qui, si on les laissait subsister, auraient vite fait d'ensabler le puits. C'est alors qu'entrent en jeu les plongeurs. Ceux-ci ont un travail très pénible : attachés à une corde, ils se font descendre au fond de l'eau et y restent environ trois minutes, pendant lesquelles ils s'empressent de puiser le sable — environ 10 litres — et de le mettre dans un sac. Puis ils agitent la corde pour avertir leurs camarades d'avoir à les retirer et, à demi-asphyxiés, reparaissent au jour.

Aujourd'hui les foreurs de puits indigènes deviennent l'exception. Ce sont les Français qui s'en chargent en utilisant les progrès de la science moderne. En quelques jours, ils forent un puits dont le creusement autrefois, aurait demandé plusieurs mois pour être terminé. Aussi les indigènes, dans cette région, sont-ils pleins d'admiration pour nos ingénieurs et les soldats qui les aident : c'est de la bonne colonisation.

Chose curieuse, dans l'eau qui jaillit de ces puits en un véritable dôme de cristal, on trouve très souvent des poissons et des crustacés bien vivants (*fig. 65 bis*) qui semblent sortir des entrailles de la terre. En réalité, ils viennent d'eaux superficielles très lointaines, qui communiquent avec les nappes des puits artésiens, par de larges fissures, ce qui permet à ces animaux d'y pénétrer, souvent sans doute malgré eux.

Leçon VIII

Action dissolvante des eaux d'infiltrations. — Grottes.

RÉSUMÉ. — **1.** Certaines roches, comme le *gypse* et le *sel gemme, se dissolvent* dans l'eau pure.

2. Le *calcaire*, insoluble dans l'eau pure, *se dissout dans l'eau chargée de gaz carbonique.* L'eau de pluie, qui a dissous du gaz carbonique en traversant l'atmosphère, peut donc dissoudre du calcaire en s'infiltrant.

3. Il peut en résulter la *disparition* à peu près complète *du calcaire* de certaines roches, qui se trouvent alors réduites aux impuretés du calcaire primitif. Ex. *l'argile à silex.*

4. Les *fissures* du calcaire peuvent *s'agrandir* et former des *grottes*, qui sont souvent des *sources de cours d'eau* (fontaine de Vaucluse), et qui contiennent des *lacs ou des cours d'eau souterrains.*

5. Il y a souvent *plusieurs étages* dans ces grottes, car l'action de l'eau se continue, de *nouvelles fissures s'agrandissent.*

6. Les *grottes* contiennent souvent des *stalactites* au plafond et des *stalagmites* au plancher. Ce sont des *dépôts de calcaire*, souvent cristallin, provoqués par le *départ du gaz carbonique* quand l'eau revient au contact de l'air.

7. Les grottes sont nombreuses dans les *Alpes calcaires* (Bange, Sassenage, etc.) et dans les *Causses* (Padirac, Dargilan).

8. Le *dépôt de calcaire* est encore bien plus rapide dans l'eau des *sources incrustantes* (Saint-Alyre et Saint-Nectaire, dans le Puy-de-Dôme). Ces eaux *recouvrent* rapidement d'une couche blanche de calcaire les *objets qu'on y plonge.*

9. Les *sources qui sortent du calcaire* sont généralement *abondantes*, mais malheureusement *mal filtrées*, parce que l'eau a trouvé un passage trop facile.

1. Dissolution du gypse et du sel gemme. — Nous avons vu que les roches les plus sensibles à l'action dissolvante de l'eau sont le sel gemme et le gypse, qui se dissolvent même dans l'eau ne contenant pas de gaz carbonique. C'est là d'ailleurs une des raisons pour lesquelles ces roches sont peu abondantes : elles ont dû disparaître en bien des endroits par l'action prolongée des eaux.

On les trouve le plus souvent protégées par des roches argileuses contre une action énergique de l'eau. Néanmoins les sources et nappes d'eau des régions où ces roches existent sont souvent chargées de leur substance.

Nous avons déjà dit, par exemple, que les **puits de la région de Paris** fournissent souvent de l'**eau gypseuse**, c'est-à-dire chargée de gypse.

De même, les **sources** des *régions où existent des mines de sel gemme* sont souvent **salées**. Ce cas se présente, par exemple, dans la *région lorraine* et dans le *département du Jura*. On utilise même quelquefois ces sources salées pour l'extraction du sel par évaporation de l'eau, lorsqu'on peut le faire économiquement.

2. Dissolution du calcaire. — Mais la roche qui nous intéresse le plus, et de beaucoup, à ce point de vue, est le calcaire, à cause de sa grande abondance dans l'écorce terrestre.

L'expérience montre que les *eaux qui sortent du calcaire se troublent par l'ébullition en déposant du calcaire*. On peut dire que presque toutes les eaux de sources ou de puits sont dans ce cas à un degré plus ou moins marqué. Les vases dans lesquels on fait bouillir l'eau en portent souvent la trace sous forme d'un enduit blanchâtre. Les *chaudières à vapeur*, après quelque temps de fonctionnement, se recouvrent intérieurement de calcaire formant une croûte dure (**incrustation**), que l'on doit enlever de temps à autre.

Le *dépôt de calcaire* se produit même lentement *à froid*, comme nous le montrent les carafes, dont le verre se ternit intérieurement lorsque de l'eau y séjourne longtemps.

Rappelons, pour nous expliquer ces faits, que le **calcaire**, insoluble dans l'eau pure, **se dissout dans l'eau chargée de gaz carbonique** en quantité d'autant plus grande que ce gaz y est plus abondant. Or les *eaux de pluie*, en traversant l'atmosphère à l'état de gouttes, *ont dissous une petite quantité du gaz carbonique* qui s'y trouve toujours, comme nous l'avons dit précédemment. Elles sont donc capables de dissoudre une petite quantité de calcaire.

Elles peuvent d'ailleurs s'enrichir en gaz carbonique en s'enfonçant dans le sol, soit parce qu'elles traversent des matières organiques, telles que débris de plantes, feuilles mortes en putréfaction, dont la décomposition fournit ce gaz, soit plus rarement, dans les régions volcaniques, parce qu'elles rencontrent du gaz carbonique qui se dégage des fissures du sol. Leur pouvoir dissolvant pour le calcaire se trouve ainsi accru. Voyons maintenant quelques-uns des effets géologiques qui en résultent.

3. Argile à silex. — Il peut arriver que le calcaire impur formant primitivement une roche ait disparu presque complètement.

C'est ainsi qu'on explique la formation de **l'argile à silex,** que l'on trouve en certains points de la *Normandie*, dans le *Perche*, par exemple. La roche primitive devait être une sorte de *craie avec rognons de silex* comme on en trouve beaucoup dans la région, la substance calcaire étant intimement *mêlée d'argile*. Par l'action prolongée des eaux d'infiltration, le **calcaire** a été enlevé à peu près complètement, et il n'est plus resté que l'argile et le silex avec très peu de calcaire. Le volume de la roche a été ainsi considérablement réduit.

4. Grottes. — Le plus souvent, l'action dissolvante s'est bornée à faire disparaître une partie seulement du calcaire. Il s'est formé ainsi des vides à l'intérieur de la roche. Ce sont les **grottes** et **cavernes** si fréquentes dans les régions calcaires.

Nous avons dit précédemment que les roches compactes sont généralement **fissurées**, soit par les variations de température, soit par les tassements, soit par d'autres causes que nous expliquerons plus tard. Il est facile de comprendre que ces *fissures*, offrant un passage plus facile à l'eau, constituent la *voie principale des eaux* d'infiltration dans les roches compactes. Si la roche fissurée est, comme le calcaire, susceptible de se dissoudre dans l'eau, les fissures ne manqueront pas de *s'agrandir* par le passage de l'eau.

D'autre part, toutes les roches en général ne sont que des mélanges dont la composition et le degré de compacité peuvent varier d'un endroit à l'autre. Dans les roches sédimentaires en particulier, et surtout dans les roches calcaires, ces différences se manifestent par une division en couches parallèles quelquefois très nettes, bien que la substance dominante y soit toujours la même, le calcaire par exemple. Les carriers désignent ces couches successives sous le nom de lits ou de bancs. Chacun de ces bancs a ses qualités particulières, constatées par un long usage. Il arrive souvent que les fissures des bancs successifs ne sont pas dans le prolongement l'une de l'autre.

Fig. 66. — Coupe en long de la grotte de Padirac.

Enfin, dans un même banc, la composition et le degré de compacité peuvent encore varier dans une certaine mesure. On comprend donc que les fisssures parcourues par l'eau s'agrandissent de façon assez irrégulière. Les *eaux d'infiltration* peuvent se trouver *retenues à la surface de séparation de deux bancs* par suite de la non-coïncidence des fissures des bancs successifs. Le contact prolongé de l'eau et du calcaire à ce niveau permettra à l'eau d'exercer plus complètement son action dissolvante. Le *vide s'élargira* et bientôt les *parties supérieures* insuffisamment soutenues, pourront **se décoller** par blocs, qui s'ébouleront et seront peu à peu dissous par l'eau.

Nous nous expliquons ainsi la formation, dans les massifs calcaires, des **grottes** (*fig.* 66) ou **cavernes** contenant souvent des *lacs* et quelquefois une *rivière souterraine* plus ou moins importante, ainsi que cela a lieu, par exemple, au *trou de Padirac* (Lot).

5. Etages. — Ajoutons que le *séjour prolongé des eaux* à un certain niveau peut *mettre à nu des fissures* du banc inférieur, ou *agrandir* des fissures déjà dégagées, mais trop petites pour permettre un écoulement rapide de l'eau. L'agrandissement de ces fissures permettra à l'eau d'atteindre un niveau inférieur où il pourra se former à la longue un **nouvel étage** de la grotte, relié au précédent par une sorte de *puits*. Ce même fait pourra se répéter plusieurs fois si la masse de calcaire est assez épaisse.

Il en résulte donc un enfoncement progressif des eaux qui ne font que traverser les étages supérieurs pour gagner rapidement l'étage inférieur.

6. Stalactites et stalagmites. — Jusqu'ici nous avons vu l'*eau d'infiltration jouer* vis-à-vis du calcaire un *rôle* que l'on pourrait appeler **destructeur**, puisqu'elle emporte le calcaire à l'état dissous.

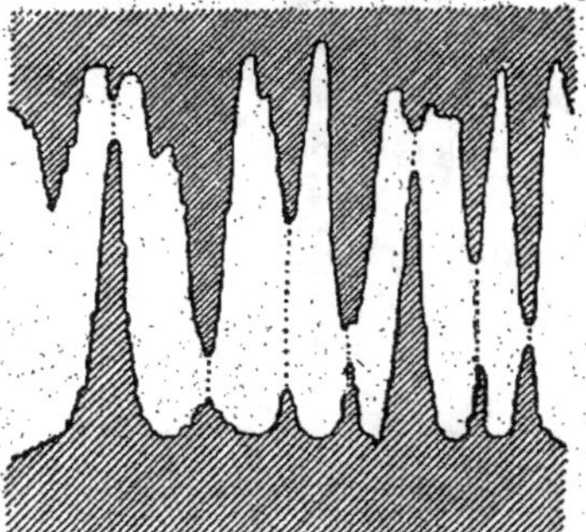

Fig. 67. — Coupe schématique d'une grotte à stalactites et à stalagmites.

Nous allons la voir maintenant jouer un rôle inverse que l'on peut appeler **édificateur**.

Les grottes dont nous venons de parler contiennent souvent, en effet, des formations bien connues sous le nom de **stalactites** (du grec *stalaktos*, qui tombe goutte à goutte) et de **stalagmites** (du grec *stalagma*, goutte) (*fig.* 67).

Les *stalactites* sont des sortes de *colonnes* cylindriques ou coniques fixées au *plafond* de la grotte, et les *stalagmites* sont des colonnes analogues fixées *au plancher*. Souvent une *stalagmite* est située *verticalement au-dessous d'une stalactite*. Certaines colonnes vont du plancher au plafond comme si stalactite et stalagmite, en grandissant en sens contraire, avaient fini par se rejoindre.

On constate souvent dans les salles à stalactites des grottes, qu'*il tombe des gouttes d'eau du plafond* surtout après des pluies abondantes. La *surface des colonnes est recouverte d'eau et*

on voit des gouttes tomber de l'extrémité inférieure des stalactites sur les stalagmites placées au-dessous. De plus, si on
examine un fragment de la substance qui forme ces *colonnes*,
on voit qu'il est composé de *calcaire en petits cristaux bril-
lants*.

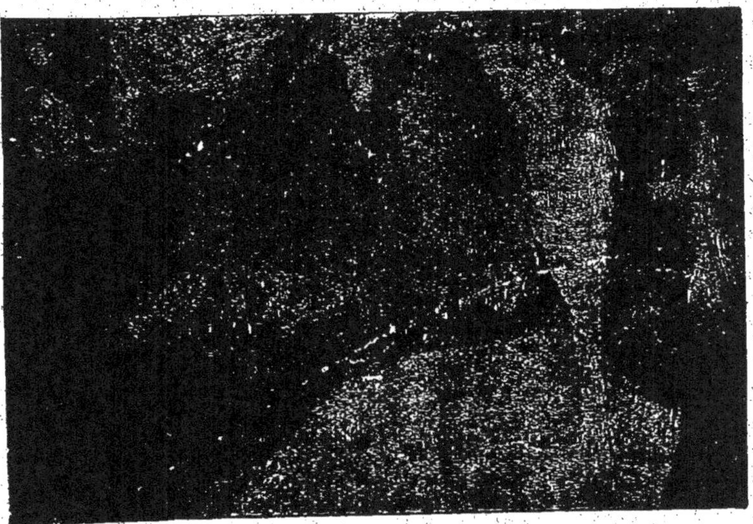

Cliché Lasson.

FIG. 68. — Stalactites et stalagmites dans la grotte de Dargilan.

Ceci nous amène à l'explication suivante : *l'eau chargée de
calcaire*, qui arrive au plafond de la grotte par infiltration,
abandonne lentement, par évaporation ou surtout par *perte de
gaz carbonique*, une *partie de calcaire* qu'elle avait dissous.
Nous avons vu la chose se produire dans les mêmes conditions
sur la surface intérieure d'une carafe. Les gouttes se succé-
dant continuellement, le dépôt de calcaire s'accroît progressivement : de là, à la longue, la *formation d'une stalactite*.

Le même effet se continue pour les gouttes qui tombent sur
le plancher : de là la *formation d'une stalagmite*. On comprend
enfin qu'au bout d'un temps suffisant, les deux dépôts en s'ac-

croissant peuvent finir par se réunir en une seule colonne.

Si l'eau arrive par une *fissure étroite*, la stalactite peut affecter la forme d'une *sorte de rideau* pendant du plafond.

Ajoutons enfin que nous pouvons voir fréquemment *le même phénomène se produire en petit sous les voûtes des ponts* construits en pierre calcaire, sous l'influence des eaux de pluie qui s'infiltrent à travers la voûte.

7. Exemples de grottes. — Il nous reste maintenant à citer quelques exemples de grottes, qui constituent des curiosités naturelles dignes d'une visite, tant par leurs galeries, leurs salles, leurs étages que par les stalactites et stalagmites qui s'y trouvent. Comme le fait remarquer de Lapparent, nombre de grottes sont étagées sur les flancs des vallées calcaires, à des hauteurs considérables au-dessus du fond et en des points où il ne se produit même plus de suintements; celles que parcourent encore des rivières souterraines laissent clairement apercevoir les traces d'un régime tout différent. Leur creusement, dans les proportions qu'il a prises, a certainement exigé une beaucoup plus grande énergie de la part de l'agent liquide employé à ce travail. Ici donc, comme pour les torrents et les rivières, il faut admettre, à une époque antérieure, un notable excès de précipitations atmosphériques et, sans doute aussi, des mouvements du sol propres à accroître par intervalles la puissance vive des eaux en les faisant agir sur une plus grande différence de niveau.

Il y a un grand nombre de grottes qui sont connues depuis longtemps dans le *Jura*, dans les *Alpes*, dans les *Ardennes* françaises et belges. Beaucoup d'entre elles sont aménagées de façon à en faciliter la visite et à y attirer les touristes.

Telles sont : les **grottes des Échelles**, près de Chambéry ; les **grottes de Bange**, entre Aix-les-Bains et le lac d'Annecy ; les **grottes de Sassenage**, près de Grenoble ; les **grottes de Han-sur-Lesse** (*fig.* 71), dans les Ardennes belges.

Un grand nombre d'autres ont été ou bien découvertes ou bien explorées à fond depuis une vingtaine d'années par un savant français, **M. Martel**, qui s'est spécialisé dans cette étude.

C'est dans ces immenses plateaux calcaires et presque sté-riles, nommés **Causses**, qui bordent le Massif Central vers le sud, que M. Martel a commencé ses explorations.

On connaissait depuis longtemps à la surface de ces plateaux des trous d'ouverture plus ou moins large et désignés dans le patois local sous le nom d'**avens**. Des légendes variées avaient cours au sujet de ces trous et une terreur mys-térieuse en avait toujours empêché l'exploration.

M. Martel réussit à vaincre la résis-tance des gens du pays et à en décider quelques-uns à l'assister dans son entreprise.

Ainsi furent ex-plorés successive-ment :

FIG. 69. — Entrée de la grotte de Padirac.

Le **trou de Padirac** (*fig*. 69), près de Rocamadour (Lot), qui contient un ruisseau souterrain de 2 kilomètres environ, des galeries s'élargissant par places en salles de 50 à 90 mètres de hauteur, et un petit lac souterrain ;

La **grotte de Dargilan** (Lozère), avec 2.800 mètres de galeries ;

La **grotte de Bramabiau** (Gard), avec 6.500 mètres de gale-ries, etc.

M. Martel fit ainsi des découvertes si intéressantes qu'il se passionna pour cette étude, et étendit ses explorations aux autres régions calcaires de la France et de l'étranger.

La plus grande grotte connue jusqu'ici est la **caverne du Mammouth**, dans le Kentucky, aux Etats-Unis. On y a découvert des galeries formant un ensemble de 350 kilomètres de longueur, avec des lacs et rivières à plusieurs niveaux ou étages différents. Les grottes d'**Adelsberg**, en Illyrie, sont aussi très célèbres.

8. — Sources incrustantes. — L'eau de quelques sources possède la propriété de recouvrir assez rapidement d'un enduit blanc les objets divers qu'on y plonge. La substance même de l'objet n'est pas modifiée : on la retrouve en dessous du dépôt blanc. C'est donc une sorte de *croûte qui recouvre l'objet.* De là le nom de **sources incrustantes** (du latin *crusta*, croûte) donné à ces sources. On les appelle quelquefois sources **pétrifiantes** (du latin *petra*, pierre, et *fieri*, devenir). Ce mot paraît indiquer que la substance même de l'objet a été transformée en pierre. Le mot *incrustantes* est donc plus exact.

Fig. 70. — Personnages artificiels recouverts d'une épaisse croûte calcaire par leur immersion, durant plusieurs mois, dans la fontaine incrustante de Saint-Alyre.

L'étude de ce *dépôt blanc* montre qu'il est *formé de calcaire.* Il s'agit donc simplement d'une source dont *l'eau est plus fortement chargée de calcaire* que la plupart des autres, grâce à une plus forte proportion de gaz carbonique. Lorsque cette eau arrive à l'air, une partie du *gaz carbonique se dégage*, ce qui entraîne le *dépôt d'une partie du calcaire.*

Ce dépôt se produit également sur les parois mêmes de la source. Nous possédons en France plusieurs de ces sources, dans le Massif central, région d'anciens volcans où l'on constate encore en beaucoup d'endroits un dégagement de gaz carbonique par les fissures du sol. Le *quartier de Saint-Alyre*, dans Clermont-Ferrand, contient plusieurs sources incrustantes. On en voit aussi à Saint-Nectaire (Puy-de-Dôme), ainsi qu'entre la Bourboule et le Mont-Dore.

9. Sources sortant du calcaire. — Enfin, après un trajet plus ou moins long, ces eaux finissent généralement par sortir du sol pour aller grossir les cours d'eau voisins.

Les *sources qui sortent du calcaire* ont généralement un *débit considérable*, qui s'explique par la largeur des fissures donnant passage à l'eau. Tels sont : le bras du *Furon*, affluent de l'Isère, qui sort des *grottes de Sassenage*, près de Grenoble ; le *Jaur*, affluent de l'Orb, qui sort d'une *grotte à Saint-Pons* (Hérault) ; la *Sorgue*, affluent du Rhône, qui sort de la *fontaine de Vaucluse*, etc.

Cette abondance d'eau peut paraître au premier abord avantageuse et de nature à faire rechercher ces sources pour l'alimentation des villes. Mais il y a une autre circonstance d'importance majeure à envisager ; c'est la *pureté de l'eau au point de vue microbien*. Si les eaux circulent trop facilement à l'intérieur du sol, elles n'*ont pas eu le temps de se filtrer*, c'est-à-dire de se purifier des microbes qu'elles peuvent avoir recueillis au voisinage de la surface.

L'hygiène recommande donc de les examiner soigneusement avant de les livrer à la consommation. Dans la pratique, il convient de les filtrer toujours.

TABLEAU SYNOPTIQUE DES EAUX D'INFILTRATION

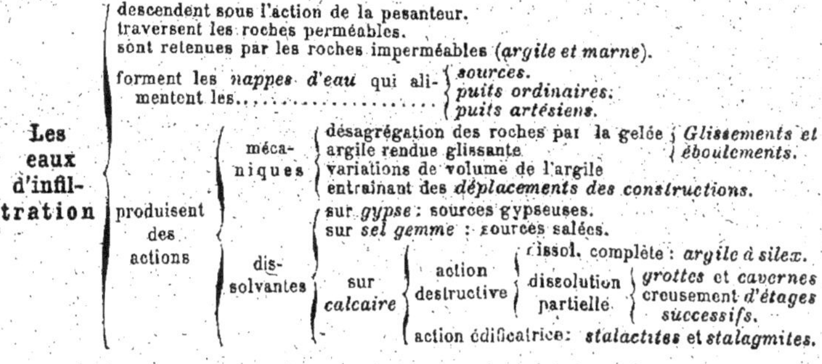

Les eaux d'infiltration

descendent sous l'action de la pesanteur.
traversent les roches perméables.
sont retenues par les roches imperméables (*argile et marne*).

forment les *nappes d'eau* qui alimentent les............ { *sources.* / *puits ordinaires.* / *puits artésiens.*

produisent des actions :

— **mécaniques** : désagrégation des roches par la gelée { *Glissements et éboulements.* / argile rendue glissante / variations de volume de l'argile entraînant des *déplacements des constructions.*

— **dissolvantes** : sur *gypse* : sources gypseuses. / sur *sel gemme* : sources salées. / sur *calcaire* : action destructive { dissol. complète : *argile à silex.* / dissolution partielle { *grottes et cavernes* / *creusement d'étages successifs.* } } ; action édificatrice : *stalactites* et *stalagmites.*

LECTURE

Une visite à la grotte de Han-sur-Lesse. — On se rend à Han-sur-Lesse par un chemin de fer vicinal qui a son point de départ à la station de Rochefort et qui suit sur tout son parcours la jolie vallée de la Lhomme, principal affluent de la Lesse.

Avant de pénétrer dans la grotte de Han, on visite, à peu de distance de l'entrée, le gouffre de Belvaux, où la Lesse disparaît dans les entrailles de la montagne, battant le rocher avec un effroyable mugissement. Une heure plus tard, le visiteur, au milieu de son pèlerinage souterrain, la retrouvera bondissant de roche en roche.

Fig. 71. — Grotte de Han-sur-Lesse : le lac d'embarquement. Du plafond pendent des stalactites.

La grotte de Han-sur-Lesse est un immense labyrinthe souterrain, formé tantôt par des galeries toutes tapissées de stalactites brillantes, tantôt par des salles grandioses et dont les voûtes hardies se perdent dans les ténèbres. Ce sont entre autres la *salle des Renards*, celles de la *Grenouille*, des *Mamelons*, du *Trophée*, puis les *Mystérieuses*, merveilles de la grotte par la profusion, la richesse et la blancheur de leurs stalactites et de leurs rideaux d'albâtre. Mais ce qui caractérise la grotte de Han, c'est la rivière qui traverse la montagne et dont le voyageur retrouve successivement en plusieurs endroits les ondes bruyantes.

Plus loin, c'est la *salle d'Armes*, haute de 30 mètres, où la rivière, s'échappant de dessous les rochers, réapparaît tout à coup pour se précipiter de nouveau en tournoyant dans un profond entonnoir. Le visiteur la traverse sur un pont.

De là, on gagne la grande *salle du Dôme*, qui mesure 120 mètres de haut et 140 mètres de large. Sous cette excavation gigantesque, s'élève une colline de 51 mètres de hauteur, ou, pour mieux dire, une montagne dans l'intérieur d'une autre montagne, et dont la cime se confond avec le sommet de la salle.

L'imagination s'effraye en considérant cette voûte colossale qui soutient une forêt et dont la rivière ronge continuellement la base.

De la salle du Dôme, on descend par un effroyable chaos vers la *salle des Draperies*, où la lumière électrique projette ses éclats et où de nombreuses stalactites se reflètent dans une eau limpide.

Le voyageur émerveillé, bientôt enfin, atteint le *lac d'embarquement* (*fig.* 74) et prend place dans une nacelle; le guide, devenu nautonier, agite lentement l'aviron, laissant le visiteur jouir des émotions qui remplissent son âme. Soudain, une lumière inaperçue d'abord, une lumière douce et irisée aux tons d'onyx et d'opale grandit. Elle ressemble à la naissance du jour, au lever du soleil, au premier baiser de la nature sortant des torpeurs de la nuit : c'est la sortie.

EAUX DE RUISSELLEMENT

Leçon IX

Les eaux sauvages.

RÉSUMÉ. — 1. Les *eaux sauvages* sont les eaux qui ruissellent à la surface du sol, *sans suivre un chemin bien déterminé*, avant d'arriver à un cours d'eau.

2. Ces eaux *entraînent* avec elles les *parcelles meubles du sol*, d'autant plus facilement que le sol est moins protégé par la végétation. Elles mettent à nu les roches des sommets escarpés et non boisés, les racines des arbres dans les forêts en pente, etc.

3. Les *chaos de grès* de la forêt de Fontainebleau se sont formés par *entraînement du sable* qui entourait les blocs de grès.

4. Les *cheminées de fées* (Saint-Gervais, Valauria, Ritten, etc.) se sont formées par *entraînement de la terre et des petites pierres* d'une ancienne *moraine*, partout où celles-ci ne sont pas abritées par une grosse pierre.

5. Les eaux sauvages peuvent *dissoudre le calcaire* superficiel, et lui donner un *aspect ruiniforme* dans les *régions dolomitiques* (Montpellier-le-Vieux, Tyrol, etc.).

6. Les eaux sauvages, aidées des eaux d'infiltration, *sous l'action de la gelée*, de l'*oxygène* et du *gaz carbonique*, désagrègent les roches même les plus dures, comme le granite. Le *feldspath* donne de l'*argile*, et le *quartz* donne des *grains de sable*, qui sont entraînés par l'eau.

7. L'*inégale résistance* de la roche donne les *chaos granitiques* et les *pierres branlantes* (Bretagne, Morvan, Sidobre, etc.).

1. Définition des eaux sauvages. — Arrivons maintenant à l'étude de la portion de l'eau de pluie qui obéit à l'action de la pesanteur en ruisselant à la surface du sol.

Cette portion forme, comme tout le monde le sait, les *cours d'eau* d'importance diverse, *ruisseaux, torrents, rivières* qui se réunissent finalement dans les fleuves pour retourner à la mer. Les cours d'eau sont d'ailleurs grossis par beaucoup de sources, qui leur apportent une partie des eaux d'infiltration. Celles-ci, redevenues superficielles après avoir été souterraines, contribuent donc aussi aux phénomènes que nous allons décrire.

Remarquons d'abord qu'*avant d'arriver au fond du ravin*, du *vallon*, de la *vallée*, occupé par un cours d'eau quelconque, les eaux de pluie ont dû *parcourir à la surface du sol* un trajet plus ou moins long, *sans suivre un chemin bien déterminé*. A ce moment, elles constituent ce qu'on appelle les **eaux sauvages**.

Nous nous occuperons d'abord de cette première partie du trajet des eaux de ruissellement.

2. Action mécanique des eaux sauvages. — Les eaux sauvages agissent d'abord **mécaniquement** en *entraînant* avec elles des *parcelles de terre* et de *petites pierres*.

Après une averse, sur les routes empierrées qui sont en pente, même légère, nous voyons les cailloux constituant l'empierrement beaucoup plus nettement qu'auparavant. C'est que les fines parcelles qui les masquaient ont été entraînées par l'eau.

Nous retrouvons, en effet, ces parcelles au bas de la pente, sous forme de petits amas de matière sableuse.

Si l'averse a été violente, une partie des cailloux de l'empierrement a pu être aussi enlevée, laissant à sa place une rigole plus ou moins profonde : on dit alors que le chemin est **raviné**.

Nous voyons d'ailleurs que l'eau qui s'écoule du chemin est jaunâtre, boueuse, à cause des parcelles qu'elle entraîne.

Ce que nous voyons se produire sur les chemins se produit plus ou moins sur tous les endroits en pente. Si la *surface du sol est à nu*, on la voit aussi *ravinée sous l'action de l'averse*. Si elle est abritée partiellement par des *plantes*, les effets de l'averse sont moins visibles. Enfin, si le sol est protégé par du *gazon*, l'eau s'écoule lentement, à peu près limpide. Les *arbres* constituent aussi une *protection efficace*, surtout lorsqu'ils sont pourvus de feuilles. Une partie de l'eau n'arrive au sol qu'après s'être égouttée de feuille en feuille ; c'est ainsi que nous trouvons un abri momentané sous les arbres pendant une courte averse. Quelquefois un *tapis de mousses* retarde encore l'arrivée de l'eau sur le sol. Enfin les *feuilles mortes*, qui recouvrent le sol à certains moments, agissent comme une *éponge pour retenir l'eau*. L'effet d'entraînement est, non pas annulé complètement, mais considérablement diminué.

Ajoutons enfin que *la végétation*, en retardant l'arrivée de l'eau sur le sol, *favorise l'évaporation*, et que l'eau, s'écoulant moins vite, *a plus de temps pour s'infiltrer*.

Les *parcelles* ainsi *entraînées sont transportées peu à peu vers les régions basses*. Il en résulte donc une tendance au comblement des régions basses aux dépens des régions élevées, c'est-à-dire une *tendance au nivellement des continents*. Plus la pente est rapide, plus l'action des eaux sauvages est énergique, car plus ces eaux s'écoulent rapidement. Cette *action* est donc *maximum* dans les *régions montagneuses*, surtout quand celles-ci sont *déboisées*. Les sommets sont alors absolument dépourvus de terre végétale, car à mesure que celle-ci se forme par la désagrégation de la roche, elle est entraînée par l'eau et s'accumule dans toutes les dépressions. C'est ainsi que les montagnes dépourvues de

végétation arrivent à former de *vrais déserts de pierres*, et ont
un aspect désolé qui fait un contraste frappant avec celui des
montagnes voisines, de même altitude, mais boisées ou couvertes de prairies.

Les régions montagneuses boisées elles-mêmes ne sont pas
complètement à l'abri de cette action, car on voit les *racines
des arbres* plus ou moins *mises à nu*, mais néanmoins l'action
des eaux y est beaucoup moins énergique.

Fig. 72. — Rochers de la forêt de Fontainebleau (chaos d'Apremont).

3. Chaos de grès. — Les effets mécaniques des eaux sauvages
dont nous venons de parler se produisent partout où il existe
une pente recevant des eaux de pluie. Il nous reste à signaler
quelques *cas particuliers*, qui se produisent **dans certains endroits seulement,** et qui donnent lieu à des *curiosités naturelles.*

Tels sont les **chaos de grès** de la forêt de Fontainebleau : ce
sont des accumulations de blocs de grès que l'on trouve dans

certains vallons de cette forêt, comme les **gorges de Franchard**, les **gorges d'Apremont** (*fig.* 72), etc.

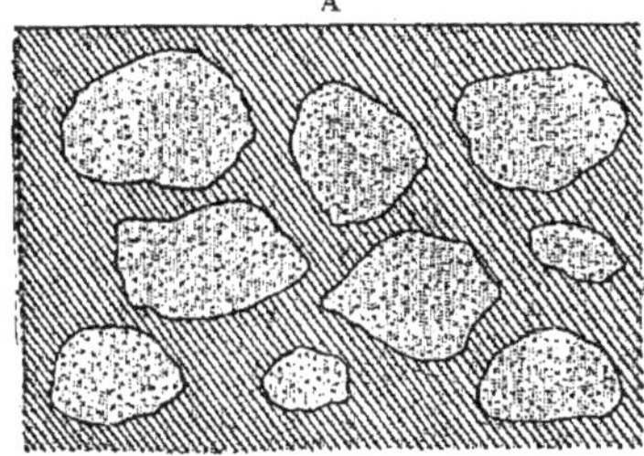
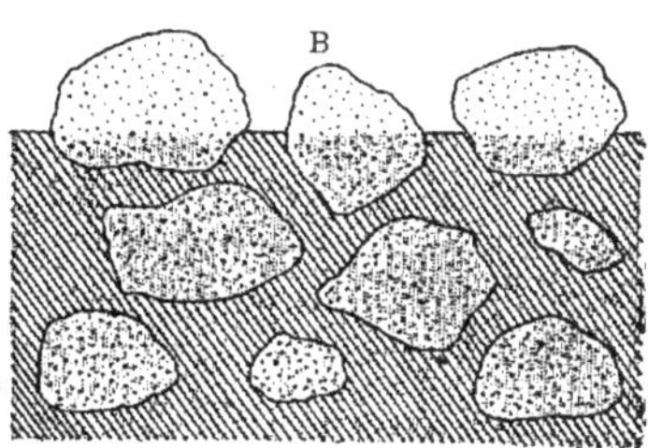

Fig. 73. — Schéma de la formation des rochers de Fontainebleau.
A, état primitif; B, état actuel.

Le sol était *primitivement* formé, comme dans toute la région, de *sable entremêlé de blocs de grès* (*fig.* 73). Le sable ayant été *entraîné* par les eaux sauvages, le *grès seul est resté* et les *blocs dégagés* ont glissé et se sont *accumulés* les uns sur les autres.

4. Cheminées de fées. — Telles sont encore les **cheminées de fées** (*fig.* 74), comme celles que l'on voit à *Saint-Gervais-les-Bains* (Haute-Savoie), à *Valauria*, près de Theus, dans l'arrondissement d'Embrun (Hautes-Alpes), à *Ritten* dans le Tyrol, etc.

Ce sont des *colonnes de terre*, presque toutes *surmontées d'une pierre plate*, et qui peuvent atteindre une hauteur considérable (15 à 20 mètres).

Elles se produisent dans des endroits en pente, où la terre est mélangée de pierres de différentes grosseurs. Les débris de roches charriés par les glaciers et nommés *moraines* se prêtent particulièrement à

Fig. 74. — Cheminées de fées
(à Saint-Gervais).

la formation de ces curiosités. *La terre et les petites pierres sont entraînées* par les eaux sauvages, *partout où elles ne sont pas protégées par une pierre assez grosse* pour les abriter (*fig.* 75). Cependant ces colonnes ne sont pas absolument à l'abri de l'action de l'eau et elles s'amincissent peu à peu.

A un moment donné la pierre protectrice s'éboule, et dès lors la colonne est rongée rapidement.

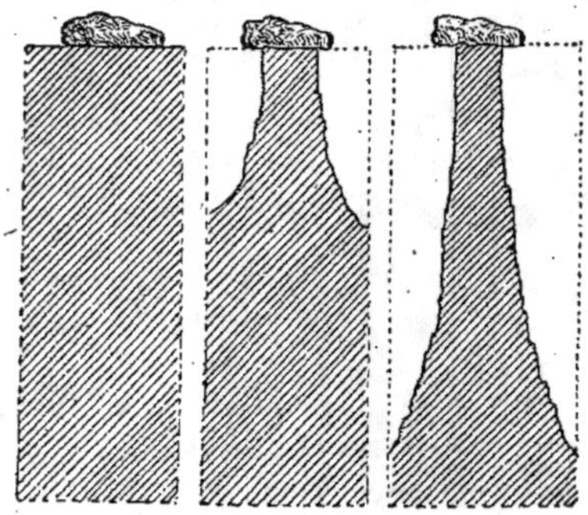

5. **Action dissolvante.** — Les eaux sauvages peuvent aussi agir par **dissolution.** Le *calcaire*, mis à nu par le ravinement, peut être *dissous par l'eau*, qui entraîne en s'écoulant les impuretés, sable et argile, qu'il contient, de sorte que la surface reste à nu pour une nouvelle action.

Les fentes produites par la gelée se remplissent d'eau et s'agrandissent par son action dissolvante, de sorte que la surface est très irrégulière.

A   B   C

Fig. 75. — Schéma de la formation des cheminées des fées.
A, B, C, états successifs.

L'*inégale résistance* du calcaire dans les différentes parties de sa masse peut donner lieu quelquefois à des *effets curieux.* Le calcaire inégalement rongé, prend l'aspect de tours ruinées, de voûtes, de maisons plus ou moins effondrées, de sorte qu'on se croirait en présence d'une *ville en ruines.*

Cet effet se produit surtout dans les régions où le calcaire présente une composition spéciale qui l'a fait appeler **calcaire dolomitique** parce qu'il est mélangé du minéral appelé **dolomie.** En d'autres termes, il contient, en plus du *carbonate de chaux*, du *carbonate de magnésie.*

Nous en avons en France un exemple très remarquable à l'endroit appelé *Montpellier-le-Vieux* (*fig.* 76), dans le Causse Noir (Aveyron). On en trouve d'autres exemples dans les *Alpes dolomitiques* du Tyrol.

6. **Actions plus complexes.** — *Toutes les roches*, même celles

qui résistent à l'action dissolvante de l'eau, subissent un *effet d'usure* lorsqu'elles sont *exposées à l'air et à l'eau*.

L'effet des alternatives de gelée et de soleil se fait sentir sur toutes à un degré plus ou moins marqué.

Un cas particulièrement intéressant est celui du *granite* et des roches analogues, qui ont cependant la réputation justifiée d'être très résistantes.

Fig. 76. — Un paysage ruiniforme à Montpellier-le-Vieux.

Les *cristaux juxtaposés* de ces roches, sous l'action de la gelée, et en absorbant inégalement la chaleur, finissent par *se séparer* : c'est ce qu'on exprime en disant que la roche se **désagrège**.

Cette action est aidée, d'autre part, par une *action chimique* qui se produit surtout sur l'un des minéraux constituants du granite, le *feldspath*. Ce minéral, composé, comme nous l'avons dit plus haut, de silice combinée à de l'alumine et à de la potasse, perd ce dernier corps, enlevé par le gaz carbonique à l'état de carbonate de potasse, lequel est soluble dans l'eau. Finalement il ne reste plus que la silice et l'alumine, combinées à l'état *d'argile*.

L'argile, que nous trouvons si abondamment dans les roches sédimentaires, **provient donc** de la **transformation** chimique **des feldspaths** contenus dans le granite et dans les roches analogues.

Le *mica* s'altère également par l'*action prolongée de l'air et de l'eau.*

Cliché Léon Gimpel.

Fig. 77. — Éboulis granitiques à Huelgoat (Finistère).

Les cristaux de *quartz* seuls ne sont pas altérés, mais ils sont entraînés par l'eau, en même temps que l'argile et les paillettes de mica : ils forment des *grains de sable* ou de gravier suivant leur grosseur.

Lorsque le granite a été longtemps exposé à l'air et à l'eau, on constate que sa surface jusqu'à une certaine profondeur présente une résistance beaucoup moindre que les régions plus profondes : c'est qu'il est déjà *en voie de décomposition.*

7. Chaos granitiques et pierres branlantes. — Mais ici encore la résistance n'est pas la même dans toutes les parties de la masse. Certaines *parties plus résistantes peuvent subsister* alors que toutes les régions voisines sont déjà désagrégées et entraînées par les eaux.

FIG. 78. — Une roche branlante dans le Morvan.

C'est ainsi qu'on explique les **chaos granitiques** (*fig.* 77), accumulations de blocs de granite que l'on observe dans certains ravins des régions où cette roche affleure à la surface du sol : *Bretagne*, *Morvan*, *Sidobre*, près de Castres, etc.

Ainsi s'explique aussi la formation des **roches branlantes**, énormes blocs placés en équilibre relativement instable, de sorte qu'il suffit d'un effort assez faible, appliqué à un endroit convenable pour les déplacer légèrement (*fig.* 78).

On les trouve également dans les régions précédentes. Il en existe une quinzaine dans le Sidobre (*fig.* 47), et plusieurs aussi en Bretagne.

LECTURE

Les arbres des forêts et le régime des pluies et des sources[1]. — Les forêts ont une influence régulatrice sur le régime des pluies. Dans les régions boisées, les pluies sont plus fréquentes, plus prolongées, mais moins violentes.

La caractéristique des régions déboisées, est, au contraire, d'avoir des pluies rares, mais torrentielles. L'explication de ces faits est simple. L'atmosphère qui entoure les forêts est presque toujours humide. Après la pluie, l'eau séjourne sous le sol ombragé et ne s'évapore que très lentement. D'autre part, les racines vont chercher à une grande profondeur l'eau nécessaire à la formation des

1. D'après M. Cardot (*Manuel de l'arbre*, publié par le *Touring-Club*).

tissus de l'arbre. Une grande partie de cette eau est rendue peu à peu par la transpiration des feuilles à l'atmosphère, qui, ainsi, conserve tout l'été un degré d'humidité sensiblement plus élevé qu'en terrain découvert. Or, on sait que l'humidité atmosphérique se résout d'autant plus facilement en pluie que l'air est plus abondamment chargé de vapeur d'eau. Le moindre abaissement de la température suffit alors à provoquer la condensation pluviale. Cet abaissement de la température peut être provoqué par la forêt elle-même. On a constaté, en effet, que les couches d'air qui composent l'atmosphère au-dessus des massifs boisés sont jusqu'à une hauteur assez considérable plus froides que dans les régions environnantes. Les aéronautes, notamment, ont remarqué qu'en passant au-dessus de grands massifs boisés, leurs ballons s'abaissaient d'eux-mêmes vers la terre, ainsi qu'il arrive par le fait d'un refroidissement extérieur, diminuant la tension du gaz dans l'aérostat.

Il résulte de là qu'en été, quand les courants aériens, déjà chargés d'une certaine quantité de vapeur, arrivent en contact avec cette colonne d'air humide et plus froid qui surmonte et enveloppe les forêts, ils abandonnent assez fréquemment, sous forme de pluie, de brouillard, de rosée, une partie de leur humidité. Voilà pourquoi on entend dire que «les forêts attirent la pluie». Voilà pourquoi dans les vastes plaines de la Russie méridionale où les récoltes sont très fréquemment compromises par la sécheresse du climat, le Gouvernement et parfois les propriétaires particuliers font planter à l'entour des terres de culture de grands rideaux boisés.

C'est bien aussi à la disparition des forêts qu'il faut pour une grande part attribuer les sécheresses prolongées qui désolent certaines contrées telles que la Grèce, l'Asie Mineure, la Syrie, l'Algérie, l'Espagne, le Midi de la France, presque tous les rivages enfin de la Méditerranée.

Il existe aussi une relation profonde et comme une sorte de parenté mystérieuse entre les forêts et les sources. On voit fréquemment celles-ci sourdre à l'intérieur ou à l'entour de grands massifs boisés, au pied de versants couverts de bois et de gazons. Les émergences d'eaux souterraines deviennent au contraire beaucoup plus rares, et surtout beaucoup moins constantes dans les régions déboisées.

On a pu voir même des sources disparaître après que des destructions forestières importantes avaient eu lieu dans leur bassin d'alimentation. Nous avons dit plus haut que les forêts, en maintenant dans leur voisinage l'atmosphère plus humide et plus froide, provoquaient les pluies ou les rendaient plus fréquentes, plus prolongées et plus régulières. Par là même, elles contribuent déjà à augmenter et à régulariser le débit des sources. Mais elles agissent aussi en diminuant le ruissellement superficiel et provoquant par le réseau de leurs racines la pénétration des eaux dans les couches profondes. Enfin, par leur feuillage vert, par la couverture de feuilles mortes et l'accumulation d'humus qui se produisent sur leur parterre, elles retardent l'écoulement des eaux pluviales, et, agissant à la manière d'une éponge, les rendent en quelque sorte goutte à goutte. Ainsi encore elles retardent, prolongent la crue des sources et rendent leur débit plus constant et plus régulier.

LEÇON X

Les torrents.

RÉSUMÉ. — 1. Les *eaux sauvages* des régions montagneuses, en *se rassemblant* dans les dépressions formant ravins, donnent les *torrents temporaires*, qui vont grossir les *torrents continus*, alimentés par des sources ou des glaciers.

2. Les torrents, en *transportant la terre et les pierres, creusent* de plus en plus *leur lit*. Le creusement est d'autant plus rapide que la région est plus dépourvue de végétation.

3. Les *pierres siliceuses* entraînées deviennent par le *frottement* des *cailloux roulés*, du *gravier*, du *sable*. Le calcaire se dissout. L'argile se délaye.

4. L'*inégale résistance* de la roche formant le lit du torrent donne naissance aux *cascades* et aux *marmites de géants*.

5. Les *fissures* du fond s'*agrandissent* par *usure* et par *dissolution* et donnent les *gorges*.

6. Lorsque le torrent *débouche dans la plaine*, son cours se ralentit, et une grande partie des *matières transportées se dépose* en formant un *cône de déjection* ou *delta torrentiel*. Des villages s'établissent souvent au voisinage, à cause de la fertilité du sol.

7. Lorsque le torrent *débouche dans un lac*, le *delta torrentiel*, en se formant dans le lac, *tend à le combler*.

8. Les *effets de transport* des torrents sont portés au *maximum* en temps de crue. Les inondations sont surtout à craindre dans les *régions déboisées*.

9. Pour *préparer le reboisement*, il faut d'abord *retenir*, au moyen de barrages, la *terre végétale*, à mesure qu'elle se forme par la désagrégation des roches. On *plante* ensuite des *arbres partout où il y a assez de terre*, et on *étend les plantations* de proche en proche.

1. Torrents temporaires et torrents continus. — Les *eaux sauvages*, en obéissant à l'action de la pesanteur, qui les entraîne suivant la pente, finissent par *arriver au fond d'une dépression* plus ou moins marquée constituant un *ravin* ou une *vallée*. Ces

Fig. 79. — Un petit torrent (près des sources de l'Ain)
(Cliché du *Manuel de l'arbre*, édité par le *Touring-Club*).

dépressions se forment d'elles-mêmes peu à peu par l'inégale résistance des roches à l'action des eaux sauvages.

Par la *réunion*, ou, comme on dit, la *concentration* des eaux sauvages arrivant de différentes directions dans ce fond, il se forme une accumulation d'eau plus ou moins importante. Les eaux ainsi rassemblées ne s'arrêteront pas là, en général, parce que le *fond du ravin présente encore une certaine pente;* mais elles vont désormais *suivre ce fond,* c'est-à-dire un *chemin bien déterminé.* En d'autres termes, elles vont former un cours d'eau, qui grossira de plus en plus par l'arrivée de nouvelles eaux sauvages venant des flancs du ravin.

On appelle **torrents** (*fig.* 79) les cours d'eau dont la *pente* est *très rapide,* supérieure, par exemple à 2 millimètres par mètre $\left(\frac{2}{1000}\right)$. C'est le cas général pour les régions montagneuses.

Certains d'entre eux ne sont alimentés que par les eaux sauvages, et ne contiennent de l'eau qu'*à la suite des pluies :* on les appelle, à cause de cela, **torrents temporaires.** Au printemps, l'eau des pluies s'augmente de celle qui résulte de la *fonte des neiges.*

Après un trajet plus ou moins long, ils se déversent dans des torrents plus importants nommés **torrents continus,** parce qu'ils ont toujours une certaine quantité d'eau. Ces derniers sont alimentés en temps ordinaire par des *sources* ou par des *glaciers,* et, après les pluies, ils sont grossis par les eaux sauvages et les torrents temporaires qu'ils reçoivent.

2. Creusement de la vallée. — Voyons maintenant les *effets géologiques* des torrents.

Pour en avoir une première idée, il suffit de suivre, *après un orage* ou une forte averse, un sentier qui coupe le lit d'un torrent temporaire : on voit, à cet endroit, le *sentier encombré de pierres* plus ou moins grosses suivant l'importance du torrent ou la violence de l'averse. Ces pierres ont évidemment été transportées là par l'eau du torrent.

A la prochaine averse, elles seront entraînées encore plus bas, et d'autres, venues de plus haut, les auront remplacées.

Cet effet se répétant un grand nombre de fois, le *lit du torrent doit se creuser de plus en plus.* Les eaux sauvages tendent cependant à combler la dépression en y charriant les parcelles qu'elles entraînent, mais la masse d'eau réunie au fond a une puissance de transport bien plus grande : elle est capable d'entraîner non seulement les fines parcelles qui lui sont amenées, mais encore des pierres plus ou moins volumineuses.

On peut imiter en petit cet effet des torrents temporaires *en versant successivement, en un même endroit d'un tas de sable, plusieurs verres d'eau figurant chacun une averse.* Il se forme une rigole de plus en plus profonde.

Si l'on se rappelle l'influence de la végétation sur l'action des eaux sauvages, on comprend facilement que les régions déboisées et non protégées par des pâturages sont littéralement dévastées par les eaux sauvages et les torrents temporaires. *En quelques minutes les eaux,* ne trouvant aucun obstacle qui empêche leur concentration rapide, *ont gagné le lit du torrent temporaire* et s'en vont grossir subitement les torrents plus importants.

Plus la masse d'eau devient considérable, plus sa puissance de transport grandit. Le torrent peut devenir capable d'entraîner des blocs considérables. Les pierres ainsi entraînées, en frottant contre le fond et contre les parois du lit, en détachent d'autres, qui sont entraînées à leur tour. Ainsi se forment les *vallées profondément encaissées* de la plupart des torrents.

3. Cailloux roulés. — Les *pierres charriées* par le torrent, en même temps qu'elles usent le fond, s'usent elles-mêmes, *s'arrondissent* et deviennent des **cailloux roulés.** Certaines d'entre elles se brisent et les fragments s'arrondissent de même, quelle que soit leur grosseur. On trouve ainsi dans le lit d'un torrent *tous les intermédiaires entre les gros cailloux roulés et le sable le plus fin.* Celui-ci provient, en partie de la réduction progressive des gros cailloux en fragments plus petits par les chocs, et en partie aussi des grains de quartz du granite et des roches analogues désagrégées par les eaux.

Les roches solubles, comme le calcaire tendre, ne figurent qu'exceptionnellement parmi ces cailloux roulés, car elles sont rapidement dissoutes.

Quant à l'argile, elle se délaye dans l'eau et la rend boueuse.

4. Cascades et marmites de géants. — On trouve souvent sur le cours des torrents des *chutes d'eau* connues sous le nom de cascades ou de sauts (*fig.* 80). Ces chutes d'eau se produisent à un endroit où le *torrent passe d'une roche dure sur une roche moins résistante*, qui s'use plus vite. Les cascades les plus élevées, comme le *Staubbach*, près de Lauterbrunnen, en Suisse (*fig.* 81), se trouvent à la jonction d'un affluent avec le torrent principal. Elles sont dues à ce que le torrent principal a creusé sa vallée plus vite que l'affluent.

L'inégale résistance de la roche produit aussi quelquefois, sur une surface rocheuse peu inclinée, les trous appelés **marmites de géants**. Ce sont des trous qui ont généralement de $0^m,30$ à $0^m,40$ de diamètre, avec une profondeur variable, atteignant quelquefois plus d'un mètre. Le *fond du trou* est occupé par une *pierre dure, arrondie par le frottement*.

Le trou a dû être *creusé par la pierre tournant au fond* sous l'action de l'eau qui s'y engouffre en tourbillonnant.

Cliché Teulet.

FIG. 80. — Saut du Doubs.

Il a suffi, au début, d'une légère dépression due à une résistance moindre de la roche, pour qu'une pierre s'y arrête et commence à tourner par les remous de l'eau. La cavité s'est ainsi mieux dessinée, et la pierre y a été retenue d'autant plus sûrement. Le creusement se continue tant que les remous de l'eau dans le fond de la cavité sont capables de faire tourner la pierre.

5. Gorges. — Si le *torrent rencontre une fissure* dans la roche, il l'utilise pour son passage et l'*agrandit* peu à peu par la seule

FIG. 81. — Cascade à Lauterbrunnen.

action d'usure, due au *frottement* des pierres qu'il charrie.

Lorsque la roche fissurée est calcaire, l'*action dissolvante* de l'eau s'ajoute à l'action d'usure pour agrandir la fissure.

Ainsi s'explique la formation des **gorges** à parois escarpées, à peu près verticales, que l'on trouve sur le cours des torrents, comme les *gorges du Fier*, près d'Annecy.

6. Cône de déjection ou delta torrentiel. — Après un trajet plus ou moins long, le torrent finit par arriver dans une région moins accidentée. La *pente devenant moindre*, la vitesse de l'eau et par suite sa puissance de transport deviennent moindres. Les grosses pierres ne pouvant bientôt plus être entraînées s'arrêtent, puis c'est le tour des pierres de moins en moins grosses, du gravier et du limon. Il se forme donc à cet endroit une *accumulation des cailloux roulés* que le torrent charrie et abandonne successivement *par ordre de grosseur décrois-*

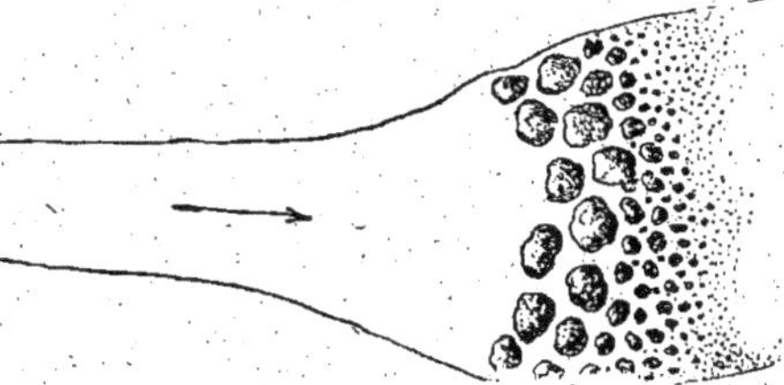

FIG. 82. — Cône de déjection d'un torrent.

sante : c'est ce qu'on appelle un **cône de déjection** ou un **delta torrentiel** (*fig.* 82). Ce delta est d'ailleurs susceptible de se déplacer plus ou moins quand une crue augmente la puissance de transport du torrent.

Nous voyons, en définitive, que le torrent effectue un transport continuel de matériaux des régions élevées dans les régions basses. Avec l'aide des eaux sauvages qui l'alimentent, il ronge les montagnes. Il constitue, comme les eaux sauvages, un **agent d'érosion** (du latin *erodere*, ronger).

Parmi les matériaux transportés, il s'en trouve qui peuvent jouer un rôle utile sur la végétation, tels que les sels de potasse, les phosphates, etc. Les *deltas torrentiels* sont donc souvent doués d'une *grande fertilité* et sont en général cultivés. Des *villages* se bâtissent à proximité, malgré les dangers d'inondation, comme il s'en établit généralement, pour la même raison, dans tout endroit où la vallée du torrent s'élargit.

7. Comblement des lacs. — Il arrive quelquefois que le torrent se déverse dans un lac, comme le Rhône dans le lac de Genève, le Rhin dans le lac de Constance, l'Aar dans le lac de Brienz, etc.

Dans ce cas, le courant du torrent vient se heurter à la masse immobile des eaux du lac, et il finit par s'annuler. Les *matières entraînées* par le torrent *se déposent au fond du lac*, à mesure que la vitesse du courant se ralentit, suivant leur ordre de *grosseur décroissante*.

On se rend compte très nettement de ce phénomène quand on passe en bateau sur le lac de Genève, à l'endroit où le Rhône s'y jette. Au lieu de la belle eau, d'un bleu verdâtre si limpide, que l'on voit dans les autres régions du lac, on se trouve en présence d'une eau bourbeuse, qui est entraînée par sa vitesse jusqu'à une assez grande distance, et qui rejaillit par places à 20 ou 30 centimètres de hauteur en se heurtant aux eaux tranquilles du lac. Un peu plus loin, l'eau est redevenue limpide.

Les *apports du torrent* travaillent donc au **comblement du lac**. Ce comblement est attesté d'ailleurs par des documents historiques qui prouvent que le lac s'étendait plus loin, il y a une quinzaine de siècles. L'*espace comblé* depuis cette époque forme un *grand triangle* dont les sommets sont *Villeneuve* sur la rive droite du lac, *le Bouveret* sur la rive gauche, et *Saint-Maurice*, aujourd'hui à une vingtaine de kilomètres en amont sur le Rhône.

Il faut ajouter cependant que cet effet peut avoir été favorisé par un abaissement général du niveau du lac, par suite de l'usure progressive du seuil par lequel il se déverse dans le Rhône à Genève. Des observations faites à plusieurs endroits sur les bords du lac paraissent prouver cet abaissement de niveau.

8. Inondations des torrents. — Les effets des torrents continus sont très variables suivant les moments, c'est-à-dire suivant la quantité d'eau qui y coule.

Alors qu'ils nous charment en temps ordinaire par la variété des aspects que présente leur cours, ils deviennent en temps de crue des *voisins redoutables*. Ils *débordent*, *envahissent les cultures*, qu'ils ravagent, quelquefois même les *villages*, qu'ils détruisent. Ex.: la *catastrophe de Bozel*, près de Moutiers (Savoie), en 1904.

Leurs inondations sont d'autant plus à craindre que les eaux se rassemblent plus vite dans leur lit, et nous voyons ainsi le lien qui existe entre le *déboisement* et les *dégâts des torrents*. Si la masse d'eau provenant d'une averse met plusieurs jours à s'écouler au lieu de le faire en quelques heures, le gonflement du torrent sera moindre, et l'inondation pourra être évitée.

9. Reboisement. — Puisque les dégâts des torrents sont dus au déboisement inconsidéré des régions montagneuses, le remède est tout indiqué : c'est le **reboisement.** Malheureusement il n'est pas immédiatement applicable, par suite de l'absence presque complète de terre végétale sur les régions déboisées.

On ne peut songer non plus à en transporter des régions basses : le travail serait par trop coûteux. Il faut donc s'efforcer de retenir celle qui se forme par la désagrégation des roches. On commence par agir dans le lit du torrent lui-même pour diminuer sa puissance de transport et de creusement, et pour arrêter dans une certaine mesure les matériaux transportés. Pour cela, on établit de place en place des **barrages,** que l'on fait de la façon la plus économique possible, suivant l'importance du torrent et suivant les matériaux dont on dispose sur place. Ainsi, dans les torrents secondaires de faible importance, quelques troncs d'arbres suffisent.

Pour les torrents un peu plus importants, on construit les barrages en pierres sèches, c'est-à-dire non cimentés par du mortier. C'est là le cas le plus fréquent.

Enfin, pour les plus violents, on les construit quelquefois en pierres cimentées.

L'effet de ces barrages est d'abord de partager le cours du torrent en une série de biefs successifs où la pente est sensiblement diminuée et par suite la vitesse de l'eau moins grande. Le creusement du lit se trouve ralenti et par suite les berges s'éboulent moins vite et l'action des eaux sauvages sur les régions voisines s'exagère moins vite. De plus les barrages retiennent, au moins en partie, les matières charriées et en particulier la terre végétale qui se forme par la désagrégation des roches.

Aussitôt que la couche de terre végétale formée et

FIG. 83. — Travaux en vue du reboisement (à Merdarel, dans les Hautes-Alpes).

ainsi retenue le permet, dans tous les ravins secondaires, on augmente encore la solidité du sol, en y établissant des lignes de petites branches fichées verticalement dans la terre (clayonnages et fascinages) (*fig.* 83). Ensuite dans la terre on fait des **semis de gazon.** Finalement, on y **sème des graines d'arbres** ou, si l'on veut aller plus vite, on y « repique » de jeunes plants d'arbres élevés préalablement en pépinière.

L'effet bienfaisant de cette végétation se fait sentir peu à peu sur la région plantée et contribue à retenir la terre végétale aux environs immédiats, de sorte que l'on peut étendre peu à peu les plantations.

Sur les berges des torrents plus importants, on sème du gazon ou des plantes rampantes, qui recouvrent le sol de leurs feuilles en favorisant le maintien de la terre végétale qui se forme, et on étend de proche en proche les semis sur le terrain voisin. Dès que la chose est possible, on y plante des arbres.

On voit d'après ces quelques détails les difficultés et la longueur du travail, d'autant plus que les populations, encore trop souvent mal éclairées, au lieu d'aider les agents de l'administration, les entravent souvent dans leur œuvre.

Cependant la question est tellement importante qu'on n peut songer à reculer devant ces difficultés.

Les régions intéressées sont, en effet, beaucoup plus étendues qu'on ne le croirait au premier abord. Ainsi le déboisement des Pyrénées fait sentir ses effets jusque dans les plaines de la Garonne, en favorisant les crues subites de ce fleuve, qui sont quelquefois si désastreuses au printemps. Aussi travaille-t-on au reboisement des Pyrénées, ainsi qu'à celui des Alpes depuis plus de quarante ans.

Les résultats obtenus sont déjà sensibles. A mesure que les forêts se reconstituent, les effets des torrents voisins s'atténuent, les sources reparaissent. On peut dire que la **région** se **revivifie.**

Mais les surfaces déboisées étaient tellement considérables, qu'il reste malheureusement encore beaucoup à faire.

LECTURE

La houille verte et la houille blanche[1]. — On sait ce qu'est la *houille noire*, le charbon de terre. Par analogie on peut appeler *houille verte* le carbone végétal, le « combustible » accumulé par les forêts. Par analogie encore, on a heureusement désigné sous le nom de *houille blanche*, les glaciers et eaux des montagnes qui tendent aujourd'hui à se substituer à la houille noire pour la production de la force nécessaire aux industries.

Dans les temps passés, les forêts avaient exercé une sorte d'attraction sur l'industrie des plaines. A l'entour des massifs boisés, des usines de tout genre se groupaient ainsi que dans le désert la verdure à l'entour des sources. Puis la mine de *houille noire* est venue détrôner les carrières de *houille verte*, et les populations industrielles se sont entassées à l'entour de ces gisements souterrains de carbone, constitués déjà par la végétation dans les âges éloignés. Aujourd'hui l'industrie épuisée, meurtrie dans la lutte que lui impose la concurrence mondiale, tourne ses espérances, ses efforts vers la montagne. Là se trouve, dans les glaciers, dans les lacs, dans les eaux abondantes que les pentes ombreuses laissent écouler peu à peu en chutes puissantes, une réserve presque inépuisable de force hydraulique. Cette force produite par la *houille blanche*, pour être utilisée, adaptée aux moteurs industriels, n'exige pas que des millions de francs soient distribués en salaires pour l'extraction d'un combustible dont il faut sans cesse renouveler les provisions, ni que des millions d'hommes consument et exposent leur vie dans un labeur pénible à 500 mètres sous terre. Triste obligation imposée par nos sociétés à ces bûcherons de la forêt morte ! Cette force immense, qui s'emmagasine dans les vallées derrière les assises rocheuses de la montagne, est, au contraire, gratuite ; elle se renouvelle incessamment et les dépenses importantes que nécessitent les travaux destinés à la mettre en œuvre peuvent s'amortir par son emploi même.

Depuis longtemps le montagnard connaissait le secret de la force hydraulique. Depuis longtemps, il utilisait le petit ruisseau, la petite cascade riveraine de son champ pour faire tourner la roue de son moulin, élever et abaisser tour à tour la scie qui débitait les planches et charpentes destinées à la construction ou à la réparation de sa demeure, actionner les filatures qui tissaient la laine de ses troupeaux. Mais, jusqu'ici, on n'avait pas songé, dans ces pays éloignés et isolés des grandes agglomérations humaines, à réunir tous ces ruisseaux, à rassembler toutes les eaux d'un vaste bassin montagneux derrière un gigantesque barrage, à les dériver par des canaux établis à grands frais, tantôt à ciel ouvert, tantôt en sou-

1. D'après M. Cardot (*Manuel de l'arbre* publié par le Touring-Club).

terrain sur les pentes les plus escarpées, pour les conduire jusqu'à
un promontoire d'où elles puissent se déverser en des chutes de
100, 200, 500 mètres de hauteur, d'associer, de réunir enfin tous les
filets d'eau épars dans la montagne en une seule masse liquide, et
toutes les cascatelles en une chute unique, de manière à produire
une force énorme susceptible de faire marcher les innombrables
rouages d'une grande industrie.

Le développement des voies de communication, et, plus encore,
les découvertes successives faites par la science en vue de transformer la force en un courant électrique, et de la tranporter au
loin par l'intermédiaire de câbles aériens, facilitèrent l'évolution
de l'industrie vers les régions montagneuses, et déjà leurs vallées
se peuplent d'usines fabriquant sur place ou faisant rayonner au
loin dans les plaines voisines les éléments inutilisés de la force
conquise.

Ce développement industriel dans les vallées de montagne serait
encore bien plus rapide, si les cours d'eau qui dévalent des versants n'avaient, par suite de la destruction des pelouses et des
forêts, pris ce caractère torrentiel qui les rend souvent impropres à
toute utilisation et dangereux pour les installations riveraines. Il
serait bien plus fécond aussi, et plus « harmonique » aux besoins
locaux, si l'on trouvait dans ces régions mêmes la quantité suffisante de matières premières susceptibles de transformation indus-
trielle. Or, les deux productions essentielles de la montagne étant
le bois et l'herbe, ce sont elles qui devraient avant tout bénéficier
de la mise en œuvre des forces hydrauliques. Importantes scieries,
papeteries à la pâte de bois, fromageries, beurreries et autres applications à l'industrie laitière, devraient pouvoir utiliser la majeure
partie de ces forces.

Malheureusement, dans la plupart de nos vallées des Alpes et des
Pyrénées, les forêts existantes suffisent à peine à approvisionner
de petites scieries pauvrement installées et outillées et l'on ne peut
se défendre d'un sentiment d'étonnement et de tristesse en voyant
des wagons chargés de planches de sapin du Nord ou de pitch-pin
d'Amérique remonter les rampes de leurs voies ferrées! Ce n'est
pas sans étonnement aussi que l'on peut y voir parfois beurres et
fromages arriver de la plaine voisine, tandis que, dans la montagne
dénudée ou privée de toute organisation pastorale, les troupeaux
produisent à peine le lait nécessaire à l'alimentation des habitants
et des jeunes animaux.

Une semblable situation ne saurait se maintenir et le moment est
venu pour les habitants des montagnes d'assurer, par la reconstitution de leurs pelouses et forêts, et par une bonne organisation pastorale, les profits importants que les réserves de force hydraulique
produite par leurs cours d'eau permettent de réaliser.

Leçon XI

Les cours d'eau de la plaine

RÉSUMÉ. — 1. Les *fleuves* et *rivières creusent* aussi *leur vallée*, avec l'aide des eaux sauvages, comme le montrent les *vallées d'érosion*, dont les deux flancs présentent la même succession de couches.

2. Ils *transportent* aussi, suivant leur puissance, des *cailloux roulés*, du *gravier*, du *sable*, de l'*argile*, surtout en temps de crue.

3. Ils font *ébouler leurs berges*, les *rongent sur le bord concave* dans les courbes, ce qui peut amener la *disparition de certaines boucles des méandres*.

4. L'*inégale résistance du fond* peut donner naissance aux *rapides* (Nil, Niger, etc.) et aux *cataractes* (Niagara, Zambèze, etc.).

5. Dans les *régions calcaires*, ils peuvent, en utilisant les *fissures* et les agrandissant, creuser des *gorges* (Tarn, rio Colorado).

6. C'est encore dans les *fissures du calcaire* que se produisent les *pertes de cours d'eau* (Lesse, Rhône, Valserine).

1. Vallées d'érosion. — Il nous reste à examiner maintenant l'action géologique des cours d'eau lorsqu'ils sont arrivés dans des *régions où leur pente est moindre*, c'est-à-dire dans les régions de collines ou de plaines.

Il est facile de se rendre compte que cette action est du même genre que celle des torrents, c'est-à-dire une action de creusement et une action de transport.

Le *cours d'eau occupe le fond d'une vallée* plus ou moins large *qu'il a creusée* (*fig.* 84) avec l'aide des eaux sauvages qui se dirigent vers lui.

Ce creusement est rendu manifeste dans beaucoup de cas par l'étude des roches qui affleurent sur les *flancs de la vallée*.

On trouve souvent, en effet, les *mêmes roches*, superposées dans le même ordre, *de part et d'autre du cours d'eau* (*fig.* 85), de sorte que l'on ne peut guère douter que ces roches ont existé

Cliché Garau.

Fig. 84. — Ruisseau coulant dans la vallée qu'il a creusée en grande partie
(gorge de Saint-Georges, dans la haute vallée de l'Aude).

aussi autrefois sur l'emplacement actuel de la vallée, et que c'est le cours d'eau qui les a entraînées peu à peu. De là le nom de **vallées d'érosion** que l'on donne aux vallées présentant cette disposition.

Tel est le cas, par exemple, de la vallée de la Seine et de ses affluents.

2. Transport de matières solides. — Nous constatons, de plus, que *l'eau des cours d'eau est toujours plus ou moins trouble* : elle n'a jamais la pureté et la transparence que nous lui voyons dans les lacs, où les matières en suspension ont tout le temps de se déposer grâce à l'absence de courant.

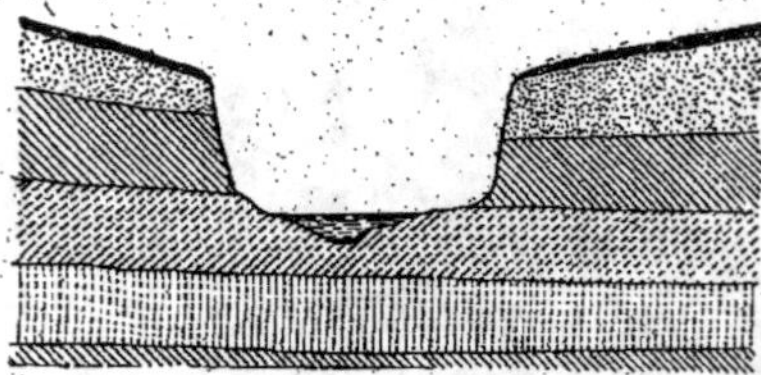

Fig. 85. — Coupe d'une vallée d'érosion.

La *puissance de transport varie* d'ailleurs d'un cours d'eau à l'autre suivant la *vitesse du courant*. En France par exemple, le Rhône, dont le cours est assez rapide, nous montre sur ses bords des cailloux roulés assez gros, tandis que la Seine, au cours beaucoup plus calme, encore ralenti maintenant par les barrages que l'on a construits pour la canaliser, ne peut charrier que du limon, c'est-à-dire un mélange d'argile et de sable très fin. La Garonne et la Loire ont une puissance de transport intermédiaire entre ces deux extrêmes.

Pour un même fleuve, cette *puissance varie suivant les moments*. Elle est maximum en temps de crue, comme nous le montre alors le trouble beaucoup plus marqué des eaux. C'est à ce moment que le Rhône devient capable de rouler les gros cailloux qu'il laisse à découvert par les basses eaux.

3. Érosion des berges. — Nous voyons aussi le travail d'*érosion* d'un cours d'eau se manifester *sur ses rives*. A la suite d'une crue, on voit souvent des **traces d'éboulements** qui se sont produits sur les berges. Dans la traversée des villes, on construit quelquefois des quais en pierres cimentées qui évitent cet inconvénient en même temps qu'ils facilitent l'accostage des bateaux. Dans d'autres endroits, on obtient d'une façon plus économique une atténuation de l'érosion en protégeant la berge par des pierres non cimentées ou encore par des plantations d'arbustes, dont les racines retiennent la terre.

C'est surtout dans les courbes que présente le lit que l'érosion de la rive se fait sentir. Comme *tout corps en mouvement*, l'eau courante *a une tendance à continuer son chemin en ligne droite* : c'est là un effet de ce que l'on appelle en mécanique l'inertie de la matière. Lorsque le lit décrit une courbe, l'eau vient donc *heurter la rive dont la concavité est tournée vers le cours d'eau*, et elle la ronge. Aussi voyons-nous cette rive formée d'une *berge à pic*, tandis que la rive opposée est souvent en pente très douce. L'effet de cette érosion est de rendre la courbe *de plus en plus sensible*.

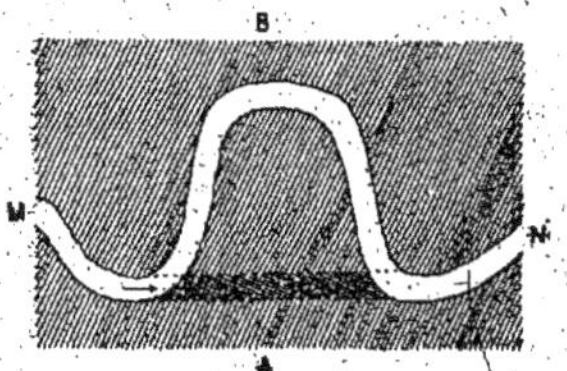

FIG. 86. — Schéma de la disparition d'une boucle.

Dans les grandes sinuosités nommées **boucles** ou **méandres**, que l'on voit dans les larges vallées comme celle de la Seine, du Lot, etc., l'effet de l'érosion peut, à la longue, ronger l'isthme A et *transformer* momentanément la *presqu'île* B en *une île*. Mais l'eau passant alors directement de M en N parce que la pente est plus forte, la *boucle*, abandonnée par le courant, *s'ensable* et se comble peu à peu (*fig.* 86).

On connaît des exemples de boucles arrivées ainsi à différents états de comblement.

4. Rapides et cataractes. — On trouve aussi sur le cours de certains fleuves, bien que plus rarement, des curiosités naturelles analogues à celles que nous avons signalées sur le cours des torrents.

Ainsi l'inégale résistance à l'usure des roches formant le fond engendre les **rapides** et les **cataractes**.

On appelle **rapide** un passage où le cours d'eau, grâce à la résistance plus grande de son *fond rocheux*, prend l'*allure d'un torrent*. On trouve de tels passages sur le Nil, le Niger, le Congo, le Zambèze, le Mé-Kong, etc.

Le nom de **cataracte** est quelquefois appliqué à certains de ces rapides, à ceux du Nil notamment. Mais on réserve surtout ce nom aux *chutes d'eau* qui se produisent, *verticalement* ou à peu près, sur le cours d'un fleuve important.

La plus célèbre de ces cataractes (*fig.* 87) est celle du fleuve **Niagara** qui relie le lac Erié au lac Ontario. Le fleuve, partagé en deux bras par l'*île de la Chèvre*, tombe d'une hauteur de près de 50 *mètres* sur une largeur d'environ 1 *kilomètre*. Cette énorme chute constitue une force motrice naturelle considérable, aujourd'hui utilisée pour faire fonctionner un grand nombre d'usines installées au voisinage.

La cataracte du Niagara étant connue et observée depuis longtemps, on a pu constater que

Fic. 87. — Cataractes du Niagara.

la chute se **déplace progressivement** (*fig.* 88), en remontant peu à peu le cours du fleuve.

L'étude des roches constituant l'escarpement de la chute a permis de se rendre compte du mécanisme de cette progression.

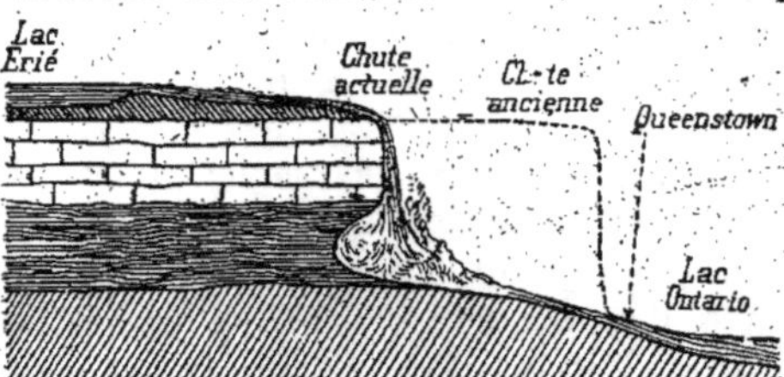

Fic. 88. — Coupe en long des cataractes du Niagara.

Le fond du lit du fleuve, en amont de la chute, est formé d'un *calcaire dur* qui ne serait usé que très lentement par l'eau.

Mais au-dessous de ce calcaire se trouvent des roches beaucoup moins résistantes, d'abord des *schistes*, puis des *marnes* et des *grès* assez tendres. L'eau, qui rejaillit en tous sens après sa chute, vient attaquer ces roches tendres au bas de l'escarpement, les *creuse* et en emporte les débris. Bientôt les parties supérieures n'étant plus soutenues *s'éboulent*.

Le recul de la chute n'est pas la même dans tous les points de la largeur du fleuve, sans doute par suite d'une *résistance inégale des roches*. Ainsi, en 45 ans, de 1842 à 1887, la région de la chute comprise entre l'île de la Chèvre et la rive des Etats-Unis, n'a reculé que de 11 mètres, tandis que sur l'autre bras du fleuve, souvent appelé bras canadien, le recul a été suivant les endroits de 54 à 80 mètres, de sorte que le *recul annuel varierait* suivant les points de $0^m,25$ à $1^m,80$. Il en résulte donc à la longue un *changement de forme de la chute*, changement qui devient sensible au bout de quinze à vingt ans.

En aval de la chute, le Niagara coule, sur une douzaine de kilomètres, dans un lit très profond, encaissé dans des rives verticales présentant la même composition géologique que l'escarpement de la cataracte. On est donc amené à penser que ce lit aurait été creusé par le recul progressif de la cataracte pendant des milliers d'années.

On a considéré longtemps la chute du Niagara comme la plus énorme qui existe à la surface de la terre. Mais l'exploration de l'Afrique en a fait découvrir, parmi un grand nombre d'autres, une plus formidable encore. C'est celle qui est connue sous le nom de **Victoria Falls**, sur le *Zambèze*, et qui surpasse celle du Niagara, à la fois par le volume de l'eau et par la hauteur de chute, qui est de *plus de 100 mètres*.

5. Gorges ou canyons. — Lorsque le fleuve traverse une région de roches fissurées et principalement une région calcaire, il y forme quelquefois des **gorges** étroites et profondes aux *parois verticales*; telles sont, dans les causses Méjean et de Sauveterre, les **gorges du Tarn** (*fig.* 89), de plus en plus visitées par les touristes, et qui ont une *longueur de 52 kilomètres* sur une *profondeur* variant de 400 à 600 *mètres*.

Les plus grandioses sont celles du *rio Colorado*, dans l'Arizona, aux Etats-Unis, souvent désignées sous le nom de **Grand Canyon du Colorado** (*fig.* 90). Elles ont une longueur de près de 500 *kilomètres*. Leur profondeur, généralement supérieure à

Fig. 89. — Gorges du Tarn.

1.000 mètres, atteint jusqu'à 1.800 *mètres* au-dessous du plateau aride dans lequel elles ont été creusées, alors que la largeur à la partie supérieure se réduit par endroits à une *trentaine de mètres*.

Expliquons, en prenant pour exemple le Tarn, comment on se rend compte du creusement de ces gorges. En sortant des plateaux calcaires élevés nommés Causses, la rivière arrive dans les plaines beaucoup plus basses des environs d'Alby. Admettons qu'au début la rivière ait coulé sur le plateau calcaire. En arrivant à l'extrémité de ce plateau, elle devait prendre l'*allure d'un torrent* pour gagner la plaine voisine. Ce torrent, en profitant des *fissures* que présentait le calcaire, a peu à peu creusé son lit pour l'abaisser jusqu'à un niveau voisin de celui de la plaine, de sorte que la *région torrentielle a reculé* progressivement *vers la source* à travers le massif calcaire.

Fig. 90. — Le Grand Canyon du Colorado.

Il est possible qu'un *soulèvement lent* de la région calcaire ait contribué aussi à entretenir l'activité torrentielle.

On s'explique de la même façon la formation du Grand-Canyon du Colorado à une époque où la région recevait beaucoup plus de pluie qu'actuellement.

Les **méandres encaissés** comme ceux de la Meuse entre Charleville et Givet, ont dû s'établir aussi sur des *fissures* que le fleuve a peu à peu agrandies, à mesure que la *région se sou-levait* par un mouvement lent.

6. Pertes. — Certaines rivières, en traversant une région calcaire, disparaissent à un certain endroit dans une fissure du sol. C'est ce qu'on appelle une **perte de rivière**. On a pu dans certains cas s'assurer, au moyen de matières colorantes très puissantes, que cette même rivière reparaît à la surface à une distance plus ou moins grande. Elle est donc devenue, sur un certain parcours, une *rivière souterraine*. Ce que nous avons dit précédemment des fissures et des grottes nous explique suffisamment ce fait.

Un premier exemple, pris dans nos régions, est la *Lesse*, que l'on voit disparaître au trou de **Belvaux**, près de l'entrée des *grottes de Han*, et que l'on

Fig. 91. — Sortie de la Lesse des grottes de Han.

retrouve à la sortie de ces grottes, c'est-à-dire à 4 ou 5 kilomètres plus loin (*fig.* **91**).

On peut citer encore, en France, près de Bellegarde, c'est-à-dire à la traversée des montagnes calcaires du Jura, la **perte du Rhône** sur une soixantaine de mètres, et la **perte de la Valserine**, affluent du Rhône, sur une longueur de 400 mètres.

LECTURES

1. *La traversée des rapides.* — Pour avoir une idée des « rapides », il faut lire les récits des voyageurs, notamment de ceux qui ont exploré l'Amérique du Sud. Les rochers qui coupent le lit de beaucoup de cours d'eau, les cascades en résultant, la rapidité du cou-

rant, semblent en faire des fleuves non navigables. Les indigènes savent cependant fort bien traverser les endroits difficiles avec leur légère pirogue (*figure* 92), mais non toujours sans péril. A titre d'exemple pittoresque donnons un passage emprunté à un explorateur de la région du Pérou : «... Une déchirure profonde, que nous reconnûmes pour le lit d'un ancien torrent au sable dont elle était encore jonchée, séparait deux croupes de grès et aboutissait à la rivière par une pente rapide. Nous nous engageâmes dans ce chemin et rejoignîmes nos pirogues où, de nouveau, nous nous assîmes. Malgré la rapidité du courant, l'eau restait calme à la surface, et pendant une demi-heure nous naviguâmes sans obstacle. Passé ce temps, un petit clapotement des lames nous annonça le voisinage d'un rapide et la reprise des hostilités. Au dire des Antis, nous approchions de l'endroit appelé Avale-pirogue.

Fig. 92. — La traversée d'un rapide.

« Dans notre circonstance, la réunion de ces deux mots n'avait rien de bien rassurant ; aussi nous tînmes-nous sur nos gardes et prêts à disputer notre vie à l'élément perfide qui nous avait déjà joué tant de mauvais tours.

« L'aspect surnaturel que prit tout à coup la rivière parut justifier nos appréhensions. L'inclinaison de son lit, si visible à l'œil qu'elle en devenait effrayante ; les superpositions de grès de plus en plus extravagantes et qui semblaient s'amonceler autour de nous pour nous défendre le passage, tout réagit si puissamment sur nos esprits et, s'il faut le dire, nous émut de telle façon, que nous ordonnâmes aux rameurs de nous déposer au plus tôt, non sur la rive gauche, les rives avaient disparu, mais sur les plans de roches à demi submergées qui en tenaient lieu. Nous recommençâmes à suivre les crêtes, pendant que les sauvages, qui avaient fait provision de lianes, les ajustaient bout à bout et obtenaient, par ce moyen, des câbles assez longs pour pouvoir, en se couchant à plat ventre, guider les embarcations du haut des rochers. Un rapide, large d'environ 150 toises, blanc d'écume et d'un mouvement furieux, termina cette traversée de l'Avale-pirogue. qui, par bonheur pour nous, *voulut bien mentir à son nom* : aucune de nos pirogues ne fut *avalée* par le gouffre.

« Cet acte avait fait sur nous une impression telle que, pour prévenir un danger pareil à celui auquel nous venions d'échapper, nous manifestâmes à nos rameurs l'intention de suivre désormais le chemin des hauteurs, pendant que, de leur côté, ils prendraient, pour guider les embarcations, la voie qu'ils jugeraient convenable. Ce plan, que nous suggéraient la prudence et peut-être la peur, était malheureusement inexécutable. A partir de Sibucuni, la rivière coulait entre des murailles à pic, et toute communication entre nos personnes et nos pirogues se trouvant fatalement interceptée, il était obligatoire de tenter sur-le-champ un rapprochement que, cent pas plus loin, il nous serait impossible d'effectuer. Nous regagnâmes donc nos pirogues.

« La rivière, resserrée entre deux murailles de grès, était large, à cet endroit, de quelque cinquante mètres. A mesure que nous avançâmes, cet espace alla se retrécissant. Une digue d'écume, couronnée d'un léger brouillard qui vint barrer le lit de la rivière, nous signala l'approche du danger. Les yeux des sauvages étincelèrent. Ceux qui ramaient se couchèrent sur leur pagaie comme des jaguars prêts à s'élancer; ceux qui gouvernaient se levèrent à demi, les narines gonflées, les cheveux au vent, assurant contre les flancs de la pirogue la rame qui leur servait de gouvernail. Il y eut un moment d'attente fiévreuse et d'anxiété terrible, pendant lequel nul ne put prévoir si nous réussirions à franchir ce rapide ou si nous serions engloutis par lui. Pareilles à de noires couleuvres, sveltes et agiles comme elles, nos pirogues s'étaient glissées dans le tourbillon d'écume où elles disparurent entièrement. Les plus déterminés d'entre nous avaient fermé les yeux. Quelques secondes s'écoulèrent; puis un hourra des sauvages annonça l'issue de la lutte; le rapide était dépassé... »

Le passage des rapides ne va pas toujours aussi bien, ainsi qu'en témoigne, un peu plus loin, le récit du même voyageur. «... Le courant qui nous emportait, semblait redoubler de vitesse. Nous n'étions qu'à vingt pas de la roche; d'un bond, je me levai et, le bras étendu, je me préparai à défier l'horrible choc. Quand la pirogue furieusement entraînée me parut à proximité de l'écueil, je me penchai et j'allongeai le bras pour me faire un point d'appui de la roche même et en éloigner notre esquif. Mais j'avais mal calculé la distance et mon pilote avait eu raison de ne pas s'effrayer. La pirogue passa près du rocher sans le toucher. Seulement l'inclinaison de mon corps et la brusquerie de mon geste à ce moment critique la firent chavirer. Du même coup je disparus dans la rivière. Quand je revins sur l'eau, mon crayon aux dents, l'embarcation flottait la quille en l'air et le pilote accroché au bordage, se laissait remorquer par elle. Je me mis à tirer ma coupe et, après avoir atteint la pirogue, je grimpai dessus et m'y établis à califourchon. »

2. *Imitations artificielles des fleuves*. — Il n'est pas difficile, en répétant les expériences faites par M. Stanislas Meunier, d'imiter quelques particularités du cours des fleuves.

On peut, par exemple, produire des gorges de torrents avec une dalle de calcaire dont la surface est soumise à l'écoulement d'un filet d'eau acidulée. Il faut faire choix d'un calcaire facilement attaquable comme est la lambourde ou calcaire à milioles, des environs de Paris, et employer une solution d'acide chlorhydrique à 1/200. On règle l'écoulement et l'inclinaison de la plaque selon le résultat que l'on veut obtenir. Il est utile de remarquer que l'action chimique dont on se sert ici se comporte comme l'action mécanique développée par les torrents. Ce qui le démontre, c'est la conformité absolue de tous les accidents de détail que présente le sillon obtenu. D'un autre côté, il ne faut pas oublier que l'eau des torrents réalise aussi, pour une part, une action chimique sur beaucoup de roches.

Si, dans cette expérience, au lieu d'employer une dalle plate, on prend une dalle présentant une sorte de chute en son milieu, on imite la régression des chutes, telle qu'elle a lieu, par exemple, au Niagara. Sous l'influence du filet d'eau continu, on constate, en effet, que la chute régresse, c'est-à-dire tend à remonter dans le sens inverse de l'écoulement du courant. Cette expérience montre bien que le travail d'érosion verticale des cours d'eau, c'est-à-dire le creusement de la vallée, progresse de l'aval vers l'amont, tandis que le travail d'érosion horizontale, par exemple, l'usure des berges dans les courbes, progresse de l'amont vers l'aval.

Au lieu d'un tube d'écoulement d'eau cylindrique, employons en un dont le bout a été un peu aplati horizontalement et faisons passer le filet d'eau qui va en s'élargissant sur une dalle calcaire convenablement inclinée. Après peu de temps, on constate que le filet d'eau n'occupe plus que la région médiane de la surface d'abord mouillée : c'est le rétrécissement progressif des courants circulant sur une plaine qui s'érode, rétrécissement qui a pour effet de créer des terrasses latérales le long de la vallée. On arrive surtout à bien voir les terrasses quand le calcaire présente des lits superposés un peu différents les uns des autres et dont la solubilité, par conséquent, n'est pas égale, parce que ces lits, qui doivent être minces, empêchent l'érosion d'avoir une allure absolument uniforme.

Si l'on veut imiter les sillons fluviaires sur les pentes très accentuées, il faut prendre une plaque de plâtre gâché redressée, avant sa prise complète, sous un angle très fort, de 45° à 60°. On constate alors que l'eau qui l'imprègne s'écoule par la base de la plaque en des points plus ou moins équidistants. Chacun de ces points est comme un centre de propagation d'où partent, en se dessinant de bas en haut, des sillons qui se compliquent d'ailleurs en remontant très rapidement et prennent l'apparence d'arborisations. L'effet obtenu reproduit exactement l'une des circonstances naturelles visibles dans les pays de montagne, par exemple dans la vallée du Rhône antérieur, sur les flancs du mont d'Arvel, en amont de Villeneuve, en Dauphiné et bien ailleurs. L'appareil à utiliser est une simple cuvette carrée en porcelaine ou en verre tout à fait semblable à celles qu'emploient les photographes. Il ne faut pas la prendre trop petite : 40 centimètres sur 25 sont une bonne dimension. Cette cuvette étant placée horizontalement, on y coule une couche de 7 à 8 millimètres d'épaisseur de plâtre à mouler, gâché avec une quantité convenable d'eau. Dès que la masse a acquis la consistance d'un fromage blanc, on incline la cuvette. Dès que la mince couche de plâtre est dans cette situation, elle alimente de petits filets d'écoulement de l'eau qui l'imprégnait, mais ces filets ne sont d'abord visibles que par leur région tout à fait inférieure. Rapidement ils se propagent de bas en haut. Leur croissance est très rapide et elle ne peut se faire sans déterminer, ici ou là, des *captures* de filets dont on peut suivre les progrès et qui reproduisent les phénomènes géographiques bien connus, depuis les publications de M. Davis, sous le nom de *captures de rivières*. Pendant cette expérience, on constate de toute part la réalisation de phénomènes dont la considération est si intéressante pour l'histoire du creusement des vallées et qui expliquent aussi la constitution des cols dans les chaînes de montagnes et l'isolement à leur point d'origine de blocs charriés avant la disparition de la pente continue des débuts

---

Leçon XII

Alluvions. — Deltas et barres.

RÉSUMÉ. — 1. Les *matériaux charriés* par les cours d'eau, en se déposant parfois dans le lit, forment des *bancs*, des *îles*, qui *se déplacent* peu à peu vers l'embouchure.

2. Lorsque le *fleuve déborde*, les *alluvions* se déposent sur les parties inondées soustraites au courant et augmentent la fertilité du sol. Mais, s'il y a des récoltes, celles-ci sont endommagées ou même détruites.

3. Le *colmatage*, qui consiste à *provoquer ces inondations* au moment favorable, est pratiqué dans les pays subtropicaux et même dans le midi de l'Europe.

4. A *l'embouchure* des cours d'eau, il se produit, suivant les cas, un *delta* ou une *barre avec estuaire*, car il y a lutte entre les *deux tendances inverses*, du fleuve à *édifier un delta* et de la mer à *détruire ce delta* pour l'étaler en une *barre*.

5. Les *deltas* se forment principalement dans les *mers sans marées sensibles*, comme la Méditerranée, et les *barres avec estuaires* dans les *mers pourvues de marées*. L'estuaire est dû à ce que les marées pénètrent dans le fleuve et en usent les rives.

1. Bancs d'alluvions et îles. — Après avoir parlé de l'action de creusement des eaux des fleuves et rivières, il nous reste à examiner ce que deviennent les **matières transportées** à l'état de suspension, c'est-à-dire ce qu'on appelle les **alluvions.**

L'eau courante tend à les chasser de plus en plus loin vers la mer ; mais, d'autre part, ces parcelles solides tendent à se déposer au fond sous l'action de la pesanteur.

Dans tout endroit où le *courant se ralentit*, par exemple, dans un endroit où le lit devient plus large, *une partie des alluvions se dépose*. Ce sont surtout les parcelles de roches siliceuses, sable et gravier, qui se déposent ainsi, parce qu'elles restent moins facilement en suspension que l'argile.

Dans les *courbes*, alors que la rive concave se creuse comme nous l'avons expliqué plus haut, on voit souvent la *rive convexe*, où le courant est moins fort, descendre en pente douce formant une sorte de *plage de gravier ou de sable.*

Le lit du fleuve peut être lui-même le siège de ces dépôts lorsque les eaux sont peu abondantes et par suite moins rapides. Ainsi, lorsque la *Loire est basse*, le lit est parsemé de *petits îlots de sable* et *de gravier (fig.* 93) entre lesquels serpentent les nombreux petits bras que forme alors l'eau du fleuve.

A la crue suivante, la plupart de ces bancs de gravier seront remis en suspension et transportés un peu plus loin vers la mer, et lorsque la crue cessera, on les verra remplacés par d'autres matériaux semblables venus de plus haut.

Ces **bancs de sable** et d'alluvions entravent parfois la navigation et on est obligé d'y remédier par des **dragages.**

Les **îles** que l'on voit sur le trajet de certains cours d'eau ont souvent la même origine, comme le montre la nature du sol qui les forme. Lorsque la végétation a le temps de s'y établir dans l'intervalle des crues, ces îles prennent une certaine stabilité et deviennent capables de résister au courant, grâce aux racines qui retiennent la terre. Cependant *l'extrémité d'amont*, qui est directement exposée à la violence du courant, est encore *plus ou moins rongée*, tandis que *l'extrémité d'aval s'accroît*, parce que le courant, grâce à la protection de l'île, y est beaucoup moins fort et que les alluvions peuvent s'y déposer. L'*île*, ainsi rongée en amont et agrandie en aval, est donc peu à peu *déplacée vers l'embouchure*.

On évite cette érosion dans les villes en protégeant la pointe supérieure de l'île par des murs en pierres cimentées.

Cliché Clerfeuille.

FIG. 93. — La Loire et ses bancs de sable (d'après une photographie prise en ballon).

2. Dépôt d'alluvions sur les terres voisines. — Lorsque le fleuve, grossi par une *forte crue*, sort de son lit pour *inonder les terres voisines* (*fig.* 94), le courant est généralement faible sur les parties inondées, quelquefois même à peu près nul en certains endroits.

Les *alluvions* charriées par le fleuve, se trouvant soustraites à l'action du courant, *se déposent*, non seulement celles qui tombent rapidement comme le gravier et le sable, mais même celles qui ne se déposent que très lentement comme l'argile.

Lorsque les eaux se retirent, on voit qu'elles ont laissé, dans les endroits où les eaux étaient très calmes, une couche de **vase** ou limon, mélange de *sable très fin et d'argile*. Ce limon a une influence favorable sur les terres qui le reçoivent, car il contient différents sels minéraux qui peuvent jouer le rôle d'engrais. A ce point de vue donc, les inondations jouent un *rôle bienfaisant* pour l'agriculture.

On cite toujours à ce sujet l'exemple du Nil qui féconde sa vallée par ses inondations périodiques.

Malheureusement cet avantage est souvent contre alancé par des *inconvénients graves*. Si l'inondation a lieu à une époque où les terres sont déjà couvertes de cultures assez avancées dans leur développement, la récolte de l'année peut se trouver compromise.

Aussi dans les régions sujettes aux inondations de printemps, on essaye souvent de préserver les terres au moyen de **digues** contre l'envahissement des eaux. C'est ce qui a lieu notamment dans les vallées du *Pô*, de *l'Adige* et de *leurs affluents*, dont les eaux sont souvent gonflées au printemps par les pluies et la fonte des neiges. Mais dans ces conditions, les alluvions ne pouvant se répandre sur les terres voisines, exhaussent le lit du fleuve et l'amènent ainsi peu à peu à un niveau supérieur à celui de la plaine dans laquelle il se trouve, ce qui constitue un autre inconvénient, car l'inondation résultant de la rupture d'une digue en serait d'autant plus grave.

3. Colmatage. — Le rôle bienfaisant des inondations du Nil tient à ce qu'elles ont lieu régulièrement, à une époque fixe, de juin à octobre. Les cultivateurs n'ensemencent les terres qu'après le retrait des eaux. D'ailleurs, à cause de la sécheresse du climat et de la rareté des pluies, les graines ne pourraient pas germer et les plantes ne pousseraient pas avant que la terre ait été trempée par l'inondation. On sait, en effet, que la partie fertile de l'Egypte n'est qu'une portion du Sahara abondamment irriguée par le Nil.

Pour profiter encore davantage du bienfait de ces irrigations, on a songé depuis longtemps à *emmagasiner les eaux* au moment des crues dans d'*immenses réservoirs*, pour les *distribuer* ensuite à volonté suivant les besoins des cultures.

Cette pratique, nommée **colmatage**, suivie depuis très longtemps dans certaines régions, tend à se répandre de plus en plus, dans tous les pays subtropicaux, où chaque année

Fig. 94. — Une inondation de la Loire en 1856.
(Cliché du *Manuel de l'arbre*, édité par le *Touring-Club*).

compte une longue période de sécheresse. On la pratique aussi dans la Provence et dans certains pays du Midi de l'Europe.

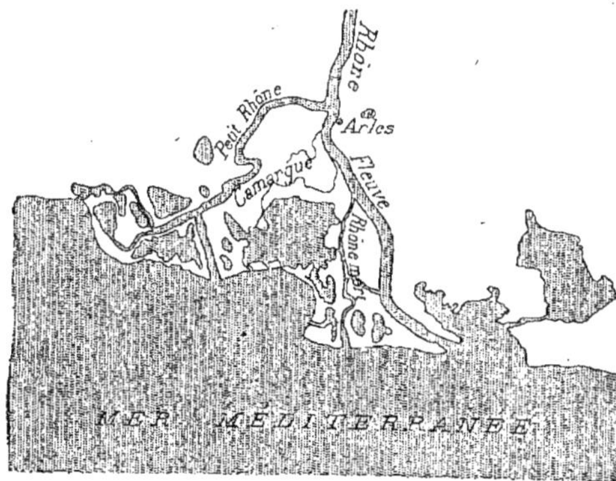

Fig. 95. — Delta du Rhône.

4. Deltas et barres. — Il nous reste à voir ce que deviennent les alluvions lorsque le cours d'eau arrive à la mer.

La Géographie nous apprend que deux cas différents peuvent se présenter :

Tantôt le cours d'eau se partage à son embouchure en *deux ou plusieurs bras* entourant des *îles basses* fo mées d'alluvions.

La forme de l'île ou de l'ensemble d'îles comprises entre les branches extrêmes du fleuve et la mer a fait nommer cette disposition un **delta** (du nom de la *lettre grecque* Δ). Ex. : les deltas du Rhône (*fig.* 95), du Nil (*fig.* 96), etc.

Tantôt le *lit du fleuve*, au voisinage de l'embouchure, *s'élargit* en formant ce que l'on appelle un **estuaire**, dans lequel la marée se

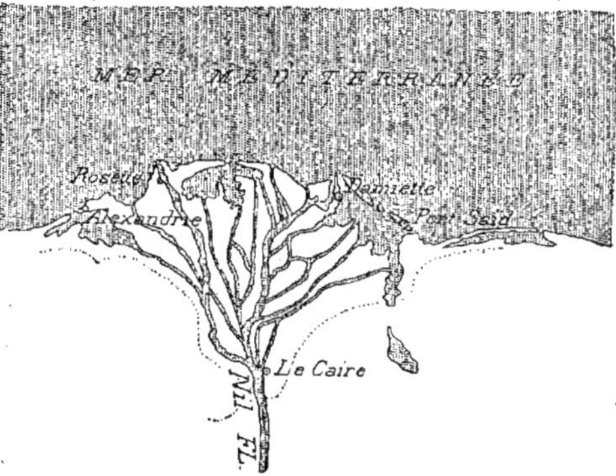

Fig. 96. — Delta du Nil.

fait sentir jusqu'à une distance parfois assez grande. Ex. : la Gironde (*fig.* 97), la Loire, la Seine, etc.

Dans ce cas, l'embouchure du fleuve paraît, au premier

abord, d'accès plus facile pour la navigation. Cependant les marins savent que cette *embouchure* est *encombrée* par des *bancs de sable ou de vase* (*fig.* 98) qui ne sont recouverts à marée basse que par une faible épaisseur d'eau ou même sont un peu émergés (*fig.* 99) : c'est ce qu'ils appellent la **barre**. On est obligé souvent, pour faciliter l'entrée dans l'estuaire, de creuser un chenal dans cette barre avec une drague. Ce chenal se modifie continuellement, et seuls les pilotes qui le pratiquent journellement sont capables de guider sûrement les bateaux pour le franchir. De temps en temps, surtout à la suite des fortes tempêtes, la drague doit intervenir de nouveau pour rétablir le chenal obstrué.

Fig. 97. — Estuaire de la Gironde.

La barre n'existe pas seulement à l'embouchure des *fleuves pourvus d'un estuaire*. Beaucoup de fleuves à delta, comme le Rhône, ont également une barre.

Fig. 98. — Schéma de la barre, à marée haute.

Voyons maintenant l'explication de ces phénomènes.

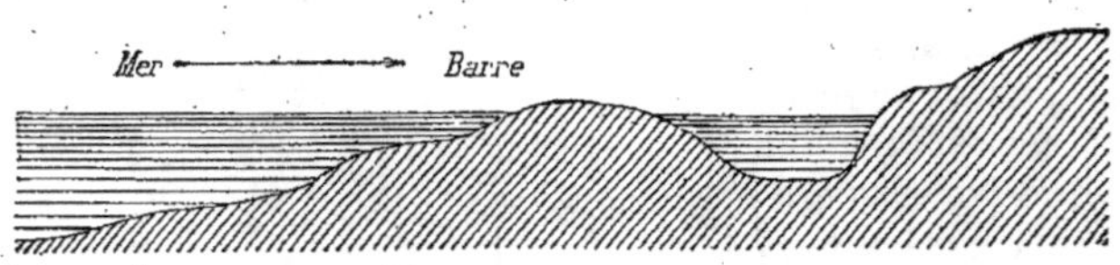

Fig. 99. — Schéma de la barre, à marée basse.

Lorsque l'eau du fleuve, plus ou moins chargée d'alluvions suivant sa masse et sa vitesse, vient se heurter à l'eau de la mer, le *courant du fleuve* s'amortit et bientôt *s'annule*. Les *matières* jusque-là *en suspension* grâce à la vitesse de l'eau vont donc *tendre à se déposer*, déjà par le fait seul du ralentissement du courant. Cette tendance sera encore accrue par le mélange de l'eau douce avec l'eau de mer, car l'expérience montre que cette dernière se clarifie environ quinze fois plus vite que l'eau douce, sous l'influence de certains des sels qu'elle contient en dissolution, notamment des sels de magnésie (*fig*. 100).

Si cette tendance existait seule, le *dépôt d'alluvions* s'élèverait

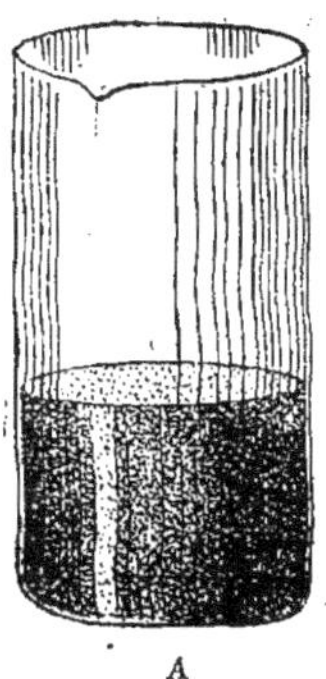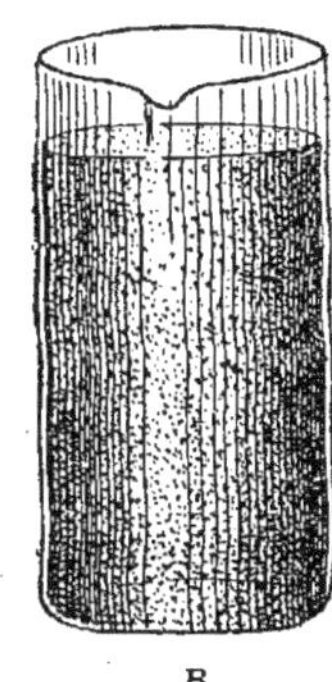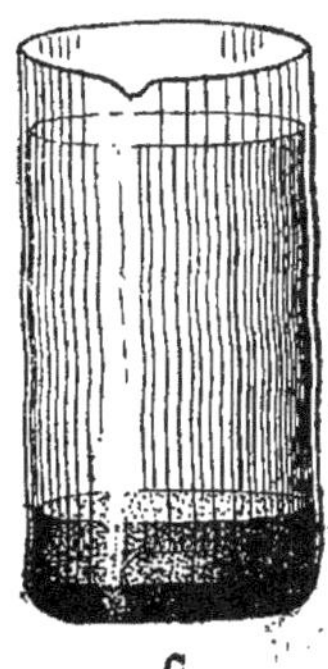

Fɪɢ. 100. — Expérience montrant l'influence de l'eau de mer sur la précipitation des matières en suspension dans l'eau douce.

A. Eau douce boueuse. — B. Eau A, à laquelle on a ajouté de l'eau douce pure. — C. Eau A à laquelle on a ajouté de l'eau de mer pure : le dépôt des matières en suspension s'y fait bien plus vite que dans le cas de B.

peu à peu à l'embouchure du fleuve jusqu'à affleurer à peu près au niveau de la mer, c'est-à-dire qu'il se *formerait un delta*.

Mais il y a une *tendance inverse, due à l'agitation des eaux de la mer*. Il est bien rare, en effet, que ces eaux soient absolument calmes. La brise de mer, les vents qui produisent les tempêtes, le mouvement des marées donnent naissance à des vagues qui viennent heurter les rivages. Ces vagues entraînent des parcelles du sol qui sont maintenues en suspension par l'agitation de l'eau. Les alluvions formant un delta sont particulièrement faciles à remettre en suspension à cause de leur mobilité. *Seules seront à l'abri de cette action les alluvions qui se seront déposées à une profondeur suffisante* pour que l'effet des vagues ne se fasse plus sentir.

La tendance de la mer est donc de détruire le delta que le fleuve tend à édifier. Les vagues dispersent les alluvions sur une surface plus grande sous forme de *barres* beaucoup moins exposées à l'action des vagues, sans y être cependant complètement soustraites.

5. Exemples de deltas et de barres. — Suivant que la première ou la seconde de ces tendances inverses l'emportera, le fleuve édifiera ou non un delta.

Plus le cours d'eau est puissant et chargé d'alluvions, plus la tendance édificatrice est grande : c'est ainsi que le Rhône a un delta, tandis que les petits fleuves côtiers de la même région, Hérault, Orb, Aude, n'en ont pas.

Inversement, plus la mer où vient déboucher le cours d'eau est agitée, plus la tendance destructive est grande, et moins il y a de chances qu'un delta s'y édifie.

Or certaines mers, comme la *Méditerranée*, forment des bassins qui ne communiquent avec les océans que par des détroits de faible largeur, de sorte que les **marées y sont très réduites** ou même à peu près nulles. Ces mers sont donc sensiblement moins agitées que les océans, puisque le double mouvement journalier des marées ne s'y produit pas, et elles seront particulièrement *favorables à l'édification d'un delta*.

Tous les fleuves importants qui se jettent dans la Méditerranée ou dans les mers qui s'y rattachent comme l'Adriatique, la mer Noire, ont des deltas. Ex. : Rhône, Nil, Pô, Danube.

Au contraire, la *plupart des fleuves qui se jettent dans les océans n'ont pas de delta*, et leurs alluvions se déposent sous forme de *barres* qui encombrent leurs embouchures.

De plus la *marée montante* pénétrant dans le fleuve refoule celui-ci en rongeant les rives et *élargissant l'estuaire*. Lorsque la marée descend, la vitesse du cours d'eau augmente et devient suffisante pour qu'une partie des débris arrachés aux rives soit transportée à l'embouchure.

Cependant, *si le cours d'eau est assez puissant*, son *action édificatrice* pourra quand même *l'emporter sur l'action destructive* de la mer. Ainsi le Gange, l'Indus, le Niger, le Mississipi, etc , qui se jettent dans des mers pourvues de marées, édifient des deltas. Remarquons toutefois que ces cours d'eau débouchent dans la mer vers le *fond d'un Golfe*, c'est-à-dire dans une région relativement abritée.

Les deux cours d'eau les plus puissants du monde, le *Congo* et l'*Amazone*, qui débouchent sur une côte largement ouverte, *n'ont pas de delta*. Leur cours se prolonge dans la mer jusqu'à une assez grande distance, de sorte que leurs *alluvions* sont *entraînées vers la haute mer*. Les courants marins peuvent alors transporter une partie au moins de ces alluvions assez loin de l'embouchure du fleuve. C'est ainsi que les alluvions de l'Amazone sont transportées vers la mer des Antilles.

Après avoir expliqué la formation des deltas, il nous reste à dire quelques mots de leurs *variations. Ils s'accroissent en général en empiétant de plus en plus sur la mer.*

Le delta du Nil est un des plus stables : il ne gagne que de 4 à 5 mètres par an. Le delta du Rhône, depuis un siècle et demi, a gagné en moyenne une cinquantaine de mètres par an. Celui du Pô gagne environ 75 mètres et celui de Mississipi une centaine de mètres.

Cependant l'action destructive des *vagues les ronge partiellement* et en disperse une partie qui peut former une *barre en avant du delta* comme cela a lieu pour le Rhône.

TABLEAU SYNOPTIQUE DE L'ACTION DU RUISSELLEMENT

Eaux sauvages

Action mécanique
- *entraînement* des parties meubles sur toutes les pentes.
- *la végétation en diminue beaucoup les effets.*
- *chaos* de grès de la forêt de Fontainebleau.
- *cheminées de fées.*

Action dissolvante
- *calcaire* superficiel rongé.
- calcaire dolomitique prend *l'aspect ruiniforme* (Montpellier-le-Vieux.)

Actions plus complexes
- *désagrégation* des roches.
- formation d'*argile* et de *sable* aux dépens des roches éruptives.
- *chaos* granitiques et pierres branlantes.

Torrents

Action destructive
- *transport* de pierres, de sable et de limon.
- *creusement* du lit.
- formation de *cailloux roulés* et de grains de sable arrondis.
- *cascades* / *marmites de géants* } par résistance inégale de la roche.
- *gorges*, par agrandissement des fissures du calcaire.
- action maximum dans les *crues subites* dues au déboisement.

Action édificatrice
- formation d'un *cône de déjection* à l'entrée de la plaine.
- *comblement des lacs.*

Reboisement
- établissement de *barrages* qui { diminuent la puissance de transport. / et retiennent la terre végétale.
- puis plantation d'arbres et semis de gazon.

Fleuves et Rivières

Action destructive
- *creusement* de la vallée (vallée d'érosion).
- *transport* de cailloux roulés, de sable et de limon.
- éboulement des berges.
- *érosion du bord concave* dans les courbes.
- disparition de certaines boucles des méandres.
- *rapides* et *cataractes* (Nil, Niagara, Zambèze).
- *gorges* par agrandissement des fissures (Tarn, Colorado).
- *pertes* de cours d'eau (Lesse, Rhône, Valserine).

Action édificatrice
- *bancs* d'alluvions dans le lit du fleuve.
- *îles* d'alluvions.
- alluvions sur les terres voisines (*colmatage*).
- *deltas* dans les mers peu ouvertes } à
- *barres* avec *estuaires* dans les mers ouvertes } l'embouchure.

LECTURE

L'âge des deltas. — A l'embouchure des fleuves, les alluvions émergent souvent en une île de forme triangulaire connue sous le nom de *delta*, parce qu'elle ressemble à la quatrième lettre de l'alphabet grec que l'on appelle ainsi.

Nous avons vu plus haut les conditions de la formation des deltas.

L'accroissement des deltas varie suivant les cas ; ainsi, tandis que celui du Nil, dont on recueille et dont on étend même les alluvions, reste stationnaire, celui de Pô, qui ne s'agrandissait guère que d'une vingtaine de mètres jusqu'au xvie siècle, a gagné de 70 mètres chaque année depuis que le fleuve a été endigué.

Les branches des deltas changent parfois de position : tandis que de nouvelles se déclarent, les anciennes s'ensablent. Le Rhône autrefois déversait ses eaux par les branches de droite ; maintenant, c'est sur la gauche que se porte le courant principal.

Parfois, les branches obstruées ne se remplacent pas. Des sept branches que possédait le Nil, deux seulement lui sont restées, celle de Rosette et celle de Damiette.

Le delta du Nil, le plus anciennement connu, commence à 14 kilomètres du Caire. Le fleuve se divise en cet endroit en deux branches dont l'une, se dirigeant vers le nord, se jette dans la Méditerranée (Roseth) et dont l'autre, coupant la basse Egypte, vient prendre la mer à Damiette. Si l'on veut se rendre compte de l'importance de ce delta, il faut se rappeler qu'il a un développement de 180 kilomètres.

Si nous restons en Afrique, nous trouvons, en redescendant vers le sud, un autre grand delta, celui du Niger, qui aboutit au golfe de Guinée.

En Asie, nous connaissons le delta du Gange, qui est formé par la jonction de ce fleuve et du Brahmapoutre et occupe un espace énorme. Il embrasse tout le fond du golfe de Bengale sur une largeur de plus de 300 kilomètres et s'étend dans l'intérieur à une distance au moins égale.

On assure que le Gange charrie plus de 200 millions de mètres cubes de boue, de terre et de limon, grâce à son courant dont le remous se fait parfois sentir à 100 kilomètres de la côte.

Le delta de l'Indus, qui semble petit à côté du précédent, n'en a pas moins, sur le golfe d'Oman, 190 kilomètres de long et pénètre de 90 kilomètres dans les terres.

L'Amérique vient ensuite avec les deltas du Mississipi et de l'Orénoque, et l'Europe avec ceux du Danube, du Pô, du Rhin et du Rhône, dont le delta est connu sous le nom vulgaire d'île de la Camargue. Le Weser, l'Ems, l'Escaut, la Meuse, terminent également leur cours au milieu des alluvions et forment de véritables deltas.

On a essayé de rechercher, dans le temps nécessaire à la formation des alluvions, l'âge de certains dépôts. En effet, lorsque la durée de la progression est bien déterminée, rien n'empêche de calculer le temps écoulé depuis qu'ils ont franchi une distance donnée.

C'est par ce procédé que Lyell assigne 67.000 ans au delta du Mississipi ; mais cette durée, qui dépasse de beaucoup celle qu'on attribue en général à la formation des autres deltas, repose sur des données tellement variables qu'on ne peut lui accorder une foi absolue.

Les premières recherches de ce genre ont été tentées par Deluc: de ses observations, on a cru pouvoir conclure que le delta du Nil s'accroissait de 3 à 4 mètres par an. Au dire d'Astruc, savant médecin de Montpellier, le Rhône aurait gagné 15 kilomètres depuis le commencement de notre ère. Quant au delta du Pô, il s'accroîtrait, d'après les conclusions tirées de la position de l'ancienne

Hadria (sur l'Adriatique), de plus de 25 mètres chaque année ; son développement, beaucoup plus rapide actuellement, tient à l'endiguement des eaux du fleuve.

Leçon XIII

Action de la mer.

RÉSUMÉ. — 1. Les mouvements de la mer se manifestent par les *vagues* et les *courants marins*. Les *vagues* sont dues aux *vents* et aux *marées, oscillations du niveau de la mer* se reproduisant à $12^h,25$ d'intervalle, principalement par *l'attraction de la lune*. Les *courants marins* paraissent dus, soit au *mouvement des marées*, soit, comme le *Gulf Stream, aux vents alizés*.

2. Les *vagues*, viennent, *avec les galets* qu'elles roulent, *ronger le pied des falaises*. Elles provoquent des *éboulements*, dont les matériaux sont dissous ou réduits en *galets, gravier* ou *sable* et dispersés par les vagues. Les falaises crayeuses de la Normandie reculent en moyenne de $0^m,30$ par an.

3. L'*inégale résistance de la roche* en ses différents points produit souvent des *curiosités naturelles* : *aiguilles rocheuses* et *arches* d'Etretat, *récifs* des côtes bretonnes, *grotte* de Morgat, *grotte* d'Azur, etc.

4. Les *galets*, le *gravier* et le *sable se déposent* près de la côte par *ordre de grosseur décroissante*, du bord vers la mer.

5. Ils peuvent être *transportés* peu à peu par les vagues et les courants marins *sur les côtes basses*, et former un *cordon littoral*, isolant de la mer une *lagune*.

6. Si un *fleuve* se jette *dans la lagune*, l'eau de celle-ci est *moins salée* que l'eau de la mer. Dans le *cas contraire*, l'eau de la lagune peut être *plus salée* et même donner un *dépôt de sel*.

7. Les *marais salants*, créés par l'homme dans les régions suffisamment chaudes, sont basés sur ce même principe de l'*évaporation, par la chaleur solaire*, d'une masse d'eau de mer isolée.

8. L'*évaporation* de l'eau de la mer sur les plages peut transformer le *sable en grès*, le *gravier en conglomérat*.

9. Les *explorations marines* ont montré qu'au large des côtes, il se forme des *dépôts de sédiments* de plus en plus fins, provenant en partie de l'*érosion des falaises* et en partie des *alluvions* charriées par les fleuves. Cette bande de *dépôts terrigènes* varie de 100 à 500 kilomètres suivant les endroits. Ces sédiments renferment des *débris d'animaux marins* qui formeront des *fossiles*.

1. Mouvements de la mer. — Comme les eaux courantes, les eaux de la mer peuvent agir pour détruire et pour édifier.

Il est bien rare que la mer soit absolument calme. Son

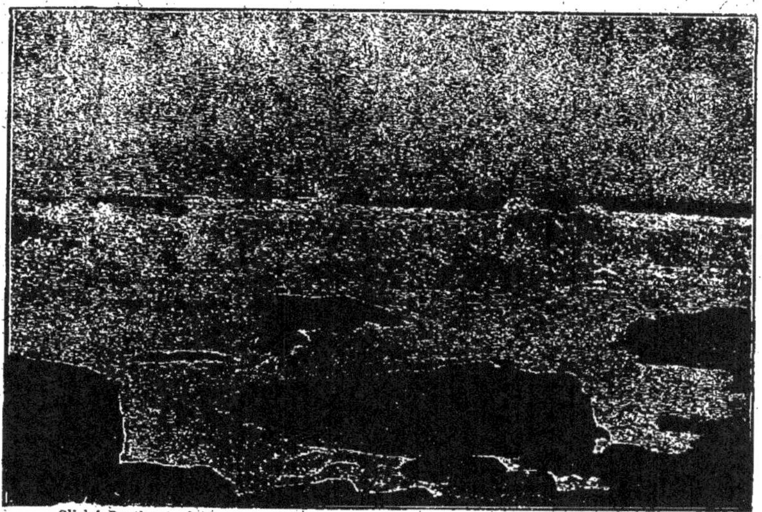

Cliché Berthaut, délégué de l'Al. franç. au Canada.

FIG. 101. — Les vagues de la mer.

agitation se manifeste soit sous forme de **vagues**, soit sous forme de **courants marins**.

Les vagues peuvent exercer sur les obstacles qu'elles rencontrent une *pression* qui varie de 3.000 à 30.000 *kilogrammes par mètre carré*, si bien qu'on les voit parfois déplacer les blocs énormes de béton qui protègent les jetées des ports. Elles sont dues aux **vents**, dont nous avons déjà parlé, et aux **marées**, *oscillations périodiques* du niveau de la mer qui se produisent deux fois dans chaque sens, dans un intervalle de

24 heures 50 minutes, principalement par l'attraction de la lune, l'astre le plus rapproché de nous.

Les courants marins sont des sortes de *fleuves d'eau salée* qui coulent dans la mer avec une vitesse qui peut varier, selon les courants, de *quelques centaines de mètres à l'heure* jusqu'à 5 *et même* 9 *kilomètres*, ce qui représente de 2 à 3 mètres à la seconde.

Certains de ces courants, comme ceux qui sont si fréquents au voisinage des côtes de Bretagne, paraissent dus au *mouvement des marées*. D'autres, d'importance beaucoup plus grande, comme le **Gulf Stream** ou **Courant du golfe**, qui vient du golfe du Mexique réchauffer les côtes de l'Europe occidentale, paraissent dus à l'action des *vents alizés*.

2. Érosion des falaises. — Maintenant que nous connaissons les mouvements de la mer et leurs causes, examinons leurs effets géologiques.

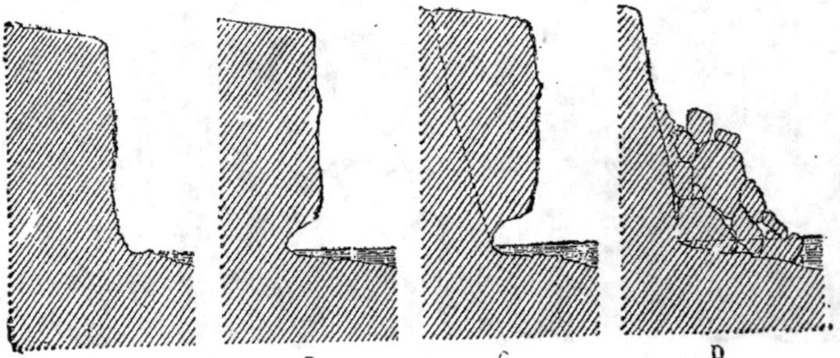

FIG. 102. — Schémas de l'éboulement d'une falaise.
A, B, C, D, phases successives.

L'action destructive se manifeste surtout dans le **cas d'un** *rivage rocheux* et escarpé formant une falaise. Il ne se passe pas d'année sans que les journaux nous apportent la nouvelle d'un éboulement de falaise plus ou moins important, principalement à la suite des *fortes tempêtes*. L'explication de ces éboulements est bien simple (*fig. 101*).

Les *vagues*, qui viennent *battre le pied de la falaise en roulant avec elles les galets de la plage, rongent* peu à peu ce pied.

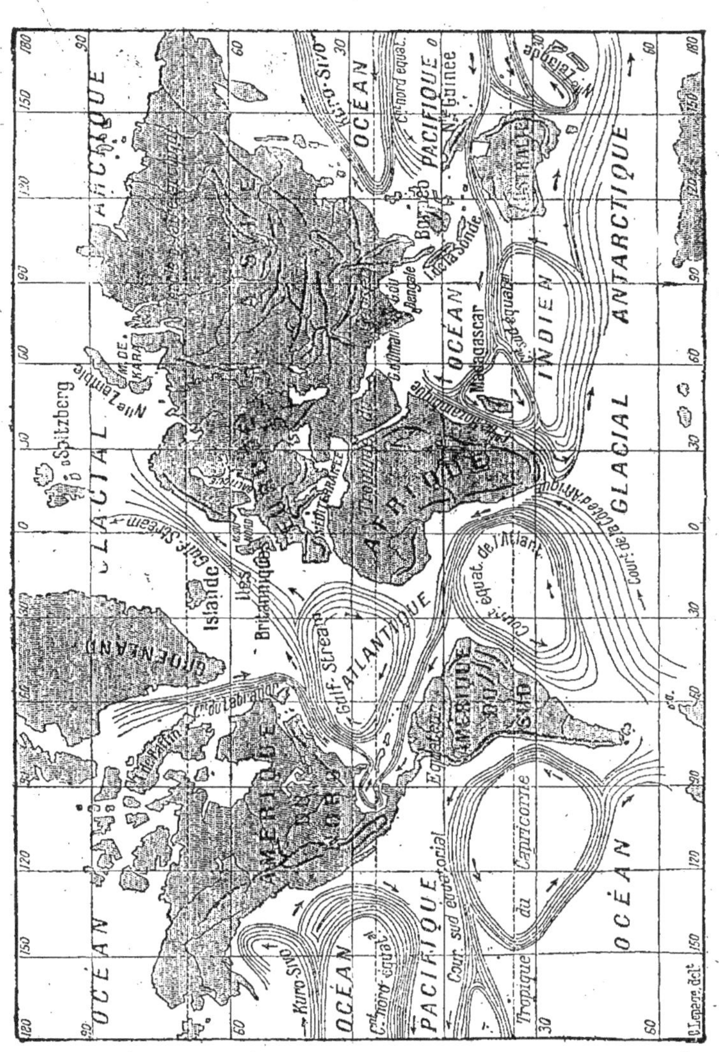

Fig. 103. — Les courants marins.

le *creusent*, si bien que la partie supérieure n'étant plus soutenue finit par *s'ébouler*.

L'*éboulis protège* pendant quelque temps la falaise, mais les *vagues* finissent par *disperser les matériaux éboulés* et par attaquer de nouveau le pied de la falaise jusqu'à ce qu'elles provoquent un nouvel éboulement.

Cliché L. Gimpel.

Fig. 104. — Rochers granitiques rongés par la mer (à Morgat).

Si la falaise est crayeuse, comme c'est le cas pour la côte normande entre le Havre et Dieppe, le *calcaire* éboulé est vite *dissous* et les *silex* qui y sont intercalés sont transformés en *galets* qui se brisent par les chocs et sont réduits en *gravier*, puis en *sable* de plus en plus fin.

Si la falaise est formée d'une *roche cristalline* analogue au granite, comme en beaucoup de points des côtes de Bretagne et du Cotentin, les *blocs éboulés* finissent par se *briser* par les chocs, et les fragments roulés par les vagues deviennent aussi des *galets* en s'usant les uns contre les autres. Ces galets eux-mêmes en se brisant donnent des parcelles de plus en plus fines, riches en quartz, qui formeront aussi du *gravier*, puis du *sable*. Le *recul de la falaise* sous l'action de cette érosion *varie* naturellement suivant la *dureté de la roche*.

Les falaises crayeuses sont les plus vite usées. Leur recul annuel moyen sur les côtes de Normandie est d'une trentaine de centimètres. Certains points des côtes sud d'Angleterre, également crayeuses, reculent même d'un mètre par an.

Cliché L. L.

Fig. 105. — Aiguille et arcade d'Etretat.

Les côtes granitiques (*fig.* 104) s'usent beaucoup moins vite. L'action d'usure se fait sentir surtout au-dessus du niveau moyen de la mer, de sorte que la partie de la falaise qui est au-dessous de ce niveau persiste en formant une *surface à peu près horizontale* que l'on appelle **plate-forme littorale**. Les vagues doivent rouler sur cette surface avant d'atteindre le pied de la falaise, et le *frottement* qu'elles subissent *amortit* leur puissance destructive. A mesure que la falaise recule, la plate-forme s'élargit et l'action destructive des vagues devient de moins en moins efficace.

3. Curiosités naturelles dues à l'érosion des falaises. — Quelle que soit la roche formant la falaise, elle présente toujours des régions de *résistance inégale*. Même dans les falaises crayeuses, il se trouve des régions moins sensibles à l'usure, qui restent comme des *témoins d'un état antérieur* de la falaise. Ainsi s'explique l'existence de nombreuses curiosités naturelles. Telles sont les *aiguilles rocheuses* isolées de la falaise actuelle comme l'aiguille d'Etretat (*fig.* 105) ; les *arcades rocheuses*, telles que les **Portes d'Amont** et **d'Aval** à Etretat (Seine-Inférieure) ; les *récifs* et les *îlots voisins de la côte*, comme il y en a tant sur les côtes de Bretagne ; les *voûtes*, les *tunnels* ou même les *grottes* creusées dans les parties les moins dures d'une côte rocheuse, comme on en voit très fréquemment. Citons parmi les *grottes* les plus célèbres **celles de Morgat** (*fig.* 104), dans la presqu'île de Crozon, près de Brest ; la **grotte d'Azur**, dans l'île de Capri, près de Naples ; la **grotte de Fingal**, dans l'île de Staffa, une des îles Hébrides, etc. Ces curiosités naturelles sont d'ailleurs exposées à des modifications dues à la cause même qui les a produites. C'est ainsi qu'une aiguille rocheuse isolée par la mer et connue sous le nom de **Demoiselle de Fontenailles**, dans le Calvados, fut détruite pendant l'hiver de 1904-1905 à la suite de fortes tempêtes.

De même le **Mont-Saint-Michel**, qui était autrefois relié à la terre, forme aujourd'hui une île que l'on a dû rattacher à la côte par une chaussée ou digue de 1.500 mètres de longueur.

4. Dépôts de sable et de gravier sur les côtes. — Nous venons d'expliquer la formation des galets, du gravier et du sable aux dépens des éboulements des falaises. A ces matériaux peut venir s'ajouter une partie de ceux qui sont apportés par les cours d'eau, soit qu'ils aient été entraînés dans la mer sans se déposer, soit qu'ils aient été remis en suspension par les vagues après leur dépôt dans un delta ou dans une barre.

Il arrive souvent que la *vague vient frapper la falaise dans une direction un peu oblique*. Dans ce cas les galets, le gravier et le sable sont peu à peu *transportés parallèlement à la côte*, parce que la vague a moins de force au retour qu'à l'aller.

Ils peuvent ainsi atteindre les portions de la côte dépourvues de falaises, soit les *simples échancrures* par où débouchent des cours d'eau, soit les *régions plates de la côte* : c'est ainsi que l'embouchure de la Somme est encombrée de galets provenant des falaises crayeuses de la côte normande.

Ce transport peut être aidé par des *courants parallèles à la côte*, soit des courants dus à l'action des marées ou à d'autres causes locales, soit une des branches des grands courants généraux dont nous avons parlé.

Lorsque tous ces matériaux, galets, gravier et sable, existent simultanément sur une même plage, on constate toujours la même disposition. *Les plus éloignés de la mer sont les gros galets* qui ne peuvent être amenés que par les plus fortes vagues au moment des grandes marées et des fortes tempêtes, la vague n'ayant plus au retour la force de les entraîner. Puis viennent les *galets plus petits*, le *gravier* et le *sable* de plus en plus fin. C'est ainsi qu'au Tréport, à Cayeux, etc., le sable fin n'est découvert qu'à marée basse.

5. Cordons littoraux et lagunes. — Lorsque la *côte* est *plate et basse*, les matériaux les plus grossiers, qui sont poussés le plus loin par la mer comme nous venons de le dire, forment une sorte de *cordon à peu près rectiligne* qui dépasse de quelques mètres le niveau des plus hautes mers : c'est le **cordon littoral**, qui, n'étant atteint par la mer que dans le cas des plus hautes marées et des fortes tempêtes, présente une certaine stabilité.

Dans certains endroits, on voit, *en arrière du cordon littoral*, une certaine étendue d'eau que l'on appelle **lagune**.

Quelquefois les lagunes communiquent encore avec la mer par une brèche du cordon littoral, comme les grandes lagunes appelées *Frische Haff* et *Kurische Haff* dans la mer Baltique.

D'autres fois, elles en sont complètement isolées, comme celles que l'on voit sur les *bords du golfe du Lion*, mais l'eau en est *plus ou moins salée*, ce qui indique son origine marine.

Il est donc probable que ces lagunes formaient autrefois de petites baies qui ont été peu à peu isolées de la mer par la formation du cordon littoral.

Il existe aussi des lagunes très étendues et même navigables sur certains points de la côte occidentale d'Afrique, telles que la *côte d'Ivoire* et la *côte du Dahomey*.

6. Salure variable de l'eau des lagunes. — Lorsque le climat ne permet pas une évaporation très active et que, d'autre part, un *cours d'eau* important se jette *dans la lagune*, comme c'est le cas du Frische Haff, qui reçoit un bras de la Vistule, et du Kurische Haff, qui reçoit le Niémen, l'*eau* de la lagune est moins *salée que l'eau de la mer*. D'autre part, les alluvions s'y accumulent et tendent à combler la lagune.

Fig. 106. — Marais salant, avec « paludiers » récoltant le sel.

Dans les *climats plus chauds*, surtout si *aucun cours d'eau* ne vient compenser l'évaporation, la *salure de l'eau* devient *supérieure à celle de la mer*. Il peut même arriver que le sel s'y dépose : la lagune forme alors une sorte de **marais salant naturel**. On voit le fait se produire sur les *bords de la mer Noire*, au sud-ouest d'Odessa, ainsi que sur le *bord oriental de la mer Caspienne*, en plusieurs endroits situés entre le 40ᵉ et le 45ᵉ degré de latitude.

Le même fait se produit d'ailleurs dans des golfes qui ne sont pas isolés de la mer par un cordon littoral. Il suffit que la communication du golfe avec la mer soit assez étroite et assez peu profonde pour qu'un double courant ne puisse pas s'y établir. C'est ce qui arrive notamment pour le *golfe de Kara-Boghaz*, d'une surface de 16.000 kilomètres carrés, situé sur le 41e parallèle à l'est de la mer Caspienne. L'eau de la mer pénètre dans le golfe pour combler le vide dû à l'évaporation, mais le contre-courant inverse ne peut s'établir, parce que le chenal de communication n'a guère qu'un mètre de profondeur à l'entrée. Il en résulte que le sel s'accumule de plus en plus dans cet immense réservoir.

7. Marais salants. — C'est en imitant artificiellement ces conditions que l'homme a établi les **marais salants** (*fig.* 106), sur les côtes basses, dans les régions où la chaleur solaire se fait sentir assez énergiquement pour produire une évaporation active, par exemple, sur la *côte de la Méditerranée* et sur le *littoral Atlantique* jusque vers l'embouchure de la Loire.

L'eau de la mer, amenée dans des bassins peu profonds, soit par le jeu des marées, soit par des pompes, passe d'abord dans un premier bassin appelé **vasier**, où elle se clarifie par le repos, puis dans un deuxième bassin où elle se concentre en déposant du *carbonate de chaux* et de l'*oxyde de fer*, puis dans un troisième où une nouvelle concentration amène le dépôt du *gypse ou sulfate de chaux*, et enfin dans un quatrième où se dépose le *sel*.

8. Formation de grès et de conglomérats sur les plages. — Ces phénomènes nous amènent à parler des effets qui peuvent résulter de l'évaporation de l'eau de la mer sur les plages.

FIG. 107. — Conglomérat.

Le *carbonate de chaux* et l'*oxyde de fer*, qui se séparent les premiers de l'eau de mer par l'évaporation, peuvent servir de ciment pour *agglomérer le sable en grès*, et de même, le *gravier*, les *galets* avec les *coquillages* qui peuvent s'y trouver en *conglomérats* (*fig.* 107). On voit le fait se produire, même sous nos latitudes, par exemple, aux environs de Royan et sur les côtes françaises de la Méditerranée, mais c'est *sur-*

tout dans les régions tropicales que ce phénomène se produit sur une grande échelle.

9. Sédiments marins. — Après avoir examiné ce qui se passe sur les rivages, il nous reste à voir ce qui se passe à une certaine distance des côtes.

Les **explorations marines**, commencées dans le cours du XIXe siècle et continuées maintenant depuis une trentaine d'années de façon régulière, ont donné à cet égard des renseignements importants. Les *sondages* se font de façon à ce que la sonde rapporte un *échantillon du sol* constituant le fond de la mer.

L'eau de la mer puisée à différentes profondeurs et abandonnée au repos montre quelles sont les *matières* qui s'y trouvaient *en suspension*.

C'est ainsi qu'on a pu constater qu'*il y a tout autour des continents* une zone marine dans laquelle *se déposent les matériaux les plus fins* arrachés aux falaises ou apportés par les cours d'eau. A ces matières s'ajoutent naturellement des restes d'êtres vivants marins, animaux et végétaux.

La *largeur de cette zone* varie suivant les endroits et notamment suivant l'importance des fleuves qui se jettent à la mer dans le voisinage. Elle peut atteindre *depuis* 100 *jusqu'à plus de* 500 *kilomètres*. On l'appelle la **zone des sédiments terrigènes**, parce qu'elle est *engendrée* par les *débris de la terre ferme*. On a même pu diviser cette bande, d'après la nature des substances déposées, en plusieurs régions de plus en plus éloignées de la côte :

1° La **zone des graviers et sables**, qui est *la plus rapprochée de la côte*, et qui occupe les régions de profondeur relativement faible, jusqu'à une valeur de 150 mètres environ ;

2° La **zone des vases ou boues**, qui présente elle-même plusieurs subdivisions. Ces vases sont constituées en partie par de *l'argile* provenant des côtes ou des alluvions, et en partie par des *sables très fins* et des *restes d'animaux et de végétaux marins*, débris de coquilles, carapaces calcaires ou siliceuses, etc.

Toutes ces matières se déposent en *couches horizontales ou peu inclinées* qui présentent une analogie évidente avec les roches sédimentaires constituant en grande partie le sol des continents. Il est donc tout naturel de considérer ces dépôts comme des *roches sédimentaires en voie de formation*.

Les *débris d'animaux ou de végétaux* marins qui s'y trouvent emprisonnés sont destinés à devenir des fossiles On comprend ainsi l'importance attachée par les géologues à l'étude des fossiles ; elle les renseigne en effet sur la nature des êtres qui vivaient dans les mers à l'époque où la roche sédimentaire qui contient ces fossiles se déposait au fond.

On comprend aussi que la nature de la roche sédimentaire ne peut pas nous renseigner sur son âge, car, *à un même moment, il se dépose suivant les endroits des sédiments de nature différente*.

Enfin, dans les régions des grands océans trop éloignées des côtes pour que les matériaux arrachés aux continents puissent y parvenir, la sonde ne rapporte du fond que des débris d'êtres vivants marins, quelquefois mélangés d'*argile rouge*, que l'on considère comme s'étant formée sur place aux dépens de la roche constituant le fond, ou de menus fragments qui paraissent provenir de *cendres volcaniques* transportées par les vents ou de *pierre ponce* ayant flotté à la surface de la mer avant de tomber au fond.

TABLEAU SYNOPTIQUE DE L'ACTION DE LA MER

Mouvements de la mer	vagues produites par	les *vents :* brise de mer, tempêtes.
		les *marées*, dues à l'attraction de la lune et du soleil.
	courants marins dus	aux différences de salure.
		aux marées.
		à l'*action des grands vents réguliers :* alizés.
Action	destructive	éboulements des falaises par érosion du pied.
		curiosités naturelles dues à la résistance inégale des roches.. { aiguilles rocheuses. récifs et ilots. arcades et tunnels. grottes.
	édificatrice	galets, gravier et sable sur les plages.
		cordons littoraux et lagunes sur les côtes basses.
		marais salants.
		formation de grès et de conglomérats sur les plages.
		sédiments marins avec fossiles jusqu'à 100-500 kilomètres des côtes.

LECTURE

La grotte d'Azur. — L'une des grottes les plus curieuses à visiter est celle de Capri (*fig.* 108) près de Naples. Dès qu'on a franchi, dit Maxime Ducamp, le trou resserré qui sert de porte, on se trouve en pleine féérie. L'eau profonde, claire à laisser voir tous les détails de son lit, teinte d'une nuance de bleu ciel adorable, rejette ses

Fig. 108. — Grotte d'azur de Capri.

reflets sur la voûte de calcaire blanc, et lui donne une couleur azurée, qui tremble à chaque frisson de la surface humide. Tout est bleu, la mer, la barque, les rochers : c'est un palais de turquoises bâti au-dessus d'un lac de saphir. Le matelot qui me conduisait se déshabilla en partie et se jeta à l'eau. Son corps m'apparut blanc comme de l'argent mat, avec des ombres de velours bleuissant aux creux que dessinait le jeu de ses muscles. Ses épaules, son cou, sa tête étaient, au contraire, d'un noir cuivré ; on eût dit une statue d'albâtre, surmontée d'une tête de bronze florentin. Les gouttelettes qu'il faisait jaillir en nageant, les globules qui se formaient près de lui étaient comme des perles éclairées par une lumière bleuâtre. Cette teinte bleue tient à ce que la grotte est éclairée exclusivement par la lumière qui pénètre sous l'eau par l'entrée et vient se réfléchir sur le fond de sable blanc : l'eau absorbe une partie des rayons colorés dont l'ensemble constitue la lumière blanche, et ne laisse guère passer que les rayons bleus.

ACTION DE L'EAU A L'ÉTAT SOLIDE

Leçon XIV

Les neiges. — Les avalanches. — Observation d'un glacier.

RÉSUMÉ. — 1. Les hautes régions de la montagne, où il neige en toute saison, sont occupées par des *neiges persistantes*, qui y forment les *névés* ou champs de neige pulvérulente et les *glaciers*.

2. La *limite des neiges persistantes* est située vers 3.000 mètres dans nos régions, vers 4.500 à 6.000 dans les régions tropicales, et voisine du niveau de la mer dans les régions polaires. Elle s'établit par la *fusion plus rapide* des neiges dans les régions basses, qui sont plus chaudes et qui reçoivent moins de neige.

3. Une partie de la neige disparaît par les *avalanches*, glissements de neige qui suivent les couloirs de la montagne en *entraînant des pierres* et des *quartiers de rochers*. Ces avalanches amènent la neige dans les régions basses, où elle fond plus vite, ou alimentent les glaciers.

4. Les *glaciers*, formés de glace plus ou moins compacte, occupent surtout les *dépressions* et les *vallées* de la haute montagne. Ils descendent bien *au-dessous de la limite des neiges persistantes*, par exemple, jusque vers 1.100 mètres dans les Alpes, et on voit sortir un *torrent* de leur extrémité inférieure ou *front*.

5. Leur surface est rarement plane, et présente des *crevasses longitudinales, transversales* ou *obliques*, et par endroits des accumulations de glaçons énormes nommées *séracs*.

6. On y trouve aussi des pierres et des quartiers de roches formant les *moraines*, que l'on appelle suivant leur position *latérales, médianes ou frontales*. Beaucoup de ces pierres sont *striées* comme les bords du glacier eux-mêmes.

7. En remontant le glacier, on voit qu'il est souvent formé de la *réunion de plusieurs glaciers plus petits*. De plus on rencontre successivement la *glace transparente*, puis la *glace bulleuse*, puis le *nevé*.

1. On sait que les sommets des plus hautes montagnes de nos régions sont, en toute saison, *recouverts de neiges*, que l'on appelle **neiges persistantes**. Lorsqu'on parcourt ces montagnes, on

voit que cette « neige » n'a pas toujours l'aspect « floconneux »
que l'on a coutume de constater dans la plaine. En de nombreux endroits, la neige est relativement compacte et ne cède
pas sous le pied, bien qu'elle soit blanche comme la neige en
flocons : sous cette forme elle porte le nom de **névé** et occupe
surtout les régions élevées. Ailleurs, surtout dans les dépressions du sol, la compacité du névé augmente et on passe

Communiqué par M. F. Cros-Mayrevieille.

FIG. 109. — Le mont Cervin vu de Zermatt : il est couvert de neige.

insensiblement à de la glace véritable, transparente comme
du cristal, avec des tons bleutés merveilleux comme on en
voit dans les glaciers. On s'explique facilement que la neige
tombe en abondance sur les hauts sommets : 1° parce que la
température y est toujours très basse ; 2° parce que les
montagnes sont bien disposées pour arrêter les nuages dont
l'humidité se transforme en neige, alors qu'elle donne de la
pluie dans la plaine.

2. Limite des neiges persistantes. — La calotte de neige qui
revêt les montagnes est limitée en bas par une ligne plus ou

moins irrégulière qui constitue la limite des neiges persistantes. Cette ligne qui, dans nos régions, peut s'abaisser pendant l'hiver jusqu'au niveau des plaines basses, s'élève en été à une altitude variable. Dans les Alpes, elle est située à environ 3.000 mètres, tandis que, dans les montagnes de la région tropicale, elle ne commence qu'à une altitude de 4.500 à 6.000 mètres. Dans une même chaîne de montagnes, d'ailleurs, elle peut varier suivant l'exposition des versants, suivant surtout que ceux-ci reçoivent ou non des vents humides, susceptibles par conséquent de donner une abondante chute de neige. C'est ainsi que dans le Caucase, la limite inférieure des neiges est à 3.600 mètres du côté de l'ouest et à 4.300 mètres du côté de l'est : le premier reçoit en effet les vents chargés d'humidité par leur passage sur la mer Noire, tandis que le second ne reçoit que du vent à demi desséché par son passage sur les vastes plaines arides de l'Asie.

Un exemple plus frappant encore est celui de l'Himalaya où la limite des neiges est de 4.900 mètres sur le versant sud et de 5.700 mètres sur le versant nord.

A part les variations assez faibles relatives à l'été et à l'hiver, **le volume total des neiges** demeure à peu près **constant**, bien que de nouvelles neiges tombent fréquemment : si ces dernières s'ajoutaient sans cesse, le mont Blanc, par exemple, augmenterait de 1 à 2 mètres tous les ans. Il faut donc que, sans cesse, il y ait perte d'eau ou de neige. Cette perte, en effet, a lieu par la **fusion**, par les **avalanches** et par les **glaciers**. La **fusion de la neige** donne naissance à de petits ruisselets se perdant souvent tout de suite dans le sol. C'est par cette fusion que se relève en été la limite inférieure des neiges, qui s'établit naturellement à l'altitude où l'effet de la chaleur solaire pendant l'été est suffisant pour fondre toute la neige tombée pendant l'hiver. On comprend donc que cette limite varie avec la quantité de neige tombée. C'est ce qui explique que le versant sud de l'Himalaya, qui reçoit beaucoup plus de neige que le versant nord, a sa limite des neiges à 800 mètres plus bas que le versant nord, quoiqu'il soit plus chaud.

3. Avalanches. — Les dômes neigeux subissent encore une diminution importante, parfois du moins, du fait des **avalanches.** On appelle ainsi de terribles glissements de neiges qui, tout à coup, se mettent à rouler vers la vallée, en entraînant tout sur leur passage et en faisant un bruit épouvantable. Ces chutes si redoutées ont cependant leurs effets destructifs diminués par ce fait que la plupart d'entre elles se forment dans des endroits bien connus et le long de couloirs qu'ont creusés des chutes précédentes, de sorte que l'on peut les éviter facilement. Cette perte de neige par les avalanches est très importante : dans le massif du Saint-Gothard, elle est évaluée à près de 400 millions de mètres cubes par an. La neige, ainsi transportée dans des régions plus basses, trouve une température plus douce qui facilite sa fusion, ou bien elle contribue à la formation d'un glacier.

Fig. 110. — Une avalanche.

4. Situation des glaciers. — Les sommets des hautes montagnes sont généralement occupés par des névés. Les glaciers se trouvent plutôt *dans les dépressions*, cirques, ravins, vallées encaissées où la neige s'accumule, soit par l'action du vent qui balaye continuellement les crêtes, soit par les avalanches des hautes régions. Ils se moulent sur les dépressions qu'ils occupent, s'élargissant quand elles s'élargissent, se resserrant quand elles se resserrent. Ils descendent ainsi plus ou moins bas dans les vallées et se terminent par ce que l'on appelle le **front du glacier**, où la glace fond et donne naissance à de petits ruisseaux, sources, parfois, de grandes rivières.

Dans les Alpes, les fronts des glaciers sont à peu près situés à une altitude de 2.000 mètres, alors que, ainsi que nous l'avons dit, la limite des neiges éternelles est à environ 3.000 mètres. Certains même vont plus bas : la Mer de Glace, par exemple, se termine à 1.125 mètres, le glacier des Bossons à 1.100 mètres, le glacier de Grindelwald à 1.082 mètres. Les glaciers des Pyrénées, par contre, ne descendent presque pas et restent dans les régions élevées.

5. Crevasses et séracs. — Si l'on parcourt ces glaciers — ce qui, pour l'alpiniste, est un enchantement — on constate qu'ils sont formés par une glace non absolument transparente, mais souvent un peu laiteuse et, plus souvent encore, ayant une teinte bleutée tout à fait spéciale qui, surtout au soleil, est fort jolie. La surface n'en est pour ainsi dire jamais lisse ; elle est plutôt chaotique, surtout dans la région inférieure du glacier, qui ressemble à des blocs de glaces irréguliers que la congélation aurait réunis. Cependant, si l'on remonte ces glaciers, on voit que cet aspect irrégulier disparaît un peu : la surface s'y montre craquelée suivant des fentes plus ou moins grandes qui portent le nom de **crevasses,** dont la largeur et la profondeur font souvent de véritables précipices. Celles-ci sont tantôt disposées suivant la longueur même du glacier : ce sont les **crevasses longitudinales;** les autres lui sont perpendiculaires : ce sont les **crevasses transversales;** d'autres, les *crevasses latérales*. sont situées sur les côtés du glacier et dirigées obliquement. Elles ont souvent les parois abruptes, mais sont quelquefois recouvertes en partie par un **pont de neige.** Par places, il y a des amas de glaçons irréguliers, formant des aiguilles et parfois, par leurs intervalles, des sortes de grottes irrégulières, comme creusées dans de la glace soulevée : ces amas sont les **séracs.** On donne enfin le nom de **moulins des glaciers** à des cavités où s'écoule en tournoyant l'eau de fusion superficielle de la glace.

6. Moraines et stries. — La surface des glaciers n'est pas seulement parcourue par des fentes qui en altèrent l'homogénéité. Elle est encore souillée par des amas de pierres et de rochers dont l'ensemble constitue les **moraines** (*fig.* **111**). Celles-ci sont généralement placées à droite et à gauche du glacier, parallèlement aux bords des rochers qui l'encaissent : ce sont les moraines latérales. Ailleurs, outre celles-ci, on voit, au milieu du glacier, une série de blocs disposés en une ligne longitudinale :

c'est une moraine médiane. Quant à ce que l'on appelle la moraine frontale, c'est un amas de cailloux ou de blocs placés transversalement dans la région du front des glaciers. Tous les éléments de ces moraines sont des fragments irréguliers de roches ; en les examinant avec soin, il n'est pas rare cependant

Fig. 111. — Les moraines à la surface d'un glacier.

d'en trouver quelques-uns, dont une des surfaces a été comme rabotée et présente de fines lignes de stries longitudinales : c'est ce que l'on appelle des *galets striés* (*fig.*112). A noter aussi que les **parois du lit** du glacier présentent également de place en place des traces de « rabotage » et sont striées.

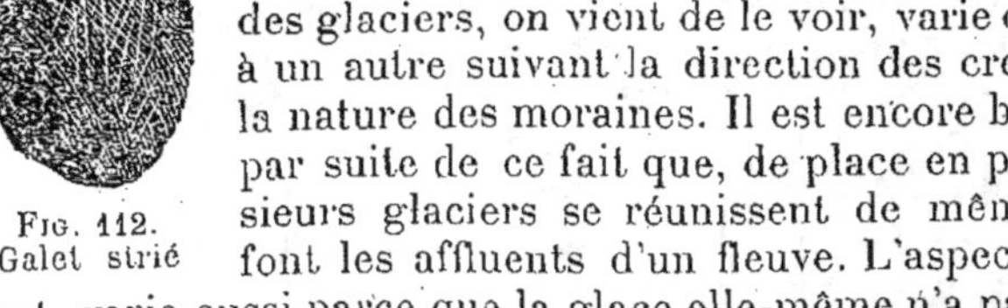

Fig. 112.
Galet strié

7. Différents aspects de la glace. — L'aspect des glaciers, on vient de le voir, varie d'un point à un autre suivant la direction des crevasses et la nature des moraines. Il est encore bouleversé par suite de ce fait que, de place en place, plusieurs glaciers se réunissent de même que le font les affluents d'un fleuve. L'aspect, d'autre part, varie aussi parce que la glace elle-même n'a pas partout les mêmes caractères : à mesure que l'on remonte vers des altitudes plus hautes, on constate que la glace passe insensiblement à la glace bulleuse, parsemée de bulles d'air qui la rendent laiteuse, puis à de la neige tassée, qui constitue les « champs de névé », puis enfin à de la neige ordinaire, qui, elle, est franchement blanche et n'a plus ni la transparence de la glace, ni la compacité du névé.

LECTURES

Les avalanches. — C'est principalement au printemps que les avalanches sont redoutables, car, à ce moment, à la limite inférieure des neiges, se produit une fusion qui mine le dôme de neige et crée ainsi des sortes de plateaux de neige suspendus, qui, tout à coup, se mettent à choir et à rouler dans la vallée : c'est là le type des *avalanches de fond* que redoutent particulièrement les montagnards. Les *avalanches de sommets* sont moins dangereuses, quoique cependant à éviter : ce sont celles produites par l'accumulation de neiges le long d'un obstacle, dont elles se détachent tout à coup, soit lorsque celui-ci cède, soit lorsque la masse est ébranlée par l'air et perd ainsi son équilibre. Ces avalanches sont parfois déterminées par le choc d'une pierre, le bruit d'une arme à feu ou même la voix : c'est pour cela que les guides prient les alpinistes de ne pas causer dans les endroits dangereux.

Les avalanches exceptionnelles quant à leur intensité et à l'endroit où elles se forment ont des effets parfois désastreux, car elles ravagent les cultures établies sur les pentes inférieures et arrivent même à engloutir des villages entiers. Ceux-ci cherchent à s'en préserver en « coupant » les avalanches, c'est-à-dire en se protégeant par des plantations de pieux ou mieux même par des bois de sapins. Mais, même dans ce cas, l'avalanche peut être dangereuse, car on en a vu faire écrouler des maisons même de loin, par le seul fait de l'ébranlement de l'air qu'elles occasionnent.

Au mont Blanc : La traversée d'un glacier. — L'exploration des glaciers (*fig.* 113) présente pour nombre de touristes un attrait irrésistible et beaucoup s'y livrent pendant les grandes vacances. Lorsqu'on est prudent, elle ne présente en général que peu de dangers — sauf cas imprévus, bien entendu. Il est de toute nécessité de se servir de guides connaissant à fond la localité. Les règlements du Club Alpin exigent que chaque touriste qui entreprend une ascension difficile soit accompagné de deux guides, ou d'un guide et d'un porteur qui l'encadrent. Une corde solide fixée à la ceinture relie l'alpiniste à ses deux compagnons, de sorte qu'en cas d'accident il aura les plus grandes chances d'être retenu dans sa chute. Le guide marche en tête à la montée et il ferme la marche à la descente. De cette façon les accidents sont réduits au minimum et dus le plus souvent à l'inobservation des règlements.

Il faut aussi s'équiper d'une manière spéciale, mais non s'encombrer comme Tartarin : il importe surtout d'avoir de bonnes chaussures ferrées « prenant » bien sur la glace (on peut les remplacer par des bottines ordinaires *recouvertes* de chaussettes), un vêtement bien chaud — car la température des sommets descend à 10° ou 15°

au-dessous de zéro — des lunettes noires qui atténuent la réverbéra-
tion de la glace. Outre des provisions de bouche — on ne sait jamais
si l'on ne sera pas bloqué par la neige — il faut se munir d'une
canne ferrée (piolet) qui facilite la conservation de l'équilibre sur
la glace et qui se termine par une sorte de petite pioche permettant de creuser des marches dans la glace ou la neige pour grim-
per plus haut.

A titre d'exemple de la traversée d'un glacier, nous allons donner le récit du début de l'ascension du mont Blanc (*fig.* 114) par
un voyageur à la plume alerte : « ... Dès les premiers pas, on rencontre un amas de blocs de glace rappelant un peu certains chaos de la forêt de Fontainebleau ou des côtes de Bretagne. En un quart d'heure, on franchit ce passage heureusement disposé pour préparer aux difficultés futures et l'on se trouve sur le « plan glacier », où l'on pourrait presque circuler à cheval. L'eau de fusion sourd en minces filets dont les cascatelles font chanter le cristal des crevasses ; des pierres rouges, noirâtres,

Fig. 113. — Alpinistes explorant des glaciers.

des fragments de marbre et de serpentine piquettent la surface de
neige durcie ; çà et là des crevasses, comme taillées à l'emporte-
pièce, larges de quelques centimètres et dont les parois verticales
s'irisent de spectres un peu glauques, sillonnent le chemin. A certaines heures, des pierres se détachent, à chaque instant, de la
moraine supérieure ou des pics voisins et dégringolent en crépitant
vers la vallée jusqu'au trou qui les engloutit.

« Durant cette partie du trajet, où l'on a tout loisir de regarder en
l'air, la vue reste assez limitée. En arrière, le regard plonge sur
Chamonix, enfilant la vallée le long des Aiguilles Rouges et de la

Flégère ; sur la droite, le glacier descend en pente rapide jusqu'à
la route qui court parallèlement aux montagnes de Savoie ; devant
et à gauche, le massif en hémicycle vous enferme dans une immense
cuvette dont on essaye, en vain, de supputer les proportions.

Cliché Léon Gimpel

Fig. 114. — Le mont Blanc et le glacier des Bossons.

Nota. — Celui-ci descend obliquement de haut en bas et de gauche à droite. En bas, l'Arve.

« Bientôt commence la région des grands séracs, énormes blocs
de glace, hauts d'une quinzaine de mètres, que l'on côtoie, sans
jamais se trouver obligé de les escalader comme le font supposer
certaines scènes arrangées par les photographes pour impression-
ner les âmes sensibles. Au printemps, ces blocs affectent souvent

des formes de pyramides fort régulières ; peu à peu, ils dépouillent leur manteau de neige, se cassent, se déchiquettent, prenant des silhouettes désordonnées avec des porte-à-faux menaçants. Et l'allure sauvage de ces colosses contraste violemment avec l'aspect de la « jonction » qui ondule en reliefs azurés dont la lumière ouateuse avive la transparence des crevasses.

« On arrive ainsi à la fameuse « jonction », point où le glacier de Taconnaz heurte obliquement celui des Bossons. Pour celui-ci, la vitesse atteint environ 15 mètres par an, soit 4 centimètres par jour. Comme le confluent de deux torrents, la rencontre de ces deux rivières de glace se disputant le passage amène des chocs formidables ; le glacier crevé, disloqué, simule un monceau de ruines jusqu'au point où les deux torrents, réciproquement impuissants à s'absorber se séparent pour continuer, de chaque côté de la montagne de la Côte, leur cours vers la vallée.

« Le passage exige de la prudence ; pour une personne de l'un ou l'autre sexe tant soit peu ingambe, il ne présente pas de difficultés sérieuses. On enjambe les petites crevasses, on contourne les grandes ou on les franchit sur des pentes de neige préalablement sondées. Les séracs ou blocs à escalader dépassent rarement la hauteur d'un homme. On y a vite taillé deux ou trois marches. Ils sont en général, assez abrupts pour offrir des points d'assiette solides et les intervalles béants qui les séparent ne sont guère vertigineux. Les arêtes de glace sont les seuls passages un peu désagréables. Ces arêtes ont à peu près la largeur de la semelle et leurs parois presque verticales tombent dans un précipice ; mais celui-ci est encadré par d'autres blocs assez rapprochés pour restreindre la sensation du vide. D'ailleurs ces arêtes sont courtes, et l'on peut s'y aider à la fois de la corde et de la main du guide. On ne rencontre, dans l'ascension du mont Blanc, ni les longues arêtes suspendues comme une lame de couteau au milieu d'un énorme ravin, ni les corniches à flanc d'une mer de glace « littéralement à pic », où il est toujours dangereux de s'aventurer.

« En somme, on risque de tomber dans une crevasse par suite d'un faux pas ou de la rupture d'un pont de neige. Il en résulte une seconde d'angoisse, mais aucune conséquence grave, pour peu que les compagnons de corde soient attentifs à vous retenir. Les accidents arrivés malgré la corde ou dus à la corde se sont produits et ne peuvent se produire que dans les cas suivants : on marche à la bonne franquette, sans observer ses distances, ce que tolèrent souvent les meilleurs guides dans les endroits faciles où l'on doit précisément, plus qu'ailleurs, se tenir en garde contre l'imprévu ; la dégringolade a lieu sur une pente de roc ou de glace dont les angles vifs scient la corde ; un touriste glisse en un point où l'on sait d'avance qu'il entraînera presque fatalement ses camarades. Et c'est une controverse classique entre alpinistes de savoir si, dans un passage de ce genre, on doit renoncer à la sécurité morale que, malgré tout, donne la corde.

« Cette traversée mouvementée dure environ une heure. Le glacier reprend son calme, puis, tout à coup, le chemin se trouve barré par une énorme crevasse, large de 5 à 6 mètres, de profondeur inconnue. Sur ses bords, en dénivellation de 4 à 5 mètres, s'appuie une échelle grossière, de prime abord peu rassurante, mais qui, renouvelée ou raccommodée chaque année, n'a jamais cassé. L'inclinaison est suffisante pour qu'on puisse la gravir, le nez en l'air, en se figurant, par exemple, qu'on va cueillir une grappe de chasselas. A la descente, on s'épargnera le vertige en prenant l'échelle à reculons. C'est en général, le dernier passage impressionnant.

« La grande crevasse franchie, on gravit, en pleine neige, une côte assez raide aboutissant au rocher des Grands-Mulets, puis on atteint l'auberge (3.020 mètres) environ trois heures après être entré sur le glacier. Le sommet du mont Blanc et le dôme du Goûter apparaissent, en face, à 5 ou 6 kilomètres à vol d'oiseau ; mais, dans la transparence de l'air et la mollesse de relief que donne une surface de toutes parts radieusement blanche, ils semblent à quelques portées de fusil. »

La deuxième partie de l'ascension du mont Blanc — quoique cela paraisse paradoxal — est moins difficile que la première, parce que le glacier y est plus régulier. Mais elle est par contre plus dangereuse parce qu'on risque d'y être surpris par la tempête. « Au départ de Chamonix ou des Grands-Mulets, on ne saurait prévoir l'état de l'atmosphère dans les régions supérieures. Du reste, les beaux jours sont très rares ; fréquemment, sous un ciel presque pur, on sent un orage qui peut éclater dans quarante-huit heures comme dans trois semaines, et trop de touristes n'ont pas la sagesse d'attendre. Enfin la beauté exceptionnelle du temps, la hausse bien assise du baromètre ne donnent qu'une sécurité relative. Comme l'a fort bien expliqué M. Schrader, l'isolement et la hauteur du mont Blanc (4.810 mètres) ont pour effet d'accumuler les éléments de l'orage avec une rapidité invraisemblable ; en outre, ils empêchent la manifestation des signes avant-coureurs qui, partout ailleurs, au mont Rose, par exemple, apparaissent au loin dans l'atmosphère des chaînes secondaires. La bourrasque arrive en trombe, s'annonçant parfois à peine vingt minutes à l'avance. On se trouve subitement noyé dans un mélange de brume, de tourbillons de neige, de poussière de glace faisant une nuit si complète que les meilleurs guides n'arrivent pas à gagner un refuge aperçu quelques instants plus tôt à une cinquantaine de pas. Les gens les plus robustes peuvent alors succomber, gelés ou congestionnés, avant la fin de la tourmente. »

Sur le mont Blanc, il y a deux observatoires, l'un construit par M. Vallot à 4.362 mètres, l'autre édifié par M. Janssen à 4.800 mètres. Tous deux ont certaines pièces toujours ouvertes où les touristes peuvent se mettre à l'abri des tourmentes et se « remettre » de leurs émotions.

Leçon XV

Mouvement des glaciers et explication des phénomènes glaciaires.

RÉSUMÉ. — 1. *On a vu les glaciers rejeter* à leur extrémité inférieure, après un certain nombre d'années, *des objets* qu'on avait abandonnés dans la haute montagne. Donc les *glaciers descendent lentement* leur vallée. L'expérience montre que le *milieu* descend *plus vite* que les bords et la surface plus vite que le fond. Leur vitesse est variable de 50 mètres à 300 mètres par an.

2. La *neige* se transforme en *glace* par la *compression*, comme nous le montrent les *boules de neige* longtemps pétries.

3. Cette transformation s'explique par une série de *fusions* suivies de *regel*, soit sous l'influence des *variations de température*, soit sous l'influence des *variations de pression*, qui modifient la température de fusion de la glace, comme le montrent les *expériences de Tyndall*.

4. Par cet effet de *regel*, la *glace*, pressée par les névés des hautes régions, se comporte comme un *corps relativement mou*, et peut se mouler sur le fond de la vallée occupée par le glacier, en même temps qu'elle *descend* sous l'action de la pesanteur.

5. Cependant, *la glace n'étant pas un corps parfaitement mou*, les *inégalités de vitesse* y produisent des déchirures qui forment les *crevasses* et les *seracs*.

6. Les *moraines latérales* sont des *pierres éboulées* sur les bords du glacier et *charriées* par lui dans sa marche. Le *confluent* de deux glaciers donne une *moraine médiane*. La *moraine frontale* résulte de la réunion de toutes les moraines, et nous montre l'importance du *transport* effectué par le glacier.

7. Les *pierres enchâssées* dans la glace produisent des *stries* sur les parois de la vallée ou *sont striées* elles-mêmes suivant leur dureté. En même temps le *frottement polit* les roches du fond et les arrondit.

1. Mouvement des glaciers. — Malgré leur immobilité apparente, les glaciers ne restent pas au même point : ils cheminent, ils coulent en quelque sorte comme un cours d'eau, mais avec une extrême lenteur. L'attention des savants a été appelée sur ce curieux phénomène en 1832. A cette époque, le géologue Forbes retrouva une échelle qui, dans une exploration faite en 1788 par le célèbre de Saussure, avait été abandonnée par celui-ci en un point appelé « l'aiguille Noire ». Or, l'endroit où l'échelle fut retrouvée était distant de cette aiguille de 4.050 mètres.

Plus tard, en 1845, un autre voyageur Charles Martins, retrouva un autre fragment de la même échelle 370 mètres plus bas. Le glacier avait donc avancé avec une vitesse, d'abord de 75 mètres par an, puis de 28 mètres pendant le même laps de temps.

Voici un autre fait non moins typique. En 1827, le professeur Hugé, dans le but de faire des observations sur le glacier de l'Unteraar, construisit sur celui-ci une cabane. Trois ans plus tard, cet observatoire rudimentaire était descendu de 100 mètres. En 1836, il avait avancé de 716 mètres. En 1841, le naturaliste Agassiz le retrouva à 1.432 mètres de son point de départ : le glacier qui le supportait avait donc cheminé avec une vitesse moyenne de 102 mètres par année.

Depuis l'époque où ces faits ont été recueillis, les lois de la progression des glaciers ont été maintes fois étudiées et sont aujourd'hui bien connues. Un moyen simple de constater leur existence (*fig.* 115) consiste à planter sur un glacier une série de pieux placés en ligne droite, perpendiculairement à la longueur du glacier, ligne dont la place primitive est toujours

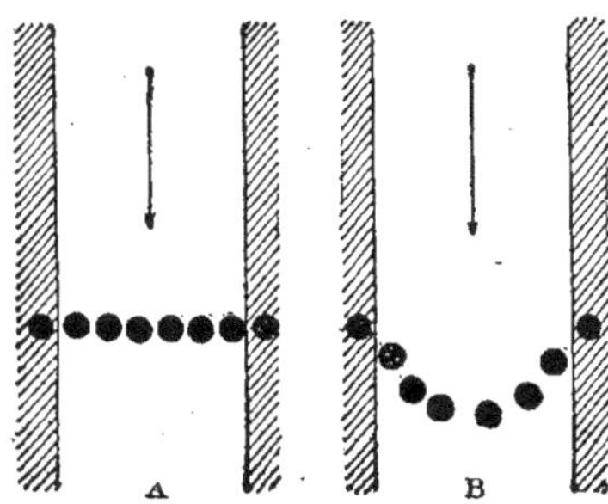

Fig. 115. — A, piquets placés à la surface d'un glacier. B, les mêmes quelques mois après.

conservée par deux autres pieux placés sur les « rives » du glacier, c'est-à-dire sur la terre ferme.

Au bout d'un certain temps, on constate que ladite ligne est devenue une courbe dont la convexité regarde le point vers lequel le glacier se dirige — et que cette convexité augmente avec le temps. La déformation de la ligne des pieux permet manifestement de dire : 1° que le glacier chemine ; 2° que sa vitesse est plus grande au milieu qu'au bord. C'est exactement ce qui se passe dans les rivières à eau courante : autrement dit, les glaciers sont des **fleuves solides**.

La vitesse des glaciers est variable avec la localité, les saisons et les différents points de leur cours. En général, elle est notablement plus grande à la partie supérieure qu'à la partie inférieure, à la surface qu'au fond. Elle augmente un peu dans les étranglements et, au contraire, diminue quand le glacier s'élargit. Aux tournants, le glacier se surélève sur la rive convexe : la ligne du maximum de vitesse se rapproche de la rive concave. Il est, enfin, à noter qu'au passage des gorges, il y a ralentissement en amont, et, par contre, accélération et gonflement vertical au passage même de la gorge.

Pour donner une idée de cette vitesse, disons seulement que l'on estime qu'il faut de cent vingt à cent quarante ans à la glace du col du Géant pour franchir la distance d'environ 12 kilomètres qui la sépare, à sa sortie des champs de névé, de l'extrémité inférieure de la Mer de Glace (tout près de Chamonix) et que le glacier de l'Unteraar met 342 ans à parcourir les 24 kilomètres de son trajet. D'une manière générale, on peut dire que la vitesse d'un glacier, à la surface, varie depuis $0^m,025$ ou $0^m,050$ jusqu'à plus de $1^m,25$ par 24 heures. Cette vitesse est influencée *directement* par la température, ce qui n'a pas lieu pour celle des rivières.

2. Transformations de la neige en glace. — Maintenant que l'observation et l'expérience nous ont donné une connaissance suffisante des **glaciers**, il nous faut expliquer leur mode de formation.

Lorsque les nuages sont amenés à une température infé-

Cliché Vernier.

Fig. 116. — La neige en hiver (Moscou).

rieure à 0°, les gouttelettes d'eau qui les constituent cristal-
lisent et se changent en **neige**
(*fig.* 116), laquelle tombe sur le sol,
sous forme de fins cristaux (*fig.* 117)
extrêmement jolis — généralement
des étoiles à six branches, —
souvent groupés en *flocons* où les
formes cristallines sont un peu
confuses. Si cette neige tombe sur
les hauts sommets des montagnes.
c'est-à-dire en un endroit où la
température est toujours très basse,
elle ne fond pas et, ainsi que
nous l'avons déjà dit, c'est elle

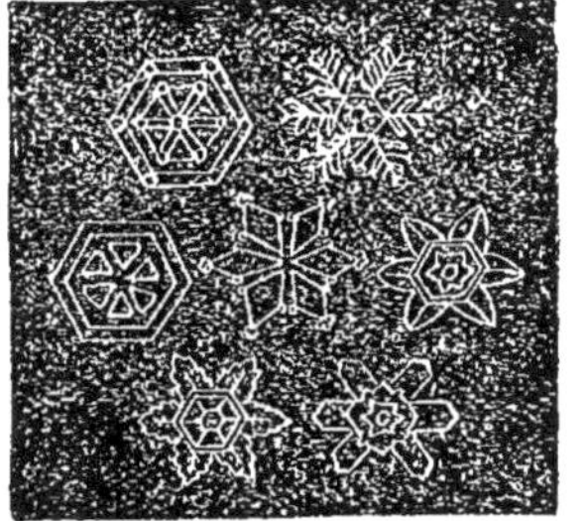

Fig. 117. — Cristaux de neige
(grossis).

qui, par son accumulation, donne naissance aux **glaciers**.

Les écoliers savent tous qu'en comprimant de la neige entre les mains, pour faire des « boules de neige », on la transforme en une masse dure et solide, qui, néanmoins, est encore un peu friable et blanche. Le même phénomène se produit au sommet des montagnes (*fig.* 118) : la neige, en s'accumulant, comprime celle qui est située au-dessous d'elle et la transforme en **névé**, c'est-à-dire en une masse ayant la consistance des boules de neige et ayant, comme elles, une couleur blanche opaque parce qu'il y a de l'air entre les cristaux.

Ce névé, à son tour, pèse de tout son poids sur le névé pré-cédemment formé et placé au-dessous de lui ; il en comprime si bien les cristaux qu'ils se soudent les uns aux autres. Le pétrissage dû aux inégalités de vitesse des différents points facilite l'expulsion de l'air et donne finalement naissance à une masse homogène, transparente comme du cristal, qui n'est autre que la glace, dont sont formés les glaciers dans leur cours inférieur.

3. Expériences sur le regel. — On peut facilement imiter cette transformation en accumulant de la neige dans un moule creux en buis et en soumettant celui-ci à la forte pression d'une presse hydraulique : au bout de quelques minutes, en ouvrant le moule, on trouve un objet en glace.

La soudure des cristaux de glace entre eux est due à un

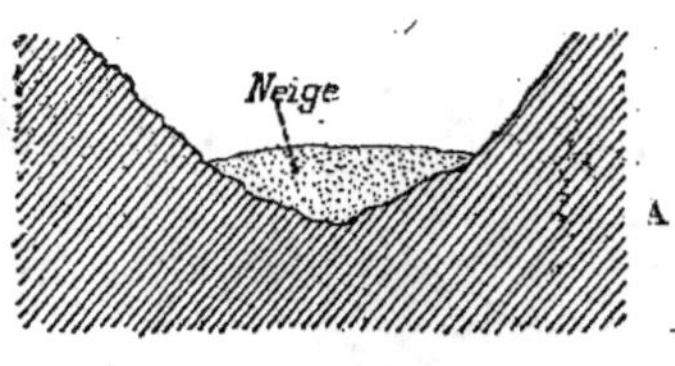

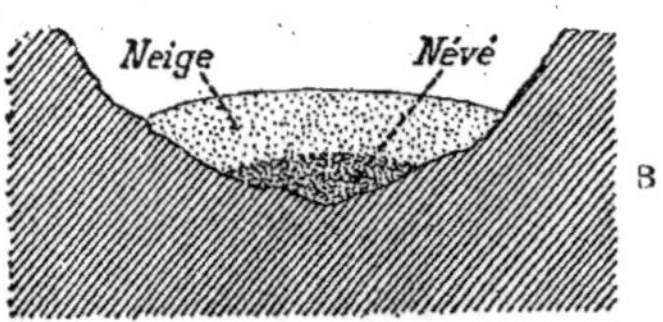

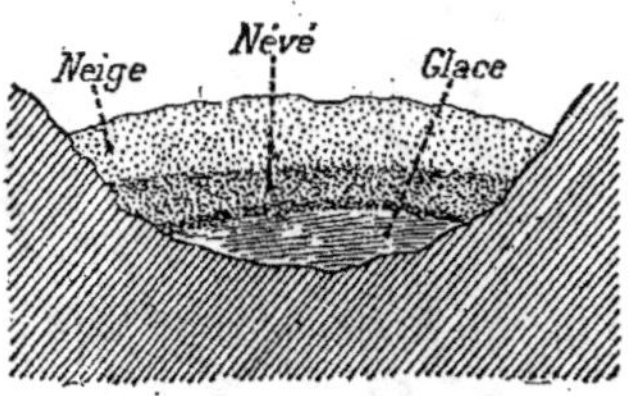

Fig. 118. — Schémas montrant comment, dans les glaciers, la neige se transforme en névé et celui-ci en glace.

A, B, C, phases successives.

phénomène particulier, auquel on a donné le nom de *regel* et qui a été bien étudié par Tyndall. « Sciez, dit-il, deux plaques d'un bloc de glace, et mettez en contact leurs surfaces planes ; elles se souderont immédiatement ensemble. Deux plaques de glace, posées l'une sur l'autre, et que l'on laisse pendant une nuit enveloppées de laine, sont quelquefois si solidement soudées l'une à l'autre le lendemain, qu'elles casseront plutôt partout ailleurs que sur la surface de jonction. Si vous entrez dans une des cavernes de glace de la Suisse, vous n'avez qu'à appuyer pendant un instant une plaque de glace contre la partie supérieure de la caverne pour en déterminer l'adhérence complète à cette paroi. » Le phénomène du regel est dû à ce que, lorsque deux fragments de glace sont appliqués l'un sur l'autre, ils exercent une pression qui, en raison des lois de la physique, a pour effet d'abaisser le point de fusion de la glace, ou, autrement dit, en langage plus familier, a une tendance à la faire fondre. Mais cet essai, ce début de fusion a, à son tour, pour conséquence, d'emprunter de la chaleur aux surfaces voisines et, par suite, de les rendre encore plus froides qu'elles ne l'étaient auparavant. D'autre part, l'eau résultant de la fusion abandonne

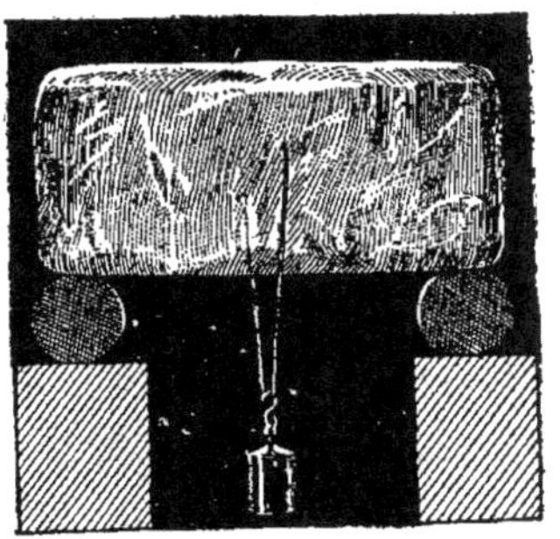

Fig. 119. — Expérience montrant le regel de la glace.

les régions comprimées pour gagner les vides voisins et se regèle aussitôt qu'elle n'est plus soumise à la pression.

On peut montrer l'existence du regel par l'expérience suivante (*fig.* 119). « Appuyons, dit Tyndall, sur des blocs de bois les deux extrémités d'une barre de glace de 25 centimètres de long sur 10 d'épaisseur et 7 de large, et faisons passer sur le milieu de cette barre un fil de cuivre de 1 à 2 millimètres de diamètre. Si nous réunissons les deux extrémités de ce fil, et que nous y suspendions un poids de 6 ou 7 kilogrammes, toute la pression exercée par ce poids portera sur la glace qui soutient le fil. Qu'en résulte-t-il ? La glace qui est sous le fil se liquéfie ; l'eau de liquéfaction s'échappe autour de lui, mais dès qu'elle n'est plus soumise à la pression, elle se congèle, de sorte que tout autour du fil, avant même qu'il ait pénétré dans la glace, il se forme une enveloppe de glace. Le fil continue à pénétrer dans la glace : l'eau s'échappe sans cesse, et, à mesure, se congèle derrière lui. Au bout d'une demi-heure le poids tombe ; le fil a traversé la glace dans toute son épaisseur. On voit nettement la trace de son passage, mais les deux morceaux de la barre de glace se sont ressoudés si solidement que la barre cassera sur tout autre point aussi bien qu'à la surface de regel. »

4. Conséquences du regel. — Revenons maintenant aux glaciers des altitudes élevées, lesquels, on vient de le voir, sont formés de neige à la surface, de névé dans la partie moyenne — ou, parfois de névé seulement si les rayons de soleil ont fait fondre la neige superficielle — et, en tous cas, de glace dans la profondeur. Pourquoi cette glace ne reste-t-elle pas immobile et comment fait-elle pour descendre dans la vallée ?

La raison en est que, malgré sa dureté, grâce au regel, **la glace est malléable.**

L'expérience du fil décrite ci-dessus le prouve déjà. On peut encore le constater d'une façon plus simple : un jour de gelée, on met dehors, sur une fenêtre, une bouteille aux parois très épaisses (de

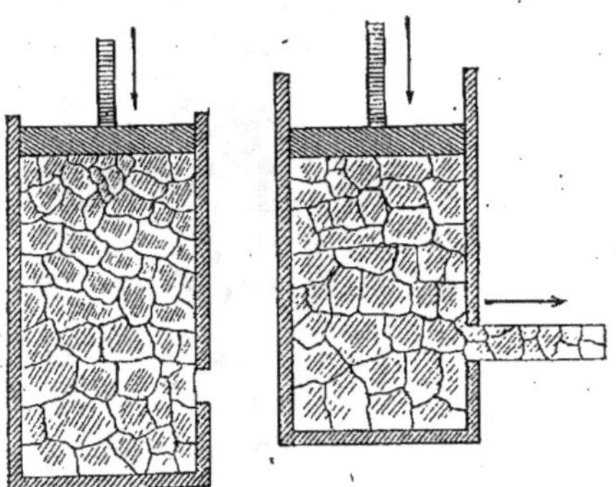

Fig. 120. — Expérience de compression montrant la plasticité de la glace.

forme conique) et remplie d'eau, mais **non bouchée.** Dès que l'eau se change en glace, on voit celle-ci sortir du goulot (n'oublions pas que l'eau se dilate en se congelant) et s'élever dans l'air comme une bougie qu'on aurait enfoncée dans le goulot.

Autre expérience (*fig.* 120) : mettons dans un cylindre très solide de la glace et exerçons sur elle une très forte pression à l'aide d'un piston poussé par une machine puissante. Si, en bas du cylindre, il y a un orifice, on en voit sortir la glace en un long boudin ayant la forme de cet orifice.

Prenons enfin un bâton de glace assez long (*fig.* 121) et faisons-le reposer par ses deux extrémités sur deux bûches de bois, le tout dans une pièce dont la température ne dépasse pas de 1 à 5°. Au bout d'une heure, on constate que ce bâton s'est courbé sous l'influence de son propre poids, comme s'il était doué d'une certaine « mollesse ».

La glace est donc plastique; elle peut changer de forme et « couler » en quelque sorte, mais avec une très grande lenteur. C'est ce qui explique qu'il lui est possible de descendre dans la vallée en se glissant entre les roches encaissées.

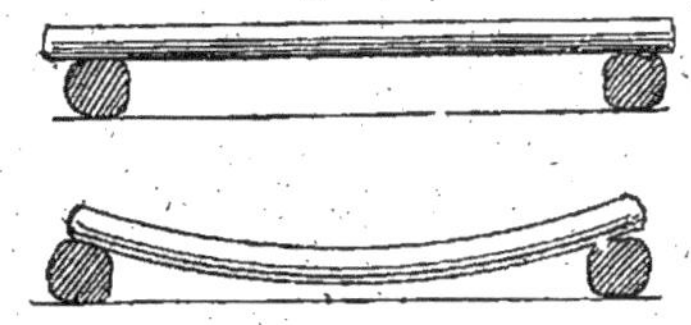

Fig. 121. — Bâton de glace se p'iant sous l'influence de son propre poids.

Ce mouvement est dû en partie à la tendance qu'ont tous les corps à descendre plus bas ; mais **la principale raison** en est dans la **pression** énorme qu'exerce, sur la glace sous-jacente, la neige tombée dans les hautes régions et qui la **pousse** sans cesse.

Ainsi, poussée sans cesse par le haut, le glacier se glisse dans les gorges dont il épouse les formes. Sa vitesse varie suivant leur largeur. Sa surface, d'abord lisse, ne tarde pas à être le siège d'accidents, qui donnent naissance à ce que nous avons déjà appris à connaître sous le nom de **crevasses** et de **séracs.**

5. Formation des crevasses et séracs. — Voici (d'après M. Vélain) quelques détails sur la formation de ces accidents de la surface des glaciers connus sous le nom de crevasses et de séracs. Si le glacier présente dans son ensemble une certaine plasticité qui suffit à rendre compte de son écoulement, il n'en est pas moins vrai que ces mouvements ne peuvent se produire sans que des dislocations en résultent dans sa masse, sans qu'en quelque point elle ne se brise en suivant les inégalités de son lit. A chaque instant, des fêlures s'y produisent ; il suffit, en effet, d'appliquer son oreille sur sa surface pour entendre des bruits de crépitement annonçant la formation de

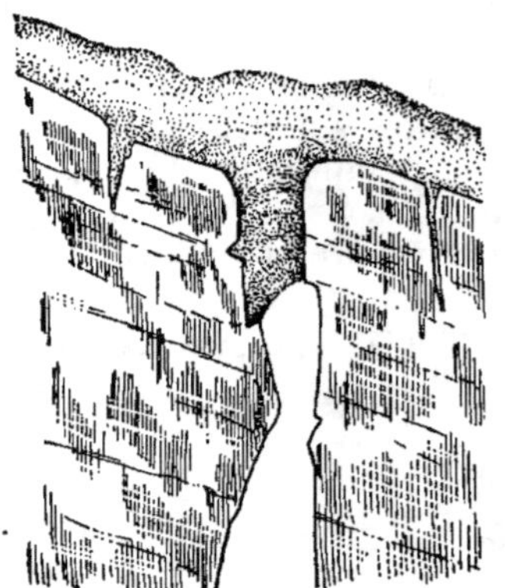

FIG. 122. — Un pont de neige supposé coupé en long.

fissures, presque capillaires dans le principe, mais qui bientôt s'élargissent et, finalement, donnent naissance aux crevasses, c'est-à-dire à un des traits les plus constants et les plus caractéristiques du glacier.

Quand elles sont arrivées à leur complet développement, ces crevasses offrent un spectable des plus saisissants, leurs parois bleuâtres plongeant dans les ténèbres insondables. En hiver, elles sont remplies de neige qui se glisse dans les interstices avec une grande facilité ; ou, d'autres fois, quand cette nappe de neige ne descend pas jusqu'au fond de la cavité, elle forme au-dessus de l'abîme une sorte de pont fragile dont le moindre ébranlement peut déterminer la chute et qui devient, dans les ascensions des glaciers, un perpétuel danger, aucun indice n'en révélant la présence au milieu du manteau de neige qui en recouvre toute la

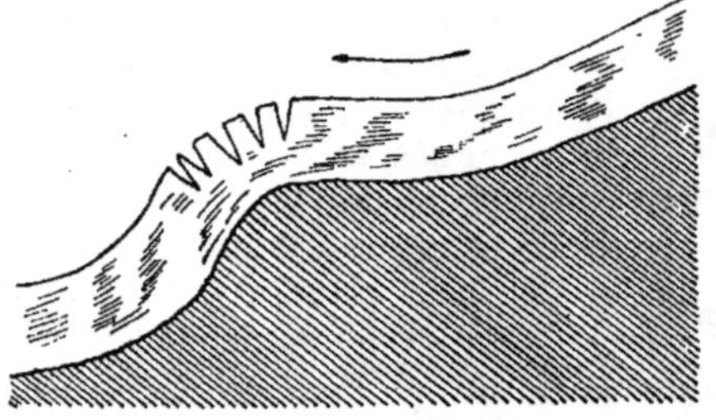

FIG. 123. — Schéma de la formation des crevasses transversales. La flèche indique le sens de la progression du glacier.

surface. Aussi la plupart des accidents, dans cette rude traversée, sont-ils dus à la chute de ces **ponts de neige** (*fig.* 122) exposés à s'effondrer sous le pas des voyageurs imprudents.

C'est toujours aux mêmes points du glacier que ces crevasses se produisent. Les mieux marquées sont celles qui se

font aux endroits où la glace, dans son mouvement de descente,
est obligée de s'allonger ou
de se bomber sous l'influence
d'une bosse de terrain (*fig.* 123)
placée au fond de son lit. Si
la pente est forte, elle se brise
transversalement, c'est-à-dire
de rive à rive, perpendiculairement à la longueur du glacier. Ces **crevasses transversales**, toujours profondes et
très rapprochées, sont destinées à provoquer des écrou-
lements et à donner naissance
à des entassements chaotiques
de blocs, bien connus sous le
nom de sé**racs**, et qui rendent

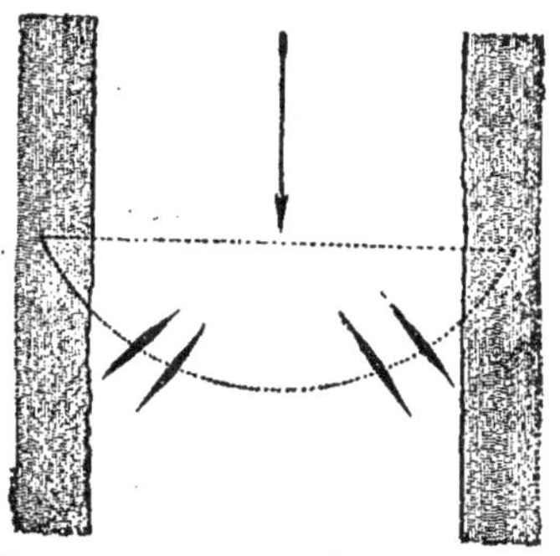

Fig. 124. — Schéma de la formation
des crevasses latérales.

très pénible la traversée des
glaciers. Les séracs se produisent
aussi à la jonction de deux glaciers
de pente inégale.

Quand la pente est plus faible,
l'inégalité de la vitesse des bords
et du centre fait naître ensuite sur
chacune des deux rives, dans les
parties relativement planes, des
crevasses latérales, qui se succèdent avec un parallélisme frappant, en offrant toutes ce caractère
d'être inclinées sur l'axe du glacier
dans le sens inverse de l'écoulement, et d'apparaître par suite,
vues d'en haut, comme de gigantesques chevrons. Si nous nous
reportons à la ligne de piquets qui
servent à mesurer le mode de progression de la glace, nous les avons
vus (*fig.* 115) se disposer suivant une
ligne courbe dirigée dans le sens

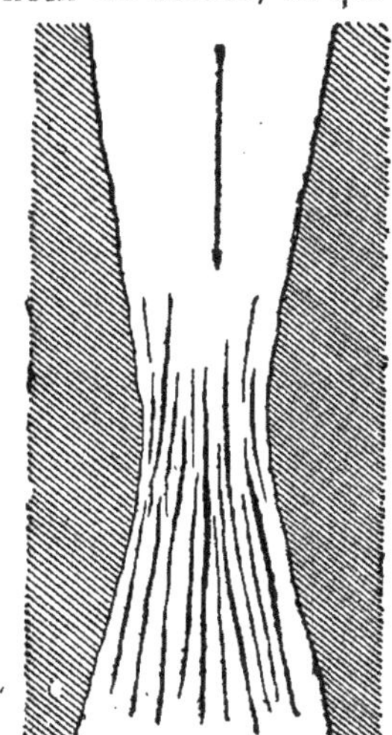

Fig. 125. — Schéma de la formation des crevasses longitudinales.

de l'écoulement. Or, comme la glace est inextensible, cette

tendance à l'allongement fait naître sur les deux bords des lignes de ruptures perpendiculaires à cette courbe (*fig.* 124) et par suite des crevasses dirigées vers l'amont en allant du bord du glacier vers le centre.

Enfin, dans les parties très resserrées où la glace est obligée de réduire sa section, elle subit un véritable laminage qui donne cette fois naissance à de grandes **crevasses longitudinales** (*fig.* 125), c'est-à-dire parallèles à l'allongement et se déployant ensuite en éventail à la sortie de l'étranglement.

6. Formation des moraines. — Les glaciers reçoivent toutes les roches qui se détachent des rochers voisins sous l'action de la gelée et qui demeurent dès lors à la surface — du moins pendant un certain temps — pour former ce que l'on appelle les **moraines.** Celles-ci sont le plus souvent **latérales** (*fig.* 126), c'est-à-dire disposées à droite et à gauche du glacier, précisément là où la pesanteur les a fait rouler. Ces rangées de pierres cheminent avec le glacier, de sorte qu'une seule région ébouleuse suffit à créer toute une longue file moranique.

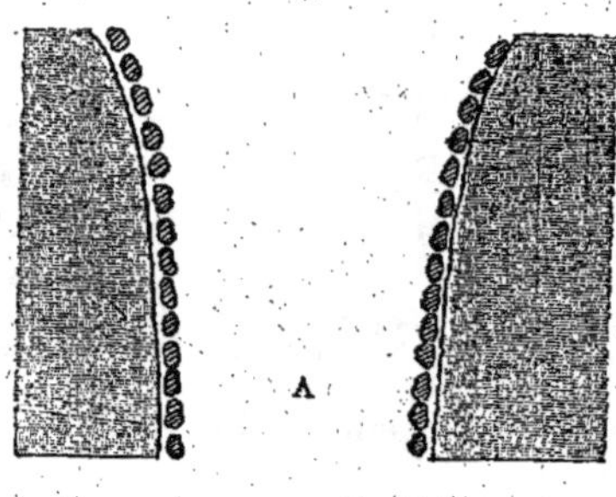
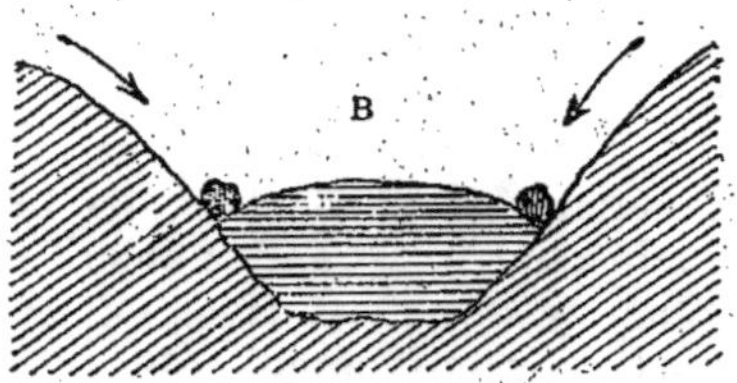

Fig. 126. — A, glacier avec moraines latérales. — B, le même supposé coupé en travers.

Les blocs ainsi transportés ne sont parfois pas plus gros qu'une noisette, mais quelques-uns dépassent plusieurs mètres cubes; l'un d'eux qui, en 1740, était encore sur la glace, mais qui, actuellement, est échoué dans la vallée de Saas (Valais), mesure 8.000 mètres cubes.

Considérons maintenant deux glaciers pourvus de moraines latérales qui viennent à se rencontrer et à se fusionner pour cheminer ensemble. La moraine de droite de l'un se soude à la moraine de gauche de l'autre pour créer ainsi, dans l'axe du glacier, une **moraine médiane** (*fig.* 127), laquelle est encadrée de deux moraines latérales.

Enfin, quand elles arrivent tout au bout du glacier près de l'endroit où il fond, toutes ces moraines perdent leur régularité, elles se transforment en un amas confus qui constitue la **moraine frontale.**

7. Stries et polissage. — Toutes les pierres ne sont pas transportées par la *surface* du glacier. Le *pétrissage incessant* que subit la glace par l'effet du regel fait pénétrer à l'intérieur du glacier certaines pierres des moraines. D'autres tombent

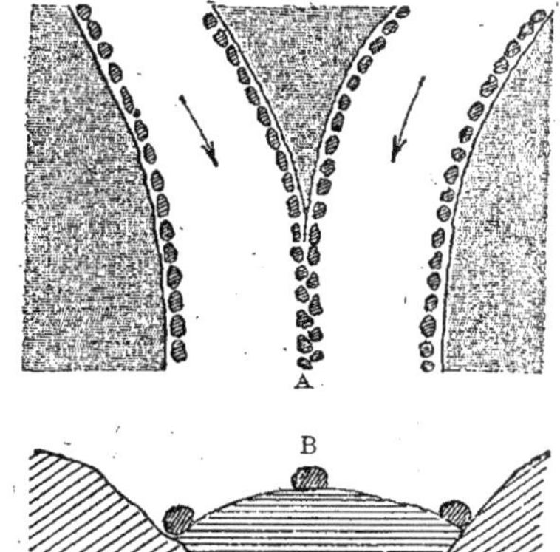
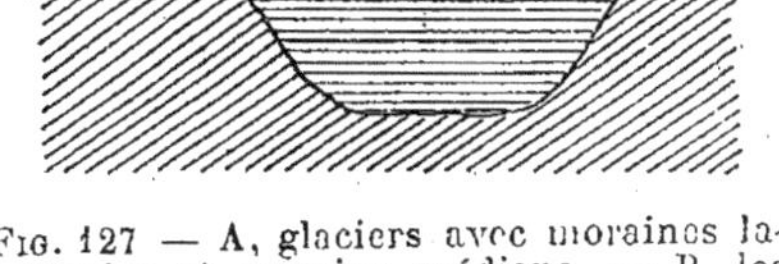

FIG. 127 — A, glaciers avec moraines latérales et moraine médiane. — B, les mêmes supposés coupés en travers.

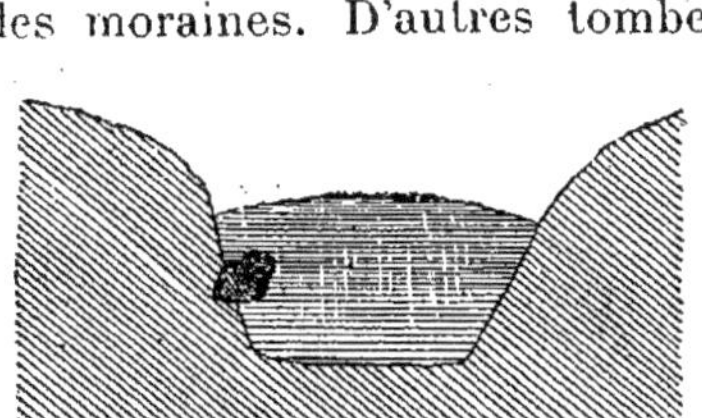

FIG. 128. — Glacier supposé coupé en travers, pour montrer comment une pierre enchassée dans la glace peut strier les roches voisines.

dans les crevasses et se trouvent ainsi bientôt enchâssées dans la glace. Le *frottement* du glacier contre le fond et les parois de sa vallée détache aussi certains blocs. Enfin la *fusion* dont nous parlerons plus loin peut aussi contribuer à faire pénétrer les pierres dans la masse du glacier. On appelle quelquefois **moraine profonde** l'ensemble des pierres ainsi emprisonnées dans la glace.

Envisageons une de ces pierres (*fig.* 128) située sur le côté ou le fond du glacier. Quand, dans son cheminement, elle rencontre un rocher formé d'une pierre moins dure, elle agit sur lui à la manière d'un coin ou d'un burin et le rabote en y faisant naître des *stries*. C'est là l'origine des stries que présentent les parois — ou le fond — des lits parcourus par les glaciers. Réciproquement les aspérités des roches rencontrées rabotent les galets moins durs encastrés dans la glace, et les strient à leur tour : ces **galets striés** (*fig*. 112) ont, comme nous le verrons plus tard, une certaine importance géologique, car ils montrent par leur présence l'emplacement d'anciens glaciers aujourd'hui disparus.

En même temps que les roches sont striées, elles sont polies par l'action de la fine boue qui a pénétré la glace et qui agit sur elle à la manière d'une meule d'émeri.

On a un bel exemple de ces roches polies sur les deux rives de la mer de Glace, où elles s'élèvent jusqu'à près de 3.000 mètres d'altitude et où elles frappent d'autant plus qu'elles sont environnées de crêtes déchiquetées dont l'irrégularité contraste avec leur surface lisse.

LECTURE

Les accidents dans les crevasses. — La plupart des accidents auxquels on est exposé dans les glaciers sont dus à la présence des crevasses où l'on glisse, soit par suite d'un faux pas, soit par la chute brusque d'un pont de neige dont on ne soupçonnait pas la présence. Il ne se passe pas d'année que les journaux n'en citent plusieurs cas. Mais ces accidents, bien souvent, arrivent à des personnes téméraires qui s'engagent dans les glaciers sans prendre — par fanfaronnade — les précautions nécessaires. Les touristes prudents ont rarement à craindre les accidents, car, aujourd'hui, les routes des glaciers sont bien connues et l'on a à sa disposition des guides éprouvés. Il n'en était pas de même autrefois, où les explorations des glaciers constituaient de véritables dangers, et l'histoire en a gardé le récit. Citons-en quelques-unes entre mille.

Il y a un certain nombre d'années, un jeune Russe, attaché d'ambassade, M. de Groth, partit de Zermatt avec son guide pour visiter les glaciers du mont Rose. « Précédant son guide de quelques pas, il disparut soudain dans une crevasse dont l'existence lui avait été masquée par un pont de neige. Pris, la tête en bas, entre les deux parois de la glace, il put toutefois crier à son guide d'aller chercher du secours. Malheureusement les cordes que le guide rapporta après un temps assez long, se trouvant trop courtes, il fallut retourner au village voisin, et quand les montagnards revinrent, il était trop tard : ils ne trouvèrent plus qu'un cadavre. Le corps du malheureux jeune homme, dans son agonie de cinq heures, avait laissé son empreinte dans la glace fondue autour de lui. » (Guillemin.)

La chute dans les crevasses ne se termine pas toujours, heureusement, de façon si tragique. Témoin, le récit suivant rapporté dans l'*Encyclopédie* : « Un curé suisse étant allé à la chasse un samedi, passa sur un glacier ; il tomba dans une fente, sans cependant avoir été blessé dans sa chute. Comme la fente allait en se rétrécissant, il n'alla pas jusqu'au fond ; mais il fut retenu et demeura suspendu au milieu des glaces. N'ayant guère lieu de se flatter qu'il pût venir quelqu'un pour le tirer d'affaire dans un endroit aussi peu fréquenté, il prit le parti d'attendre sa fin avec tranquillité. En tombant, il n'avait point lâché le fusil qu'il tenait dans ses mains ; il en détacha la pierre, et s'en servit pour graver sur le canon sa malheureuse aventure, afin d'en instruire la postérité. Les paroissiens, qui lui étaient très attachés, ne voyant paraître le dimanche suivant leur curé à l'église, se mirent en campagne pour le

Fig. 129. — L'accident de Viollet-le-Duc dans un glacier.

chercher. Quelques-uns d'entre eux aperçurent sur la neige les pas d'un homme ; ils suivirent cette trace et ce fut avec succès, car elle les conduisit à la fente où leur infortuné pasteur n'attendait plus que la mort. On l'appela, il répondit ; et, quoiqu'il fût demeuré plus de vingt-quatre heures dans l'endroit où il était tombé, il eut encore assez de force pour saisir les cordes qu'on lui descendit pour le retirer : par ce secours imprévu, il échappa au danger qui l'avait si longtemps menacé. »

Mais l'aventure la moins banale fut celle qui arriva à un savant, Viollet-le-Duc (*fig.* 129). Écoutez-en le récit, d'après un de ses historio-graphes :

« Le 11 juillet 1870, Viollet-le-Duc était à 2.900 mètres d'altitude, sur le glacier Schwarzenberg, avec son fidèle guide Baptiste, atta-chés tous deux aux extrémités de la même corde. Une crevasse de glace venait d'être franchie par le guide qui marchait en avant; quand vint le tour de Viollet-le-Duc, il glissa et tomba dans cette crevasse, dont la profondeur dépassait 100 mètres; étroite en haut, elle s'élargissait en bas. Que faire? C'est en vain que Baptiste essayait de le remonter; chaque effort que faisait le guide n'avait d'autre effet que de le rapprocher lui-même du trou béant. D'ailleurs, les arêtes unies de la glace usaient la corde petit à petit. Voyant l'inu-tilité des efforts de Baptiste et les dangers auxquels le guide s'expo-sait pour le sauver, Viollet lui dit : « As-tu de la famille? — Une « femme et des enfants, répondit-il. — C'est bien, dit Viollet, prends « garde, je coupe la corde. » Et prenant son couteau, il trancha la corde : ce fut l'affaire d'une seconde; à 12 mètres au-dessous de lui, un morceau de glace formait un pont réunissant les deux parois de la crevasse, ce pont arrêta Viollet dans sa chute. Il s'y installa. Au-dessous de lui, le vide noir, insondable. Voyant Viollet momen-tanément hors de danger, Baptiste courut chercher quatre robustes montagnards, avec l'aide desquels, plus de trois heures après l'ac-cident, il le tira de sa périlleuse situation.

« Enseveli dans cette fosse de glace, le pauvre touriste recevait sur lui les suintements du glacier; les gouttes d'eau, gelant à mesure qu'elles tombaient, se transformaient en stalactites et le collaient sur son siège, bloc de glace sur lequel il était assis. Pour se décoller, il lui fallait souvent se redresser en s'appuyant sur les mains.

« Mais à quoi songe-t-il pendant ce temps? Que fait-il? Il sort son album et son crayon et dessine les effets des suintements et de la regélation des glaciers.

« Et dans son travail sur le mont Blanc, il écrit : « Ayant eu la « fortune de tomber dans une crevasse de fond, etc. »

Leçon XVI.

Ablation des glaciers. — Leurs variations. Blocs erratiques.

RÉSUMÉ. — 1. La *fusion superficielle* du glacier ou *ablation* est montrée par les *petits ruisselets* qui coulent à sa surface.

2. La fusion est *retardée par les grosses pierres*, qui forment les

tables de glaciers, et *accélérée par les petites pierres*, qui s'enfoncent dans la glace.

3. L'*eau de fusion* s'infiltre dans les crevasses et coule au fond du glacier. Exceptionnellement, elle peut être retenue dans une *cavité formant poche*, dont la *rupture* produit une catastrophe.

4. Le front du glacier est l'endroit où la fusion fait disparaître la glace à mesure qu'elle y arrive. Le torrent qui en sort entraîne une partie de la moraine frontale pour former un peu plus bas un *cailloutis glaciaire*, dont les pierres ont des arêtes vives.

5. Le *front du glacier se déplace* dans un sens ou dans l'autre suivant que le glacier croît ou décroît. Les *crues* sont dues surtout à une *série d'années pluvieuses*.

6. Les *décrues* du glacier, dues à une *suite d'années sèches*, mettent à nu le *fond de la vallée* glaciaire et montrent son aspect *strié* et *moutonné*. Elles donnent naissance aux *blocs erratiques*, quartiers de rochers abandonnés par le glacier en se retirant, qui permettent de tracer *la carte des anciens glaciers*.

7. Les *fjords* de Norvège paraissent être d'*anciennes vallées glaciaires* affaissées et envahies par la mer.

1. Fusion superficielle du glacier ou ablation. — La glace fond aussitôt que la température dépasse 0° : c'est là, en somme, un cas assez fréquent, qui arrive presque tous les jours, au moment où le soleil darde ses rayons. Aussi, un peu en hiver, beaucoup en été, la surface des glaciers est-elle exposée à se changer en eau. On a une première preuve manifeste de cette fusion par la présence à la surface du glacier de nombreux petits ruisselets pendant les heures chaudes de la journée.

La diminution d'épaisseur qui en résulte pour le glacier a fait nommer ce phénomène **ablation** (du latin *ab*, hors de, et *latus*, action de porter).

2. Influence des pierres sur la fusion de la glace. — On en a une autre preuve par ce que l'on appelle les **tables de glaciers**. On désigne sous ce nom (*fig.* 130) de larges dalles rocheuses qui reposent sur les glaciers, non directement par la face inférieure, mais par l'intermédiaire d'un pilier de glace, tel un champignon à chapeau, soutenu par son pied.

Il n'est pas difficile d'imaginer comment se forment ces tables. Ce sont de gros blocs rocheux qui sont tombés sur le glacier

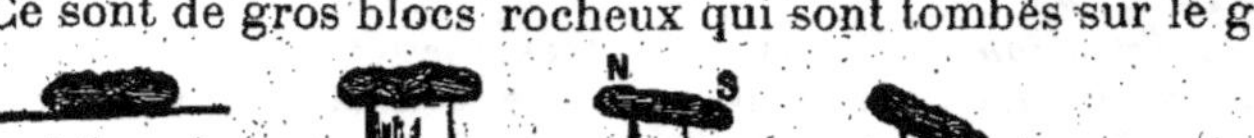

FIG. 130. — Schémas de la formation des tables de glaciers et de leur chute.
N, nord. — S, sud

et qui, au-dessous d'eux, ont protégé la glace de la fusion sous l'influence des rayons solaires, tandis que le reste du glacier fondait tout autour.

On peut remarquer que ces blocs perchés sur un piédestal sont rarement horizontaux, mais le plus souvent **inclinés vers le sud**. Cette inclinaison est due à ce que le côté du piédestal tourné vers le midi reçoit plus de chaleur que celui qui est tourné vers le nord et fond plus vite.

Un peu plus tard, d'ailleurs, lorsque le piédestal est suffisamment long, il n'est plus protégé par l'ombre du bloc : le soleil le fait fondre et le bloc tombe pour, à nouveau, faire une nouvelle « table ».

Les grosses pierres protègent donc le glacier contre la fusion, parce que, étant mauvaises conductrices de la chaleur, elles ne s'échauffent que sur une faible épaisseur.

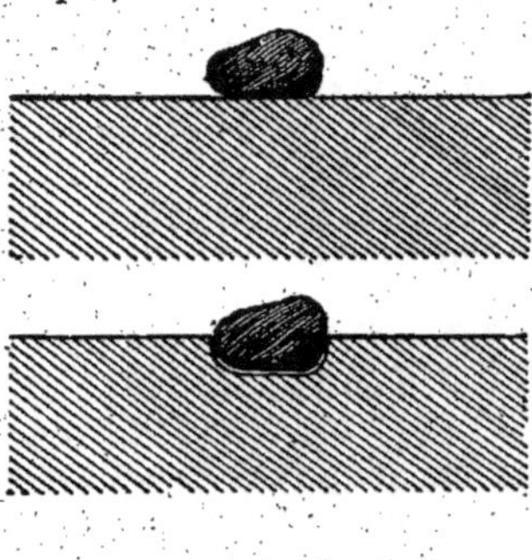
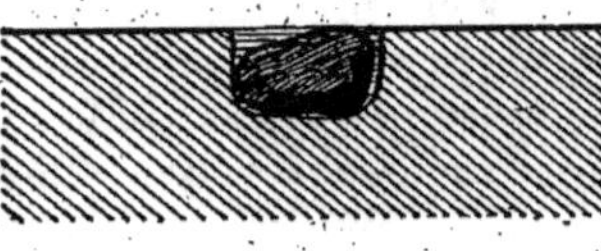
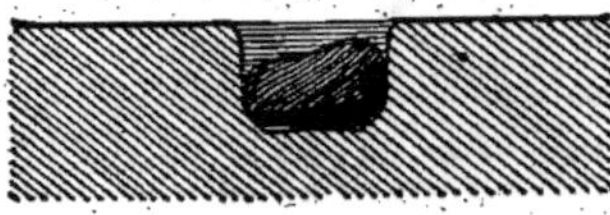

FIG. 131. — Schémas montrant comment les petites pierres arrivent à pénétrer dans la glace.

Au contraire, les petites pierres, surtout quand elles sont de couleur foncée, peuvent accélérer la fusion de la glace (*fig.* 131), car elles absorbent la chaleur du soleil beaucoup mieux que ne le fait la glace, et peuvent, grâce à leur petit volume, s'échauffer dans toute leur masse malgré leur mauvaise conductibilité. Aussi voit-on fréquemment à la surface des glaciers de petites pierres au fond d'une sorte de petit puits rempli d'eau. C'est que la pierre en s'échauffant a provoqué autour d'elle la fusion plus rapide de la glace. Cet effet s'arrête lorsque la pierre est trop enfoncée pour recevoir les rayons du soleil. L'eau qui la surmonte se regelant pendant la nuit, la pierre est alors emprisonnée dans la glace.

3. Écoulement de l'eau de fusion. — Que devient l'eau mise en liberté par la fusion superficielle des glaciers? Les petits ruisselets qui en naissent se réunissent dans de petites fissures qu'elles agrandissent peu à peu et finissent par en faire des puits circulaires où l'eau pénètre en tourbillonnant, d'où le nom de **moulins** qu'on leur a donné. Ces trous sont d'abord très petits, mais finissent par acquérir de grandes profondeurs, plusieurs centaines de mètres, comme par exemple sur le glacier inférieur de l'Aar, où l'un deux atteint 260 mètres. Ces trous dérivent naturellement des crevasses et, comme elles, se forment presque toujours au même point : on en connaît qui n'ont pas changé de place depuis des siècles.

L'eau qui s'écoule dans les moulins arrive jusqu'au fond du glacier et s'écoule le long du sol jusqu'au **front** du glacier, à moins qu'une occasion ne se présente de se perdre dans le sol. Parfois, cependant, par suite de circonstances spéciales, cet écoulement ne peut avoir lieu. Il se forme alors sous le glacier une immense **poche d'eau** dont le volume augmente sans cesse et qui un jour crève en produisant une catastrophe épouvantable comme celle qui eut lieu il y a quelques années à Saint-Gervais (voir la lecture).

4. Front du glacier et cailloutis glaciaires. — La fusion superficielle des glaciers se fait sentir de plus en plus énergiquement à mesure que le glacier descend dans des régions où la température moyenne est plus élevée. A un endroit donné, la fusion est suffisante pour faire disparaître toute la glace à mesure qu'elle arrive : c'est la fin du glacier ou **front** (*fig.* 111). Là toute l'eau résultant de l'ablation sort du glacier en formant quelquefois de véritables cascades, qui, en réunissant leurs eaux, donnent un torrent plus ou moins important. Cette eau est toujours plus ou moins laiteuse, à cause de la boue glaciaire qu'elle entraîne.

Là aussi se mélangent, dans un désordre inextricable, les pierres de toutes les moraines pour former la **moraine frontale**. On voit aussi généralement, un peu en avant de cette moraine, une *masse de petites pierres* qui rappelle un cône de déjection torrentiel, mais qui en diffère en ce que les pierres ont conservé leurs arêtes vives : c'est ce qu'on appelle un **cailloutis glaciaire**. Il est dû à l'entraînement par l'eau des matériaux les plus petits de la moraine frontale, qui n'ont pas encore eu le temps de s'user par le frottement.

Le Rhône et la plupart de ses affluents de la rive gauche sortent ainsi des glaciers. C'est ainsi que le glacier des Bois, partie inférieure de la Mer de Glace, donne naissance à l'Arveyron, affluent de l'Arve, dans la vallée de Chamonix.

La fusion de la glace étant variable avec la température ambiante, il en résulte que le débit de ces rivières à origine glaciaire est variable avec la saison et que leur cours peut même être tari momentanément, comme cela eut lieu, par exemple, pendant deux mois, pour l'Arveyron.

5. Déplacements du front. — Le front du glacier varie lui-même de position. Il semble au premier abord assez naturel d'admettre que ces variations sont dues surtout à ce que les étés successifs ne sont pas toujours aussi chauds. Il faut y joindre une autre cause qui a aussi une grande influence. C'est que les différentes années sont plus ou moins pluvieuses, ce qui revient à dire qu'il tombe plus ou moins de neige dans la haute montagne.

Les glaciers étant le principal moyen d'écoulement des neiges des hautes régions, leurs crues, c'est-à-dire leur augmentation d'épaisseur, qui amène aussi un avancement du front, sont donc surtout la suite d'une série d'années pluvieuses, et inversement, le recul des glaciers est la suite d'une série d'années sèches.

On s'explique ainsi que l'on puisse voir en Nouvelle-Zélande, par exemple, des glaciers pousser leur front jusque dans les régions où les palmiers poussent en pleine terre.

Les crues des glaciers sont donc comparables à celles des

cours d'eau, mais avec cette différence qu'elles sont infiniment plus lentes, à cause de la lenteur du mouvement des glaciers.

Citons maintenant quelques exemples de ces variations.

« Le recul des glaciers dit M. de Lapparent, commença en 1854. En douze ans, le glacier des Bossons se retira de 322 mètres, pendant que le glacier des Bois reculait de 188 mètres, celui d'Argentière de 181, celui du Tour de 520. En 1880, le recul total de chacun de ces glaciers n'était pas inférieur à 1 kilomètre, et la Mer de Glace avait perdu, sous le Montanvers, plus de 100 mètres d'épaisseur, de sorte qu'au lieu de dominer comme autrefois ses moraines latérales, elle y était profondément encaissée. D'après M. Venance Payot, le glacier des Bossons était, en 1878, à 634 mètres de la moraine de 1818; la Mer de Glace, à la même époque, avait reculé de 1.268 mètres relativement au point qu'elle atteignait en 1826 et, rien que pour la période de 1868 à 1878, son recul avait été de 757 mètres. Le glacier du Tour, en 1878, perdait 700 mètres relativement à l'année 1868 et 1.680 mètres relativement à 1818. Mais déjà il semble qu'on ait vu poindre l'aurore d'une variation en sens inverse. Le glacier des Bossons est le premier sur lequel on l'ait constatée. Dès 1879, M. Payot observait une progression de 12 mètres dans le front de ce glacier ; du 15 octobre 1880 au 1er juin 1881, le même observateur a relevé un avancement de plus de 26 mètres, joint à un exhaussement de 25 mètres, causé surtout par les nombreuses avalanches qui, durant tout l'hiver, n'avaient cessé de tomber à la surface du glacier. Quant au glacier des Bois, qui termine la Mer de Glace, stationnaire de 1878 à 1879, il avait progressé en 1880 d'environ 18 mètres et, à la la fin de juillet 1881, son extrémité demeurait immobile, malgré l'ablation déterminée par une très forte chaleur. En 1881, les glaciers d'Argentière et du Tour, près du mont Blanc, et celui de Grindelwald avaient repris leur marche en avant. »

6. Roches moutonnées et blocs erratiques. — Lorsque les glaciers reculent comme nous venons de l'expliquer, ils laissent à nu la surface du sol, sur laquelle ils cheminaient et qui, de leur fait, présente un aspect particulier et caractéristique. Toutes les aspérités ont disparu, toutes les saillies sont devenues arrondies et présentent une forme mamelonnée qui les a fait comparer à un troupeau de moutons couchés dans la prairie et les a fait appeler des **roches moutonnées.**

En même temps qu'ils laissent comme trace de leur existence des roches moutonnées, les glaciers abandonnent sur le sol les blocs parfois énormes qu'ils transportent et que, dès lors, l'on retrouve, même quand le glacier a entièrement disparu. Ces masses rocheuses sont alors désignées sous le nom de **blocs erratiques** (*fig.* 132); provenant souvent de fort loin ils ne sont généralement pas de la même nature que les roches sur lesquelles ils reposent, ce qui indique tout de suite qu'ils ont une origine glaciaire, car seuls les glaciers ont été capables de les transporter : l'un d'eux — le *bloc monstre* — à l'entrée du Valais, a un volume de 50.000 mètres cubes. Pendant longtemps l'origine de ces singuliers blocs fut inconnue;

FIG. 132. — Bloc erratique.

on leur attribuait une origine merveilleuse, ainsi que le montrent les noms de *pierre du diable* ou de *pierre des fées* qu'on leur appliquait : c'est un simple guide, Jean-Pierre Pérautin, qui montra leur véritable nature.

La présence de ces blocs erratiques, de même que celle des roches striées ou moutonnées, a permis aux géologues d'établir que les glaciers ont eu dans le temps une extension beaucoup plus considérable, puisqu'on retrouve ces blocs à des endroits qui sont très éloignés des glaciers actuels. C'est ainsi que l'on a pu « restaurer » la place d'anciens glaciers. Par exemple celui du Rhône (*fig.* 133), localisé aujourd'hui dans le Haut-Valais près du col de la Furka, s'étendait autrefois, sur une longueur de 395 kilomètres, jusqu'à l'endroit occupé aujourd'hui par la ville de Lyon, couvrant presque toute la Suisse d'un immense manteau de glace. De même un glacier gigantesque s'étendait depuis la Scandinavie jusque dans l'Allemagne du Nord et la Russie : c'est là l'origine de l'énorme bloc erratique qui, sur une place de Saint-Pétersbourg, sert de soubassement à la statue de Pierre le Grand.

De tout ce que nous avons dit des glaciers, il résulte que ceux-ci n'agissent pas comme l'eau courante en creusant leur lit ou du moins ils ne le font que dans une mesure assez res-

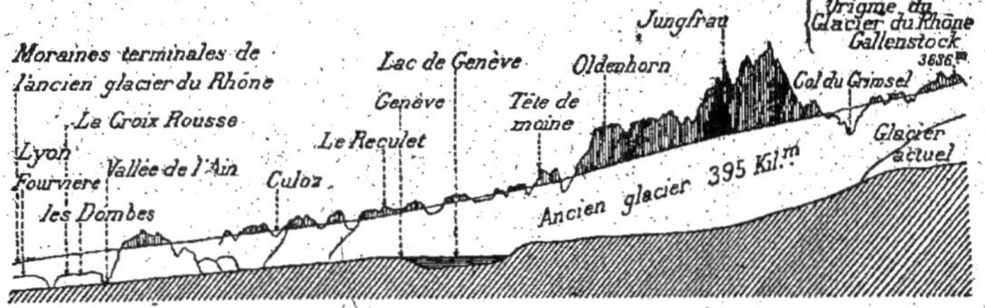

Fig. 133. — Reconstitution idéale de l'ancien glacier du Rhône.

treinte. Ils se contentent de suivre des dépressions déjà existantes dont ils polissent les parois et rabotent le fond qu'ils « nettoient » en quelque sorte.

Par contre, ce sont des agents de transport beaucoup plus efficaces, susceptibles de porter des masses de rochers à des distances considérables ; à ce point de vue surtout, leur rôle géologique est important.

7. Fjords de Norvège. — C'est à eux d'ailleurs, semble-t-il, qu'il faut attribuer les *fjords* (*fig.* 134) si caractéristiques qui échancrent les côtes de Norvège et qui se présentent sous forme de golfes étroits, diversement ramifiés, extrêmement longs. Ces fjords sont si nombreux qu'ils augmentent de plus de 10.000 kilomètres le pourtour de la Norvège ; l'un d'eux, le Lyse-fjord, s'avance dans les terres jusqu'à 43 kilomètres, le Sogne-fjord à plus de 100. Les géologues ont montré que ces fjords ne sont autres que des sortes de vallées, qui pendant des siècles ont été « polies » et « nettoyées » par des glaciers et qui se sont remplies d'eau de mer par suite d'un affaissement général du sol norvégien. Ces fjords, où les

FIG. 134. — Un fjord de Norvège.

eaux sont généralement tranquilles, sont à la fois grandioses et fort tristes.

LECTURE

1. *La catastrophe de Saint-Gervais* [1]. — Dans la nuit du 11 au 12 juillet 1892, une avalanche de boue et de glace, précipitée avec une énergie sans égale des bases de l'aiguille du Goûter, dévastait les vallées de Bionnassay et de Montjoie en ruinant de fond en comble des villages presque entiers, un établissement thermal des plus fréquentés, celui de Saint-Gervais, au plus fort même de la saison. Peu d'instants ont suffi pour transformer cette riante contrée en une scène de désolation absolue. Raconter les circonstances dramatiques de cette catastrophe où des centaines de victimes, surprises au milieu de leur sommeil, ont péri, serait renouveler de profondes tristesses sans profit. Ce qu'on sait maintenant, grâce aux observations si précises de MM. Duparc, Delebecque et J. Vallot, c'est que la cause de ce cataclysme, sans égal jusqu'alors, doit

1. D'après M. Ch. Vélain.

être cherchée dans la rupture soudaine d'une immense *poche d'eau* (fig. 135) située près de l'extrémité inférieure d'un petit glacier — celui de Tête-Rousse — adossé contre la paroi ouest, très escarpée, de l'Aiguille du Goûter. Les auteurs précités ont évalué à 100.000 mètres cubes le volume d'eau qui, progressivement, s'était accumulé dans ces crevasses élargies. Dès lors, cédant sous l'effort, la paroi frontale du glacier s'est trouvée non seulement rompue, mais projetée avec une telle violence que l'avalanche proprement dite n'a pris naissance qu'à une centaine de mètres en avant. Cette masse de glace, grossie de toute l'eau du glacier réunie dans un seul flot, roula ensuite avec une vitesse sans pareille dans un cou-

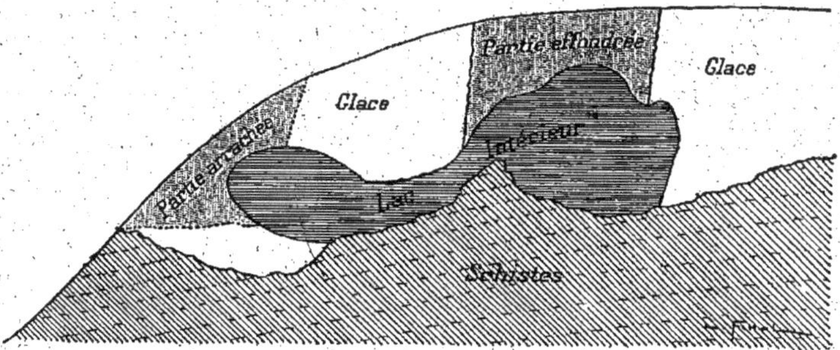

Fig. 135. — Coupe du glacier de Tête-Rousse (avant la catastrophe).

loir de neige sur les pentes de la montagne des Rognes, puis vint s'abattre avec une chute totale de 1.500 mètres contre la moraine droite du glacier de Bionnassay. Là, s'est formée cette masse de boue chargée de blocs énormes et de troncs de sapins qui, animée d'une vitesse de 400 mètres par minute dans le lit du Bon Nant, a occasionné tous les désastres. Rien ne peut, en effet, résister à une pareille débâcle de boue visqueuse capable de laisser flotter des quartiers de roc de toutes dimensions, et dont la puissance mécanique s'augmente de tous les débris qu'elle transporte ; d'autant plus que la mise en mouvement d'une pareille masse dans des gorges escarpées comme celles de Saint-Gervais, où sa hauteur a pu atteindre une trentaine de mètres, s'accompagnait de trombes d'eau capables de faire voler en l'air des toitures et de préparer ainsi tous les éléments d'un désastre que le torrent de boue se chargea ensuite d'achever.

2. *La vie dans les glaciers* [1]. — Dans les glaciers, tantôt une détonation formidable annonce qu'une grande crevasse vient de s'ou-

1. D'après Ch. Contejean.

vrir subitement, tantôt un grondement sourd indique la démolition
d'une partie du front du glacier ou la chute de quelque avalanche.
Les innombrables tiraillements de la masse produisent des craquements presque continuels : le glacier cède en gémissant à sa destinée, a pu dire avec raison M. Forbes. C'est donc à tort qu'on se
représenterait les champs de glace comme
le domaine du silence et de l'immobilité.
Dans un beau jour d'été, rien n'est au contraire plus animé que leur surface, pour qui
sait observer. Dès le matin, la chaleur fait
fondre la pellicule solide formée pendant la
nuit, et bientôt circulent une multitude de
petits filets d'eau qui s'écoulent en murmu-
rant, se réunissent et s'anastomosent de
mille manières pour constituer des ruisseaux qui se précipitent en cascades dans
les crevasses et se joignent aux torrents
sortant du front des glaciers. Parfois la
neige est colorée en rouge par un végétal
microscopique réduit à une simple cellule,
le *Protococcus des neiges*, qu'on a observé
dans les glaces du pôle, aussi bien que dans
celles des montagnes. Des îlots rocheux,
connus sous le nom de *jardins des chamois*,
percent les névés des cirques et se revêtent
d'une charmante parure de mousses, de saxi-
frages, de soldanelles (*fig.* 136), d'androsaces
ou d'autres plantes alpines fort recherchées
des collectionneurs. Il arrive aussi que de

FIG. 136. — Soldanelle,
plante qui pousse
au voisinage des
glaciers.

grands blocs précipités par les avalanches amènent jusqu'à la surface du glacier cette végétation aux vives couleurs.

Le règne animal ne fait pas non plus défaut. A des hauteurs pro-
digieuses plane le gypaète barbu ou vautour des agneaux, sur le
compte duquel circulent tant de fables. La corneille des Alpes fait
retentir de son cri rauque les basses vallées, où elle se précipite
en tournoyant. La perdrix des frimas ou lagopède établit son nid
dans le voisinage des neiges éternelles.
L'ours, le chamois (*fig.* 110), le bouquetin,
fréquentent ces régions désolées, de plus
en plus rares et méfiants. Fort nombreuses,
au contraire, les marmottes font entendre
à chaque instant leur sifflement aigu et
courent à leur terrier à la moindre alarme.
Les voyageurs qui passent la nuit dans les

FIG. 137. — Puce des
glaciers (grossie).

hautes régions reçoivent souvent la visite indiscrète et intéressée
d'autres rongeurs particuliers aux montagnes glacées. Peu difficiles sur le choix des aliments, ces animaux ne respectent aucune
substance. Le vieux cuir paraît leur offrir un attrait particulier ;

un explorateur des Pyrénées vit ses expériences arrêtées par les dents des campagnols qui, en une seule nuit, dévorèrent complètement l'étui de son baromètre. Il n'est pas jusqu'aux insectes qui n'aient leurs représentants ; c'est notamment la *puce des glaciers* (*fig.* 137), sorte de podurelle, de l'ordre des Thysanoures, qui saute comme une puce, grâce à deux appendices qu'elle porte sous le ventre. De tous les habitants des neiges, c'est, sans contredit, le plus curieux à observer, car il pénètre dans l'intérieur de la neige en apparence la plus compacte.

Leçon XVII

Les glaces de rivières. — Les glaces polaires.

RÉSUMÉ. — **1.** En hiver, les rivières des régions tempérées ou froides *charrient des glaçons* ou même se prennent dans toute leur largeur. Il se forme quelquefois des *embâcles*, accumulation de glaçons arrêtés par un obstacle.

2. La *débâcle*, qui se produit au *dégel*, entraîne tous ces glaçons qui quelquefois rongent les rives.

3. Dans les *régions polaires très pluvieuses*, comme le *Groenland*, l'intérieur du pays, recouvert de neige et de glace, forme une immense *calotte glaciaire*, nommée *Inlandsis*, dont les *glaciers* viennent déboucher *dans la mer* et se brisent en *icebergs*.

4. D'autres icebergs proviennent de la dislocation de la *banquise*, c'est-à-dire de la glace due à la congélation de l'eau de mer pendant l'hiver.

5. Les *icebergs*, entraînés par les courants marins vers des régions plus chaudes, *transportent* avec eux des *parcelles du sol* provenant des *côtes* ou des *moraines* des glaciers polaires. Ces matières solides tombent au fond de la mer à mesure que l'iceberg diminue par fusion.

1. Les glaces de rivières. — Dans ce qui précède nous avons parlé de l'action de la glace *permanente*. La glace *temporaire*, qui se forme tous les hivers, est aussi intéressante à étudier au point de vue géologique.

L'eau, nous l'avons déjà dit précédemment, offre cette particularité de se dilater en devenant solide. Il en résulte que sa densité est plus faible à l'état de glace qu'à l'état liquide, et c'est pour cela que les glaces **flottent.**

En hiver, ce sont surtout les lacs qui, en raison de l'immobilité relative de leur eau, sont exposés à se prendre en masse, au moins, à leur surface. Mais les rivières sont aussi susceptibles de se congeler. En France, la plupart ne se couvrent de glace que dans une certaine longueur à partir de leur source, laquelle est toujours située dans un massif montagneux, c'est-à-dire dans une région froide. Mais, en général, le courant est si rapide qu'il enlève presque constamment les glaçons et, ceux-ci flottant, les entraîne vers l'aval ; on dit alors que **la rivière charrie;** de temps en temps cela peut être constaté dans la Seine et la Loire.

Lorsque l'hiver est rigoureux, les plaques de glace charriée augmentent de jour en jour et même parfois d'heure en heure. Si, sur leur cours, un obstacle se présente, les glaçons s'accumulent et, par le phénomène du regel, se soudent les uns aux autres.

Pour peu qu'en cet endroit la température ne soit pas très clémente, les blocs se soudent de plus en plus les uns aux autres et finissent par envahir toute la rivière : c'est l'**embâcle,** qui, on le voit, n'est pas constitué par des glaçons nés sur place, mais par des glaçons amenés du voisinage de la source. A plusieurs reprises, la Seine a été « prise » de la sorte, même avec suffisamment de solidité pour qu'on pût y circuler et y patiner.

A titre d'exemple d'une de ces embâcles, citons celle qui envahit la Loire en 1880 : « Comme toutes les rivières françaises, dit un géographe, la Loire s'était couverte d'un manteau de glace pendant tout le mois de décembre. Au commencement de janvier, le froid cessa brusquement, la température remonta au-dessus de zéro, et, le 7 janvier, toute la surface glacée, épaisse de 50 centimètres à peu près, se mit en mouvement, glissant vers la mer en longues banquises blanches. La Loire est généralement très large mais rarement très profonde. Les montagnes d'où elle descend ne sont pas assez hautes pour lui donner une provision d'eau bien constante. Quand il pleut beaucoup, elles en donnent trop ;

quand surviennent la sécheresse d'été, puis le froid d'hiver, elles n'en donnent plus assez. Aussi le sable, poussé par les crues de chaque année, se répand-il en larges bancs dans le lit du fleuve, et quand les eaux baissent, on voit de partout les nappes sablonneuses surgir à fleur d'eau, arrêter ou rider le courant. Précisément, le 7 janvier, il n'y avait pas beaucoup d'eau En arrivant à 2 kilomètres en amont de Saumur, quelques glaçons s'arrêtèrent à la pointe de l'île Offard, qui porte un faubourg de la ville. D'autres s'échouèrent sur les bancs de sable qui encombraient le courant; puis, contre ces premiers obstacles vint s'entasser une masse sans cesse croissante de grands glaçons, vrais rochers de cristal qui formèrent bientôt une digue continue sur toute la largeur du fleuve. Et, tandis qu'à Saumur même, la Loire, dégagée des glaces, coulait doucement sous les arches des ponts, une muraille blanche s'élevait d'heure en heure à quelques kilomètres plus haut, sans cesse plus compacte, plus épaisse, plus menaçante. Au bout de deux jours, le fleuve était rempli de glace sur une longueur de plus de 9 kilomètres, jusqu'en amont de l'embouchure de la Vienne. A la pointe des îles, sur les promontoires du rivage, les blocs avaient monté jusqu'à la hauteur d'un étage, se précipitant dans les prairies, glissant en avant sous la poussée de ceux qui les suivaient, écrasant les arbres, bouleversant les terres, menaçant les maisons. »

2. Débâcle. — Quand la température augmente, les glaçons dont nous venons de parler commencent à fondre, se disjoignent et sont entraînés vers la mer : c'est la **débâcle**, qui est souvent, — lorsqu'elle est brusque, — accompagnée d'inondations, et qui, en tout cas, détériore les rives par le choc des glaçons flottants.

3. Neiges et glaces polaires. — Chez nous, la glace hivernale ne dure que quelques semaines et même, dans l'Ouest et dans le Midi, elle est généralement nulle. Mais, à mesure qu'on remonte vers le Nord, cette glace demeure de plus en plus longtemps et envahit même la mer qui, pour geler, exige une température très basse, en raison de sa constitution chimique et de son agitation perpétuelle. Cette glace « marine » ne fait qu'un avec la glace des rivières et avec la croûte de glace qui recouvre le sol, de sorte que les mers, les rivières

et les terres des régions arctiques, le Groënland, par exemple,
sont revêtues d'une vaste calotte glaciaire (*fig.* 138), de même

Fig. 138. — Carte des glaces du pôle Nord.

d'ailleurs que le sont les régions antarctiques, où le froid n'est
pas moins intense.

Les glaces et les neiges qui recouvrent les terres polaires

— celles qui recouvrent le Groënland constituent l'**Inlandsis** — se comportent tout à fait à la manière des glaciers des hautes montagnes, c'est-à-dire que, sous la pression des neiges qui s'accumulent sur elles, elles « coulent » lentement le long des déclivités. Mais la plupart arrivent jusque dans la mer, où, dès lors, elles ne tardent pas à se disloquer (*fig.* 139) en donnant naissance à de gigantesques glaçons flottants, dont l'irrég larité fait le pittoresque : ce sont les **icebergs** (prononcer *aïsbergue*), qui apparaissent aux voyageurs comme autant de vastes églises de cristal, quelquefois creusées d'arcades où les navires pourraient passer. Rien que pour

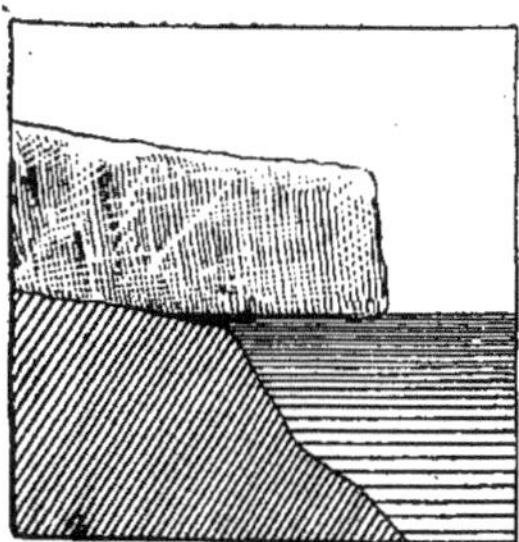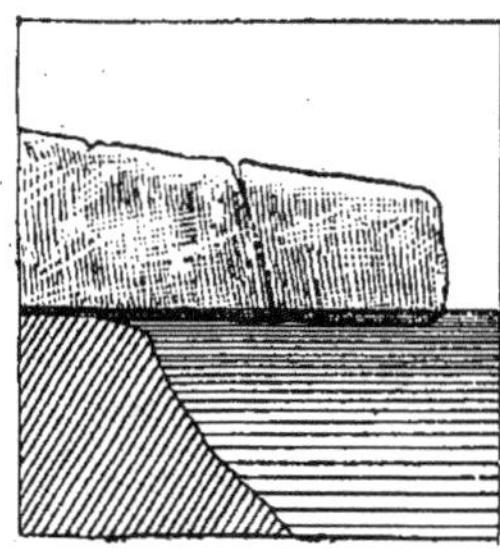

Fig. 139. — Comment se forment les icebergs.

l'hémisphère boréal, on évalue à 32 kilomètres cubes la masse totale des glaçons ainsi détachés.

4. Banquises. — Les glaces formées à la surface de la mer se disloquent aussi un jour et donnent également naissance à d'énormes glaces flottantes : ce sont les **banquises** (*fig.* 140) qui diffèrent généralement des icebergs à la fois par leurs grandes dimensions et par leurs formes plus régulières, moins déchiquetées. Mais, bien entendu, la distinction des icebergs et des banquises n'est pas toujours facile, surtout lorsqu'ils ont subi un commencement de fusion.

A propos de ces glaces flottantes, on peut remarquer que, ainsi que l'indiquent les lois de la physique, la partie placée sous l'eau est sept à huit fois plus grande que la partie émergée. Il n'est pas rare de voir des icebergs dont la partie émer-

gée a 100 mètres de haut, ce qui donne pour la longueur totale
environ 900 mètres. Or, les sondages auxquels on s'est livré
sur la glace encore en place n'ont jamais — loin de là — donné
une pareille épaisseur. Pour expliquer celle-ci, on suppose
que de longs bancs de glace flottent d'abord à plat (*fig.* 141),
puis, un jour, pivotent sur eux-mêmes et se dressent alors
verticalement (*fig.* 142).

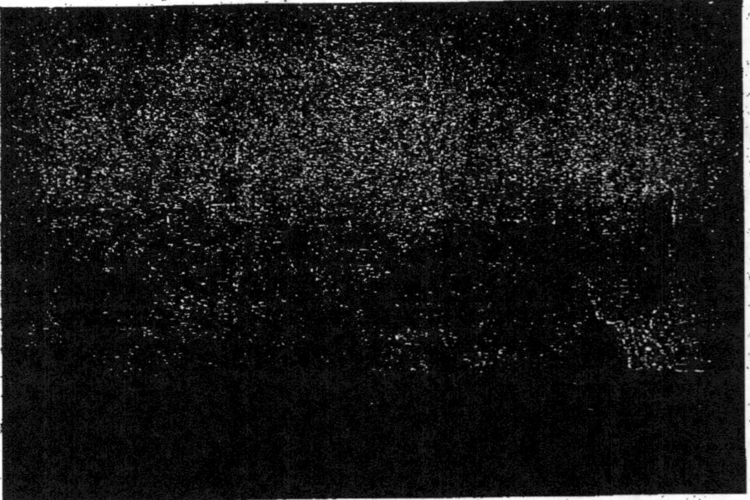

Fig. 140. — Banquise.

Les glaces polaires — qui ont empêché si longtemps la
conquête du pôle Nord et celle du pôle Sud — n'agissent que
peu sur le sol ; tout au plus, celles qui ont une origine terrestre
entraînent-elles avec elles des blocs rocheux, ainsi que des
boues diverses et les abandonnent-elles dans le fond de la
mer quand elles viennent à fondre. « Au moment de la débâcle,
dit M. Charles Rabot, et, plus tard, en dérivant le long des
côtes, quelques glaçons érodent les côtes et en détachent des
matériaux, pierres, sable ou argile dont ils restent chargés

grâce à leur surface généralement tabulaire. Poussés par les
vents ou les courants, les blocs porteurs de ces débris par-
viennent sur des terres éloignées de la région où ils ont été
formés, y échouent et y déposent un chargement de matériaux
composés de roches absolument étrangères à la localité. C'est
ainsi que sur la côté Sud-Ouest du Groënland, la banquise
dépose des basaltes provenant certainement de la côte orientale de cette terre. Toutefois le phénomène de transport de
gros matériaux par les glaces de fjords n'a pas la constance
qu'on lui suppose. En revanche, la surface de tous les blocs

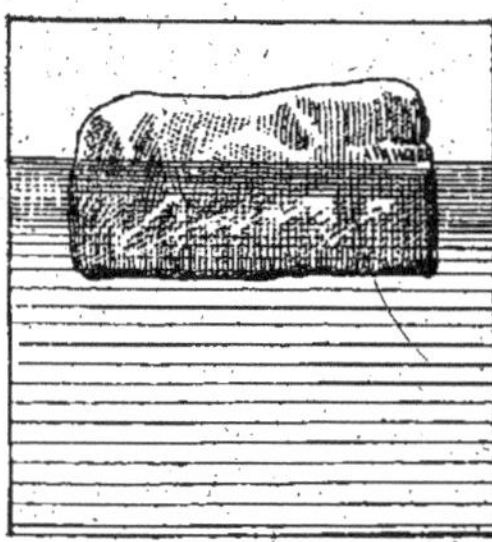

FIG. 141 et 142. — Schémas montrant le pivotement des glaces flottantes.

est criblée de trous remplis de boue. Tous les explorateurs
qui ont traversé les banquises signalent la présence sur la
glace de ces sédiments, et leur masse doit certainement
atteindre un volume considérable. Ces énormes masses de
glace viennent-elles à rester échouées quelque temps sur un
banc, une partie de ces particules terreuses, mises en liberté
par la fonte, se déposent sur les hauts fonds et contribuent à
augmenter leur relief. On peut voir un exemple de ce phénomène à l'entrée du fjord de Jacobshavn, où tous les gros icebergs, produits par le glacier situé au fond de cette baie,
restent échoués sur un banc dont les fins sédiments qu'ils
portent accroissent la hauteur. »
    Les icebergs ont aussi une influence géologique indirecte
en refroidissant les régions parfois lointaines où ils sont entraînés par les courants marins et où ils modifient dès lors le

régime des pluies et les conséquences qui en résultent au point
de vue de la configuration du sol.

LECTURE

Dans les glaces polaires. — Comme toutes les régions inexplorées, les
glaces polaires (*fig.* 143) exercent une attraction particulière sur les
esprits aventureux, désireux d'attacher leur nom à la découverte des

FIG. 143. — Une exploration dans les glaces polaires.

pôles. Mais ces régions sont particulièrement inhospitalières, à
cause du froid terrible qui y sévit, de l'absence presque complète
de provisions de bouche, des difficultés de la marche sur la glace,
de la nuit qui y règne pendant six mois de l'année.

Pour donner une idée de l'existence que l'on y mène, nous em-
pruntons quelques passages, çà et là, à un explorateur polaire, que
nous prendrons au moment où il quitte son navire pour faire une
longue excursion sur le glacier : «... Le 22 octobre, nos préparatifs
étaient terminés : un traîneau portait une petite tente de toile, deux
peaux de buffle en guise de matelas, une lampe à cuisine et des

provisions pour huit jours ; notre équipement personnel ne sera pas long à décrire : chacun de nous avait une paire de bas de rechange en fourrure, une tasse de fer-blanc et une cuiller de fer.

« La petite troupe se mit en route et ne s'arrêta qu'au pied du glacier ; un premier campement, chose assez peu divertissante en soi, a presque toujours quelque côté agréable ; mais notre installation était certes la plus triste qu'il soit possible de voir, le thermomètre marquait — 20° C. et nous n'avions d'autre feu que celui de la lampe sur laquelle mijotait le hachis de gibier et chauffait le café qui composaient notre repas du soir. Personne ne put dormir. Notre tente était plantée sur le talus de la colline, au-dessus d'un amas de pierres, lit le plus doux que nous eussions réussi à trouver ; nous la démontâmes au clair de lune pour continuer notre route. Le traîneau était sans cesse arrêté court par les rochés et les blocs de glace, et nos hommes durent l'alléger en prenant sur leurs épaules les divers objets qui en formaient le chargement. Nous nous préparâmes à faire l'ascension du glacier.

« Notre première tentative d'escalade fut arrêtée par un accident qui nous inquiéta tout d'abord : l'éclaireur de la caravane perdit pied sur une des étroites marches taillées dans la paroi et, glissant sur la pente escarpée, précipita à droite et à gauche ceux qui le suivaient. Nous fûmes plus heureux une seconde fois et, après avoir hissé le traîneau au moyen d'une corde, nous poursuivîmes notre route avec assez peu d'entrain, fatigués que nous étions des rudes labeurs qui nous avaient pris une bonne partie de la journée ; la glace était raboteuse, fendillée et à peine recouverte d'un mince tapis de neige. La tente fut dressée, et après un bon souper de hachis de renne, de pain et de café, nous nous endormîmes profondément...

« ... Les rafales se succédaient toujours plus furieuses ; l'intensité du froid allait s'aggravant, et il nous fallut rentrer dans la tempête sous peine d'être infailliblement gelés. Aucun abri ne s'offrait à nous sur la vaste plaine glacée. Nous étions campés dans une position aussi sublime que dangereuse. A cinq mille pieds au-dessus du niveau de la mer, à cent vingt-huit kilomètres de la côte, nous nous trouvions au milieu d'un vaste Sahara de glace, dont l'œil ne pouvait mesurer l'étendue. La lune descendait lentement dans le ciel, et son orbe, parfois voilé de fantastiques nuages, nous jetait ses indécises lueurs à travers les flots tournoyants de neige que le vent roulait avec colère dans l'espace sans bornes et qui passaient près de nous dans leur course effrénée, plus doux à l'œil que le duvet, mais terribles à nos pauvres corps comme une grêle de flèches aiguës. Nous eûmes beaucoup de mal à enlever la tente et à la placer sur le traîneau ; la bise soufflait avec rage et nous empêchait de rouler de nos mains, douloureusement raidies, cette toile aussi dure qu'une planche... »

Les explorateurs regagnent le navire. « ... Les ténèbres s'épaississaient autour de nous, et, de plus en plus, nous retenaient à bord du navire; à peine si nous avions d'autre clarté que celle de la lune et des étoiles, et quoique la chasse ne fût pas encore abandonnée, si courtes étaient les heures où nous pouvions en essayer qu'elle ne nous apportait aucun profit; il fallait nous résigner de notre mieux et attendre en paix le printemps... La routine la plus méthodique s'est emparée de notre vie, l'imprévu et l'irrégulier ont entièrement disparu avec le soleil, et une monotonie absolue nous gouverne maintenant. Une bonne petite pendule est notre unique souveraine et, à son signal, la cloche du bord répond et nous prescrit ce que nous avons à faire... »

TABLEAU SYNOPTIQUE DE L'ACTION DE L'EAU SOLIDE

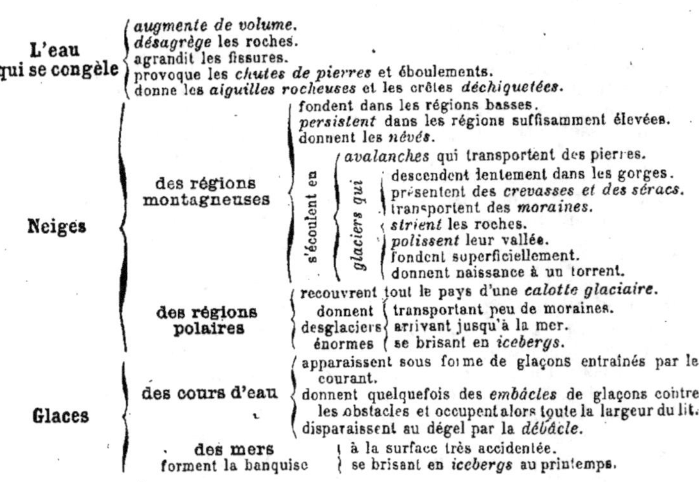

L'eau qui se congèle
- *augmente de volume.*
- *désagrège* les roches.
- agrandit les fissures.
- provoque les *chutes de pierres* et éboulements.
- donne les *aiguilles rocheuses* et les crêtes *déchiquetées.*

Neiges
- fondent dans les régions basses.
- *persistent* dans les régions suffisamment élevées.
- donnent les *névés.*

des régions montagneuses — s'écoulent en *glaciers qui*
- *avalanches* qui transportent des pierres.
- descendent lentement dans les gorges.
- présentent des *crevasses et des séracs.*
- transportent des *moraines.*
- *strient* les roches.
- *polissent* leur vallée.
- fondent superficiellement.
- donnent naissance à un torrent.

des régions polaires — donnent des glaciers énormes
- recouvrent tout le pays d'une *calotte glaciaire.*
- transportant peu de moraines.
- arrivant jusqu'à la mer.
- se brisant en *icebergs.*

Glaces

des cours d'eau
- apparaissent sous forme de glaçons entraînés par le courant.
- donnent quelquefois des *embâcles* de glaçons contre les obstacles et occupent alors toute la largeur du lit.
- disparaissent au dégel par la *débâcle.*

des mers forment la banquise
- à la surface très accidentée.
- se brisant en *icebergs* au printemps.

Leçon XVIII

Action des êtres vivants.

RÉSUMÉ. — **1.** Certains animaux marins, comme les *Mollusques*, les *Foraminifères*, les *Radiolaires*, et certaines algues, comme les *Corallines*, les Diatomées, contribuent par leurs *coquilles* ou leurs *squelettes*, tantôt *calcaires*, tantôt *siliceux*, à former de *nouvelles roches* au fond des mers.

2. D'autres animaux, appartenant à l'embranchement des *Cœlentérés*, produisent les *récifs coralliens* des mers chaudes. Ils sécrètent un support calcaire nommé *polypier*, qui subsiste après leur mort, et ils se multiplient sur place, par *bourgeonnement*, en formant des *colonies*. Les vides sont comblés par des débris arrachés par les vagues, par des coquilles de mollusques ou par des algues calcaires.

3. Les polypiers coralliaires exigent une *température minimum de* 20°, le voisinage de la surface jusqu'à 37 *mètres de profondeur maximum* et une *eau limpide et agitée*.

4. Ils forment des *récifs-barrières* situés à quelque distance de la côte, des *récifs frangeants* fixés à la côte même, et enfin des *atolls* ou îles en forme d'anneau avec une *lagune* au milieu. Ces formations coralliennes augmentent le domaine de la terre ferme.

5. Les végétaux inférieurs, *Lichens* et *Algues*, qui se développent même sur des pierres, contribuent à la *formation de la terre végétale*, en aidant à la désagrégation des roches.

6. Certaines *Mousses*, qui vivent dans les *eaux limpides et froides*, comme les *Sphaignes*, produisent, en se décomposant au fond des eaux, la *tourbe*, exploitée comme combustible de qualité inférieure.

1. Restes d'animaux et de végétaux marins. — Un assez grand nombre d'êtres marins contiennent à l'intérieur de leur corps ou comme revêtement extérieur des parties dures, qui, après leur mort, subsistent et, s'accumulant dans les fonds ou sur les côtes, sont susceptibles d'augmenter — si peu que ce fût — la croûte terrestre.

C'est ainsi que les Huîtres meurent sur le rocher où elles ont vécu et augmentent celui-ci de leurs coquilles qui y restent adhérentes. De même, les coquilles rejetées sur les plages y créent parfois des accumulations considérables et y demeurent soit intactes soit triturées et, dans ce dernier cas, rendent extrêmement calcaire le sable avec lequel leur poussière se mélange.

Un rôle analogue est joué par des Protozoaires microscopiques nommés les uns **Foraminifères** à cause de leur *squelette calcaire percé de trous*, les autres **Radiolaires** à cause de leur *squelette siliceux à pointes rayonnantes*. Lorsqu'ils meurent, leurs squelettes minuscules tombent au fond de l'eau et, par leur nombre immense, peuvent arriver à la longue à constituer des dépôts importants où il est facile de les reconnaître au microscope. Par exemple, la vase à Globigérines (*fig.* 144),

Fig. 144. — Vase à globigérines, vue au microscope.

ainsi nommée à cause des Foraminifères de ce nom qui y abondent, ressemble tellement à la craie qu'on la considère comme de la craie en voie de formation. Or on voit la craie atteindre dans le bassin de Paris plus de 300 mètres d'épaisseur.

Certains végétaux sont susceptibles d'agir de la même façon. De ce nombre sont surtout les **Algues incrustées** de calcaire — la plus connue est la **Coralline** ; après leur mort, leur carapace calcaire est triturée par les flots et se change en une poudre allant s'accumuler dans les fonds ou sur les côtes. On trouve de tels dépôts en grande abondance au voisinage de la Floride.

Il en est de même des Algues microscopiques nommées **Diatomées**, à squelette *siliceux*.

2. Polypiers constructeurs de récifs. — Mais c'est surtout dans les formations coralliennes que l'activité des organismes marins est intéressante au point de vue géologique, car non seulement ces formations constituent un accroissement important de la terre ferme, mais encore elles créent des récifs qui souvent protègent remarquablement cette dernière du choc destructeur des vagues. Ces formations sont entièrement constituées par des **Polypiers**, appelés aussi **Coraux** ou **Madrépores**, ceux de la profondeur morts, ceux du voisinage de la surface vivants, si étroitement tassés les uns contre les autres qu'ils constituent un véritable calcaire, aussi résistant, si ce n'est plus, que la pierre de taille.

On sait que les Polypiers ou Coraux sont des animaux appartenant à l'embranchement des Cœlentérés et formant des colonies qui s'accroissent par bourgeonnement d'un individu primitif et de ses descendants. Chacune de ces colonies comprend une partie interne, de nature calcaire (*fig.* 145), de couleur généralement blanche et qui constitue le **Polypier** proprement dit. C'est sur ce squelette solide que sont placés les *Polypes*, animaux mous, en forme de sac et à la bouche garnie sur le bord de tentacules — en un mot analogues à ces anémones de mer si fréquentes au fond de la mer. Tous les Polypes d'une même colonie communiquent les uns avec les autres, mais jouissent cependant chacun d'une certaine individualité. C'est ainsi que, lorsque le Polypier a atteint une certaine taille, les polypes de la base meurent tandis que ceux de la partie supérieure continuent à vivre. Lorsqu'un de ces animaux meurt, la substance vivante de son corps se putréfie et disparaît, mais la partie minérale calcaire ou squelette persiste et reste adhérente à la colonie, qui peut ainsi continuer à s'accroître : c'est là un trait fort intéressant de l'existence de ces êtres et qui joue un grand rôle dans l'édification des récifs coralliens.

Les Polypiers calcaires peuvent présenter des formes très variées, par exemple celles de branches ramifiées, d'énormes boules parcourues par des dessins très élégants et compliqués (Méandrine, Astrée), des sortes de champignons, des étoiles couvertes de feuillets rayonnants (Fongie), etc.

C'est, comme nous l'avons dit plus haut, leur amas qui constitue les récifs coralliens, lesquels, d'ailleurs, peuvent être complétés par d'autres organismes calcaires se dévelop-

Fig. 145. — Polypiers divers des récifs de coraux.

pant dans leurs anfractuosités, notamment des **Bryozoaires**, animaux vivant aussi en colonies, mais de nature plus élevée que les Coraux, et les **Algues calcaires**, dont nous avons déjà parlé précédemment.

8. Conditions nécessaires aux Polypiers. — Pour croître, les Coraux doivent rencontrer des conditions très spéciales. S'ils ne les rencontrent pas, ils ne se développent pas. S'ils les rencontrent, ils grandissent et pullulent avec une exubérance sans pareille. Ils sont « extrêmes » dans leurs exigences.

Tout d'abord, ils sont relativement « frileux » : ils ne peuvent se développer que dans les mers, où la température ne descend jamais au-dessous de + 20°. Par conséquent on ne les rencontre que dans une bande assez étroite du globe, située au voisinage de l'équateur. Cette bande est assez irrégulière à cause des courants marins. Ainsi on trouve des Coraux au large de Rio-de-Janeiro, qui, cependant, est assez éloignée de l'équateur alors qu'il n'y en a pas aux îles Galapagos, qui sont situées sous l'équateur même, mais qui sont refroidies par le courant froid antarctique qui longe la côte occidentale de l'Amérique du Sud.

Les Coraux ne sont pas moins exigeants quant à la profondeur : **au-dessous de 37 mètres** d'eau, ils ne se développent pas, du moins suffisamment pour constituer des récifs compacts. Ils doivent, bien entendu, être toujours recouverts d'eau au moment de la pleine mer ; mais, à basse mer (*fig.* 146), ils ne souffrent pas d'être exposés à l'air ; à ce moment on peut circuler sur eux, et ils offrent alors un spectacle merveilleux, par leur abondance, l'élégance et la variété de leurs formes, leurs couleurs souvent brillantes.

Celles-ci sont surtout admirables quand les Polypes sont vus étalés dans quelques flaques et que l'eau est bien pure. Cette dernière condition est, d'ailleurs, presque toujours remplie, car la pureté de l'eau leur est nécessaire, comme le prouve leur absence à l'embouchure des fleuves — charrieurs d'immondices — et le long des rivages par trop vaseux.

Quand un Polypier rencontre les conditions favorables dont nous venons de parler (chaleur, profondeur, pureté de l'eau) chaque individu bourgeonne de façon à produire un accroissement annuel de 4 à 8 millimètres. Ces chiffres paraissent très faibles ; mais ils deviennent considérables lorsqu'ils sont multipliés par le nombre immense d'exemplaires qui constituent les récifs de Coraux.

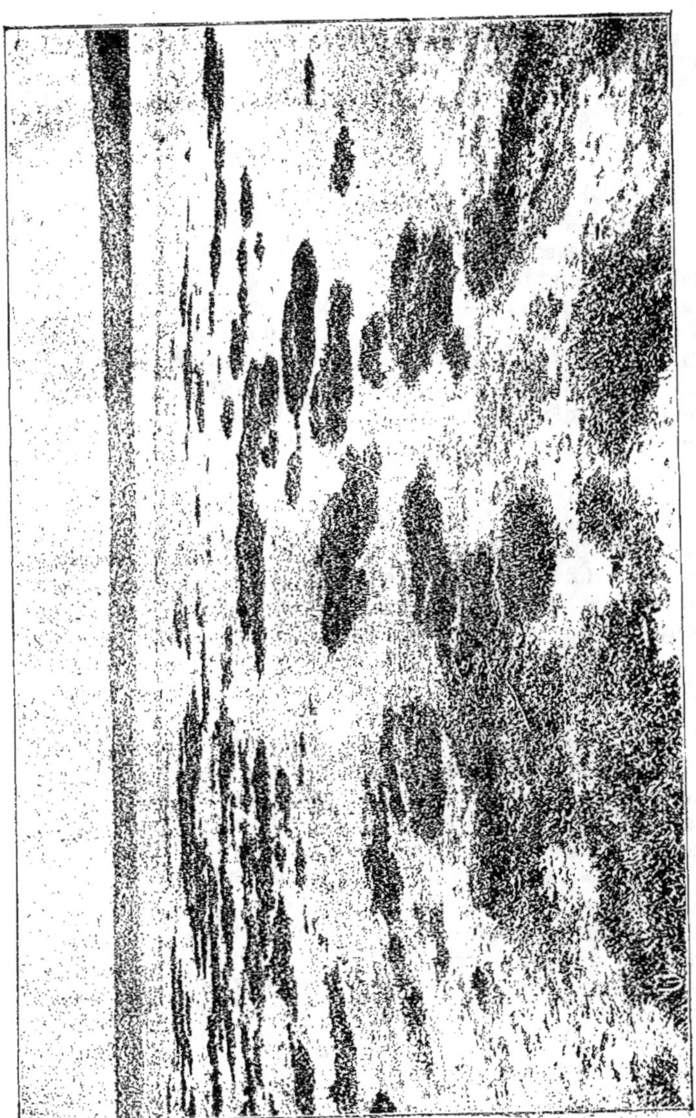

Fig. 146. — Vue de récifs de coraux à marée basse (Nouvelles-Hébrides.)

4. Différentes constructions coralliennes. — Nous connaissons maintenant la « biologie », — c'est-à-dire la manière de vivre des Coraux. Voyons ce qu'ils sont susceptibles de donner par leurs agglomérations. Ce sont eux qui donnent naissance : 1° aux récifs-barrières ; 2° aux récifs frangeants ; 3° aux îles appelées Atolls.

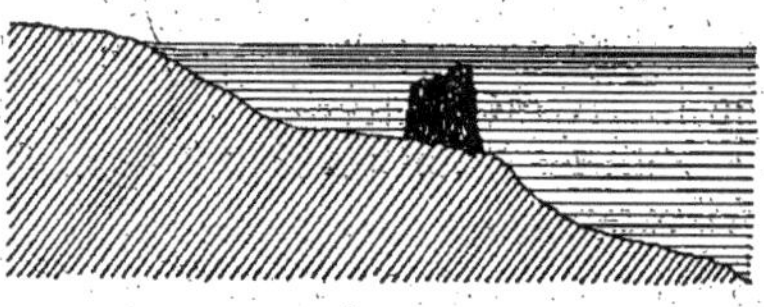

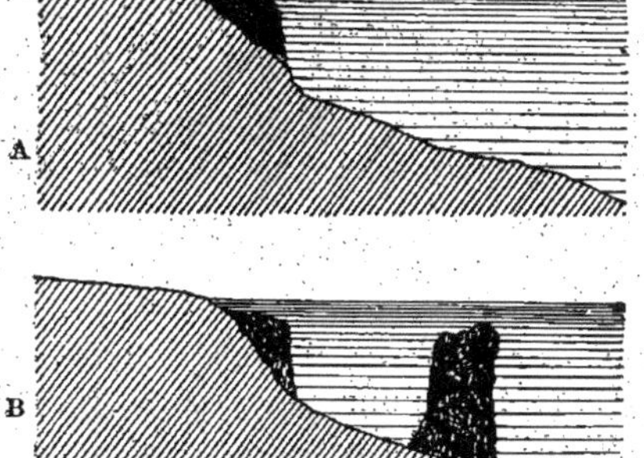

Fig. 147. — Récif-barrière.

Les récifs-barrières (*fig.* 147) sont des murailles calcaires, entièrement constituées par des Coraux, qui se développent le long de certaines côtes, mais à une certaine distance de celles-ci. On en a un bel exemple le long des côtes Nord de l'Australie, où le récif, long de plus de 1.000 kilomètres, est éloigné du bord de la mer d'environ 80 à 100 kilomètres, et aux îles Fidji, où comme c'est le cas général, il n'en est éloigné que de quelques centaines de mètres. Du côté extérieur, c'est-à-dire celui qui est le plus battu par les flots, le récif est très dentelé et particulièrement incrusté d'Algues calcaires (Nullipores), qui ajoutent grandement à sa solidité.

Fig. 148. — A, récif frangeant. — B, récif frangeant et récif-barrière.

Les récifs frangeants (*fig.* 148 A) sont des masses calcaires, également constituées par des Coraux, qui se développent le long de certaines côtes, en contact direct avec le bord. Ils peuvent exister seuls ; mais, dans la majorité des cas, ils sont protégés par un récif-barrière (*fig.* 148 B), situé à une certaine distance. Ils ont alors un contour moins dentelé, un profil moins abrupt et une surface plus plate que ce dernier. Leur texture n'est pas, non plus, la même : ils sont moins compacts, car les vagues, déjà amorties par le récif-barrière, ont moins de force pour briser les Coraux morts et combler les vides avec les débris.

Dans les flaques qu'ils présentent à marée basse, abondent des animaux dont les riverains se nourrissent, notamment d'innombrables poissons et certaines Holothuries (Trépang), dont quelques peuplades se délectent.

Fig. 149. — Atoll.

Les **Atolls** (*fig.* 149) sont des îles d'un type tout particulier, d'abord en ce qu'elles sont entièrement formées de Coraux (on les appelle pour cela *îles de Coraux* ou *îles madréporiques*), ensuite en ce qu'elles ont la forme d'une couronne plus ou moins irrégulière, limitant une sorte de lac salé intérieur, appelé **lagune.** Parfois la **couronne** est **incomplète,** et alors la lagune communique avec la mer, aux mouvements de laquelle elle participe. D'autres fois, la **couronne** est **complète,** et, alors, la lagune est d'une absolue tranquillité, qui contraste avec l'agitation de la mer entourant l'atoll.

Nous représentons, ci-contre, la carte d'un atoll incomplet (*fig.* 150 B), celui de Fakaafo (14 kilomètres de long ; largeur maximum, 8.350 mètres), et un atoll complet (*fig.* 150 A), celui de Taiara (largeur de l'île, 4 kilomètres ; largeur de la lagune, 1.800 mètres). Rarement les navires peuvent pénétrer dans la lagune, parce que les ouvertures des atolls sont parcourues par des courants impossibles à remonter et bordées d'aspérités qui les rendent très dangereuses pour la navigation.

La **surface** des atolls est tantôt recouverte à marée haute et, dès lors, inhabitable, tantôt solide et, alors, revêtue d'une riche végétation tropicale où les indigènes peuvent vivre sous un climat un peu chaud, tempéré cependant par la brise marine.

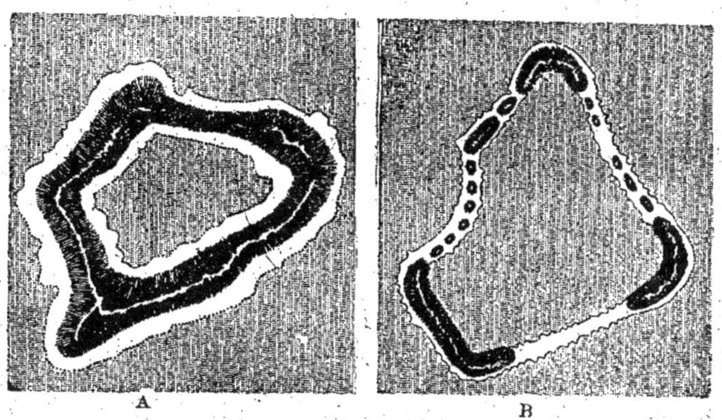

Fig. 150. — A, atoll complet. — B, atoll incomplet.

La **couronne** est toujours **étroite** : elle varie de 50 à 600 mètres. En hauteur, elle dépasse rarement de plus de 3 mètres le niveau de la pleine mer.

Habituellement (*fig.* 151), la partie émergée se termine, vers l'extérieur, par une plage très inclinée, se continuant par une large plate-forme (30 à 10 mètres de profondeur). La plage est formée de débris plus ou moins triturés, ce qui lui donne une extrême blancheur et un aspect lisse. Vue de loin, on croirait apercevoir un quai construit par la main de l'homme. La plate-forme est formée de sables calcaires et de gros débris de Coraux ; à marée basse, elle est en partie découverte, mais disparaît sous l'eau à marée haute. Quant à la partie émergée, elle ressemble à un amas de décombres, parce qu'elle est formée d'énormes blocs de roche corallienne entassés les uns sur les autres et complètement noircis par les lichens et par l'exposition à l'air. Par place, ces blocs sont moins volumineux, les interstices sont remplis de sable, et c'est alors que les arbrisseaux peuvent s'y installer.

La lagune est également bordée par une plate-forme où croissent quelques Coraux, mais qui, bien souvent, n'est formée que de sable, ainsi que le fond lui-même de la lagune, où il n'y a presque jamais de Coraux vivants. La salure de

Fig. 151. — Coupe d'un atoll.

cette lagune n'est pas la même que celle de l'eau ambiante ; après une longue période de sécheresse, elle s'est concentrée et se trouve plus salée ; après de longues pluies, elle devient presque douce.

Ce qu'il y a de remarquable dans les atolls, c'est le peu d'étendue de la terre habitable qu'ils renferment — et, encore, est-elle très précaire. Ainsi, dans l'archipel de Paumotou, elle n'est que de un vingt-quatrième de la surface totale, de même que dans l'archipel des îles Gilbert et dans les Carolines, où elle est encore moindre. La superficie habitable n'est même que de 1 pour 100 aux îles Marshall et tombe à un demi pour 100 dans les îles des Pêcheurs.

5. Lichens et plantes diverses. — Bien que doués d'une puissance de développement moins exubérante que les êtres marins, les êtres terrestres sont, comme ceux-ci, susceptibles de jouer un rôle géologique.

Les plus modestes d'entre eux, les **Lichens** (*fig.* 152), ont à cet égard, une importance qui, pour être peu manifeste au premier abord, n'en est pas moins considérable. On sait que ces végétaux sont constitués par la réunion d'une **Algue** et d'un **Champignon** et que, grâce à cette société à bénéfice réciproque, ils peuvent vivre presque de rien. « C'est par une pareille association que nous pouvons comprendre et que nous voyons, en effet, se manifester la première apparition durable de la vie végétale à la surface d'un sol stérile, d'un récif émergé,

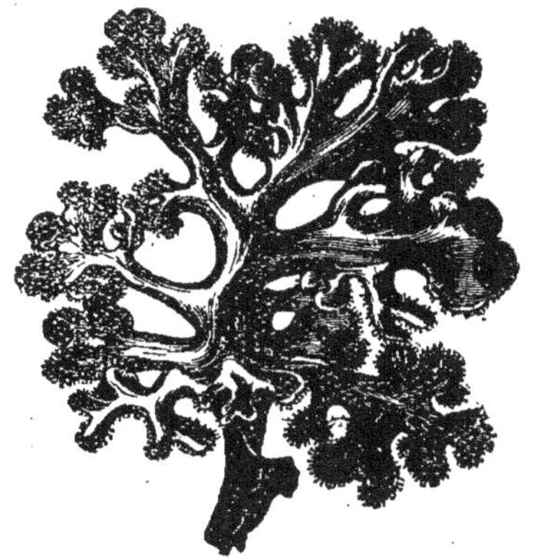

Fig. 152. — Lichen.

par exemple, d'un rocher éboulé, d'une pierre extraite de la carrière, etc. Ce rocher reçoit les germes de toutes les plantes voisines, mais ni les graines des Phanérogames, ni les spores des Cryptogames vasculaires ou des Muscinées, ne peuvent y développer ces plantes, faute d'un sol nutritif où enfoncer leurs racines et leurs poils absorbants. Les Champignons ne peuvent pas davantage y croître, faute de principes hydrocarbonés; seules, certaines Algues inférieures ont la faculté d'y vivre aux dépens de la lumière et de l'humidité. Elles commenceront donc à s'y établir pendant les jours humides, et, de fait, dans toutes les régions du globe, on voit le rocher se couvrir de Protocoques, de Scytonèmes, etc.; mais leur règne sera de courte durée ; viennent la sécheresse et la chaleur, elles disparaîtront, pour reparaître plus tard et s'évanouir de nouveau. A moins que, pendant leur végétation éphémère, elles n'aient reçu les spores de certains Champignons, qui, germant à leur suface, les enveloppant de leurs filaments, en même temps qu'ils se nourrissent d'elles, les protègent et en assurent la permanence. Sous cette forme d'association de Lichen, une végétation durable peut donc s'établir et s'établit en effet, l'Algue décomposant pour elle et pour le Champignon le gaz carbonique de l'air et faisant la synthèse des composés hydrocarbonés, le Champignon désorganisant la roche à l'aide de ses filaments et y puisant pour lui et pour l'Algue les sels nécessaires à leur nutrition. Plus tard, à mesure qu'ils meurent, les débris des Lichens s'accumulent avec les particules de roche désorganisée, et le tout forme un sol, où pourront se développer les Mousses; puis, sur ce sol rendu plus épais et plus fécond, pourront croître des plantes à racines, Cryptogames vasculaires et Phanérogames. Répandus partout, les Lichens sont donc partout les créateurs du sol. » (Van Tieghem.)

Les Lichens ont donc un intérêt géologique par le travail qu'ils effectuent.

D'autres plantes sont également intéressantes au point de vue qui nous occupe. Des Diatomées microscopiques peuvent, en s'accumulant dans les eaux douces, produire une sorte de roche farineuse, le tripoli. Ce sont elles qui constituent le sous-sol de Berlin. En certains endroits, les spores des Fougères s'accumulent en telle quantité que, par leur agglomération, elles finissent par constituer une roche appelée *sporite :* on en a un exemple au Piton des neiges, à la Réunion.

Fig. 153. — Coupe d'une tourbière.

6. Mousses de tourbières. — Mais la forme la plus générale sous laquelle les êtres terrestres contribuent à l'accroissement de la terre ferme est celle des **tourbières,** dont l'importance est considérable en plusieurs points du globe.

Les tourbières sont des lieux marécageux où les débris des végétaux qui y croissent s'accumulent et constituent une véritable roche combustible, la **tourbe.** Leur établissement exige des conditions spéciales de milieu qui ne conviennent qu'à des végétaux spéciaux. Les plus importants de ceux-ci sont des Mousses du genre *Sphagnum* (*fig.* 154) — des Sphaignes, en français. Ces Mousses sont très poreuses et gardent l'eau avec autant de facilité qu'une éponge, de sorte qu'elles ne sont presque jamais à sec — une petite pluie de temps à autre suffisant à les imbiber pour longtemps. De plus — et c'est là le point capital, — elles jouissent de la propriété de **périr sans cesse par la base et de grandir sans cesse par le sommet**. De la sorte les tourbières restent toujours vivantes à la surface, tandis que dans leur profondeur — faible d'ailleurs — les organismes microscopiques s'emparent des parties déjà mortes et en font peu à peu de la tourbe, en leur faisant perdre 30 0/0 de leur hydrogène et 35 0/0 de leur oxygène, ne laissant guère subsister que le carbone — de sorte que la tourbe est un véritable charbon. Cette transformation est très

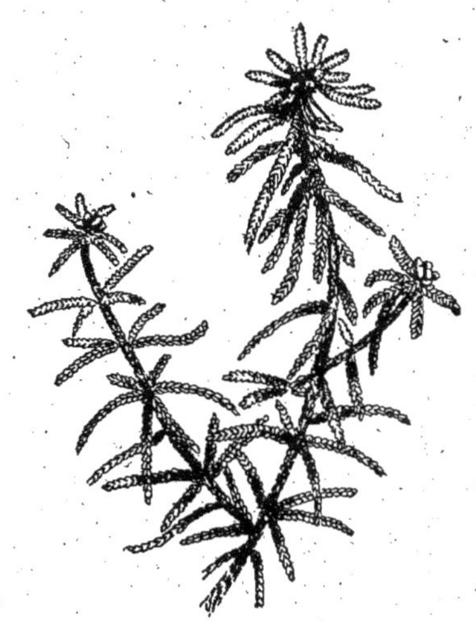

FIG. 154. — Sphagnum, mousse qui, par son accumulation, produit la tourbe.

lente et on peut, en quelque sorte, voir les différentes phases par où elle est passée en creusant une tourbière (*fig.* 153). A la surface, il y a les Sphaignes vivantes; au-dessous viennent les Sphaignes mourantes; plus bas, on rencontre d'abord la *tourbe mousseuse*, c'est-à-dire la plus récente, dont le tissu est lâche, puis la *tourbe feuilletée*, dont la couleur est plus foncée. Ce n'est que tout à fait dans la profondeur que se trouve la **vraie tourbe**, où l'on ne reconnaît plus du tout les végétaux qui lui ont donné naissance. La lenteur de cette transformation varie avec les localités; dans le Jura on estime que la tourbe mousseuse s'accroît de $0^m,60$ à $1^m,30$ par siècle.

La tourbe n'est pas seulement formée de Sphaignes; elle contient aussi les débris d'autres végétaux qui croissent dans les tourbières, par exemple, des Carex et des Joncs. Ces végétaux sont, en somme, assez peu variés, car le sol des tourbières est, en général, **acide,** ce qui convient à bien peu de végétaux et en empêche notamment la mise en culture immédiate.

Pour s'établir, les tourbières exigent le libre accès du grand air : le fait est bien net là où un arbre croît sur leur bord. Dans toute la partie qui reçoit de l'ombre, il y a une dépression où les Sphaignes ne se sont pas développées.

Elles demandent aussi une eau limpide, une température modérée — c'est-à-dire une moyenne annuelle de 6 à 8° C., et naturellement, un sol imperméable.

Ces conditions sont remplies sur certaines **pentes de montagnes granitiques** (Vosges, Morvan, Alpes, Pyrénées). Mais les tourbières les plus étendues se trouvent dans les **plaines** (Lithuanie, Holstein, Irlande) et dans les **vallées** (Somme).

LECTURES

1. *Les usages de la tourbe.* — La tourbe est surtout employée comme combustible — assez médiocre d'ailleurs — que l'on utilise, dans le pays même où on la trouve, à cause de son extrême bon marché. Son extraction se fait à l'aide de bêches à long manche (Voir la figure 429 de notre *Botanique*) ou d'une lame tranchante à plusieurs branches, emmanchée à l'extrémité d'une longue perche. Le « tourbeur » enfonce cet engin verticalement dans la tourbe et y découpe des sortes de briques que l'on transporte ensuite dans un champ où on les laisse sécher tranquillement au soleil, prenant soin seulement de les retourner de temps à autre pour que la dessiccation attaque toutes leurs surfaces.

On a pu augmenter sa valeur « combustible » en la séchant, en la carbonisant et en la comprimant en briquettes. « La dessiccation est commencée à l'air libre ; elle s'achève dans des étuves parcourues par un courant d'air chaud. Un ingénieur suédois emploie un procédé plus expéditif : la tourbe, chargée sur des wagonnets, passe à travers un tunnel, qu'un courant d'air chaud parcourt en sens inverse. La tourbe est ensuite empilée sur la sole d'un four et la chaleur, produite par le passage à travers une résistance appropriée d'un courant de 110 à 120 volts, produit rapidement la carbonisation. Il se dégage pendant l'opération des vapeurs riches en goudrons et produits ammoniacaux qui sont condensés et recueillis avec le plus grand soin. La tourbe est alors additionnée de 1 0/0 de pétrole et moulée en briquettes. Voici la description d'un appareil assez original destiné à ce genre de travail. Il se compose essentiellement de deux roues verticales, de grand diamètre, tangentes extérieurement, tournant en sens inverse et mues par un même arbre. Ces roues portent, à la périphérie, des cavités de la forme qu'on désire donner aux briquettes et sont calées de telle sorte que, dans la rotation, ces cavités se trouvent en regard. Un distributeur laisse tomber sur elles la tourbe convenablement divisée, qui prend la forme des cavités ménagées sur la circonférence des roues et vient tomber en briquettes à la partie inférieure. » (Briet).

La tourbe est aussi beaucoup exploitée en raison de sa porosité et de son pouvoir absorbant. C'est ainsi qu'on s'en sert, comme litière, pour neutraliser l'odeur du fumier, et pour désinfecter les fosses d'aisances après la vidange.

De là aussi son emploi comme objet de pansement. « C'est une habitude chez les paysans de certaines régions de panser les plaies avec la tourbe. Le hasard voulut, il y a quelques années, qu'un ouvrier grièvement blessé au bras se présentât à la clinique du Dr Neuber, avec un pansement improvisé de ce genre. Le chirurgien ne fut pas médiocrement surpris de trouver la plaie en parfait état et fit alors des essais de pansement. Les résultats qu'il communiqua furent des plus satisfaisants. Il se contentait de prendre de la poussière de tourbe dont on remplissait des sachets de mousseline. Au moment du pansement, les sachets étaient trempés dans une solution antiseptique phéniquée ou sublimée et on les mettait à même sur la plaie. Les liquides sécrétés étaient absorbés en entier et les plaies guérissaient bien. Le pouvoir d'absorption de la tourbe est, en effet, très considérable : 10 parties absorbent 90 parties d'eau, alors que la même quantité de charpie de bois n'absorbe que 55, de son, 23, et de sable, 14. Le pansement de Neuber fut essayé dans divers hôpitaux, en Allemagne et en Russie. En France, il fut modifié fort heureusement par un médecin militaire, M. Redon, qui est parvenu à fabriquer avec la tourbe une véritable ouate, souple, élastique, maniable comme le coton le plus léger, et conservant toutes les propriétés absorbantes de la matière première. On rend cette ouate aseptique par une préparation préalable, ébullition dans l'eau de chaux, lavages à l'eau bouillante, et par l'imprégnation d'une substance antiseptique. Les Drs Championnière, Berger et quelques autres l'ont employée et en ont obtenu de bons résultats. Son bon marché, 1 fr. 50 à 2 fr. 25 le kilogramme, la rend précieuse pour le service des hôpitaux ou la chirurgie militaire. La tourbe n'a eu cependant qu'une vogue éphémère et a cédé le pas à d'autres variétés de pansement. On y reviendra peut-être. En tout cas, si elle est abandonnée, elle tend à se propager dans la médecine vétérinaire. M. Waldteuffel, vétérinaire attaché au gouvernement de Paris, a publié sur l'emploi de la tourbe chez les animaux des observations qui méritent d'appeler l'attention. Les soins donnés aux blessures des chevaux, vaches, tous animaux de prix élevé, ont d'autant plus de chances d'être suivis de bons résultats qu'ils sont, comme pour l'homme, entourés de plus de précautions de propreté, d'asepsie. Or, la tourbe fournit justement un pansement antiseptique des plus économiques et des plus pratiques. L'industrie s'est emparée de l'idée du Dʳ Redon et puisque la tourbe pouvait donner de l'ouate, on s'est ingénié à en former des tissus ; on a confectionné des matelas, des étoffes, des couvertures, des tapis très appréciés en raison de la faculté d'absorption. » (A. Cartaz.)

2. *Les tourbières conservatrices* [1]. — Dans la tourbière de Hatfield, en Angleterre, on a découvert des routes romaines, à la profondeur de huit pieds. Les pièces de monnaie, les haches, les armes et autres objets trouvés dans les tourbières d'Angleterre et de France sont aussi d'origine romaine ; ce qui prouve que la formation d'un grand nombre des tourbières d'Europe n'est pas antérieure à l'époque de Jules César. Une circonstance intéressante, qui se ratache à l'histoire des tourbières, est l'état de conservation, vraiment extraordinaire, dans lequel se maintiennent les substances animales pendant un grand nombre d'années. En juin 1747, le corps d'une femme fut trouvé à six pieds de profondeur dans un marais tourbeux de l'île d'Axholm. Les sandales antiques qui recouvraient ses pieds offraient la preuve évidente de son enfouissement dans ce lieu depuis plusieurs siècles ; et cependant ses ongles, ses cheveux, sa peau ne présentaient que quelques traces d'altération. On rencontre aussi dans la tourbe des ossements de bœufs, de cochons, de chevaux, de moutons et de plusieurs autres herbivores. A ces débris sont mêlés, en Irlande et dans l'île de Man, des squelettes d'un élan gigantesque.

TABLEAU SYNOPTIQUE DE L'ACTION DES ÊTRES VIVANTS

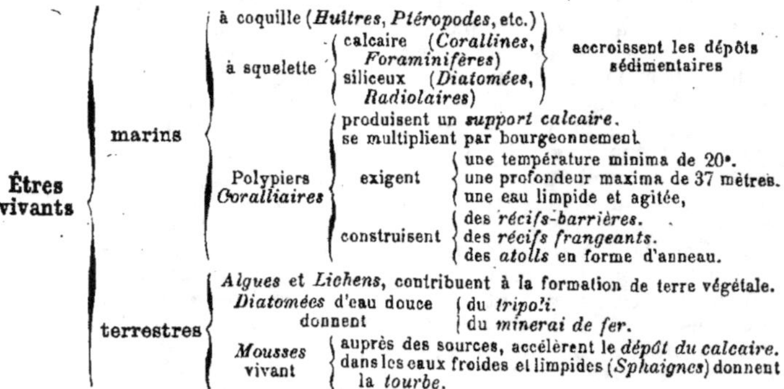

1. D'après le *Bulletin de la Société géologique de France*.

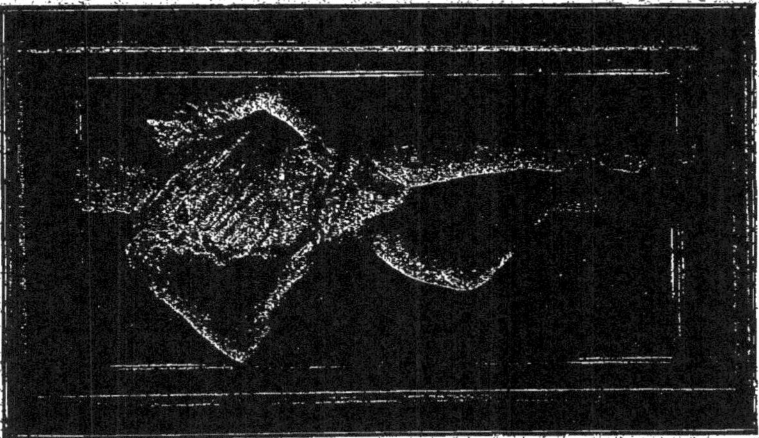

Fig. 155. — Corps d'une des victimes de Pompéi, obtenu en coulant du plâtre dans des cavités rencontrées lors des fouilles effectuées par les archéologues.

TROISIÈME PARTIE

PHÉNOMÈNES DÉPENDANT DE LA CHALEUR PROPRE DU GLOBE

LEÇON XIX

La chaleur centrale. — Les plissements de l'écorce terrestre.

RÉSUMÉ. — 1. A mesure qu'on s'enfonce dans le sol, on constate que les variations de température de la surface deviennent de moins en moins sensibles. A partir d'une vingtaine de mètres, on observe une *température constante*, égale à la *moyenne annuelle* du lieu.

2. Si on s'enfonce davantage, on constate, aussi loin qu'on peut aller, c'est-à-dire jusque vers 2.100 mètres (*mines, puits artésiens,* sondages, *grands tunnels*), une augmentation de température, de 1° *par 30 à 35 mètres* de profondeur (*degré géothermique*). La chaleur propre du globe est encore montrée par les *sources thermales* et par les *laves.*

3. *Si l'on admet*, comme cela paraît probable, *que l'augmentation de température se continue* au delà de 2.000 mètres, il en résulte que, à une profondeur qui ne dépasse sans doute pas 60 *kilomètres*, *la température doit être suffisante pour maintenir en fusion* la plupart des substances connues. L'épaisseur de la *croûte terrestre* n'atteindrait donc pas le 1/100 *du rayon terrestre.*

4. On explique cette constitution de la Terre par l'*hypothèse de Laplace*, généralement admise aujourd'hui. La *Terre* et les différentes *planètes* ne seraient que des parties successivement *détachées* d'une *nébuleuse* primitive très chaude formant aujourd'hui le *Soleil.* Chaque partie se refroidirait d'autant plus vite que sa masse est plus petite.

5. Des *déplacements lents des lignes de rivages* ont été observés depuis plus d'un siècle sur les côtes de Suède, *exhaussement* du sol au fond du golfe de Bothnie, *abaissement* dans le sud de la presqu'île. Des mouvements analogues paraissent se produire sur les côtes de l'Europe occidentale.

6. Ces déplacements lents des lignes de rivages ne *doivent pas être confondus* avec ceux qui sont dus à l'*érosion des côtes* par les vagues ou à l'*apport d'alluvions* par les fleuves.

7. D'autre part, on voit dans les montagnes des *roches sédimentaires soulevées* jusqu'à plus de 3.000 mètres, *plissées* et même *renversées.*

8. On croit donc que les *mouvements lents* constatés sur les rivages sont en rapport avec les *plissements* de l'écorce terrestre, qui sont dus au *refroidissement progressif du noyau*, et qui *engendrent les montagnes.*

1. Couche à température constante. — Tout le monde sait que *la température de l'air subit des variations* suivant l'heure de la journée, suivant la direction du vent et suivant les saisons, et que ces variations sont en relation intime avec la position du soleil. La *surface du sol subit des variations analogues et* souvent même plus étendues. Elle s'échauffe plus que l'air quand le soleil la frappe, parce qu'elle absorbe plus complètement le rayonnement solaire. C'est ainsi qu'on éprouve quelquefois une sensation de brûlure au contact de certaines roches de couleur foncée exposées au soleil.

Inversement, il arrive que les roches se refroidissent plus que l'air pendant la nuit.

Ces faits sont faciles à vérifier au moyen du *thermomètre* et ils expliquent les précautions recommandées en météorologie pour rendre comparables les observations thermométriques faites en différents lieux : *placer le thermomètre à l'ombre à 1^m,50 ou 2 mètres au-dessus du sol, dans un endroit découvert,* c'est-à-dire non abrité par le voisinage de constructions ou d'accidents naturels du sol.

Au contraire, à partir d'une profondeur d'une **vingtaine de mètres,** le thermomètre n'accuse plus *aucune variation de température* entre l'été et l'hiver. Ainsi, dans les caves de l'Observatoire de Paris, situées à 28 mètres de profondeur, le thermomètre marque constamment une température de 10°,8. Et il en est de même partout.

2. Augmentation de la température avec la profondeur. Degré géothermique. — Puisque à une profondeur d'une vingtaine de mètres la température ne change plus, elle n'aurait aucune raison de se modifier dans les couches plus profondes si la Terre était, jusqu'en son centre, constituée comme à la surface.

Or, il n'en est rien, et l'expérience montre que la température **augmente avec la profondeur,** comme si la terre contenait une vaste source de chaleur. Le fait a été constaté de diverses façons.

L'observation la plus facile se fait dans les mines dont la profondeur varie de quelques mètres à plusieurs centaines de mètres. On constate que la température y est d'autant plus élevée que la profondeur est plus grande. Les ouvriers y travaillent souvent nus jusqu'à la ceinture (*fig.* 156) à cause de la haute température, qui dépasse quelquefois 30°, malgré l'aération continuelle par de puissantes machines soufflantes pour rafraîchir et renouveler l'air. C'est une des

raisons pour lesquelles on ne peut guère pousser l'exploitation
des mines au delà de 1.000 mètres.

Pour observer la température dans les mines, il ne faut pas
se contenter de noter la température de l'air des galeries, car
celle-ci est modifiée par la circulation d'air dont nous venons
de parler.

Pour avoir la température exacte, il faut s'adresser à une
couche que l'on vient d'abattre et s'empresser d'y creuser un

Fig. 156. — Ouvriers travaillant dans une mine de houille.

trou de mine de $0^m,60$, où l'on plonge un thermomètre et que
l'on bouche avec du sable. On note le degré auquel le mercure s'arrête et on le compare avec celui de la moyenne annuelle du lieu et ceux observés un peu plus haut ou un peu
plus bas.

De la comparaison des chiffres obtenus, on obtient une
unité très intéressante, à laquelle on a donné le nom de **degré
géothermique** : c'est *la hauteur dont il faut descendre verticalement pour constater une augmentation de température égale
à un degré centigrade.* L'étude de ce degré géothermique dans
les mines de houille ou dans les mines métallurgiques a donné
des variations très nombreuses, dont les causes ne sont pas

très connues ; toutefois le chiffre que l'on trouve le plus souvent est de 31 mètres environ, c'est-à-dire que si, d'un niveau où la température est 35°, on descend à 31 mètres plus bas, on trouve la température de 36°, et ainsi de suite.

Des observations analogues ont été faites dans le creusement **des puits artésiens** jusque vers 1.100 mètres, dans des **sondages** poussés jusque vers 2.100 mètres en Allemagne et dans le **percement des grands tunnels** (Mont-Cenis, Gothard, Simplon, etc.).

Voici, par exemple, quelques-unes des températures notées pendant le creusement du tunnel du Mont-Cenis :

Profondeur au-dessous de la surface du terrain.	Température de la roche.
520 mètres	17°
910 —	27° 5
1.370 —	28° 8
1.609 —	29° 5

La comparaison de ces chiffres donne un degré géothermique voisin de 50 mètres, c'est-à-dire sensiblement plus élevé que les précédents. On attribue cette différence à l'influence réfrigérante des neiges qui, depuis un nombre incalculable d'années, recouvrent ces hautes régions, de sorte que, malgré la mauvaise conductibilité des roches, le refroidissement a pu se propager jusqu'à une certaine profondeur.

Il résulte donc de ce qui précède que, partout où l'on a été amené à creuser le sol au delà de la couche à température constante, on a relevé un accroissement progressif de la température.

Si l'on rapproche de ces données l'existence des sources thermales et la température élevée des matières rejetées par les volcans (dont nous parlerons dans quelques leçons), il n'y a pas de doute qu'à l'intérieur de la terre, il y a une **source de chaleur importante.**

3. Hypothèse du noyau central. — Quant au degré géothermique, il n'a pu être étudié au delà d'une profondeur d'un peu plus de 2.000 mètres ; mais, presque partout, il s'est montré à peu près égal à 31 mètres. S'accroît-il ou diminue-t-il quand on va plus profondément ? On n'en sait absolument rien.

Mais faisons une **hypothèse**, assez raisonnable en somme, et qui, semble-t-il, ne doit pas être éloignée de la vérité. Supposons que le degré géothermique reste à peu près le même, au delà des profondeurs atteintes, pendant un certain nombre de kilomètres.

Il en résulterait qu'à 60 kilomètres de profondeur, la température serait d'environ 2.000°, c'est-à-dire que la plupart des substances connues ne pourraient y rester à l'état solide. Donc, à partir de cette profondeur de 60 kilomètres, toute la Terre serait à l'état de fusion, et cela, vraisemblablement, jusqu'à son centre.

Or, le rayon moyen de la Terre est de plus de 6.360 kilomètres. Sur cette longueur, la Terre serait donc liquide pendant 6.300 kilomètres et solide seulement pendant 60 kilomètres au plus (c'est-à-dire moins de 1/100 du rayon total). Autrement dit, si l'on représentait la Terre (en coupe) par un cercle de 1 décimètre de rayon, la croûte solide de la surface devrait avoir une épaisseur d'au plus 1 millimètre (*fig.* 157).

La Terre doit donc être considérée comme une immense boule en fusion, sur laquelle la **croûte terrestre constitue** proportionnellement une pellicule d'une extrême minceur.

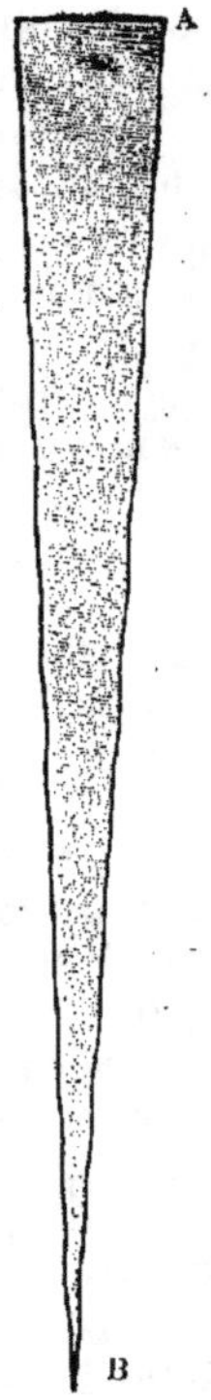

4. Hypothèse de Laplace. — Comment expliquer cette constitution ?

Suivant l'hypothèse du grand savant français Laplace, on admet généralement aujourd'hui que l'ensemble d'astres désigné sous le nom de *système solaire*, c'est-à-dire le Soleil avec son cortège de planètes et leurs satellites, a formé au début une seule masse à l'état de **nébuleuse**

Cette nébuleuse (*fig.* 158), comme certaines de celles que les astronomes observent actuellement dans les

Fig. 157. — Un secteur de la Terre (supposée avoir un décimètre de rayon).

A, trait noir représentant l'épaisseur de la croûte terrestre. B, centre de la terre. C, matières en fusion.

espaces célestes,. était à une température assez élevée pour

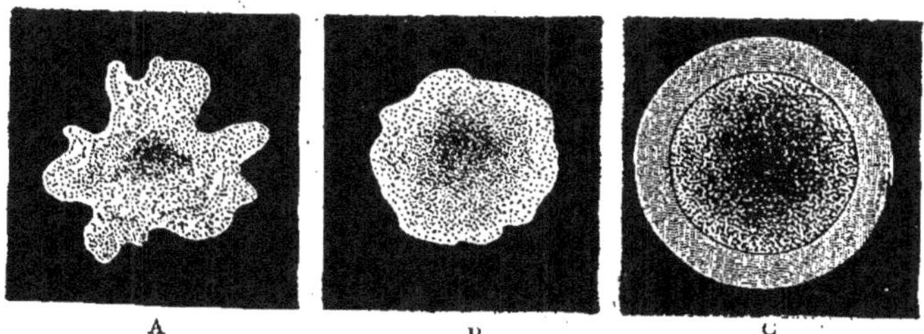

Fig. 158. — Comment on se représente la formation du globe terrestre.
A, à l'état de nébuleuse. B, commençant à se régulariser.
C, état actuel avec, autour (en gris), l'atmosphère.

que toute sa substance y soit à *l'état gazeux*. De plus elle était animée d'un *mouvement de rotation* sur elle-même.

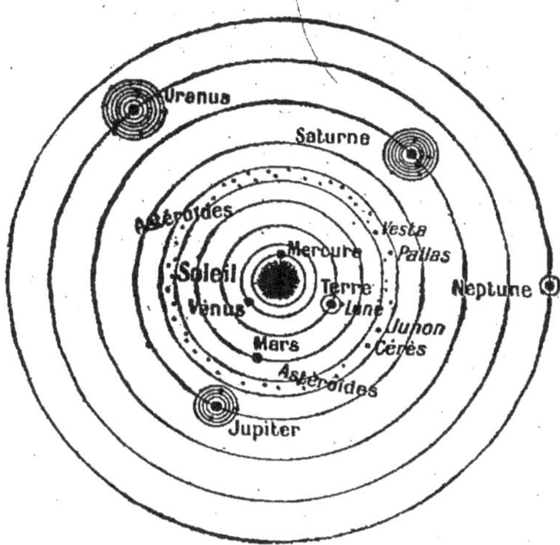

Fig. 159. — Ensemble du système solaire.

Par son refroidissement progressif, la nébuleuse diminua de volume, ce qui fit augmenter sa vitesse de rotation. A un moment donné, la *force centrifuge* devint suffisante à la surface pour qu'une partie de la masse totale se sépare du reste pour constituer la substance d'une *planète*. Le même fait se reproduisit successivement autant de fois qu'il y a de planètes autour du Soleil (*fig*. 159).

Chacune des parties détachées continua à tourner autour de la masse centrale en vertu de sa vitesse acquise et prit aussi la forme d'une boule qui se condensa peu à peu par refroidissement, en donnant naissance de la même façon à un ou plusieurs *satellites*.

La *masse centrale*, c'est-à-dire le *Soleil*, qui représente encore les $\frac{699}{700}$ de la masse totale, se refroidit très lentement et reste encore à une *température très élevée*.

Les *planètes*, sensiblement plus avancées dans leur refroidissement à cause de leur masse beaucoup plus faible, ont déjà une *croûte solide* à la surface, mais l'intérieur en est encore très chaud. La croûte s'accroît progressivement par l'adjonction de roches éruptives, qui, par ses déchirures, viennent s'épancher à sa surface et sont désagrégées peu à peu par les eaux pour former les roches sédimentaires.

Enfin les satellites, beaucoup plus petits encore, sont arrivés à un état de refroidissement beaucoup plus avancé et sont peut-être même entièrement solidifiés.

Ainsi serait née la Terre, qui ne serait qu'une boule de matières en incandescence à peine revêtue de la mince pellicule solide sur laquelle nous vivons, et qui manifesterait son peu de solidité par la fréquence des tremblements de terre, par la naissance de volcans et par les plissements dont elle a été et dont elle est sans doute encore le siège.

5. Mouvements lents des côtes de Suède. — La croûte terrestre est loin d'être aussi immobile qu'elle le paraît au premier abord. Sans que nous nous en doutions, elle est soumise à des oscillations d'une lenteur extrême, à une sorte de mouvement de balancement : il en résulte qu'au bout d'un certain nombre d'années on peut constater que le sol s'est exhaussé en un point, tandis qu'à un autre il s'est affaissé. Dans l'inté rieur des terres, ces déplacements sont difficiles à apprécier, parce que l'on y manque de points de repère ; mais ils sont rendus manifestes sur le bord de la mer où l'eau, à un moment précis de la marée, devrait revenir toujours au même point : or, il n'en est pas ainsi, et, en de nombreux endroits, on peut constater que d'anciennes plages sont aujourd'hui sans cesse sous les flots, tandis que des plaines sous-marines sont au jourd'hui émergées, parfois à cent mètres au-dessus du niveau actuel de la mer.

Fig. — 160. — Le Mont Saint-Michel.

Ces **déplacements de lignes de rivage** se montrent dans toutes les parties du monde. Les mieux connus sont ceux qui affectent la presqu'île scandinave. Ils ont permis d'affirmer que celle-ci est soumise à un véritable mouvement de bascule par suite duquel le fond du golfe de Bothnie s'élève d'environ 1 mètre et demi par siècle, tandis que la pointe extrême de la Scanie s'enfonce lentement sous les eaux : l'axe de ce mouvement de bascule passe un peu au sud de l'archipel d'Aland. C'est grâce à ce mouvement que plusieurs rues des villes de Trelleborg, d'Ystad, de Malmœ ont disparu, et qu'entre Ystad et Falsterboe, la mer recouvre des terrains autrefois émergés, comme le prouvent les coquilles d'escargot — animaux terrestres — qu'ils contiennent.

Les mouvements de la Scandinavie sont d'ailleurs plus importants dans le nord que dans le sud. Dans les parties septentrionales, ils sont attestés par l'existence des **terrasses de gravier**, qui s'étagent le long de la côte, et qui indiquent les places successives où les alluvions sont venues se déposer et les terrasses que la mer a successivement creusées dans la falaise.

Certains faits connus par l'histoire montrent que des mouvements analogues doivent se produire sur les côtes de l'Europe occidentale.

Un exemple très frappant d'affaissement est celui que nous fournit la région du Mont Saint-Michel et des îles anglo-normandes. Au vi^e siècle, Jersey — actuellement une île — n'était séparé de Coutances que par un ruisseau et, d'après les traditions locales, une vaste forêt, celle de Scissy, s'étendait entre les îles Chausey et le Mont Saint-Michel. Une série d'envahissements de la mer, depuis le viie jusqu'au xiie siècle, la fit disparaître entièrement, de même que les villages qui s'étaient élevés dans son voisinage. En 1735, il y eut, dans la baie du Mont Saint-Michel, une tempête terrible qui mit à nu les troncs des arbres de cette antique forêt, et l'on put apercevoir les derniers vestiges de la paroisse de Bourgneuf et même les ornières des chemins qui y conduisaient. Le si pittoresque Mont Saint-Michel (*fig.* 160), autrefois situé à 10 lieues dans les terres, est aujourd'hui battu par la mer, du moins à marée haute.

En Bretagne, des faits du même ordre peuvent se constater. La baie de Douarnenez, qui a environ 15 mètres de profondeur, était jadis occupée par une ville florissante, la ville d'Ys, qui disparut sous les flots au ve siècle, alors qu'elle était la capitale du roi Gradlon. La légende bretonne s'est emparée de ce cataclysme et l'a traité de diverses façons ; on en a fait le sujet d'un charmant opéra : le Roi d'Ys.

Un exemple de soulèvement nous est fourni par la région de La Rochelle. Il y a deux mille ans, l'entrée du golfe du Poitou avait 40 kilomètres de large ; aujourd'hui ce golfe est réduit à la modeste anse d'Aiguillon. La Rochelle qui, jadis, fut bâtie sur un rocher complètement isolé dans la mer, fait aujourd'hui partie de la terre ferme. Un ancien port de commerce important, Brouage, est aujourd'hui éloigné de la mer.

6. Causes d'erreur dans l'appréciation de ces mouvements. — Il y a lieu cependant d'insister sur le fait que l'on ne saurait attribuer toutes les modifications des rivages aux mouvements lents d'affaissement ou de soulèvement du sol. Nous avons vu dans la deuxième partie que certaines de ces modifications peuvent être dues à *l'érosion par les vagues* ou à *l'apport de sédiments* par les fleuves. D'autre part, nous verrons bientôt que les *tremblements de terre* peuvent produire des déchirures du sol accompagnées de changements brusques de niveau.

Néanmoins, quelle que soit l'importance de ces causes d'erreur, il semble bien que l'on doive admettre aussi la *réalité des mouvements lents* d'affaissement et d'exhaussement suivant les endroits.

7. Existence dans les montagnes de couches plissées. — Rapprochons maintenant ce fait des observations suivantes :

Nous avons vu que les *roches sédimentaires* ont dû se déposer au fond des eaux en couches sensiblement horizontales. Or, nous en trouvons maintenant beaucoup qui sont **émergées** et même portées quelquefois à une *altitude considérable*, à plus de 3.000 mètres dans les Alpes et plus haut encore dans l'Himalaya. De plus, leurs surfaces de séparation présentent, suivant les endroits, *toutes les inclinaisons possibles* depuis l'horizontale jusqu'à la verticale. On les voit même assez souvent **ondulées ou plissées** comme des feuilles de papier empilées les unes sur les autres et que l'on comprimerait latéralement.

Il n'est pas rare d'observer ces plissements en petit dans certaines couches stratifiées des régions montagneuses. Ils existent aussi sur une échelle beaucoup plus grande dans certaines montagnes comme le Jura (*fig.* 161), dont les déchirures transversales nommées **cluses** montrent que *chacune des chaînes parallèles est le sommet d'un pli.*

Enfin, en de nombreux endroits on rencontre plusieurs exemples de **plissements** qui sont allés jusqu'au **renversement** des deux versants du pli l'un sur l'autre (*fig.* 162).

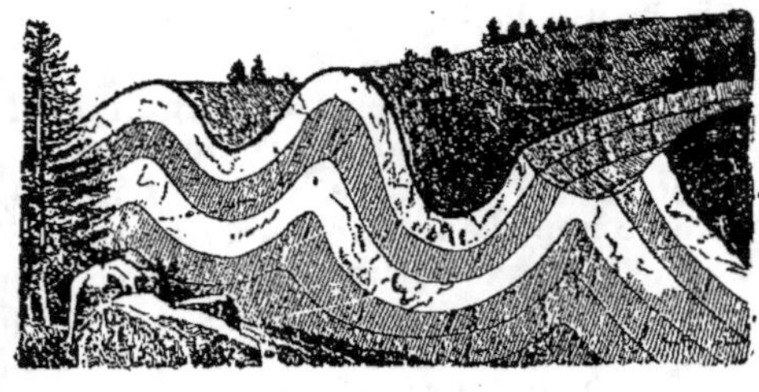

Fig. 161. — Coupe du Jura. A droite : une combe.

Ces plissements ont amené en certains endroits des *déchirures* qui ont parfois mis à nu des roches massives sousjacentes.

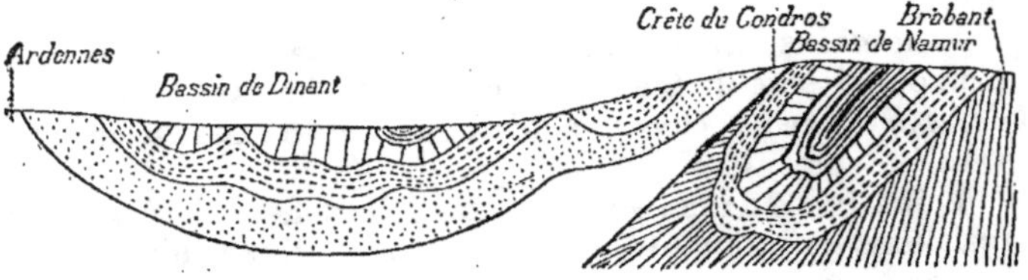

Fig. 162. — Coupe du bassin houiller franco-belge
(exemple de renversement des plis).

8. Relation des mouvements lents et des plissements. — On est donc conduit à penser que *l'écorce terrestre se plisse pour suivre la diminution du volume du noyau central*, qui continue à se refroidir lentement. Ce seraient ces plissements qui amèneraient un déplacement lent des lignes de rivages, émersion dans certains endroits, immersion dans d'autres.

Ils seraient en même temps la cause de la **formation des chaînes de montagnes** dans les endroits où les plissements se font sentir le plus énergiquement, par suite sans doute d'une résistance moindre des roches.

LECTURE

Les chaînes de montagnes. — Il ne semble pas y avoir de doute que
les montagnes résultent d'un plissement de l'écorce terrestre, plissement ayant ondulé plus ou moins des couches qui, lors de leur

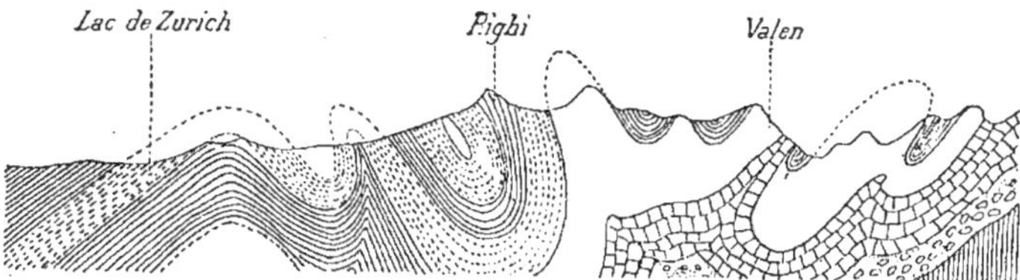

FIG. 163. — Portion d'une coupe des Alpes.

formation, étaient horizontales. L'une des chaînes où cette origine est le plus manifeste est celle du Jura (*fig.* 161), que l'on ne
saurait mieux comparer qu'à une étoffe plissée, car cette chaîne,
s'étageant en rides parallèles entre France et Suisse, ne présente
ni pic, ni cime aiguë. Il y a 160 plis convexes qui en constituent
les chaînons et qui sont séparés par des plis concaves, constituant
des vallées longitudinales. De place en place, le sommet des chaînons s'est brisé sous l'effort du plissement et il en est résulté des

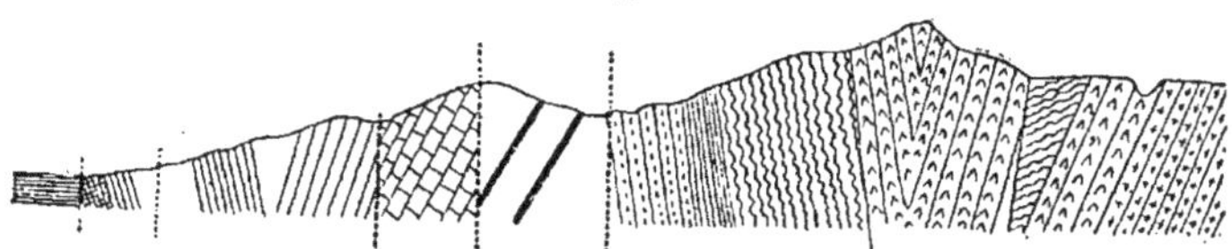

FIG. 164. — Portion d'une coupe des Pyrénées.

déchirures *longitudinales* connues sous le nom de *combes*, dont les
parois offrent l'aspect de bastions crénelés, parce qu'elles sont constituées par des calcaires d'inégale dureté, qui ont résisté plus ou
moins à l'érosion des eaux de pluie. L'ensemble en est rendu d'autant plus pittoresque qu'on y retrouve les ruines de nombreux
manoirs gothiques de l'époque féodale. Le même massif a d'ailleurs
été le lieu de cassures perpendiculaires à celles des combes, c'est-
à-dire *transversales*. Celles-ci, appelées *cluses*, permettent aux eaux
de passer d'une vallée dans l'autre.
Les bouleversements dont le Jura a été le siège sont, on le voit,
assez peu considérables. Il n'en est pas de même d'autres chaînes

de montagnes où les plissements ont été plus puissants et où, par suite, les couches ont été cassées, bouleversées de mille manières, et sont devenues un véritable chaos en apparence inextricable. Tel est le cas de la grandiose chaîne des Alpes (*fig.* 163), où les cassures et les dislocations abondent, pouvant se poursuivre parfois sur plus de 200 kilomètres de long et coupées de place en place par des cassures transversales où s'écoulent les eaux torrentielles.

Les Pyrénées (*fig.* 164), quoique aussi très bouleversées, le sont cependant moins que les Alpes, parce que la nature des roches qui les constituent est plus homogène; de loin elles apparaissent comme hérissées de pointes dessinant à l'horizon une sorte de lame de scie.

Leçon XX

Les tremblements de terre.

RÉSUMÉ. — 1. Les *tremblements de terre* sont des secousses brusques, de caractère *très variable* quant à l'*intensité* (sismographes), à l'*étendue*, à la *fréquence*, à la *durée*, à la *direction*. Ils sont souvent accompagnés de *bruits souterrains*. La nature des roches paraît influer sur leurs dégâts.

2. Leurs *effets géologiques* sont : a) la formation de *crevasses* ou de *failles*, quelquefois avec *changement du niveau* relatif des deux bords; b) des *glissements* de terrain ; c) des *éboulements; d)* un changement du *régime des sources; e)* des *épanchements* de sable, de boue et d'eau.

3. Les tremblements de terre sur les rivages sont souvent accompagnés de *raz de marée*, vagues énormes dont les effets sont terribles [le Callao, au Pérou (1746).]

4. La marche de la propagation et la direction des crevasses font penser que le point de départ ou *centre* de la secousse est généralement *dans l'épaisseur même de la croûte terrestre.* L'ébranlement, en se propageant dans tous les sens, atteint d'abord la surface du sol en un point nommé *épicentre*, où les dégâts sont maxima, puis successivement les régions voisines, où les dégâts vont s'atténuant. La zone des grands dégâts est souvent allongée suivant une ellipse.

5. La *vitesse de propagation*, que l'on peut déterminer par l'heure de la secousse en différents endroits, est très variable, depuis 200 mètres jusqu'à plus de 5.000 mètres par seconde.

6. Les *causes* des tremblements de terre doivent être *multiples :* *tassements* du sol ou *explosions volcaniques* pour les tremblements de terre locaux, *déchirures* et *effondrements à la suite des plissements* de l'écorce terrestre pour les tremblements de terre de grande étendue. Ces derniers seraient en relation avec la *formation des montagnes.*

1. Caractères généraux des tremblements de terre. — Indépen-damment des mouvements lents que nous avons étudiés dans la leçon précédente, la croûte terrestre peut être sujette à une sorte d'ébranlement. La terre, en effet, est parfois agitée brusquement d'une ou plusieurs secousses ou trépidations nommées **tremblements de terre.**

L'intensité des tremblements de terre est très variable, et présente tous les degrés, depuis ceux qui produisent des désastres gigantesques (*fig.* 167) jusqu'à ceux qui ne sont enregistrés que par les sismographes (*fig.* 165 et 166).

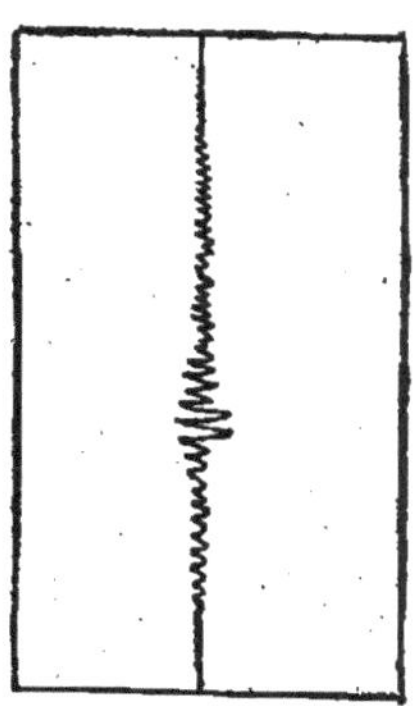

FIG. 165. — Sismographe. La pointe qui termine le pendule horizontal trace une série de zigzags sur le cylindre mobile.

FIG. 166. — Secousse enregistrée par un sismographe.

Leur étendue est également très variable. Tel ne se fait sentir que dans un quartier d'une grande ville, tel autre, par exemple, celui d'Ischia en 1883, s'étend à la ville tout entière. D'autres, enfin, sont très étendus et atteignent presque en même temps des espaces de terrain considérables : tels sont celui de Nice en 1887 et surtout celui de Lisbonne en 1755, qui s'étendit sur une superficie de plus de 3 millions de kilomètres carrés.

Très variable aussi la **fréquence** des tremblements de terre. On en a noté en certains endroits qui ne s'y sont jamais renouvelés. D'autres recommencent à agiter le sol au bout de quelques années, comme cela s'est vu en Calabre, en Andalousie, au Japon, pays qui constituent les terres « classiques » des tremblements de terre, et à Ischia, où celui de 1827 fit 50 morts ; celui de 1881, 127, et celui de 1883, 2.443 !

On ne peut rien dire non plus de fixe sur la **durée** des secousses. Certaines ne durent qu'une fraction de minute, ce qui, d'ailleurs, ne les empêche pas de causer de grands ravages, comme celui de Casamicciola (1883), qui en 16 secondes détruisit 1.200 maisons et causa la mort de plus de 2.400 personnes.

La plupart durent quelques minutes, de sorte que l'on a le temps d'aller et venir en zigzagant pendant qu'il a lieu. En voici un exemple noté par un observateur, à Nice, en 1887. « Pendant la première seconde d'effarement, je crus tout simplement que la maison s'écroulait. Mais comme les soubresauts de mon lit s'accentuaient, comme les murs craquaient, comme tous les meubles se heurtaient avec un bruit effrayant, je sautai debout dans ma chambre et j'allais atteindre la porte quand une oscillation violente me jeta contre la muraille. Ayant repris mon aplomb, je parvins enfin sur l'escalier, où j'entendis le sinistre et bizarre carillon des sonnettes tintant toutes seules, comme si un affolement les eût saisies, ou comme si, servantes fidèles, elles appelaient désespérément les dormeurs pour les prévenir du danger. Mon domestique descendait en courant l'autre étage, ne comprenant pas ce qui arrivait et me croyant écrasé sous le plafond de ma chambre, tant les craquements avaient été forts. Cependant la convulsion cessait quand tout le monde gagna le vestibule et sortit dans le jardin. Il était six heures, le jour naissait rose et doux sans un souffle d'air, si pur, si calme. Cette absolue tranquillité du ciel, pendant ce bouleversement épouvantable, était tellement saisissante, tellement imprévue, qu'elle me surprit et m'émut plus que la catastrophe elle-même. »

Quelquefois même les secousses se répètent pendant des mois et des années de suite : en 1868, aux îles Sandwich, on constata jusqu'à deux mille secousses pendant le mois de mars.

En 1855, des secousses se répétèrent pendant quatre mois dans le Valais (l'une fut ressentie même à Paris), puis elles s'espacèrent de plus en plus pour cesser en 1857.

La direction des secousses peut varier de l'horizontale à la verticale.

Si le choc se produit de bas en haut, les secousses sont à peu près verticales : c'est ainsi qu'en 1783, en Calabre, on vit des maisons sauter en l'air et que les pavés des rues furent soulevés. A Rio Bamba (Andes) en 1797, plusieurs habitants furent projetés, par-dessus une rivière, jusqu'au sommet d'une colline haute de plus de 100 mètres.

Cliché Kuhn.

FIG. 167. — Maison écroulée sous l'influence d'un tremblement de terre (à Messine en 1908).

Les secousses peuvent être aussi presque horizontales si le choc qui les produit est latéral. Elles sont aussi quelquefois **ondulatoires**, c'est-à-dire que le sol oscille comme une mer houleuse, en même temps que les arbres s'inclinent jusqu'à toucher le sol. La combinaison de plusieurs mouvements donne parfois naissance à une **secousse rotatoire**, qui fait pivoter les objets sur eux-mêmes; en 1883, à Ischia, une statue de la Madone fut retournée et, en 1880, à Tokio, une pyramide pivota autour de son piédestal.

Lorsqu'ils sont intenses, les tremblements de terre sont presque toujours précédés, accompagnés où suivis de **bruits** qui se présentent comme une sorte de roulement sourd, d'un ton généralement très bas ; les uns le comparent au roulement d'un chariot lourdement chargé, les autres à un coup de canon lointain, à l'explosion d'une mine, au craquement d'un mur, au crépitement du fer plongé dans l'eau, à des coups de tonnerre éloignés. Généralement, le bruit augmente progressivement, atteint son maximum, puis disparaît lentement. Dans les pays souvent atteints, les habitants connaissent bien ces bruits précurseurs, et dans l'attente d'un tremblement de terre agissent en conséquence.

Leur variété quant à l'intensité semble dépendre de la nature des roches du sol sous-jacent. Les roches très compactes comme le granite, semblent résister mieux et les plus grands dégâts paraissent se produire à la jonction d'une de ces roches avec d'autres moins résistantes.

2. Effets géologiques des tremblements de terre. — Les tremblements de terre ne se contentent pas de renverser des édifices et de causer la mort d'un certain nombre de personnes ; ils ont encore des effets géologiques importants .

a) Ils peuvent provoquer dans la croûte terrestre l'apparition de cassures qui, lorsqu'elles sont peu profondes, portent le nom de **crevasses** ou de **fissures**, tandis que celles qui sont très profondes portent le nom de **failles**. On a vu de beaux exemples des premières en Calabre en 1783, et à Mendoza dans les Andes (1861), où la surface de la plaine fut crevassée jusqu'à une profondeur de 10 mètres tandis que le sous-sol restait intact. On a un exemple des secondes dans le tremblement de terre de Voztitza (1861), où une faille se produisit au pied et le long des collines dominant le golfe de Corinthe.

Les crevasses se forment surtout au bord des canaux, des rivières, des fossés, des talus et, en général, le long des escarpements petits ou grands. Elles sont souvent parallèles et alors diminuent généralement de dimensions quand on s'éloigne dans une certaine direction.

On en cite de fort grandes : telle, par exemple, celle de Calabre (1783) qui avait, en moyenne, 3 mètres de largeur et s'étendait sur une longueur de 30 kilomètres. D'autres, au même endroit, étaient assez larges pour engloutir des maisons entières.

On a constaté aussi plusieurs fois que les deux bords de la crevasse avaient subi l'un par rapport à l'autre un changement de niveau (*fig.* 168). Un des exemples les plus nets est celui de la faille de Midori au Japon (1891).

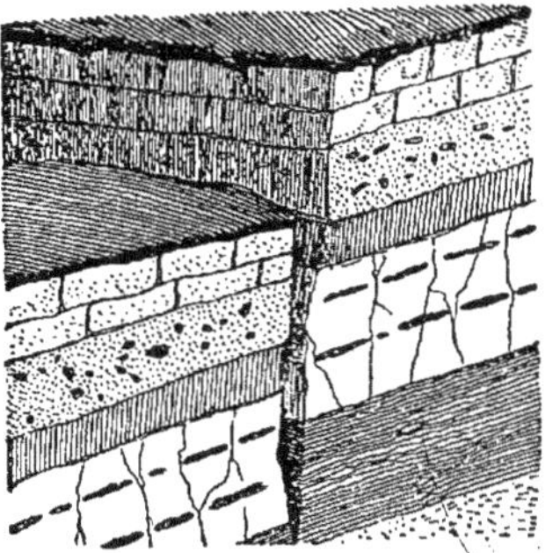

FIG. 168. — Couches de terrains brisées (faille) sous l'influence d'un tremblement de terre et dénivelées.

b) Les tremblements de terre ont fréquemment occasionné d'importants **glissements de terrain**. Celui d'Assam (Indoustan), en 1897, décapa littéralement les flancs entiers de collines puissantes et les dénuda lamentablement.

c) Ils peuvent se contenter de provoquer des **éboulements**. Celui de 1905, qui agita faiblement le mont Blanc, produisit des avalanches et des éboulements considérables de boues, qui durèrent plus de douze heures après la secousse.

d) Le **régime des sources** subit fréquemment des perturbations du fait des tremblements de terre. Les unes se tarissent — quelquefois plusieurs jours avant le cataclysme — les autres deviennent plus chaudes. Certaines, par contre, prennent naissance, comme cela se vit dans le tremblement de terre de l'Andalousie, en 1884, où à 300 mètres de distance d'une source tarie s'ouvrit une nouvelle source d'eau chargée d'acide sulfhydrique et ayant une température de 56°.

Tous ces faits s'expliquent facilement si l'on remarque que du fait des tremblements de terre, des fissures s'ouvrent dans le sol, tandis que d'autres se ferment, ce qui oblige les eaux souterraines à changer leur cours.

e) Quelquefois les tremblements de terre s'accompagnent **d'épanchements de sable, de boue et d'eau**. Le fait a, par exemple, été noté en 1811, dans la vallée du Mississipi. « Pendant tous les chocs violents, raconte un témoin oculaire, la terre semblə horriblement mise en pièces. La surface de centaines d'acres était çà et là couverte de sable qui était sorti de nombreuses fissures. Quelques-unes de ces fissures se refermaient immédiatement après qu'elles avaient rejeté du sable et de l'eau. Une matière noire qui ressemblait à du charbon avait été rejetée avec le sable en quelques endroits. Des fissures avaient été formées sur 600 à 700 pieds de long, 20 à 30 de large, et il en avait été rejeté de l'eau et du sable à 40 pieds de hauteur. On en vit sortir des flammes comme celles qui résultent d'une explosion de gaz. Des troncs de chêne étaient, jusqu'au centre, fendus à 40 pieds de hauteur, chaque partie restant de part et d'autre de la fissure. La surface se tassa, et un liquide noir s'éleva jusqu'au ventre des chevaux qui restèrent immobiles, frappés d'épouvante. Ensuite toute la surface resta couverte de trous qui ressemblaient beaucoup à des cratères de volcans, entourés d'un cercle de bois carbonisé et de sable montant à une hauteur d'environ 7 pieds. Peu de mois après, on sonda ces trous et on trouva qu'ils dépassaient 20 pieds de profondeur.

3. Raz de marée. — Lorsqu'un tremblement de terre se propage à travers une grande masse d'eau, il agite, modérément d'ailleurs, les navires qui flottent à sa surface, et, sur les rives, fait naître ce que l'on appelle des **raz de marée** dont les effets destructeurs sont généralement terribles. Habituellement, le phénomène se passe ainsi : la mer se retire au loin, laissant à sec les bas fonds, les baies et les ports, puis elle revient vers la terre sous forme d'une vague gigantesque de 10 à 30 mètres de haut, qui marche avec une vitesse prodigieuse et envahit le rivage en balayant tout ce qu'elle rencontre, entraînant maisons, gens et bêtes dans une mêlée indescriptible. Le retour du raz de marée a lieu parfois au bout de cinq à trente-cinq minutes, mais il peut aussi mettre plus de temps : lors du tremblement de terre de Pisco, au Pérou (1690), la mer se retira à 15 kilomètres et ne revint qu'au bout de trois heures. Les effets des raz de marée sont désastreux ; c'est l'un d'eux qui, au xviiie siècle détruisit de fond en comble le port du Callao (Pérou) : des navires soulevés par cette vague énorme furent amenés, dans les terres, jusqu'à plus de 4 kilomètres du rivage.

Les raz de marée se font sentir non seulement dans l'endroit
où a eu lieu le tremblement de terre, mais aussi fort loin ;
ainsi, en 1868, lors d'un tremblement de terre du Pérou, il
se forma une vague gigantesque qui parcourut toute la largeur
de l'océan Pacifique et, deux jours après, se fit sentir en Australie et même au Japon.

4. Centre et épicentre (*fig.* 169). — Quelle que soit leur
manière de se comporter, il est aujourd'hui reconnu, soit par
la marche de la propagation,
soit par la direction des crevasses, que les secousses des
tremblements de terre ont
leur point de départ dans
l'écorce terrestre même, à une
profondeur variable, mais
généralement assez faible,
presque toujours inférieure
à 30 kilomètres : ce point de
départ s'appelle le **centre**.
A partir de là, le mouvement
se propage et rencontre
d'abord la surface elle-même
en un autre point que l'on
appelle l'**épicentre**, lequel est
exactement situé au point où
la verticale passant par le
centre du tremblement de
terre rencontre la surface du
sol.

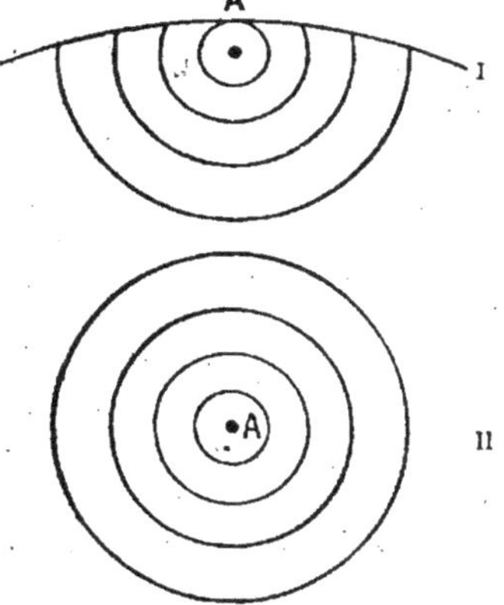

Fig. 169. — I. Coupe de l'écorce terrestre montrant les zones de propagation d'un tremblement de
terre.

A, *épicentre*, le point noir est le *centre*.

II. Zones de propagation d'un tremblement de terre supposées vues
par-dessus.

A, épicentre.

Arrivé à l'épicentre, le
mouvement se propage tout
autour, en formant des zones
concentriques que l'on ne saurait mieux comparer qu'aux
« ronds » produits à la surface de l'eau par une pierre que
l'on y laisse tomber. Et, de même que dans ce cas, les zones
les plus voisines de l'épicentre sont les plus fortement atteintes,
tandis que les effets diminuent d'intensité à mesure que l'on

s'en éloigne. C'est ce qui explique comment les effets des
tremblements de terre peuvent varier d'un point à un autre.

Si l'on note les effets produits par les tremblements de terre,
autant sur les édifices que sur les sismographes, on peut dres-
ser la carte des zones successives par ordre de dégâts décrois-
sants et se rendre compte du mode de propagation. C'est ainsi
qu'a été obtenue la carte ci-dessous (*fig.* 170), relative au tremble-

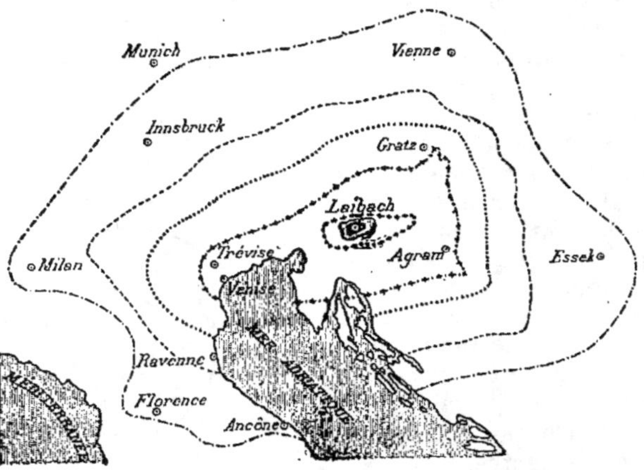

Fig. 170. Zones de propagation du tremblement de terre de Laibach (1895).

ment de terre de Laibach (1895). On y a distingué sept zones :
1° zone épicentrale, où les secousses furent très violentes;
2° zone où les toits s'écroulèrent; 3° zone où les cheminées
tombèrent; 4° zones où les édifices furent lézardés; 5° zone où
les secousses furent perçues par tout le monde; 6° zone où
les secousses ne furent perçues que par quelques personnes;
7° zone où les secousses ne furent sensibles que par leur inscription sur les appareils enregistreurs (sismographes).

On peut remarquer que ces zones ne sont pas aussi régulières que les ondes qui se forment à la surface des eaux tranquilles. Cela se conçoit facilement si l'on remarque que les
secousses se propagent dans des terrains ! nature différente.

De plus, on remarque souvent que la zone des grands dégâts est allongée suivant une ellipse, comme si l'ébranlement avait commencé simultanément sur tous les points d'une ligne droite.

5. Vitesse de propagation. — On constate aussi, par la connaissance de l'heure à laquelle la secousse s'est fait sentir en différents points, que la vitesse de propagation est très variable. Ainsi on l'a trouvée égale à 540 mètres par seconde pour celui de Lisbonne (1755), à 742 mètres pour celui de l'Allemagne centrale (1872), à 185 mètres pour celui de la Pointe-à-Pitre (1843) et seulement de 131 mètres pour celui du Pérou (1868), tandis que pour celui de Charleston (États-Unis, 1886) on a trouvé plus de 5.000 mètres.

Ces différences paraissent dues aussi à la nature variable des terrains.

6. Causes des tremblements de terre. — Quelle est la cause des tremblements de terre ? C'est là un point sur lequel la science n'est pas encore fixée. On a émis pour les expliquer trois hypothèses :

1° On a supposé que les substances en fusion qui constituent la masse principale de l'intérieur de la terre sont soumises parfois à des **marées** analogues à celles qui font varier le niveau des mers : que cette marée rencontre un point de faible résistance de la croûte terrestre, elle le soulève et le fait onduler : c'est le tremblement de terre. Cette hypothèse est en partie abandonnée, surtout parce que le centre d'ébranlement paraît être le plus souvent dans l'épaisseur même de la croûte terrestre ;

2° Dans une deuxième hypothèse, les tremblements de terre ont la même origine que les éruptions des volcans : c'est une éruption en partie avortée ou la suite de détonations précédant ou accompagnant une éruption ;

3° Enfin, dans la troisième hypothèse, qui, aujourd'hui, a de plus en plus de partisans, les tremblements de terre sont produits par des déchirures et des effondrements dont la croûte terrestre est le siège.

Il est probable que ces phénomènes n'ont pas tous la même origine. Les plus bénins, dont la zone d'action est peu étendue, sont peut-être produits par de simples tassements de terrains, à la suite de l'action dissolvante des eaux d'infiltration. D'autres, également localisés, ont presque manifestement une origine volcanique : tels ceux d'Ischia, qui ont été vraisemblablement dus à une éruption avortée d'un ancien volcan de l'île. Mais la très grande majorité des tremblements de terre, ceux dont la zone d'action est très étendue, paraissent dus à des **déchirures** de l'écorce terrestre, accompagnées parfois de **soulèvements** ou d'**effondrements**. Si cette hypothèse est vraie, on comprend qu'il doit en résulter que lesdits tremblements de terre ont lieu surtout là où, à la suite de plissements, l'écorce terrestre est **déjà disloquée** et, par suite, moins solide. Ce n'est pas là une simple vue de l'esprit, car les travaux récemment publiés par un savant français, M. F. de Montessus de Ballore comme résultat de longues statistiques patiemment rassemblées montrent un parallélisme manifeste entre la répartition géographique des tremblements de terre et les zones des derniers plissements qui ont affecté l'écorce terrestre. Les grands tremblements de terre joueraient donc aussi un rôle dans la formation des montagnes par les changements de niveau du sol qui peuvent en être la suite, comme l'ont montré des mesures faites dans les Alpes autrichiennes après les tremblements de terre d'Agram de 1880 à 1885.

Mais ce ne sont encore là que des hypothèses. Les savants se sont mis à l'étude pour se rendre compte de leur valeur et ne tarderont pas à nous fixer sur la véritable nature des tremblements de terre : ce ne sont pas d'ailleurs les sujets d'études qui leur manquent, car ces tremblements sont beaucoup plus fréquents qu'on ne le croit généralement ; on en a compté 1.184 pendant la période de 1865 à 1873 et 166 en 1881, rien que pour la Suisse, qui est, en général, cependant bien tranquille.

Cette étude des tremblements de terre permettra d'en fixer les lois, et sinon de les empêcher de se produire, peut-être, du moins, d'en éviter les suites meurtrières en prévenant les habitants de leur arrivée prochaine. D'autres recherches permettront d'établir la manière d'élever des constructions susceptibles de résister aux tremblements de terre, car ce sont les chutes des maisons qui causent le plus de victimes. Le peuple le mieux armé à cet égard est celui du Japon où les tremblements de terre sont si fréquents. La plupart des Japonais édifient en effet en bois et en carton : leurs maisons sont si légères que, lorsquelles viennent à crouler sous l'influence d'un cataclysme, leur chute ne cause presque aucun dommage aux habitants. Et la chose n'est pas à dédaigner si l'on remarque qu'en 1891, le tremblement de terre de Yokohama endommagea 150.000 habitations et ne tua que 7.000 habitants, la plupart, d'ailleurs, décédés pour d'autres causes que des chutes d'immeubles [1].

LECTURE

Les tremblements de terre célèbres. — Les tremblements de terre sont extrêmement fréquents, mais d'intensité très variée. Ils ne causent de grands cataclysmes que lorsqu'ils sont très puissants et se passent dans une région très habitée. Leurs dégâts deviennent alors célèbres, comme ceux que nous allons citer.

Lisbonne. — Le 1er novembre 1755, à neuf heures du matin, un terrible tremblement de terre détruisit Lisbonne. « Un bruit souterrain, comparable à celui du tonnerre, se fit entendre soudainement, puis tout aussitôt une violente secousse renversa, de fond en comble, la plus grande partie de la ville. Le nombre des morts ne fut nulle part aussi grand que sous les ruines des églises. C'était un jour de grande fête et l'heure de la grand'messe ; les églises et les couvents regorgeaient de monde ; 60.000 personnes restèrent ensevelies sous ces ruines. Comme il arrive souvent dans ces grandes convulsions du sol, la mer se retira ensuite loin du rivage, et mit à sec la barre qui obstrue l'embouchure du Tage ; puis, revenant bientôt sur ses pas avec fureur, elle envahit la côte, en s'élevant de

---

1. Les anciens Japonais avaient une conception bizarre de l'origine des tremblements de terre. Ils supposaient que tout le Japon reposait sur le dos d'un énorme poisson appelé *Namadzou.* Lorsque celui-ci remuait la queue ou les nageoires ou la tête, les provinces qui correspondaient à ces diverses parties du corps étaient agitées d'un tremblement de terre. Et si ceux-ci ne se manifestaient pas tout le temps, c'est qu'une divinité tutélaire avait soin de maintenir une grosse pierre sur le crâne du poisson pour l'empêcher de remuer. Les Malgaches croient aussi que les tremblements de terre sont dus à une baleine qui, de temps à autre, se retourne sur le dos. Et certaines peuplades les mettent sur le compte d'un animal encore plus gigantesque qui frétille de joie quand il a eu à boire, ce qui est une manière originale d'expliquer que les tremblements de terre sont en relation avec les infiltrations souterraines des pluies, et que, comme celles-ci, ils sont parfois périodiques.

15 mètres au-dessus de son niveau ordinaire. Les montagnes les plus hautes du Portugal, ébranlées par le choc jusque dans leurs fondations, se disloquèrent et se précipitèrent dans les vallées, en les comblant sous un entassement énorme de blocs accumulés A Lisbonne, le long du port, un quai de marbre engloutit des milliers de personnes qui y avaient cherché un refuge pour échapper à la chute des édifices. Là où s'élevait autrefois ce quai superbe, la sonde accuse maintenant une profondeur de 100 brasses. Ce qui donne un caractère particulier au désastre de Lisbonne, c'est l'étendue considérable sur laquelle ce tremblement de terre s'est fait sentir. Les historiographes du tremblement de Lisbonne citent un grand nombre d'autres contrées, en Europe, en Afrique et même dans le nouveau Monde qui ont participé à cet immense ébranlement. Ces vibrations se seraient étendues de la sorte sur un espace de 40 millions de kilomètres carrés, c'est-à-dire sur la douzième partie de la surface terrestre. » (Vélain.)

Calabre. — La Calabre a été ravagée à de nombreuses reprises par les tremblements de terre. « La première commotion se fit sentir, avec une violence inouïe, le 5 février 1783, et, dès le premier choc, en deux minutes, toutes les villes et tous les villages de la Calabre étaient détruits de fond en comble. Au même moment, un terrible raz de marée, après avoir balayé d'un seul coup 2.000 personnes réunies sur la plage de Scilla, s'engouffra dans le port de Messine, y coula tous les navires et démolit en partie la grande rangée de palais qui bordait le rivage; plus de 12.000 personnes périrent, dit-on, sous ces ruines. Un autre choc, presque aussi terrible, eut lieu le 28 mars et renversa les dernières ruines qui étaient encore debout. Dans ces deux convulsions, on remarqua que les mouvements du sol, analogues à la houle de la mer, se propageaient de l'ouest à l'est avec une vitesse considérable. La surface du pays tout entier ondulait comme une mer agitée par un vent impétueux. Ce n'était là que le prélude de plus grands désastres; bientôt le sol, secoué de bas en haut, s'ouvrit en une multitude de crevasses et de déchirures, qui, tantôt restaient béantes et rejetaient avec des torrents d'eau tout ce qu'elles avaient englouti, tantôt se refermaient, ensevelissant dans leurs profonds abîmes des maisons, des arbres, des troupeaux entiers fuyant pour échapper à ce désastre. » (Reclus.)

Tout près de nous, le 8 septembre 1905, la Calabre a encore été ébranlée par un tremblement de terre. La région dévastée s'est étendue sur une longueur de 100 kilomètres et sur une largeur de 40 kilomètres. Le nombre de victimes a été de 557. Ce cataclysme avait deux épicentres, l'un situé dans le Monte Leone, l'autre dans la haute vallée de Crati.

En 1907 aussi, a eu lieu un tremblement de terre qui fit 500 victimes. Il est à noter que, comme en 1905, il fut précédé d'une augmentation d'activité du Stromboli, qui cessa ensuite d'une façon soudaine. En outre, comme aussi en 1905, il se produisit dans la période des premières grandes pluies d'automne, et il y a peut-être là une relation de cause à effet.

Enfin, en décembre 1908, arriva la plus épouvantable catastrophe que l'on ait jamais enregistrée. Elle eut lieu non seulement en Calabre, mais encore sur la côte de la Sicile située vis-à-vis. Un tremblement de terre accompagné d'une pluie torrentielle et d'un gigantesque raz de marée, détruisit les villes de Messine et de Reggio, causant la mort à près de 300.000 personnes et faisant autant de blessés.

San-Francisco. — Une des plus récentes catastrophes dues aux tremblement de terre est celle qui, en avril 1906, détruisit presque entièrement San-Francisco. Pour en donner une idée très exacte, citons le dramatique récit fait, le lendemain même, par un témoin oculaire. « ... La plupart des habitants, en s'éveillant, se trouvèrent sur le plancher de leurs chambres, où ils avaient été projetés par le tremblement de terre. L'instinct de la conservation les entraînant à quitter leurs maisons qui vacillaient et menaçaient de s'écrouler, tous se précipitèrent au dehors, où ils s'aperçurent que le sol lui-même tremblait, s'élevant en divers endroits, s'abaissant dans d'autres, que les trottoirs avaient été détruits et que de grandes crevasses sillonnaient les rues.

« Les trois minutes qui suivirent furent une éternité de terreur ; probablement une douzaine de personnes et peut-être plus moururent de frayeur durant ce court laps de temps. Puis un grondement pareil au bruit du tonnerre se fit entendre et un peu partout retentit le craquement sinistre produit par les maisons qui s'effondraient. Ce bruit s'éteignit enfin, laissant la terre encore toute tremblante. Les hommes couraient droit devant eux, s'arrêtant à chaque nouvelle secousse, croyant voir la terre s'entr'ouvrir sous leurs pas ; puis, quelquefois pris d'une terreur épouvantable, ils se jetaient la face contre le sol. Deux ou trois minutes s'écoulèrent après la première secousse sans que le peuple eût repris le sentiment de la situation. Alors les sanglots des femmes se mêlèrent aux cris des hommes et, comme mue par une même impulsion, la foule se précipita vers les parcs, pour s'y mettre à l'abri des murs qui menaçaient de s'écrouler. En quelques instants, les parcs étaient remplis de gens en costume de nuit qui hurlaient et sanglotaient à chaque nouvelle secousse. Au bout de quelques minutes, les conduites de gaz et d'électricité étaient rompues, tous les réverbères, dans les rues, étaient éteints. L'aube naquit ; mais avant que ses rayons éclairassent la terre, une gigantesque lueur s'éleva vers l'est, causée par l'incendie qui venait d'éclater dans le quartier des affaires. »

Leçon XXI

Les volcans. — Exemples divers.

RÉSUMÉ. — **1.** Les *volcans* sont considérés comme des *ouvertures de l'écorce terrestre*, qui font communiquer le noyau intérieur du globe avec la surface. On peut les diviser en volcans *continus*, volcans *intermittents* et volcans *éteints*.

2. Les volcans *continus*, comme le *Stromboli* des îles Lipari, le *Kilauea* des îles Sandwich, montrent une *activité sensiblement constante* : la lave incandescente remplit toujours le cratère et bouillonne sans cesse par le dégagement des gaz et vapeurs.

3. Les volcans *intermittents*, comme le *Vésuve*, beaucoup plus nombreux, manifestent leur activité, lors des *éruptions*, par des *explosions souterraines*, suivies d'un *dégagement tumultueux de gaz et de vapeurs* entraînant dans l'air des parcelles de *laves* qui retombent sous forme de *cendres*, de *scories*, etc., puis la *lave s'écoule*, soit par-dessus le bord du cratère, soit plus souvent par des fentes qui se produisent sur les flancs du cône.

4. L'*Etna*, haut de plus de 3.300 mètres et d'une circonférence de 140 kilomètres à la base, est formé d'un cratère principal, accompagné d'un *grand nombre de cratères secondaires*. Il a eu de nombreuses éruptions dont plusieurs très meurtrières.

5. La *montagne Pelée*, à la Martinique, eut en 1902 une éruption terrible qui donna lieu à de nombreuses *nuées ardentes*, projection de gaz et de matières incandescentes qui suivirent la surface du sol (*destruction de Saint-Pierre*).

6. On connaît aussi plusieurs exemples d'*éruptions sous-marines*, notamment aux *îles Santorin* (Cyclades), en 1866.

1. Définition des volcans. Différentes sortes. — Les volcans sont des accidents de l'écorce terrestre qui font communiquer les matières en fusion ignée de l'intérieur de la terre avec l'extérieur (*fig.* 171). Ils sont généralement de forme conique et présentent à leur sommet un large orifice, le **cratère**, entouré des débris rejetés par le volcan. C'est ce cratère, qui, par l'intermédiaire d'un canal, la **cheminée**, communique temporairement ou d'une manière continue avec l'intérieur de la terre.

On peut diviser les volcans en trois groupes : 1° les volcans en activité constante ; 2° les volcans en activité intermittente ; 3° les volcans éteints, ou supposés tels, parce qu'ils n'ont pas eu d'éruption depuis très longtemps.

2. Volcans continus. — On a un exemple des volcans en activité constante ou **volcans continus**, dans le Stromboli, des îles Lipari. Sa hauteur est de 925 mètres et son cratère a

725 mètres de diamètre. Toute la cheminée est remplie d'une lave (sorte de pierre en fusion) qui, de mémoire d'homme, n'a jamais cessé d'y bouillonner. De hardis géologues ont pu apercevoir cette lave au milieu des tourbillons de vapeur qui s'en dégagent, et l'ont vue se soulever toutes les deux minutes pour retomber ensuite; d'énormes bulles de gaz — ayant parfois 1 mètre de diamètre — venaient éclater de temps à autre à sa surface en envoyant de toutes parts des cendres et des scories (roches poreuses).

Un autre volcan continu se trouve aux îles Sandwich. C'est le Kilauea, dont le cratère a 120 mètres de profondeur et 12 kilomètres de tour. La lave, couverte d'écume, y forme quelques lacs qui

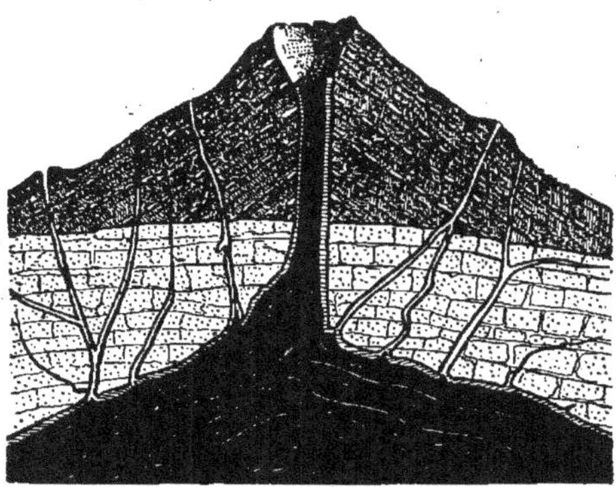

Fig. 171. — Coupe d'un volcan.

sans cesse se montrent à la surface pour disparaître ensuite, en projetant des scories à 20 mètres de hauteur. A certaines époques, la lave est montée beaucoup plus haut et s'est alors écoulée sur les flancs du volcan.

3. Volcans intermittents. — Ces volcans continus constituent, en somme, l'exception. La plupart des autres sont des **volcans intermittents**; ils ont des **paroxysmes d'activité** et celle-ci se manifeste, à intervalles plus ou moins éloignés, par des **éruptions** (*fig.* 172), phénomène en général terrifiant. Pour en avoir une connaissance précise, nous allons décrire une éruption dans un volcan intermittent tel que le Vésuve.

Les signes précurseurs d'une éruption sont peu nombreux. Tout au plus peut-on signaler que les sources voisines se tarissent et que les vapeurs qui s'échappent sans cesse, même en temps ordinaire, du cratère deviennent plus abondantes. C'est alors que les craquements commencent à se faire entendre dans le cratère, dont les parois internes s'effondrent en partie. Puis, tout à coup, s'élance vers le ciel, avec une rapidité inouïe, une énorme colonne de fumée noire, qui, arrivée dans les régions élevées, s'étale horizontalement de manière à avoir la forme générale d'un pin parasol. La colonne de vapeur entraîne avec elle des cendres et des scories, qui ne tardent pas à retomber, les plus gros fragments sur les côtés du cratère, les plus petits, les cendres notamment, à des distances plus ou moins considérables. En 1822, la colonne de vapeur qui s'échappait du Vésuve avait 3.000 mètres de haut. La force avec laquelle elle est projetée est telle qu'elle demeure verticale, même quand elle est située sur le passage d'ouragans terribles. Elle est en réalité formée d'une infinité de bulles de vapeurs qui tourbillonnent rapidement; la nuit, elle réfléchit la lueur d'incendie de la lave et semble en feu. Souvent des éclairs orageux éclatent entre la colonne de vapeur qui est chargée d'électricité positive et des cendres qui retombent, chargées d'électricité négative.

FIG. 172. — Éruption du Vésuve.

L'éruption est accompagnée d'un bruit, tantôt intermittent, tantôt continu, ressemblant à un roulement de tonnerre.

Pendant qu'elle a lieu, la lave sort des volcans, soit par le sommet du cratère, soit plus souvent par des fentes latérales,

devenant autant de *cratères secondaires*. En effet, la pression
exercée par la lave liquide sur les parois de la cheminée volcanique produit souvent des déchirures dans les matériaux relativement meubles du cône, et dès qu'une telle
déchirure s'est produite, la lave en profite pour s'écouler,
plutôt que de s'élever à un niveau supérieur.

Cette lave s'écoule le long des flancs du cône, à des distances parfois considérables, détruisant tout sur son passage
et ne tardant pas à se solidifier au moins à la surface, en
une roche vacuolaire, d'où s'échappent de petits jets de
vapeur ou de gaz.

Puis l'éruption s'arrête, pour ne reprendre que quelques
années après.

La plus ancienne éruption connue du Vésuve est celle qui,
en l'an 79 après Jésus-Christ, causa la destruction de Pompéi
et d'Herculanum (Voir la lecture, page 257). Il a dû cependant
y en avoir d'autres aux temps préhistoriques, car le Vésuve
actuel paraît situé à l'intérieur d'un cratère beaucoup plus
vaste, et en partie ruiné, dont les restes ne seraient autres
que la Somma, qui entoure le Vésuve au nord et à l'est.
Depuis cette première éruption historique, il s'en est produit
un grand nombre d'autres à intervalles assez irréguliers. La
plus récente, qui fut très violente, remonte à 1906.

4. Etna. — Parmi les autres volcans bien connus, l'un des
plus intéressants est l'Etna, situé au nord-est de la Sicile, le
plus grand volcan de l'Europe. « Sa base, dit Elie de Beau-
mont, est baignée par la mer et empiète même légèrement
sur la ligne générale des rivages; sa masse imposante et soli-
taire est complètement détachée des montagnes calcaires et
granitiques qui remplissent une partie de son horizon. La
forme pyramidale de sa cime, l'aspect brûlé de ses flancs, la
disposition de leurs anfractuosités, qui décèle un groupement
autour du centre commun, la belle et riante végétation qui
couvre sa base, les villes, les villages élégants et presque
monumentaux qui s'y détachent sur la verdure, tout y révèle
à l'œil, d'aussi loin qu'il puisse l'apercevoir, un massif à part,
doué d'une existence individuelle, un de ces points où s'est
concentrée de nos jours l'activité de la nature minérale, où
vit une cause sans cesse agissante de destruction et de renou-

vellement, un volcan, à la fois source de désastres par les secousses qu'il occasionne, par les déjections dont il recouvre le terrain, et source de richesses par la nature du sol que font naître à la longue ses produits accumulés. »

L'Etna n'est pas un volcan unique comme le Vésuve. C'est plutôt un ensemble de volcans, contenant un cratère principal et un certain nombre de cratères secondaires, placés sur les flancs du cône principal et que les gens du pays appellent « ses enfants ». Durant fort longtemps, l'activité volcanique fut localisée au fond du grand cirque du *Val del Bove*.

A cette époque, dit M. Fouqué, la forme de l'Etna était celle d'un immense tombeau funéraire, et l'imagination des contemporains pouvait déjà sans peine y voir la tombe d'Encelade enterré vivant, ébranlant le sol de secousses convulsives et exhalant par toutes les fissures du terrain les effluves corrosives de son haleine brûlante.

Au xiie siècle eut lieu une convulsion épouvantable du volcan. Une énorme foule fut écrasée sous les ruines de la cathédrale de Catane.

Une éruption, qui survint en 1693, coûta la vie à 50.000 personnes. Catane fut détruite par une immense vague que la convulsion de l'Etna avait fait naître.

Depuis, l'Etna a eu de longues périodes de repos, coupées par plusieurs éruptions. La dernière grande éruption date de 1865 ; elle se fit jour par un cône parasite situé sur le versant méridional, faisant craquer le Monte Frumento sur une longueur de près de 3 kilomètres. Il s'y forma 6 cratères adventifs de 100 mètres de haut : ceux du haut ne rejetaient que des pierres et des cendres, tandis que, de ceux du bas, sortait de la lave qui s'étendit en nappe sur une longueur de plus de 10 kilomètres.

Une éruption moins importante eut lieu en 1892 et fut accompagnée d'une émission de fumée d'une opacité extraordinaire. La plus récente date de 1899; la pluie de pierres qu'elle donna fut assez forte pour transpercer la coupole de l'Observatoire qui est installée à 2.942 mètres d'altitude.

5. La Montagne Pelée. — Il nous faut encore citer comme volcan tristement célèbre, la Montagne Pelée, qui, en 1902, causa la terrible catastrophe de la Martinique, détruisant en quelques minutes la ville de Saint-Pierre et causant la mort de 28.000 personnes! On trouvera plus loin (voir la lecture, p. 248) un récit de ce drame. Il faut cependant appeler ici l'attention sur ce fait que l'éruption s'y manifesta d'une manière un peu spéciale. Il s'y produisit à de nombreuses reprises ce que l'on a appelé des **nuées ardentes**, c'est-à-dire des vapeurs à la fois très chaudes et très asphyxiantes, qui, au lieu de se dégager de bas en haut comme dans les éruptions ordinaires furent projetées dans une direction à peu près horizontale et même suffisamment plongeante pour suivre la surface du sol. Ce fut une de ces nuées qui, malheureusement dirigée vers la ville de Saint-Pierre, anéantit tout sur son passage, et c'est là ce qui explique la soudaineté et l'étendue de la catastrophe.

6. Volcans sous-marins. — Certains volcans ne se forment pas sur la terre, mais au fond de la mer. Ils s'élèvent parfois assez haut pour dépasser le niveau de celle-ci, et alors constituer des îles, dont l'existence d'ailleurs est souvent temporaire, car les matériaux de peu de consistance qui les constituent sont rapidement attaqués par les flots. Tel est le cas, par exemple, de l'île Julia, qui, en 1831, naquit à quelque distance au sud de la Sicile. Les gouvernements s'en disputaient la possession lorsqu'elle disparut

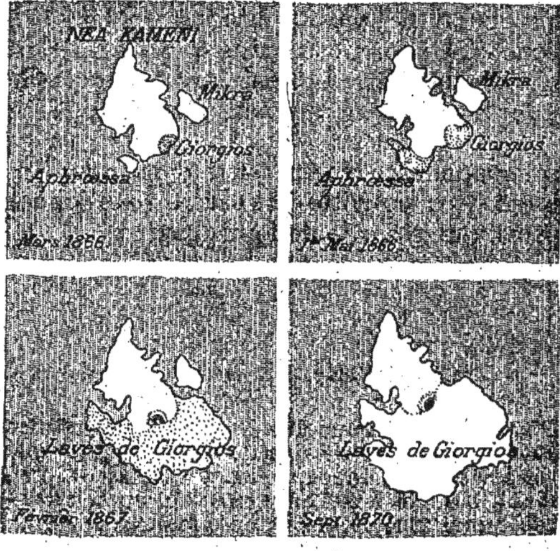

Fig. 173. — Les transformations d'une île volcanique (Nea Kameni).

dans les flots, simplifiant ainsi les pourparlers diplomatiques.

Les volcans sous-marins les mieux connus sont ceux des îles Santorin, qui font partie des Cyclades (Grèce) ; ils ont été particulièrement bien étudiés par M. Fouqué. En l'an 97 avant Jésus-Christ, on vit, au milieu des îles, surgir un îlot nouveau, le *Palæa Kaméni* (ou Ancienne Brûlée). Un autre, le *Mikra Kaméni* (ou Petite Brûlée), se montra en 1573, et un autre encore, le *Néa Kaméni* (ou Nouvelle Brûlée) (*fig.* 173), en 1707. En 1866, la mer se mit à bouillonner et on vit apparaître un rocher qui, le 4 février, à onze heures du matin, avait 25 mètres de long, puis s'accrut rapidement de telle sorte que, le 7 février, il avait 70 mètres de longueur. Le 12 février, cette île, à laquelle on avait donné le nom de *Giorgios* (en l'honneur du roi Georges) était réunie à Néa Kaméni. C'est de la même manière qu'apparut le rocher d'*Aphrœssa*, qui vint se souder à Néa Kaméni. Les éruptions continuèrent ensuite et ne cessèrent qu'en 1870 : à ce moment Néa Kaméni avait quadruplé d'étendue par suite des laves qui en augmentaient sans cesse la surface.

Certains volcans sous-marins restent sans cesse sous les flots et ne manifestent leur activité que par le bouillonnement de l'eau que provoque la sortie de leurs gaz.

LECTURE

Le drame de Saint-Pierre. — La plupart des éruptions volcaniques sont terribles et dramatiques par les ravages qu'elles causent, ainsi que par le nombre des vies humaines qu'elles anéantissent. Peu d'entre elles, cependant, ont été aussi effrayantes et aussi meurtrières que celle qui, le 8 mai 1902, détruisit en quelques secondes la ville de Saint-Pierre, dans notre belle colonie de la Martinique. M. Alfred Lacroix en a donné un récit saisissant.

A huit heures du matin, par un temps radieux, les marins et les passagers qui, du pont des navires en rade, admiraient la haute colonne de vapeurs chargée de cendres, s'élevant verticalement du sommet de la montagne Pelée (c'est le nom du volcan, siège de l'éruption), entendirent tout à coup une détonation formidable, puis ils virent sortir du cratère une masse étrange, globuleuse, noire, sillonnée d'éclairs. Elle roulait à la surface du sol avec une rapidité vertigineuse, dévalant sur les pentes, en même temps qu'elle se dilatait d'une façon effrayante ; elle bondit sur la ville.

A peine quelques-uns de ces malheureux avaient-ils eu le temps de se réfugier dans l'intérieur de leurs navires, que ceux-ci étaient démâtés, coulés ou couchés sur le côté et leur coque, bientôt en feu, couverte de cendres brûlantes. La nuée dévastatrice parcourut encore quelques milliers de mètres, puis s'arrêta, refoulée par un violent vent de retour.

Quand les rares survivants qui, pour la plupart, durent leur salut à leur immersion dans la mer, cramponnés à des épaves, revinrent à eux, un spectacle fantastique se présenta à leurs yeux épouvantés.

La partie nord de la ville s'était évanouie, le reste n'était plus qu'un amas de décombres, flambant de toutes parts. Le drame avait duré un peu moins d'une minute ; 28.000 cadavres étaient couchés sous les ruines de cette grande ville, brusquement rayée de la carte du monde... Puis, ce fut, pendant plus d'une heure, la nuit sombre d'une épaisse chute de cendres...

Sur la vaste surface couverte par la nuée dévastatrice, on observait l'empreinte profonde d'actions d'une puissance à peine croyable. Dans la campagne, sur les flancs de la montagne, toute la végétation et, en particulier, la forêt tropicale avaient disparu comme par enchantement, pour faire place à un vaste champ de cendres blanches, fumantes. La partie de la ville la plus rapprochée du volcan était complètement anéantie, les ondulations de la couche superficielle de cendres faisaient seules pressentir les ruines qu'elle cachait. Les quartiers situés au sud étaient plus ou moins complètement renversés. Et cependant, dans cette vieille ville, entièrement construite en pierres, abondaient les antiques et pesantes constructions, telles que trois églises, dont les murs mesuraient plus d'un mètre d'épaisseur, de vastes casernes, des hôpitaux, l'évêché, la banque, le lycée, le palais de justice, un théâtre, un phare, etc., tout cela était rasé jusqu'au niveau du sol ou ne constituait plus qu'une accumulation de ruines.

La nuée avait laissé la trace de son passage à travers la ville, en transportant vers le sud tout ce qui était transportable et même une statue de bronze, pesant 3 tonnes, trouvée gisant à 15 mètres de son piédestal, en renversant les murs orientés perpendiculairement à la direction, alors qu'étaient relativement respectés les autres dirigés Nord-sud. La connaissance des dimensions de quelques-uns des monuments détruits a permis d'estimer à 130 ou 150 mètres à la seconde la vitesse probable de la nuée, au moment où elle renversait ces obstacles.

Une autre caractéristique du phénomène réside dans l'intensité de la chaleur. Des incendies se sont allumés simultanément dans tous les coins de la ville, mais leurs résultats ont été très inégaux suivant les points considérés. Ils ont été essentiellement l'œuvre des cendres brûlantes en suspension dans la vapeur d'eau. On a estimé, d'après ces effets, que la température de la nuée devait être comprise entre 450° et 1.000° lorsqu'elle atteignit Saint-Pierre. Tous ceux des habitants de Saint-Pierre qui n'ont pas été écrasés, lapidés ou projetés à la mer, ont été brûlés et asphyxiés par ce souffle embrasé.

Leçon XXII

Les volcans (*suite*). — Les produits rejetés.

RÉSUMÉ. — **1.** Les *émanations gazeuses* ou *fumerolles* peuvent se distinguer en fumerolles *sèches* (vapeurs de chlorure de sodium et autres chlorures à température voisine de 500°), fumerolles *acides* (acide chlorhydrique, gaz sulfureux à température de 300 à 400°), fumerolles *alcalines* (beaucoup de vapeur d'eau, chlorure d'ammonium et acide sulfhydrique à température de 200 à 300°), fumerolles *froides* (vapeur d'eau) et *mofettes* (gaz carbonique). Il se dégage aussi de l'hydrogène et des carbures d'hydrogène. On voit les fumerolles se dégager *dans cet ordre,* soit de la lave, soit des fissures du sol, *au même moment* à des distances croissantes du point de sortie des laves, ou *successivement* en un même point.

2. Les *émanations liquides* sont surtout dues à l'intervention des eaux résultant des pluies et de la fonte des neiges. Ces eaux entraînent des cendres et donnent des *déluges de boues,* qui s'écoulent très rapidement et font quelquefois beaucoup de victimes.

3. Les *émanations solides* proviennent des *laves solidifiées* par refroidissement. Les parcelles projetées dans l'air par le dégagement tumultueux des gaz et vapeurs forment, suivant leur volume, les *cendres*, les *lapilli*, les *scories*, les *bombes*.

4. Les laves forment aussi les *coulées*, qui partent le plus souvent de *cratères adventifs*, sur les flancs du cône principal et s'écoulent lentement à une vitesse de quelques dizaines de mètres à l'heure.

5. Suivant la nature de la lave, la surface, solidifiée rapidement, prend l'aspect *cordé* ou *scoriacé*. L'intérieur se solidifie beaucoup plus lentement. Quelquefois ce refroidissement très lent amène la masse à se partager en *prismes* qui, lorsqu'ils sont mis à nu, forment les curiosités naturelles nommées *colonnes de basaltes, chaussées de géants, orgues,* etc.

L'éruption d'un volcan se manifeste, comme nous venons de le voir, par l'émission simultanée de diverses matières qui peuvent être des gaz, des liquides et des solides. Nous allons étudier successivement ces **produits rejetés.**

1. Émanations gazeuses. — Lorsque la lave s'écoule, on voit s'élever au-dessus d'elle de petits nuages de fumée, auxquels on a donné le nom de **fumerolles**; il y en a de plusieurs catégories, comme l'ont révélé leur analyse chimique et la mesure de leur température.

La première catégorie comprend les **fumerolles sèches**, qui ne contiennent pas trace d'eau. Elles se dégagent de la lave en fusion et s'élèvent sous forme de fumées blanches ne tourbillonnant pas. Elles n'ont pas d'odeur et leur température est très élevée, par exemple 500°, c'est-à-dire supérieure à celle de la fusion du zinc. Elles sont presque entièrement formées de sel marin (chlorure de sodium) et de divers autres chlorures.

La deuxième catégorie comprend les **fumerolles acides**, qui se dégagent des laves plus loin du cratère que les précédentes. Elles renferment, outre une énorme quantité d'eau, un mélange d'acide chlorhydrique et d'acide sulfureux qui leur donnent une odeur suffocante. Leur température est de 300° à 400°.

Une troisième catégorie comprend les **fumerolles alcalines**, qui renferment, outre beaucoup de vapeur d'eau, du chlorure d'ammonium, lequel, par décomposition, donne de l'ammoniaque, et de l'hydrogène sulfuré qui, en se décomposant, donne du soufre.

Viennent ensuite les **fumerolles froides**, qui consistent en vapeur d'eau presque pure, et les **mofettes**, formées de gaz carbonique.

On a constaté aussi la présence dans ces différentes fumerolles d'une certaine quantité de *gaz combustibles, hydrogène et carbures d'hydrogène*. Ce seraient ces gaz qui, en brûlant à l'air, produiraient les flammes que l'on voit à certains moments dans la colonne de fumée pendant les éruptions.

Si l'on examine ce que deviennent les fumerolles en un même endroit de la coulée, on voit qu'elles passent successivement par toutes les catégories que nous venons d'énumérer.

2. Émanations liquides. — Nous venons de voir, que dans les fumerolles, il y a généralement beaucoup de vapeur d'eau. D'autre part, dans la plupart des éruptions, l'eau liquide joue un rôle actif. A la suite de pluies abondantes ou de la fonte de neiges, provoquées par l'éruption, il se forme des **déluges de boue**, qui sont plus dangereux que les coulées de lave,

car on n'a pas le temps, comme pour celles-ci, de fuir devant
eux. Ces coulées boueuses ne sont donc pas, comme on
le croit généralement, « vomies par le volcan », mais résultent **indirectement** de son activité. Citons-en quelques
exemples. « L'éruption du Cotopaxi, en 1877, a donné lieu à
des inondations désastreuses. Les avalanches d'eau et de neige
mêlées de débris, qui descendaient le long du grand cône,
s'engouffrèrent dans les ravins de la base, gorges de 60 mètres
de profondeur, à parois verticales, et qui, néanmoins, ne suf-
fisaient pas à débiter de pareilles masses. Plus bas, dans la
région occupée par les cultures, le courant boueux, animé
d'une vitesse de 10 mètres par seconde, inonda le pays sur
une largeur variable de 1 à 10 kilomètres, emportant tout sur
son passage, faisant périr près de trois cents personnes ;
encore, l'événement étant survenu vers le milieu de la journée,
la plupart des habitants avaient-ils pu se réfugier sur les collines voisines. Des blocs de glace arrachés au cône ont été entraînés par ce torrent jusqu'à plus de 80 kilomètres de la cime.
« En Islande, l'éruption de 1861, œuvre de volcans inconnus, situés sous l'immense champ de névé du Vatna, fondit
une telle quantité de neige que la plaine méridionale de l'île
fut entièrement inondée et qu'à plus de 130 kilomètres du
rivage, des navires anglais eurent à traverser en plein océan
un courant d'eau boueuse de 50 kilomètres de largeur. En
outre, depuis cette époque, l'hydrographie de la région a été
complètement changée.
« Les éruptions boueuses de Java sont d'une ampleur
extraordinaire et d'autant plus remarquables que les laves en
fusion font aujourd'hui défaut dans cette île. Les paroxysmes
volcaniques commencent d'habitude par la projection, à des
distances considérables, de cendres et de débris ; puis apparaissent des torrents d'une boue chaude et acide, qui charrie
de gros blocs, et, les abandonnant au moindre obstacle, élève
sur son parcours une foule de monticules où les pierres
gisent confusément dans le limon. Lors de l'éruption du Ge-
lung-Gung, en 1822, plusieurs milliers de personnes furent
ainsi englouties. » (De Lapparent.) Plus de dix mille monticules marquent encore aujourd'hui le chemin parcouru par le
torrent.

3. Emanations solides. — Si l'on excepte les fragments arrachés au cratère même, les émanations solides des volcans sortent en réalité à l'état pâteux.

Fig. 174. — Bombe volcanique.

Les fragments projetés en l'air par le dégagement tumultueux des gaz et vapeurs se prennent rapidement en des masses creusées de nombreux trous, caverneuses, rudes au toucher, souvent enduites d'un émail à la surface : ce sont les **scories**, si caractéristiques des volcans. Lorsque ces blocs ont été expulsés en tourbillonnant, ils prennent un aspect étiré et tordu qui indique bien leur mouvement giratoire : ce sont les **bombes volcaniques** (*fig.* 174), que les Napolitains appellent *larmes du Vésuve*. La grosseur de ces blocs ainsi projetés varie de celle du poing à celle de la tête ; les plus petites portent le nom de *lapilli*. Ils sont parfois portés à 2 ou 3 kilomètres de leur lieu d'émission.

Les émanations solides des volcans peuvent encore se présenter sous forme de **ruisseaux de sable** constitués par des myriades de petits cristaux que l'on a vus quelquefois s'écouler sur les flancs du cône.

Mais l'un des produits solides les plus abondants, ce sont les **cendres volcaniques**, formées de gouttelettes de laves (*fig.* 175) entraînées par les gaz jusqu'à une grande hauteur, puis rapidement solidi-

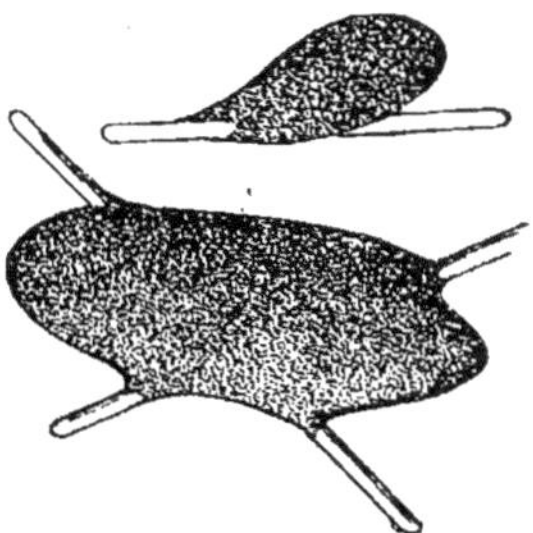

Fig. 175. — Deux particules de cendre volcanique vues au microscope.

fiées par refroidissement, et transportées par le vent jusqu'à des distances parfois considérables : ce sont elles qui ont enseveli Pompéi (voir la lecture, p. 257) et qui, dans la plupart des éruptions, jouent un rôle considérable et parfois désastreux. Elles sont formées de petits cristaux, entiers ou brisés, et surtout de granules d'une matière vitreuse, tantôt libre, tantôt adhérente aux cristaux : il suffit de les voir pour se rendre compte qu'elles ont été fondues, et que, lorsqu'elles présentent des arêtes vives, elles ont été brisées ultérieurement, sans doute sous l'effet d'un refroidissement trop brusque. « L'une des plus fortes éruptions de cendres et de débris est sans doute celle qui eut lieu en avril 1815, dans les Indes néerlandaises, au Temboro, et qui ensevelit complètement la ville du même nom. Les cendres accompagnées de débris et de lapilli couvrirent la mer d'une couche flottante, au milieu de laquelle les navires se frayaient difficilement un passage, et, dans un rayon de 500 kilomètres autour de la montagne, l'épais nuage de cendres faisait nuit noire en plein midi. On a calculé que cette pluie s'était étendue sur un espace plus grand que la superficie de l'Allemagne et représentait un volume de plus de cent kilomètres cubes. La chute des cendres et des débris avait fait périr 12.000 personnes dans l'île de Sumbava, où se trouve le volcan Temboro ; l'île Lombock, située à plus de 120 kilomètres de distance, fut recouverte d'une couche de cendres de 0ᵐ,60, qui anéantit toutes les récoltes, et 44.000 personnes y moururent de faim. A Bruni, dans l'île de Bornéo, à 140 kilomètres au nord du siège de l'éruption, on compte les années

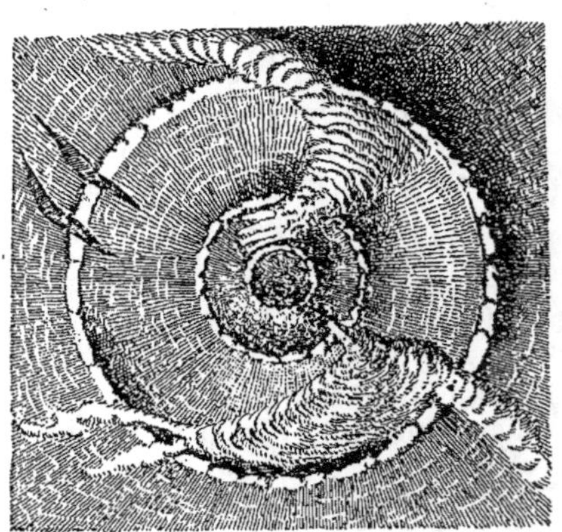

Fig. 176. — Volcan vu par-dessus et montrant l'écoulement des laves.

à dater de « la grande chute de cendres » (De Lapparent.)

4. Coulées de laves (*fig.* 176). — Les émanations solides des volcans ne sont pas toutes projetées en l'air, comme c'est le cas de celles que nous venons d'étudier. Souvent une partie notable s'écoule le long du cône et dans les parages environnants sous forme de **laves**, c'est-à-dire d'une **roche en fusion**, constituée surtout par des silicates. Les laves sortent du volcan, soit en débordant du cratère lui-même, soit plus souvent par les flancs du volcan, qui, sous l'effet de la pression, se tailladent de longues fentes, bientôt jalonnées de petits **cratères adventifs**. Lorsque ces fentes se produisent dans une paroi verticale, la lave s'en échappe sous forme de jet parabolique, puis elle descend le long des pentes du volcan, se divisant souvent comme un véritable *fleuve de feu*.

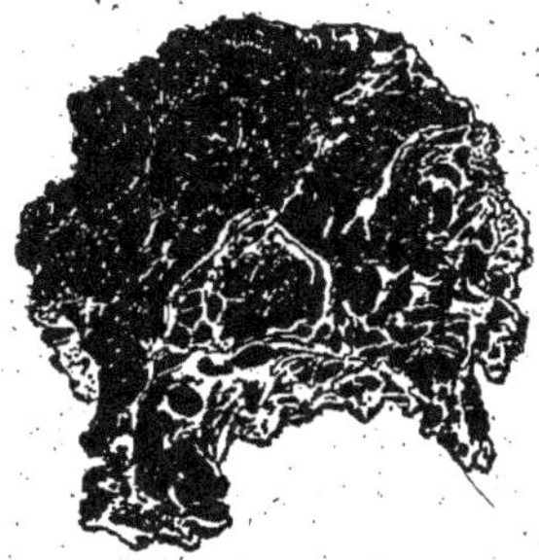

Fig. 177. — Scorie d'un volcan.

5. Solidification des laves. — Si la lave est de nature vitreuse et peut s'écouler dans une plaine, elle se solidifie de manière à avoir une surface plane ou curieusement ondulée : c'est ce que l'on appelle alors des *laves cordées*, dont le plus bel exemple se voit à l'île de la Réunion. Mais, bien plus souvent, les laves, en se refroidissant, se couvrent à la surface de **scories**, c'est-à-dire de roches vacuolaires (*fig.* 177), qui craquent par place et donnent à la coulée un aspect hérissé et déchiqueté. C'est ainsi, par exemple, que se présentent les laves du Vésuve, lesquelles peuvent être comparées, quant à l'aspect, à du coke, dont elles ont la teinte noire. Certaines, de couleur grise et de grain fin, constituent la **pierre ponce**.

Cette lave est, de place en place, soulevée par les vapeurs qui s'en échappent ; si leur explosion est assez forte, elles font naître à sa surface des monticules en forme de pain de sucre creux à l'intérieur et se transformant en autant de **grottes de scories**.

En coulant, la lave se prend en masse à la partie supérieure, sur les flancs et au contact de la roche sous-jacente, c'est-à-dire qu'elle se change en un énorme boyau, dont l'intérieur est à l'état de fusion. Si le contenu liquide continue à s'écouler plus loin, le boyau se vide et ne laisse subsister que sa carapace, laquelle devient, dès lors, un **tunnel** où l'on peut pénétrer et circuler. De pareils tunnels de scories sont communs aux Açores, où quelques-uns atteignent 1 kilomètre de long avec une hauteur de plusieurs mètres.

FIG. 178. — Chaussée des géants.

Enfin, lorsque les laves sont de nature basaltique, elles se divisent, en se refroidissant, en gigantesques colonnades hexagonales, placées les unes à côté des autres, et dont l'effet est des plus pittoresques. Ces **colonnes de basaltes** sont dues tantôt aux volcans actuels, tantôt à des volcans anciens. Elles sont comparables à des orgues immenses. Les plus connus sont les *Orgues d'Espaly*, *de Murat*, *de Saint-Flour*, dans le massif central, la fameuse *Grotte de Fingal*, aux Hébrides, et la *Chaussée des Géants* au nord de l'Irlande (*fig.* 178).

La vitesse des coulées varie naturellement avec la pente et

la nature de la lave. On a noté des vitesses (par seconde) de $2^m,40$ (Vésuve, 1776), $0^m,05$ à 2 mètres (Vésuve, 1855), $3^m,30$ (Mauna-Loa, 1852) et même 8 mètres.

La température des laves est toujours très élevée, puisque, même à de longues distances du point d'émission, on en a vu fondre du laiton et commencer à faire fondre du fil de fer.

Cette haute température se conserve très longtemps dans la partie centrale des coulées, parce que la matière en fusion y est protégée du rayonnement par la gaine de scorie extérieure. On rapporte que Spallanzani, visitant une coulée de lave émise par le Vésuve onze mois auparavant, put enflammer un bâton en le plongeant par un trou fait dans la croûte. Mais le cas le plus remarquable est celui de la lave du Xorullo (1759) : vingt et un ans après sa coulée, on pouvait allumer facilement un cigare en en plongeant le bout dans ses crevasses. Cinquante ans plus tard même, elle était encore chaude.

Malgré cette énorme chaleur, les laves exercent, sur les corps qu'elles rencontrent, une action calorifique assez peu intense, parce qu'elles se recouvrent presque instantanément d'une croûte de scories, matière très mauvaise conductrice de la chaleur. C'est ainsi qu'on voit la lave se mouler autour du tronc des arbres sans le brûler et que, sur elle, un piéton peut marcher tout à son aise, alors qu'à 1 ou 2 mètres de distance, elle est encore en fusion, c'est-à-dire à une température de 1.000° à 2.000°.

LECTURE

La destruction de Pompéi. — C'est en l'an 79 après Jésus-Christ qu'eut lieu la destruction, ou plutôt la disparition de Pompéi, complètement enfouie sous les cendres rejetées par le Vésuve en quantité considérable. Tout en gardant un souvenir ému aux victimes de cette catastrophe inouïe, on ne peut s'empêcher d'être heureux que, grâce à elle, une ville d'il y a deux mille ans ait pu nous être conservée dans ses moindres détails et nous permettre de connaître les mœurs des habitants, comme si nous y avions vécu.

Pompéi était situé au sud de Naples, à 24 kilomètres du Vésuve. C'était une ville d'art et surtout une ville de plaisir. — quelque chose comme Monte-Carlo ou Trouville — où venaient en villégiature la haute société romaine et ceux qui voulaient se distraire; Cicéron et plusieurs personnages connus de l'antiquité y avaient des villas. Un

Fig. 179. — Ruines de Pompéi. Dans le fond : le Vésuve.

tremblement de terre en 63 l'avait déjà détruite en partie ; l'éruption de 79 l'anéantit pour toujours, à un moment où sa restauration était loin d'être achevée. Les fouilles que l'on y a faites n'ont permis de retrouver que 700 cadavres. Or, la ville comprenait 30.000 habitants ; la plupart, donc, purent s'enfuir. Quelques-uns de ceux-ci, on en a la certitude, revinrent après la catastrophe et sauvèrent ce qu'ils purent, fort peu de choses probablement. Un peu plus tard, elle fut en partie exploitée comme carrière : les ouvriers y venaient surtout chercher du marbre, pour construire ailleurs de nouvelles maisons. Puis elle tomba dans l'oubli et fut abandonnée sous son manteau de cendres. Ce n'est que beaucoup d'années après, en 1748, que l'attention fut de nouveau appelée sur Pompéi par un paysan qui y découvrit quelques statues. Charles III y fit commencer des fouilles, qui continuèrent lentement jusqu'à Murat, lequel les poussa activement. Mais ce n'est vraiment que depuis 1860 que l'exhumation de Pompéi a été conduite méthodiquement sous la direction de M. Fiorelli et a fait revivre la ville telle qu'elle était il y a près de deux mille ans ; en la parcourant (*fig.* 179), comme le font aujourd'hui tant de touristes, on en a une vision très exacte, bien qu'il y en ait encore un quart à déblayer.

Telle qu'elle est, Pompéi est encore la plus saisissante évocation de l'antiquité que l'on puisse imaginer. Avec ses rues bien alignées et bordées de trottoirs, ses enseignes, ses boutiques, ses *graffiti*, ses fontaines, la ville semble endormie plutôt que morte. Les murs sont couverts de réclames électorales ; on a retrouvé les tessères (contre-marques) de la représentation théâtrale qui devait avoir lieu ce jour-là : on allait jouer la *Casina* de Plaute. Dans une maison, le plat de haricots qu'on faisait cuire pour le repas était dans le fourneau, les boutiques des boulangers étaient pleines de pain ; des barils d'olives étaient là attendant l'acheteur. Dans la maison de Vettici, il a suffi de nettoyer les tuyaux pour que les jets d'eau du jardin fonctionnent en perfection. Un petit musée a été installé à Pompéi même, mais les objets les plus précieux font l'ornement du magnifique musée de Naples. La ville était entourée de murs et construite sur un plan régulier. La largeur des rues, pavées de lave, ne dépasse pas 9 mètres ; il y a beaucoup de fontaines et les Pompéiens pratiquaient le *tout à l'égout*. Les maisons avaient un ou deux étages au-dessus du rez-de-chaussée, mais celui-ci subsiste généralement seul aujourd'hui. Toutes les ouvertures des maisons sont tournées vers les cours intérieures ; à l'extérieur il y a souvent des boutiques. La disposition de celles-ci est assez uniforme : un comptoir creusé de trous où l'on introduisait des vases de terre contenant les diverses denrées, et derrière le comptoir, un étroit espace. Le logement était au-dessus. Les maisons sont, pour la plupart, fort élégantes à l'intérieur, quoique très petites, sauf les plus riches. Le stuc revêt la pierre et les parois sont couvertes de peintures, aussi fraîches aujourd'hui qu'il y a deux mille ans. Les sujets en sont décoratifs ou mythologiques, d'une mythologie qui fait penser à Ovide plus qu'à Homère. Les moindres ustensiles retrouvés dans les cendres ont ce cachet artistique qui est commun à toutes les productions de l'antiquité. Les monuments publics sont nombreux et témoignent de la richesse de la ville (A. Baudrillart).

Parmi ces derniers, nous citerons particulièrement un immense amphithéâtre, où l'on pouvait admirer les combats des gladiateurs et qui pouvait contenir 20.000 spectateurs. Mais ce qui est plus intéressant, c'est la connaissance que la catastrophe nous a permis de prendre relativement à la vie journalière des habitants. C'est ainsi qu'a pu être reconstituée la vie d'une ferme située à 2 kilomètres de Pompéi. Comme le dit M. R. Cagnat, dans celle-ci, tout se retrouvait à sa place antique et dans l'état ou le volcan avait surpris les hommes et les choses ; on eût dit que la catastrophe datait de la veille. La sonnette pendait encore au montant de la porte d'entrée ; dans les boutiques de la cour, les armoires, consumées par le contact des pierres brûlantes, avaient laissé leur forme si nettement marquée dans la cendre qu'il suffisait d'y couler du plâtre pour obtenir une image fidèle de ce qu'elles étaient autrefois ; les squelettes des chiens gisaient, le collier au cou, devant la loge du portier et devant la cuisine ; à l'écurie, les chevaux étaient encore attachés à leur mangeoire, les porcs couchés devant leur auge, les poulets éparpillés dans le bûcher ou dans quelque coin de la maison.

Grâce à l'ingéniosité de M. Fiorelli, on a pu reconstituer, d'une manière remarquablement exacte, les corps des victimes, qui, depuis longtemps, ont disparu, mais qui ont néanmoins subsisté sous forme de cavités. En coulant du plâtre dans celles-ci, on en a obtenu le moulage (fig. 155), où les attitudes sont extraordinairement expressives. On y voit ainsi des habitants morts tranquillement couchés sur un banc, d'autres les poings crispés et cherchant à se cacher la bouche pour se préserver de l'asphyxie par les gaz suffocants. Certains ont été surpris fuyant dans les rues d'une manière éperdue, tandis que d'autres sont morts, en train de partir pour leurs occupations journalières, ou cachés dans une cave, où ils avaient cru trouver un refuge sauveur.

Leçon XXIII

Les volcans (*fin*). — Leurs causes. — Volcans éteints.

RÉSUMÉ. — 1. Les *volcans* sont généralement situés *à petite distance de la mer;* cependant on en connait aussi qui en sont très éloignés. C'est plutôt l'*existence des failles* qui détermine leur présence. Ainsi ils sont surtout groupés *autour des grands océans,* Pacifique, Atlantique, Indien, et sur la *grande dépression méditerranéenne* parallèle à l'équateur.

2. Les *failles* forment des *lignes de moindre résistance* sur lesquelles le volcan peut s'établir. La *cause des éruptions,* encore mal connue, serait soit la *pression exercée par l'écorce terrestre* sur le noyau central, soit la *vaporisation brusque de l'eau de mer* infiltrée par des failles, soit *plutôt une accumulation de gaz* dissous dans la lave depuis l'origine de la Terre et *se dégageant* par le refroidissement.

3. On connaît beaucoup de *volcans que l'on suppose éteints,* parce qu'ils n'ont pas eu d'éruption depuis longtemps. Quelques-uns cependant *se réveillent après un sommeil de plusieurs siècles,* comme le Vésuve en 79 après Jésus-Christ et la montagne Pelée en 1851. Il y a de nombreux volcans éteints en Auvergne, dans l'Eifel et en Italie.

1. Répartition des volcans. — On a compté qu'il y a environ de par le monde 323 volcans ayant manifesté leur activité dans le cours des trois derniers siècles et 400 éteints depuis longtemps.

De quelle façon ces volcans se répartissent-ils à la surface de la Terre ? Le sont-ils au hasard ou suivant une loi bien définie ?

Il suffit de jeter un coup d'œil sur un planisphère représentant leur distribution (*fig.* 180) pour constater que l'on trouve des volcans sous toutes les latitudes. On a remarqué aussi depuis fort longtemps que à peu près **tous les volcans actifs se trouvent dans le voisinage presque immédiat de la mer.** Cependant il est bon d'ajouter que l'on a quelquefois exagéré ce voisinage. Certains volcans de la chaîne des Andes, comme l'Antisana, sont à plus de 200 kilomètres de la mer ; le Kénia, dans l'Afrique orientale, en est à 500 kilomètres. On connaît dans l'Asie orientale des volcans qui sont à 600 et même à 900 kilomètres de toute masse d'eau salée ou non. Enfin des explorations récentes dans la région du Tibet en ont fait découvrir plusieurs qui sont à environ 1.500 kilomètres du golfe du Bengale et qui ne sont peut-être pas définitivement éteints.

Cette restriction faite, examinons la répartition des volcans autour des grands océans, en commençant par l'*océan Pacifique*, dont on a pu dire qu'il est limité par un *anneau de feu*.

Ce cercle immense commence à la Nouvelle-Zélande, qui, par l'intermédiaire des anciens cratères des îles Viti, se relie aux volcans actifs des Nouvelles-Hébrides, de Santa-Cruz, des îles Salomon. C'est alors que commence la série des magnifiques volcans des îles de la Sonde, qui — en y comprenant les *Philippines* et les *Moluques* — comptent 49 volcans actifs et plus de 100 volcans éteints ou soi-disant tels.

En suivant toujours l'anneau volcanique, on arrive aux îles Kouriles par les volcans fumants de Lieou-Kieou et du Japon. Puis viennent les 38 volcans du Kamtschatka, les 48 cônes des îles Aléoutiennes et celui qui termine la presqu'île d'Alaska. Nous arrivons ainsi à la côte américaine, où s'élèvent deux volcans actifs, auxquels succèdent les volcans de la Colombie anglaise et les volcans en repos de la chaîne des Cascades. Plus loin, nous rencontrons le Mexique, avec ses grands volcans, dont l'un, le Popocatepetl, a 5.421 mètres. Dans l'Amérique centrale, il y a deux chaînes comprenant 25 volcans actifs. Plus au sud, se déroulent

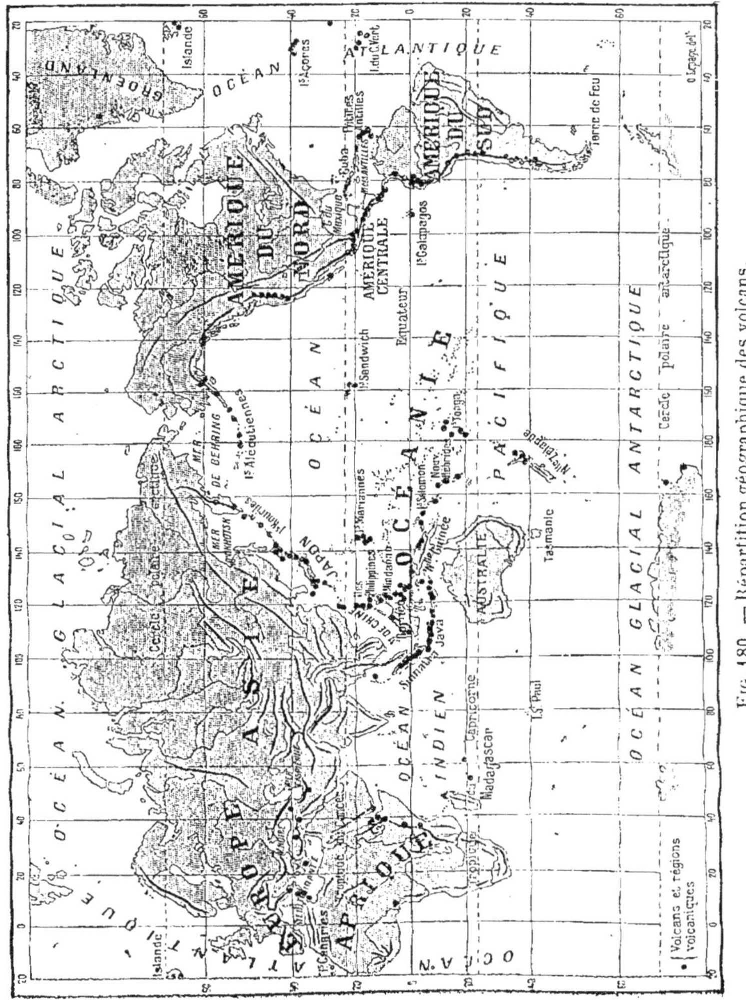

Fig. 180. — Répartition géographique des volcans.

les 16 volcans de l'Équateur, dont le plus célèbre est le Cotopaxi (5.943 mètres). Au Pérou, en Bolivie, on trouve 23 volcans actifs. Enfin l'anneau se ferme par les quelques cratères de la Terre de Feu et des îles Shetland du Sud. A signaler aussi, au milieu de cette immense couronne, les volcans sous-marins qui y abondent et les cratères des Mariannes, des Galapagos et des îles Sandwich.

L'océan Atlantique comprend les volcans de Jan Mayen, de Bird's Island, de l'Islande, des Açores, des Canaries, du cap Vert, de la côte de Guinée, de l'Ascension, de Sainte-Hélène. Cette chaîne se soude à celle du Pacifique par les Shetland déjà citées ci-dessus.

L'océan Indien avec sa dépendance, la mer Rouge, comprend des volcans aux îles Crozet, Amsterdam, Saint-Paul, aux îles volcaniques voisines de Madagascar, à la presqu'île des Somalis, en Abyssinie, en Arabie.

Les trois océans que nous venons de citer constituent trois dépressions allant du sud au nord. Elles sont coupées par une dépression transversale, la dépression méditerranéenne, dont la mer Méditerranée n'est qu'une portion. Or, cette dépression méditerranéenne est, elle aussi, bordée de volcans, notamment ceux des Antilles, de l'Italie, de l'archipel grec, du Caucase, de l'Arménie, de l'Indo-Chine. Les îles Sandwich, des Galapagos, des Canaries, des Açores peuvent aussi être considérées comme situées sur cette grande dépression intercontinentale.

Le fait est donc bien net : les volcans sont placés le long des grandes dépressions du globe. Si l'on étudie les fonds marins qui les bordent, on constate, en outre, que, presque toujours, les volcans se rencontrent **sur le flanc le plus incliné des rides de l'écorce terrestre.** Et l'on est ainsi amené à conclure que, si les volcans se trouvent au bord de la mer, ce n'est pas à cause de celle-ci, mais parce que **ce bord limite une brusque dépression.** Or, la formation de cette dépression a dû avoir pour conséquence de briser l'écorce terrestre (*fig.* 181) ou, tout au moins, d'y créer des lignes de moindre résistance. Et c'est le long de ces **lignes de fractures** que sont nés les volcans, les fractures permettant à la masse ignée du centre de la Terre de se faire jour au dehors en traversant l'écorce terrestre. Cette origine explique pourquoi les **volcans** sont

souvent alignés suivant des lignes droites (car les fentes sont
généralement des lignes immenses), comme on le voit bien
sur la chaîne des volcans du Chili qui s'étend sur 1.500 kilomètres, et dans la série linéaire du Mexique, qui atteint
1.000 kilomètres.

2. Causes des éruptions. — Il y a
donc une relation
entre les volcans et
les lignes de frac-
ture. Mais ce n'est
pas tout que celles-
ci aient mis en
relation la masse
ignée interne avec
l'extérieur. Il faut
encore expliquer
quelle est la force
qui fait sortir les
matières en fusion

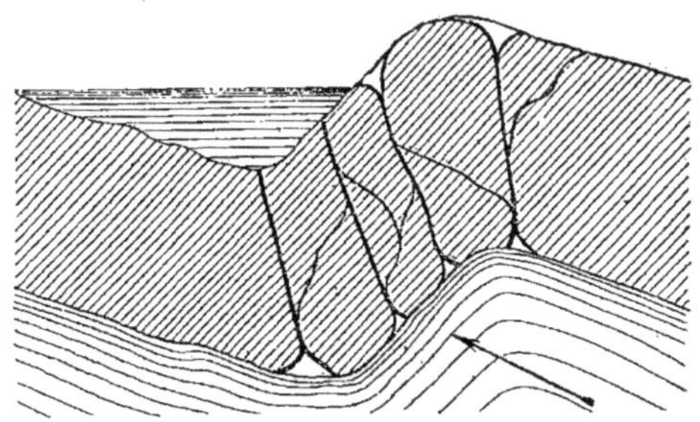

Fig. 181. — Coupe d'un ridement de l'écorce terrestre ayant fait naître des fissures susceptibles
de mettre les matières en fusion de l'intérieur
de la terre en relation avec l'extérieur.

par les fentes ainsi créées, et pourquoi cette sortie ne se produit le plus souvent que par intermittences, sous forme de
paroxysmes ou éruptions, en un mot, il faut expliquer les
causes des éruptions. La chose n'est pas aisée et l'on peut dire
qu'à ce point de vue on en est réduit aux hypothèses.

L'une des forces qui peuvent agir pour provoquer la sortie de
la lave est la pression que peut exercer sur le noyau intérieur
de matières fondues la croûte solide qui se contracte et se
plisse en se refroidissant lentement. Cette pression, on le comprend, sera particulièrement efficace aux endroits où l'écorce
est le moins résistante, c'est-à-dire là où des lignes de fracture permettent à la masse en fusion de s'échapper au dehors.

On peut s'expliquer ainsi le fonctionnement des volcans continus, mais non celui des volcans intermittents.

Pour ces derniers, on a émis l'hypothèse que *l'eau des mers*
peut s'infiltrer par certaines *fissures du sol* jusqu'au contact du
noyau incandescent. Cette eau, en se volatilisant brusquement,
exercerait une pression qui ferait monter les laves avec une force
irrésistible, occasionnerait les explosions qui accompagnent

généralement les éruptions, et se dégagerait finalement à l'état de vapeur en même temps que la lave. Les substances étrangères contenues dans l'eau de mer donneraient, par leur volatilisation ou leur décomposition, les vapeurs ou les gaz accompagnant la vapeur d'eau. On s'expliquerait ainsi l'énorme quantité de vapeur d'eau rejetée pendant les éruptions volcaniques.

Cependant cette hypothèse soulève bien des objections. Citons-en seulement deux.

D'abord, il paraît difficile d'expliquer par cette hypothèse les éruptions des volcans situés à plusieurs centaines de kilomètres de toute masse d'eau, comme nous avons vu qu'il en existe un certain nombre. De plus, même pour ceux qui sont situés à proximité de la mer, on s'explique difficilement comment l'eau des mers pourrait arriver ainsi, avec tous les sels qu'elle contient, jusqu'à des régions où la température est supérieure à 1.000°, sans s'être déjà vaporisée auparavant.

Une autre hypothèse qui paraît avoir plus de chances d'être conforme à la réalité, c'est que le **noyau central contiendrait en dissolution,** depuis son origine, **des gaz qui ont une tendance à se dégager** à mesure que le noyau se refroidit lentement.

On voit certains métaux fondus se comporter de cette façon. Ainsi l'argent fondu dissout l'oxygène de l'air et le laisse ensuite se dégager par refroidissement. S'il s'est formé une croûte solide à la surface avant que tout l'oxygène soit dégagé, on voit à certains moments la croûte se soulever et éclater sous l'effet de la pression des gaz emprisonnés.

On admet donc, dans cette hypothèse, que les *gaz dégagés* du noyau acquerraient après un certain temps une *pression suffisante pour provoquer une éruption,* en profitant des *fissures* que les plissements et les mouvements du sol ont produites en certains endroits. Ces gaz et ces vapeurs seraient d'ailleurs de même nature que ceux qui se sont dégagés à l'origine, dans des conditions analogues, pour former les océans, et on s'expliquerait ainsi leur composition analogue à l'eau des mers. Par conséquent, l'eau dégagée dans les éruptions, bien loin d'avoir été *soustraite* à l'eau des mers par infiltration, viendrait au contraire *s'ajouter* à celle-ci, après s'être dégagée du noyau central à l'état de gaz non combinés.

Cette hypothèse expliquerait notamment un fait constaté dans toutes les éruptions, mais plus particulièrement dans les éruptions sous-marines, comme celle de Santorin (1866). Ce fait est la *présence*, dans les produits des éruptions, *de certains gaz combustibles*, notamment de certains carbures (composés de carbone et d'hydrogène). Ces gaz, dont on s'expliquerait difficilement l'origine marine, proviendraient du noyau incandescent, et auraient échappé à la combustion, dans le tumulte de l'éruption, jusqu'à leur arrivée à l'air. On comprend d'ailleurs qu'ils soient plus abondants dans le cas d'une éruption sous-marine, l'eau de la mer contribuant à refroidir ces gaz avant qu'ils arrivent au contact de l'air.

Cette hypothèse n'exigeant plus nécessairement l'intervention de l'eau des mers s'applique aussi bien à tous les volcans, quelle que soit leur situation par rapport aux océans.

Remarquons d'ailleurs que l'hypothèse n'exclut pas complètement la possibilité de l'intervention des eaux, soit marines, soit douces, dans certains cas, mais ces eaux d'origine externe ne feraient que s'ajouter, dans les couches superficielles du sol, à celles dont nous venons d'indiquer l'origine profonde, et elles ne joueraient qu'un rôle accessoire, au lieu de jouer le rôle principal.

3. Volcans éteints. — On connaît beaucoup de volcans qui n'ont pas manifesté leur activité depuis un certain nombre de siècles. On les nomme pour cette raison **volcans éteints**. Il serait toutefois téméraire d'affirmer pour beaucoup d'entre eux qu'ils le sont définitivement, car on a vu de nombreux exemples du « réveil » de volcans soi-disant éteints.

Le Vésuve nous en fournit un exemple frappant. Nous avons dit qu'il est situé dans l'ancien cratère beaucoup plus large d'un volcan nommé la Somma. Or ce volcan n'avait pas donné d'éruption depuis la période historique de cette région, c'est-à-dire au moins depuis l'époque de la fondation de Rome, en 754 avant Jésus-Christ, et même peut-être depuis beaucoup plus longtemps, lorsqu'il se réveilla en l'an 79 après Jésus-Christ. Son sommeil avait donc été d'au moins huit siècles.

De même, la montagne Pelée n'avait pas donné d'éruption depuis l'établissement des Français, en 1635, jusqu'en 1851, où l'on observa une éruption relativement bénigne.

On pourrait citer beaucoup d'exemples analogues.

Parmi les volcans considérés à tort ou à raison comme éteints, ceux qui nous intéressent le plus sont ceux de l'Auvergne, dont l'ensemble constitue la chaîne des Puys.

Nous allons y revenir dans la lecture ci-dessous, empruntée au beau livre de M. E. Caustier, intitulé *les Entrailles de la Terre*, qui en donne une description très exacte.

LECTURE

La chaîne des Puys. — La chaîne des Puys (*fig.* 182) comprend une soixantaine de montagnes volcaniques alignées sur une longueur d'environ 30 kilomètres. Les unes ont une forme plus ou moins arrondie, à la façon d'un dôme; les autres sont des cônes réguliers,

Fig. 182. — La chaîne des Puys.

à pentes très raides, au sommet desquels s'ouvrent des cratères dont la forme en entonnoir est si bien conservée qu'on les croirait éteints de la veille, et d'où s'échappèrent des coulées de laves qui semblent à peine refroidies. Ces flots de laves ou *cheires* s'étalèrent sur les plateaux environnants, ou, se moulant sur le relief du sol, s'écoulèrent dans le fond des vallées. Par leur aspect hirsute, par leurs blocs anguleux et leur surface mouvementée, ces cheires, cependant éteintes depuis des milliers d'années, ne diffèrent pas des coulées qu'on peut voir aujourd'hui sur les flancs du Vésuve ou de l'Etna. Sans vouloir énumérer tous les volcans qui composent la chaîne des Puys, il nous faut cependant parler de deux d'entre eux qui résument assez bien les deux types de puys : l'un, le *puy de Dôme*, est le type du volcan à forme arrondie; l'autre, le *puy de Pariou*, est le type parfait du volcan à cratère.

Le puy de Dôme est le sommet le plus élevé de la chaîne (1.465 mètres), dont il occupe à peu près le centre. Par suite de sa situation sur le bord du plateau, il domine Clermont et la Limagne, produisant ainsi un grand effet. Aussi, ce mont, s'il n'est pas le plus beau du Massif Central, en est certainement le plus populaire. La roche qui le constitue est la *domite ;* elle est exploitée pour la fabrication du verre ; au moyen âge, on en faisait des cercueils. Au sommet se trouvent les ruines du temple de Mercure, qui fut découvert en 1874, alors que l'on faisait des fouilles pour l'établissement d'un observatoire météorologique. Des fouilles reprises récemment ont mis à découvert d'intéressants documents archéologiques. L'observatoire, situé sur le point le plus élevé, est le premier observatoire de montagne qu'on ait établi, non seulement en France, mais dans le monde entier. Du reste le puy de Dôme était déjà célèbre par l'expérience qui y fut exécutée, le 19 novembre 1648, à la demande de Pascal, et qui démontra l'existence de la pression atmosphérique. De cet observatoire, on découvre une des vues les plus curieuses et les plus grandioses : d'abord ce paysage si étrange, si particulier, des volcans éteints avec leurs cratères béants et leurs coulées de lave que l'on suit facilement de l'œil; plus loin, la riche plaine de la Limagne ; à l'est, le Forez, qui, par l'une de ses échancrures laisse apercevoir, lorsque les conditions atmosphériques sont très favorables, le massif du mont Blanc; au sud, l'intéressant profil des monts Dore ; enfin, à l'ouest, les masses granitiques arrondies du Limousin.

Du sommet du puy de Dôme, on aperçoit le puy de Pariou, qui, avec son cratère régulier, profond de 100 mètres, rappelle assez exactement certains cirques lunaires. Ce cratère, un des mieux conservés de la chaîne, est à 1.210 mètres d'altitude ; il est situé au milieu d'un autre cratère plus grand qui l'enveloppe, un peu comme la Somma entoure le Vésuve. C'est du grand cratère que s'est échappée la coulée de lave dont une branche s'est précipitée dans le pittoresque ravin de Villars que l'on peut suivre pour revenir à Clermont.

D'autres cratères ont été bien conservés, mais ils ont été ébréchés par la pression formidable de la lave qui les remplissait, car ils sont formés de matériaux meubles ne présentant guère de résistance. Tels sont les deux volcans si curieux de *la Vache* et de *Lassolas*. Les scories qui forment ces cônes sont d'une telle fraîcheur qu'on les croirait volontiers nées d'hier, et leurs couleurs si variées et si vives offrent aux amateurs de coloris, surtout à l'heure où le soleil va disparaître, un aspect merveilleux. Par la brèche de ces volcans, la lave s'est écoulée et a formé la magnifique *cheire d'Aydat*, longue de 6 kilomètres et large de plus d'un kilomètre. Les scories panachées de sa surface, les bombes volcaniques de toutes dimensions que l'on y trouve, son aspect écumeux et hirsute, lui donnent un caractère bien typique.

Certains cratères se sont remplis d'eau et ont formé des lacs circulaires, comme ceux de Servières et de la Godivelle-d'en-Haut. D'autres volcans ont contribué à la formation de lacs d'une autre façon : c'est ainsi que le Tartaret a rejeté des laves qui ont barré le gracieux lac Chambon, profond d'environ 6 mètres et d'une superficie de 60 hectares. De même le lac d'Aydat, bien connu des touristes de la région clermontaise, résulte du barrage de la vallée de la Leyre par la coulée de lave issue des puys de la Vache et de Lassolas.

Les volcans d'Auvergne sont éteints depuis longtemps, et il ne reste, comme vestiges des cataclysmes d'autrefois que des dégagements de gaz carbonique et des sources minérales. L'histoire ne dit rien sur ces imposantes manifestations, et, cependant, la géologie permet d'affirmer que l'homme a été témoin des plus récentes. En effet, la coulée du Tartaret passe à Nescher sur des alluvions contenant des os de mammouth et des silex taillés par l'homme ; enfin, on a recueilli à la Denise, près du Puy, des débris de squelette humain.

Leçon XXIV

Phénomènes volcaniques atténués.
Sources thermales et filons métallifères.

RÉSUMÉ. — 1. Les cratères des volcans éteints forment quelquefois des *solfatares*, parce qu'ils continuent à dégager des *fumerolles* qui donnent naissance à un *dépôt de soufre*, que l'on exploite.

2. Les fumerolles forment aussi les *suffioni* ou *soufflards*, que l'on exploite en Toscane pour l'extraction de l'*acide borique*.

3. Les *salses* ou *volcans de boue*, nombreux dans les Apennins et dans le Caucase, rejettent de la boue avec des *gaz*, *souvent combustibles* et à odeur de pétrole.

4. Les *mofettes* sont des dégagements de *gaz carbonique* qui se produisent même dans certaines régions de volcans éteints comme l'Auvergne (*grotte du Chien*).

5. Les *geysers* sont des *sources d'eau chaude jaillissant par intermittences*. Ils déposent souvent sur leurs bords de la *silice*, quelquefois du *calcaire*. On les considère comme des sources chaudes dont la *colonne d'eau est surchauffée dans sa région moyenne* par des fumerolles volcaniques.

6. Beaucoup de *sources chaudes* déposent du *calcaire*, qui forme des dépôts importants de *travertin*. La plupart contiennent des substances qui leur donnent des propriétés curatives (*sources thermo-minérales*). On les distingue, d'après les substances dissoutes, en sources *alcalines, salines, calcaires, siliceuses, gazeuses, sulfureuses, ferrugineuses*, etc.

7. Les *filons métallifères*, formés d'un *minerai* (métal, oxyde, sulfure, etc.), mélangé d'impuretés nommées *gangue*, paraissent formés le plus souvent par la *circulation des eaux thermo-minérales*.

8. Les *métaux* qui entrent dans ces composés ont leur *origine première dans le noyau central* ; mais, une fois qu'ils sont amenés par les *fumerolles* dans les couches superficielles du sol, ils peuvent *circuler entre la surface et les nappes d'eau souterraines*.

Lorsque l'éruption proprement dite d'un volcan est terminée, l'activité de celui-ci n'est pas éteinte ; elle continue à se manifester, souvent pendant de longues années, d'une manière moins violente, mais dont l'importance n'est pas à dédaigner.

Parmi ces phénomènes volcaniques atténués, nous citerons particulièrement les solfatares, les suffioni, les salses et les mofettes, en terminant par les geysers, que l'on peut considérer comme des volcans relativement calmes et d'une nature particulière.

1. Solfatares. — Les **solfatares** sont des volcans qui, ayant cessé de donner des laves, continuent à émettre de l'**acide sulfureux**, dont les vapeurs suffocantes sont faciles à reconnaître, ou de l'**hydrogène sulfuré**, qui, en se décomposant, donne naissance à des **dépôts de soufre**. Le type classique de la solfatare se trouve à Pouzzoles, près de Naples. C'est un petit cône volcanique d'un kilomètre de large, qui, depuis sa dernière éruption, en 1198, ne cesse d'émettre des vapeurs sulfureuses, et cela avec un bruit qui s'entend à plusieurs centaines de mètres de distance. La température de ces vapeurs, mélangées de beaucoup de vapeur d'eau, est assez élevée (environ 360°), ce qui a permis de les utiliser industriellement. Il en est de même dans les îles Lipari, où se trouve une solfatare célèbre; ses parois sont colorées par divers dépôts qui s'y sont formés et qui sont surtout du soufre, de l'acide borique et de l'alun. A signaler aussi l'abondance des solfatares au Chili.

2. Suffioni. — Les **suffioni** ou **soufflards** consistent en des dégagements de vapeur d'eau de 103° à 120°, qui sont disposés par groupes sur des fentes du sol et qui forment des jets verticaux de 10 à 20 mètres de hauteur. Cette vapeur d'eau est condensée par refroidissement dans certains bassins appelés *lagoni*, en même temps que certaines autres vapeurs qui l'accompagnent. C'est ainsi que l'on trouve dans les eaux de condensation de l'*acide borique*, exploité industriellement. Les suffioni sont nombreux en Toscane.

3. Salses. — Les **salses** sont de petits volcans qui émettent des boues renfermant du gaz carbonique, lequel en s'échappant, les fait bouillonner. L'eau qu'elles rejettent est toujours un peu salée. Il y en a dans le Caucase et dans les Apennins. La mer Morte (voir la lecture p. 281) paraît avoir la même origine. De ces boues se dégagent souvent divers gaz combustibles, formés de carbone et d'hydrogène, auxquels on peut mettre le feu; tel est le cas des *terrains ardents*, que l'on voit, par exemple, à Pietra-Mala, en Toscane, et dans le Modénais. Lorsque les gaz se dégagent dans l'eau, ils donnent lieu aux *fontaines ardentes*, dont ia présence autrefois frappait les populations d'étonnement.

Ces dégagements de carbures d'hydrogène par les salses coïncident parfois avec l'existence dans le sol de cavités contenant du pétrole, liquide qui est lui-même formé d'un mélange de carbures d'hydrogène. Tel est le cas aux environs de Bakou, par exemple. Peut-être ce pétrole provient-il aussi des salses, mais on n'est pas encore d'accord sur ce point.

4. Mofettes. — Les mofettes constituent les dernières manifestations volcaniques : elles consistent simplement en émanations de gaz carbonique, seul ou mélangé de vapeur d'eau. Les exemples les plus connus sont ceux de la grotte du Chien et de la vallée de la Mort, sur lesquelles nous reviendrons plus loin (voir la lecture, p. 282).

5. Geysers (*fig*. 183). — Les geysers sont des sortes de volcans d'eau chaude, où celle-ci s'élance dans l'air de manière intermittente.

Fig. 183. — Geyser.

Les plus anciennement connus sont ceux d'Islande, où, d'ailleurs, on leur a donné leur nom qui veut dire « irascible »; il y en a une centaine. Ajoutons qu'il y a des milliers de sources chaudes dans la région et que les geysers ne paraissent être que des cas particuliers de ces sources.

Les éruptions des geysers d'Islande sont aujourd'hui beaucoup moins régulières que vers 1850, époque où on les étudia.

Les geysers sont nombreux également à la Nouvelle-Zélande, notamment sur une ligne de fracture de plus de

200 kilomètres, située dans l'île du Nord entre le volcan de Tongariro et la baie d'Abondance. On trouve le long de cette ligne toutes les manifestations volcaniques atténuées : solfatares, salses et de très nombreuses sources chaudes, parmi lesquelles un certain nombre de geysers. Cependant des modifications sensibles se sont produites dans cette région en 1886, à la suite d'une explosion souterraine qui a détruit notamment l'un des plus beaux geysers, en même temps qu'une magnifique cascade de 25 mètres de hauteur par laquelle l'eau du geyser s'écoulait, sur une série de terrasses d'une blancheur de marbre, jusqu'à un lac du voisinage.

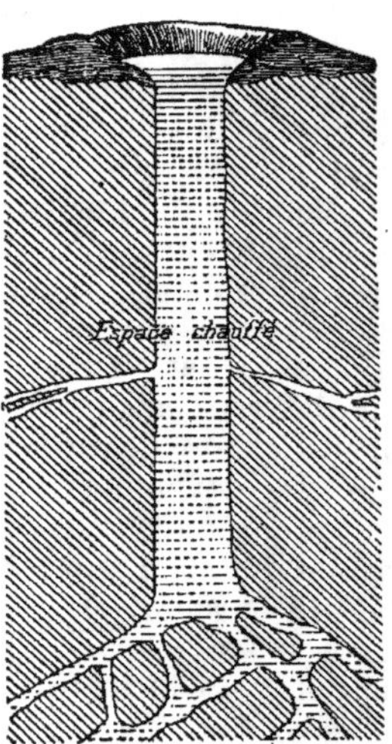

Fig. 184.
Coupe d'un geyser.

Mais où le phénomène geysérien revêt toute son ampleur, c'est dans l'Amérique du Nord, et notamment dans le Parc national du Yellowstone, situé dans les montagnes Rocheuses. Il y a là plusieurs milliers de sources chaudes, dont environ 70 geysers. On peut les classer en trois catégories : 1° les *geysers intermittents*, où la température dépasse celle de l'ébullition (au moment de l'éruption) ; 2° les *geysers jaillissants*, dont la température est toujours celle de l'ébullition et dont l'eau bouillonne continuellement, avec projections fréquentes à 2 ou 3 mètres de hauteur ; 3° les *geysers tranquilles*, dont la température ne dépasse pas 80°, et qui sont, sans doute, d'anciens geysers jaillissants. Ces geysers constituent un spectacle grandiose qui attire nombre de touristes ; certaines eaux s'écoulent en cascades sur des terrasses superposées, dont l'effet pittoresque est merveilleux.

Les geysers ne se contentent pas de rejeter de l'eau chaude, ils déposent encore tout autour d'eux certaines substances qui étaient dissoutes dans celle-ci, notamment de la *geysérite*, matière incrustante constituée par de la silice hydratée ; c'est elle, par exemple, qui forme une sorte de cône autour de la bouche du geyser. Le dépôt de cette geysérite est favorisé par certaines plantes, surtout des algues ou des mousses, qui prospèrent sur ce cône ou dans son voisinage, mais qui se trouvent ensuite enfermées dans la silice déposée. C'est ainsi qu'en creusant les dépôts de geysérite formés autour des geysers, on a pu étudier la flore de la région dans les temps anciens, car les empreintes des feuilles ont été admirablement conservées.

Les geysers de l'Islande et la plupart de ceux du Yellowstone donnent des **dépôts siliceux**; d'autres donnent naissance à des **dépôts calcaires**, à des sortes de marbres blancs ou roses : tels sont ceux qui ont constitué les magnifiques terrasses du Mammouth.

L'éruption des geysers paraît due à une **surchauffe**, par les fumerolles volcaniques, d'un certain point de la colonne d'eau chaude. Si, en effet, on descend à des profondeurs différentes plusieurs pierres attachées à des ficelles, on constate qu'au moment de l'éruption, les pierres supérieures seules sont projetées, ce qui prouve que le point de départ de l'expulsion de l'eau se trouve seulement dans la partie moyenne de la cheminée.

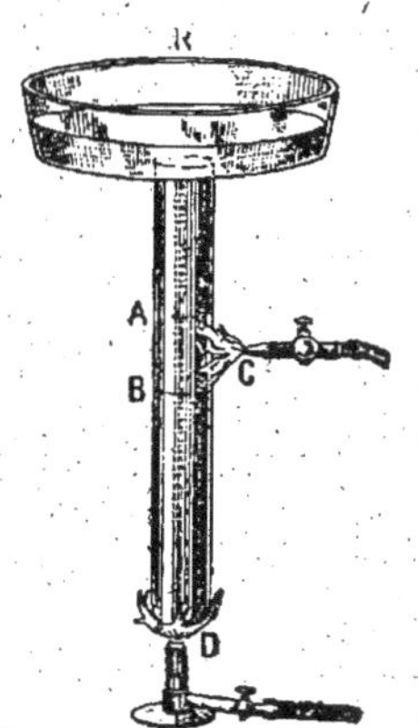

Fig. 185. — Appareil permettant d'imiter les jets d'eau des geysers.

On peut reproduire artificiellement les conditions de l'expulsion de l'eau dans les geysers, à l'aide de l'appareil représenté par la figure 185 et imaginé par Tyndall ; il se compose simplement d'un tube de fer rempli d'eau et qui est chauffé à la fois par la base et par le milieu. Au bout de peu de temps, l'eau est projetée en l'air toutes les cinq minutes.

La source de chaleur qui entoure le tube dans sa région moyenne représente les fumerolles volcaniques qui surchauffent probablement la région moyenne de la colonne d'eau du geyser. Quant à l'autre source de chaleur, elle représente les autres fumerolles qui échauffent l'eau en différents points.

On comprend d'ailleurs que toutes les sources chaudes ne soient pas geysériennes, parce que les conditions de surchauffe dans la région moyenne ne sont pas toujours réalisées.

6. Sources thermo-minérales. — Les manifestations les plus bénignes de l'activité volcanique, ou tout au moins de la chaleur interne du globe, se constatent dans la présence des **sources chaudes,** si répandues un peu partout, en France notamment. Ce sources diffèrent de celles que nous avons déjà étudiées en ce que leur température est notablement supérieure à la moyenne du lieu d'émergence. De plus elles contiennent souvent des principes minéraux qui n'existent pas dans les eaux des sources ordinaires : de là le nom qu'on leur donne de **sources thermo-minérales.**

Un autre caractère de ces sources est d'arriver au jour, non à la jonction de deux couches, l'une perméable et l'autre imperméable, mais par des fentes de l'écorce terrestre. Elles sont souvent disposées par groupes, au voisinage des grandes lignes de dislocation.

Les régions de volcans actifs ou même éteints, comme le Massif central, en contiennent souvent beaucoup, mais on en trouve également dans les régions montagneuses disloquées par les mouvements du sol et dépourvues de centres volcaniques, comme les Pyrénées et les Alpes.

Il est donc probable que certaines d'entre elles n'ont pas de rapport immédiat avec les phénomènes volcaniques et qu'elles ne doivent leur haute température et leur richesse en matières minérales qu'à la disposition des fissures du sol, qui a permis aux eaux d'infiltration de pénétrer jusqu'à une assez grande profondeur et d'effectuer un assez long parcours souterrain avant de revenir à la surface.

Certaines de ces eaux, grâce à leur haute température et au gaz carbonique qu'elles tiennent en dissolution, peuvent dissoudre les calcaires au milieu desquels elles circulent. Arrivées à l'air, elles se refroidissent et perdent leur gaz carbonique ; il en résulte qu'elles ne peuvent plus garder le calcaire qu'elles renfermaient. Celui-ci alors se précipite pour former des roches appelées **travertins.** De telles **sources calcaires chaudes** sont communes dans l'Italie centrale et, dans les incrustations qu'elles donnent, abondent les débris de feuilles. A San Filippe, près· de Rome, des eaux calcaires chaudes ont déposé, en vingt ans, 9 mètres d'épaisseur de travertin.

Nous en avons aussi un bel exemple à Hammam-Meskhoutin (les Bains Maudits), aux environs de Guelma, dans la province de Constantine. Les eaux calcaires de ces sources très abondantes sortent du sol en plusieurs endroits à une température qui dépasse 90°.

Dès qu'elles arrivent au jour, elles déposent autour de la source le calcaire dont elles sont surchargées, de sorte qu'il se forme un cône qui, à la longue, peut atteindre 8 à 10 mètres de hauteur. Ce cône cesse de s'accroître lorsque la pression de l'eau n'est plus suffisante pour faire déborder celle-ci au sommet. L'eau cherche alors une autre issue située plus bas et édifie un nouveau cône.

C'est ainsi que se sont formés ces nombreux cônes dans lesquels l'imagination des indigènes voit les personnages pétrifiés d'une légende.

Cependant aujourd'hui la plupart des sources se sont réunies en un point d'où l'eau s'écoule en une série de cascades sur des terrasses successives formées par le calcaire déposé.

D'autres sources sont chaudes et renferment d'autres matières minérales que le calcaire, ou ne renferment celui-ci qu'en petite quantité; on les désigne sous le nom général de **sources thermo-minérales.**

La **température** de ces sources varie d'un point à un autre. Voici quelques chiffres relatifs à cette question : Mont-Dore (44°); Saint-Nectaire (46°); la Bourboule (56°); Barège (60°); Vichy, Dôme central (61°); Vichy, Grande-Grille (44°); Plombières (74°); Chaudesaigues (81°).

Leur **débit** n'est pas moins variable. En vingt-quatre heures, les sources débitent, à Cauterets, 392 mètres cubes; à Royat, 1.296 mètres cubes; à Bourbon-l'Archambault, 2.400 mètres cubes; à Chaudesaigues, 2.000 mètres cubes.

Leur **régime** est **constant** dans chaque source considérée, c'est-à-dire qu'il ne varie pas suivant les saisons, autrement dit qu'il est indépendant des conditions météorologiques extérieures.

Au point de vue de leur **composition chimique** et de leur utilisation pour soigner les maladies, on peut les classer de la façon suivante :

Sources alcalines. — Elles renferment du bicarbonate de sodium et sont, en général, très abondantes et très minéralisées. Exemple : les eaux de Vichy, de Pougues, de Spa.

Sources salines. — Elles renferment, soit du chlorure de sodium, soit du sulfate de sodium, soit du sulfate de magnésium, et sont purgatives pour la plupart. Exemple : les eaux de Sedlitz, d'Epsom.

Sources calcaires. — Elles renferment du carbonate de calcium. Exemple : les eaux de Hammam-Meskhoutin.

Sources siliceuses. — Elles renferment de la silice qui se dépose rapidement.

Sources gazeuses. — Elles renferment du gaz carbonique en dissolution, ce qui les rend acidulées (eau de Seltz que l'on imite dans l'eau de Seltz artificielle).

Sources sulfureuses. — Elles ont une odeur d'œufs pourris, parce qu'elles renferment des sulfures alcalins et dégagent de l'hydrogène sulfuré ; leur température est, en général, élevée. Exemple : les eaux de Bagnères-de-Luchon, de Barèges, de Cauterets.

Sources ferrugineuses. — Elles ont une saveur d'encre et renferment des sels de fer, qui forment sur les roches des dépôts couleur de rouille. Il y en a beaucoup en Auvergne. On en trouve aussi en Corse (Orezza) et en Algérie (Hammam-Rhira).

7. Filons métallifères. — Enfin, certaines sources chaudes contiennent des substances métalliques bien caractérisées, donnant lieu à des dépôts tout à fait comparables à ceux des filons métallifères.

Le cas se rencontre, par exemple, à Sulphur Bank en Californie : une source y donne naissance à des dépôts de soufre, de cinabre (minerai de mercure), d'oxyde de fer, de pyrite (sulfure de fer), de silice, etc.

Et ceci nous amène à dire quelques mots des **filons métallifères** proprement dits, dont l'origine, cependant, n'est pas toujours celle que nous venons de dire, mais s'en rapproche jusqu'à un certain point, en ce que ces filons sont issus de l'activité intérieure du globe.

Les filons sont des masses de métaux ou de composés métalliques qui remplissent des fentes du sol. Ces filons sont habituellement verticaux, mais il y en a aussi d'horizontaux et surtout d'obliques (*fig.* 186). Beaucoup de ces filons comprennent (*fig.* 187), au milieu, la matière minérale accompagnée d'une matière rocheuse, la **gangue**, formée de quartz, de fluorine (fluorure de calcium), de barytine (carbonate de baryum, etc.).

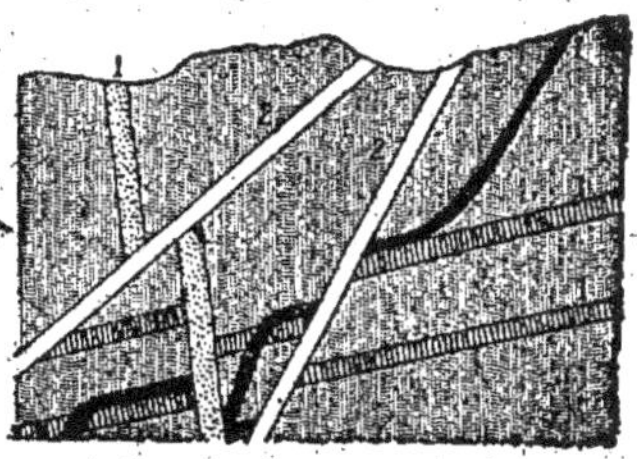

Fig. 186. — Coupe d'un terrain parcouru par des filons (1, 2) de différente nature.

Cette partie centrale est entourée par les **salbandes**, c'est-à-dire par des matières argileuses; enfin viennent, plus en dehors, les **épontes**, c'est-à-dire la roche encaissante.

Les principaux minerais des filons ayant cette constitution — laquelle ne peut s'expliquer que si elle a une origine hydrothermale — sont la *pyrite de fer* (sulfure de fer), la *pyrite de cuivre* (sulfure de cuivre), la *blende* (sulfure de zinc), la *galène* (sulfure de plomb) le *cinabre* (sulfure de mercure), l'*or*, l'*argent*, le *platine*. Il n'est pas impossible, d'après certains géologues, que le diamant n'ait une origine analogue.

Parfois les minerais se sont déposés dans des cavités assez larges, qui portent alors le nom *d'amas filoniens* : on en a un exemple dans les amas de calamine (carbonate de zinc) de la

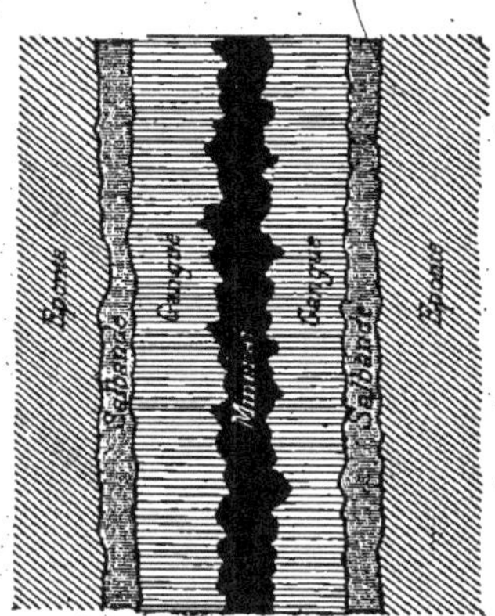

Fig. 187
Coupe en long d'un filon.

Vieille-Montagne, près d'Aix-la-Chapelle.

La richesse des filons varie d'un point à un autre, et c'est ce qui rend toujours un peu hasardeuses l'exploitation de ceux-ci et la spéculation que l'on pratique à leur égard.

8. Circulation des métaux dans les couches superficielles. — Quant à l'origine première des métaux qui figurent dans ces filons, il est bien certain qu'ils proviennent du noyau central et sont apportés par les *fumerolles* ou les roches éruptives. Seuls échappent à cette origine ceux qui peuvent avoir été apportés par les *météorites*, c'est-à-dire ces blocs plus ou moins volumineux qui tombent des espaces célestes, et que l'on attribue à des astres morts et réduits en fragments.

Mais une fois que les minerais sont amenés dans les couches superficielles du sol, ils sont exposés à subir une série de transformations chimiques qui peuvent produire une sorte de circulation des métaux qui y sont contenus.

Si le minerai est exposé à l'air humide et chargé de gaz carbonique, il peut s'oxyder, *se transformer* en carbonate ou en autres sels, et devenir plus ou moins soluble dans l'eau, ce qui permet au métal contenu d'être entraîné par l'eau, de pénétrer dans les plantes s'il est utile à la végétation, ou de retourner avec les eaux d'infiltration dans les régions profondes, où il pourra être soustrait à l'action de l'air et subir dans une autre source une nouvelle influence chimique, qui le fera revenir à son état antérieur de minerai.

Les métaux que l'homme a extraits des minerais pour différents usages ne sont pas eux-mêmes à l'abri de ces transformations, malgré les précautions prises pour les en préserver. Ils s'usent, ils se rouillent, c'est-à-dire se recouvrent d'oxydes, qui sont entraînés par l'eau, de sorte que le métal retourne dans la terre, d'où l'homme l'avait extrait. De même, la parcelle détachée du fer du cheval par le choc sur le pavé, et que nous voyons brûler à l'air en s'oxydant, n'est pas perdue. Elle ne fait que rentrer dans la circulation, qui la ramènera tôt ou tard, après une série de transformations, dans un nouveau gisement de minerai.

LECTURES

1. *La mer Morte.* — C'est au nombre des salses (voir p. 272) qu'il paraît le plus naturel, malgré l'absence de dégagements gazeux apparents, de ranger la mer Morte ou lac Asphaltite. Cette mer intérieure, dont la surface est à 392 mètres et le fond à 700 mètres *au-dessous* du niveau de la Méditerranée, couvre aujourd'hui 1.200 kilomètres carrés ; mais son niveau a été autrefois bien plus élevé, comme en témoignent les couches de marnes gypseuses et de sel gemme étalées sur les flancs des collines environnantes. Elle occupe une dépression dans laquelle on ne peut guère se refuser à voir le résultat d'un gigantesque effondrement longitudinal. La quantité de sel marin y est deux fois plus considérable que dans l'eau de la Méditerranée, et la proportion du chlorure de magnésium dépasse encore celle du chlorure de sodium ; mais c'est la teneur en brome qui est surtout extraordinaire, car elle varie de 1 à 7 grammes par kilogramme d'eau. En revanche, l'iode, si caractéristique des eaux de l'Océan, fait ici défaut. De plus, la quantité de brome augmente avec la profondeur, ce qui laisse supposer que les substances chimiques sont amenées par des sources minérales jaillissant près des bords et surtout au fond du lac. C'est de là également que proviennent les fragments de bitume qui viennent flotter à la surface du bassin. On peut faire la remarque que tous les sels contenus dans l'eau de la mer Morte et celle du Jourdain sont également (à l'exception peut-être du brome) renfermés dans les eaux des sources chaudes du même bassin. D'ailleurs, la composition de la mer Morte ne semble pas la même en tous les points de sa surface et, en quelques endroits, il se dégage des odeurs fétides qui rappellent un mélange de bitume et d'hydrogène sulfuré. Il est donc permis de penser qu'à l'heure actuelle des sources minérales surgissent encore au-dessous du niveau de la mer Morte et que cette dernière doit aux phénomènes internes une composition que, pour aucun motif plausible, on ne saurait attribuer à une intervention antérieure des eaux marines. Le bassin de cette mer est un ancien lac d'eau douce, occupant une dépression produite par effondrement, et dont la composition a été ultérieurement modifiée sous l'influence des phénomènes volcaniques, qui ont agité cette contrée à une époque assez voisine de la nôtre [1].

1. D'après MM. Lartet et de Lapparent.

2. *La grotte du Chien et la vallée de la Mort.* — A Pouzzoles, près de Naples, existe une grotte bien étrange. Les petits animaux — tels que les chiens — que l'on y introduit, ne tardent pas à succomber (*fig.* 188), tandis que les hommes peuvent y circuler sans en être incommodés. Ce phénomène bizarre est dû à ce que cette *grotte*, dite *du Chien*, renferme une assez faible quantité de gaz carbonique, lequel, grâce à sa densité, tombe sur le plancher de la grotte et y forme une nappe — invisible — dont la hauteur, de 50 centimètres environ, est réglée par le niveau du seuil de la grotte. Comme le gaz carbonique est impropre à la respiration, les chiens qui, de par leur petite taille, sont plongés dans cette atmosphère irrespirable, ne tardent pas à y succomber; mais les guides de la région qui font cette expérience devant les touristes ne manquent pas de l'arrêter — par raison d'économie — avant que le dénouement soit fatal; dès que le chien commence à haleter et à s'évanouir, ils le reportent à l'air pour lui permettre de reprendre ses sens — et de servir à nouveau. Bien qu'intéressante, on ne peut s'empêcher de trouver cette expérience un peu cruelle; les chiens, d'ailleurs, en jugent ainsi, car, dès qu'ils aperçoivent un étranger, ils aboient d'une façon lamentable et n'entrent dans la caverne que la queue basse et les oreilles pendantes. Au contraire, quand le touriste s'en va, ils témoignent de leur allégresse. Évidemment, dans leur esprit simpliste, « arrivée d'un touriste » veut dire « commencement désagréable d'asphyxie » et « départ d'un touriste » signifie « fin du supplice. Bon voyage, Monsieur l'étranger! Au plaisir de ne pas vous revoir! »

Fig. 188. — La grotte du Chien.

Il existe une grotte analogue à Royat, près de Clermont-Ferrand. Mais là on n'y asphyxie pas des chiens. On se contente de montrer — ce qui est aussi intéressant — qu'une bougie qui brûle dans la partie supérieure de la grotte s'éteint à mesure qu'on la descend vers le sol. En outre, une bulle de savon que l'on lâche dans le haut de la caverne, vient flotter sur le matelas de gaz carbonique, qui forme une couche au fond ; elle s'y enfonce ensuite lentement, au fur et à mesure que le gaz carbonique y pénètre par diffusion.

Pour s'accumuler dans une dépression du sol, le gaz carbonique n'a pas besoin de se dégager dans une grotte ; il peut le faire à l'air libre. C'est ce qui se voit par exemple dans la *vallée de la Mort* située à Java, dans la région du Guevo Upas. Là se trouve un vaste entonnoir de 30 mètres de diamètre, où se déversent des sources de gaz carbonique assez abondantes pour remplacer celui qui est sans cesse emporté par le vent. La couche de gaz carbonique y atteint 75 centimètres d'épaisseur ; les animaux qui s'y aventurent ne tardent pas à y mourir, et leurs cadavres, dont la décomposition est fort lente, attirent d'autres animaux qui succombent à leur tour. C'est pour cela que cette vallée est semée de cadavres et de squelettes : elle mérite bien le nom qu'on lui a donné.

Une autre vallée analogue a été découverte en 1888 dans la région du Yellowstone par M. Weed, qui lui a donné le nom de *ravin de la Mort*. Ce géologue et ses compagnons étaient descendus dans une région encaissée pour en étudier la constitution minéralogique, lorsque, tout à coup, ils aperçurent un ours. N'étant pas armée de fusils, la bande déguerpit avec une ardeur et une vitesse dont elle ne se croyait certainement pas capable. Mais quelques minutes après cette fuite éperdue, les géologues reprirent leurs esprits et, la curiosité aidant, ils se mirent à regarder de loin l'objet de leur terreur. Ah ! c'était un ours bien débonnaire ! Il ne bougeait pas plus qu'une souche et semblait ne pas se soucier des explorateurs, qui en furent tellement vexés qu'ils se mirent à lui jeter des pierres. La bête ne bougeant pas, les géologues décidèrent d'aller lui demander de près des explications. Celles-ci furent courtes, car l'animal était mort. Bien plus, à côté de lui, il y avait un autre ours mort, puis un autre plus loin, etc., et aucun d'eux ne portait trace de blessure. M. Weed et ses compagnons discutaient ce cas étrange, lorsque eux-mêmes se sentirent malades ; la respiration leur manquait, et ils étaient sur le point de s'évanouir. Ils comprirent aussitôt qu'ils étaient placés dans un ravin où s'écoulait du gaz carbonique ; ne voulant pas imiter l'exemple des infortunés plantigrades, ils grimpèrent rapidement le ravin et furent ainsi sauvés d'une mort certaine.

Le phénomène de l'accumulation du gaz carbonique n'a pas toujours l'ampleur que nous venons de décrire. Ainsi, près du lac Laacher, sur les bords du Rhin, il y a un dégagement de gaz qui s'accumule dans une petite dépression de 70 centimètres de profondeur. Bien que faible, il suffit à asphyxier les insectes qui s'y aventurent et les animaux qui viennent manger ceux-ci. Les bûcherons du pays connaissent bien cette particularité et visitent de temps à autre la dépression en question ; ils ont souvent la chance d'y récolter — à bon compte — quelque belle pièce de gibier.

TABLEAU SYNOPTIQUE DES PHÉNOMÈNES DUS A LA CHALEUR CENTRALE

L'écorce terrestre est le siège de

Chaleur centrale prouvée par
- *l'augmentation de la température* avec la profondeur (1° par 30 à 35ᵐ)
  - mines.
  - puits artésiens.
  - sondages.
  - grands tunnels.
- les *sources thermales*.
- les *phénomènes volcaniques*.

Constitution probable de la terre expliquée par *l'hypothèse de Laplace*.
- *noyau* incandescent.
- *écorce* solide d'environ 60 kilomètres $\left(\frac{1}{100}\text{ du rayon au plus.}\right)$

Mouvements
- **lents**
  - constatés surtout sur les rivages.
  - dus sans doute aux *plissements* de l'écorce terrestre par refroidissement.
  - contribuent à la *formation des montagnes*
  - très variables par l'intensité, l'étendue, la fréquence, la durée,
- **brusques ou tremblements de terre**
  - effets géologiques
    - crevasses et failles.
    - glissements et éboulements.
    - déplacement des sources et épanchements de sable et de boue.
    - *raz de marée*.
  - direction des secousses variable, quelquefois ondulatoire ou rotatoire.
  - propagation
    - *centre*, paraît situé dans l'épaisseur de l'écorce.
    - *épicentre*, premier point atteint à la surface.
    - vitesse variable de 200 a 5 000 mètres.
  - causes probables
    - *tassements* à la suite de l'action dissolvante des eaux.
    - *explosions* volcaniques.
    - *déchirures* et *effondrements* à la suite des plissements.

Phénomènes volcaniques
- **violents : volcans**
  - *continus*, en activité constante et sans explosions violentes (Stromboli, Kilauea).
  - *intermittents à éruptions* précédées et accompagnées d'*explosions* violentes.
    - rejettent
      - des *fumerolles* sèches, acides, alcalines, froides et des mofettes.
      - quelquefois des *déluges de boue* avec l'aide des eaux superficielles
      - des *cendres*, des *lapilli*, des *scories* et des *bombes*.
      - des coulées de *laves* { rapidement à la surface. / qui se solidifient { lentement à l'intérieur.
- **atténués**
  - *éteints*. qui n'ont pas eu d'éruption depuis longtemps.
  - *solfatares*, dépôts de soufre dus à des fumerolles.
  - *suffioni*, fumerolles contenant de l'acide borique.
  - *salses*, rejetant de la boue avec des gaz quelquefois combustibles.
  - *mofettes*. formées de gaz carbonique.
  - *geysers*, sources d'eau chaude jaillissant par intermittences et déposant de la silice.
  - sources thermo-minérales
    - formant des dépôts calcaires.
    - possédant des propriétés curatives.
    - engendrant des *filons métallifères*.

Distribution des volcans : sur les failles de l'écorce terrestre.

causes supposées
- *pression* de l'écorce sur le noyau.
- *vaporisation brusque* d'eau d'infiltration.
- *dégagement de gaz* du noyau par refroidissement.

QUATRIÈME PARTIE

PHÉNOMÈNES ANCIENS

Leçon XXV

Divisions des temps géologiques. — Ère quaternaire.

RÉSUMÉ. — 1. Les temps géologiques se divisent en 4 *ères*, qui sont, en commençant par la plus ancienne : les ères *primaire, secondaire, tertiaire* et *quaternaire*.

2. L'*ère quaternaire*, la plus récente, caractérisée par la *présence de l'homme*, a fourni, dans les vallées déjà creusées de nos cours d'eau actuels, des dépôts importants d'*alluvions* qui témoignent de l'abondance des pluies.

3. Elle a fourni aussi le lœss ou limon des plateaux, dû à l'action des *eaux sauvages* et au *transport de poussières* par le vent.

4. On trouve aussi des alluvions et du lœss dans les *cavernes* des régions calcaires.

5. L'ère quaternaire a vu au moins deux périodes de *grande extension des glaciers* : sur le nord de l'Europe et de l'Amérique et dans la région des Alpes; car, on retrouve des traces de *moraines* et des *blocs erratiques* très loin des glaciers actuels.

6. Des *affaissements quaternaires* ont donné naissance à la *mer Adriatique* et à la *mer Egée*. D'autres mouvements du sol ont *séparé la France de l'Angleterre, approfondi l'Atlantique nord*, permis l'*envahissement des fjords* et fait surgir l'*isthme* de Panama.

7. Les *volcans* si bien conservés de la *chaîne des Puys* se sont établis pendant l'ère quaternaire. Il y a eu aussi des éruptions dans l'*Eifel*, en *Catalogne*, aux *environs de Naples*, en *Sicile* et aux *îles Santorin*.

1. Division des temps géologiques. — Les temps géologiques ont été divisés en quatre ères, qui sont, par ordre d'ancienneté décroissante : l'ère **primaire**, l'ère **secondaire**, l'ère **tertiaire** et l'ère **quaternaire**. Les roches correspondantes forment autant de **séries** désignées par les mêmes noms.

Les détails qui vont suivre nous fourniront l'occasion de montrer comment on a pu établir ces divisions.

Il est naturel d'admettre que les causes de modifications

que nous venons d'étudier sous le nom de **phénomènes actuels** ont fait sentir leur action bien avant l'époque actuelle.

Les *roches les plus anciennes* sont donc celles qui ont dû subir les *modifications les plus profondes*. Il nous semble par suite préférable, dans cette étude élémentaire, de commencer par l'ère la plus rapprochée de nous, c'est-à-dire par l'ère quaternaire.

2. Alluvions quaternaires. — L'ère quaternaire est caractérisée par la **présence** de l'homme. Elle arrive à se confondre insensiblement avec la période historique.

On trouve dans les vallées de nos cours d'eau (Seine, Marne, Somme, etc.) des **dépôts d'alluvions**, graviers, sables et limons, tout à fait comparables aux alluvions actuelles, mais situés à un niveau que n'atteignent plus jamais les eaux lors des inondations les plus violentes.

Ces alluvions, souvent exploitées comme *carrières de sable et de gravier*, ont fourni des *débris fossiles* d'animaux divers, en même temps que des fragments de *squelettes humains* et surtout des *débris de l'industrie humaine primitive*, dont nous parlerons plus loin.

Dans certains endroits, comme à Chelles (Seine-et-Marne), on a trouvé plusieurs couches d'alluvions **superposées**, les *couches inférieures* paraissant avoir été *ravinées par les eaux* pendant le dépôt des couches supérieures.

De plus, on a trouvé dans ces différents dépôts de *nombreux ossements* qui, groupés méthodiquement, ont permis de reconstituer des *squelettes complets*. On a aussi reconnu un certain nombre de mammifères d'espèces encore vivantes; mais, chose curieuse, d'autres squelettes reconstitués appartiennent à des **animaux inconnus** aujourd'hui, tout en se rapprochant de certaines espèces encore vivantes. Ce sont des **espèces disparues**.

Enfin, autre fait très important, les espèces disparues changent d'une série de couches à la série suivante. Il y a donc eu *disparition pour certaines d'entre elles* et *apparition pour d'autres*, si bien que l'on peut considérer **telle espèce** convenablement choisie comme **caractéristique** d'une époque donnée.

Nous comprenons donc d'après cela que l'on peut déterminer l'âge relatif des dépôts sédimentaires, soit d'après leur ordre de superposition quand ils se trouvent *en un même lieu*, soit par les fossiles qu'on y trouve quand ils sont en des *lieux différents*.

C'est ainsi qu'on distingue dans les alluvions quaternaires :

1° L'âge de l'**Eléphant antique**, *espèce aujourd'hui disparue*, dont les débris se trouvent dans les graviers qui paraissent les plus anciens, puisqu'ils sont recouverts par les autres;

2° L'âge du **Mammouth**, *autre espèce* d'éléphant également *disparue;*

3° L'âge du **Renne**, *espèce encore vivante*, mais cantonnée aujourd'hui dans les régions septentrionales.

De plus, la présence de ces dépôts superposés à quelques mètres seulement au-dessus du niveau actuel des eaux montre que la *vallée de la Marne était déjà creusée*, à peu près comme aujourd'hui, au moment où ces alluvions se sont déposées.

Des faits analogues montrent qu'il en était de même pour la plupart de nos vallées actuelles. Par suite, le niveau plus élevé des alluvions anciennes semble montrer que la *masse d'eau* transportée alors par nos cours d'eau était *plus considérable qu'aujourd'hui*. Ainsi la *Seine* devait avoir *plusieurs kilomètres de largeur* et la *Somme au moins un kilomètre.*

Voilà donc un premier indice de **pluies abondantes** à certains moments de la durée des temps quaternaires.

3. Lœss ou limon des plateaux. — Sur les plateaux qui bordent les vallées, on trouve en beaucoup d'endroits un *dépôt argilo-sableux* coloré en gris jaunâtre par de *l'oxyde de fer* et mélangé de *petites masses calcaires* de formes bizarres appelées **poupées.** La partie supérieure est souvent plus rouge et presque complètement dépourvue de calcaire. On nomme ce dépôt **lœss** ou **limon des lateaux.**

Son *épaisseur* varie, suivant les endroits, depuis *quelques mètres* aux environs de Paris jusqu'à 20 ou 30 mètres en Belgique, et jusqu'à plus de 400 mètres en Chine, dans la vallée du fleuve Jaune. De plus on le trouve à des *altitudes très variables.*

Les *fossiles* qu'il contient sont surtout des coquilles de mollusques *terrestres*, si bien conservées en général qu'elles n'ont pas dû être charriées par un cours d'eau.

On considère le lœss comme s'étant formé, en partie par les *eaux sauvages* entraînant lentement, sur des pentes légères, des boues fines entremêlées de petites pierres, et en partie par l'*action du vent*, qui, pendant les périodes de sécheresse, a pu amener des poussières, lesquelles ont été incorporées ensuite au sol par les pluies.

La *partie supérieure*, plus rouge et débarrassée de calcaire, paraît due à la transformation sur place du limon primitif par *oxydation des sels de fer* et *dissolution du calcaire*, entraîné plus profondément par les eaux d'infiltration pour former les poupées. Elle sert à la fabrication des *briques*, des *tuiles* et des *poteries communes.*

4. Cavernes. — Des dépôts analogues de graviers et de limons quaternaires ont été trouvés dans les **grottes** ou **cavernes**, creusées par les eaux dans les régions calcaires. Ils paraissent avoir été amenés tantôt par les *inondations*, tantôt par le *glissement* des limons superficiels dans les fentes du calcaire.

5. Extension des glaciers. — On trouve jusque vers Lons-le-Saulnier, Bourg, Lyon, Vienne, des **blocs erratiques** (voir page 184), d'origine alpine, et des traces importantes de moraines, qui, en certains endroits, se superposent à des alluvions quaternaires, et, par suite, sont **postérieurs au dépôt de ces** alluvions. On en a conclu que les **glaciers quaternaires alpins** se sont étendus jusque dans ces régions.

En étudiant tout l'ensemble du massif alpin, on est arrivé à reconnaître que les *champs de neige et de glace* y occupaient alors une *surface* environ 40 *fois plus grande qu'aujourd'hui*, et les stries glaciaires ainsi que les roches polies ont permis d'évaluer à *plus de 1.000 mètres l'épaisseur de la glace* en certains endroits.

On a pu reconnaître de la même façon l'existence de *glaciers quaternaires* importants dans les *Pyrénées* et même le *massif central* et dans les *Vosges.*

De même, *tout le nord de l'Europe* était recouvert d'une immense *calotte de glace* qui s'étendait jusque vers le 50ᵉ *degré de latitude*, c'est-à-dire jusque vers Londres, Berlin, Moscou.

Dans l'*Amérique du Nord*, la limite méridionale des glaces s'avançait encore plus au sud, *vers le 40ᵉ degré.*

On a même pu distinguer l'existence de *deux extensions* successives des glaces, séparées par une période de retrait; la *première*, la plus considérable, tout au *début des temps quaternaires*, et la *deuxième* à l'*âge du Mammouth*.

Nous avons là une deuxième preuve de l'**abondance des pluies et des neiges** à certains moments des temps quaternaires.

6. Mouvements du sol. — Certains îlots de l'Adriatique et de la mer Egée contiennent de nombreux ossements de grands mammifères quaternaires qui n'auraient pas pu vivre en aussi grand nombre sur des surfaces aussi restreintes.

On en conclut que ces îlots ne sont que des **restes de continents effondrés.** Ce serait donc pendant les temps quaternaires que se seraient formés la *mer Adriatique*, la *mer Egée*, ainsi que les détroits des *Dardanelles* et du *Bosphore* qui réunissent cette dernière à la mer Noire.

C'est aussi à cette époque que la *France s'est séparée de l'Angleterre*, car les pêcheurs de la mer du Nord relèvent quelquefois dans leurs filets des ossements de Mammouth.

Il a dû y avoir aussi dans l'*Atlantique nord* des *affaissements* qui n'étaient que la continuation de ceux dont nous aurons à parler à propos de l'ère tertiaire.

On a constaté encore des mouvements importants du sol dans la *région scandinave.* C'est alors notamment que la mer a dû, à la suite d'un *affaissement, envahir les fjords* abandonnés par les glaciers.

Enfin, c'est encore à la même époque que l'isthme de Panama s'est formé, réunissant les deux Amériques jusque-là séparées.

Les *affaissements progressifs de l'Atlantique nord*, ainsi que l'*établissement de l'isthme de Panama*, ont pu influer à plusieurs reprises sur le *régime des courants marins* et, par suite, sur le *régime des pluies* et sur le *climat* de nos régions. C'est là sans doute l'explication de l'*extension* et du *retrait des glaciers* suivant les moments.

Malgré leur importance relative, les mouvements du sol pendant l'ère quaternaire n'ont pas réussi à faire émerger des formations marines importantes, comme nous en trouverons dans l'étude des ères plus anciennes.

7. Les volcans quaternaires. — Les volcans éteints formant la **chaîne des Puys**, en Auvergne (voir page 268), s'établirent pendant les **temps quaternaires**, car leurs **coulées de laves se superposent** à certains endroits à **des alluvions quaternaires.** De plus, certains d'entre eux, comme le puy Pariou, sont si bien conservés qu'ils n'ont pas dû être recouverts par les glaciers.

On a trouvé d'autres traces de l'activité volcanique à cette époque dans l'*Eiffel*, en *Catalogne*, en *Sicile*, où l'*Etna* a commencé alors ses éruptions, aux *environs de Naples*, où la *Somma* (voir page 245) fonctionnait sur l'emplacement actuel du Vésuve, enfin dans la mer Egée, où sont établis les volcans sous-marins des îles Santorin, encore en activité.

Tous ces phénomènes volcaniques paraissent en relation avec les effondrements cités plus haut dans la région méditerranéenne et avec d'autres plus anciens dont nous parlerons à propos de l'ère tertiaire.

LECTURE

Ce que l'on pensait autrefois des fossiles. Voir p. 302 la *Lecture* de la XXVIe Leçon.

Leçon XXVI

La faune, la flore et le climat quaternaires. L'homme préhistorique.

RÉSUMÉ. — **1.** Les animaux à sang froid étaient les mêmes qu'aujourd'hui. Parmi les Oiseaux, on trouve, avec les Oiseaux actuels, des espèces disparues, comme le *Dinornis*. Parmi les Mammifères, en plus d'espèces actuelles, comme le *Cheval*, on trouve des *espèces disparues*, herbivores comme l'*Eléphant antique*, le *Mammouth*, le *Cerf à grandes cornes*, ou carnivores, comme le *Machairodus*, l'*Ours des cavernes*, et des espèces actuelles aujourd'hui *émigrées*, soit vers le sud, comme le *Lion*, le *Tigre*, soit vers le nord, comme le *Renne*, soit vers les hautes montagnes, comme le *Chamois*. L'Amérique du Sud a fourni de très grands Edentés, comme le *Mégathérium* et le *Glyptodon.*

2. La flore quaternaire, très voisine de la flore actuelle, montre aussi des migrations d'espèces soit vers le sud, comme le *Laurier*, le *Figuier*, l'*Oranger*, soit vers les régions froides ou montagneuses, comme nos plantes alpines. L'*établissement des tourbières* actuelles remonte à l'ère quaternaire.

3. Le *climat*, d'abord *chaud* avec l'Eléphant antique, devint *froid et humide* avec le Mammouth, puis *froid et sec* avec le Renne, enfin *tempéré et humide*, comme à l'époque actuelle.

4. Les restes de l'industrie humaine primitive ont permis de diviser l'histoire de l'homme quaternaire en deux époques :

a) L'*époque de la pierre taillée*, où les instruments de pierre sont simplement taillés par éclats. On y a distingué la *phase chelléenne*, avec une seule forme d'instruments (haches) ; la *phase moustérienne*, avec instruments de silex de formes variées (haches, scies, couteaux, etc.) ; la *phase solutréenne*, avec instruments encore plus variés (grattoirs, perçoirs, burins, etc.) ; et la *phase magdalénienne*, où l'on voit apparaître les instruments *en os ou en bois de renne* (harpons, sagaies, flèches), ainsi que les *premiers essais de sculpture et de gravure*.

b) L'*époque de la pierre polie*, où les instruments de silex sont *polis après avoir été taillés*, et où l'homme devient *pasteur* et *agriculteur*. On y voit apparaître l'*usage des poteries*, puis du *bronze* et enfin du *fer*.

1. La faune quaternaire. — Les Invertébrés et les Vertébrés inférieurs, à sang froid (Poissons, Batraciens et Reptiles), de l'ère quaternaire sont sensiblement les mêmes que ceux de l'époque actuelle.

Parmi les oiseaux quaternaires, il convient de citer les Dinornis (*fig.* 187), dont la taille atteignait 4 mètres de hauteur ; leurs ailes, comme celles de

Fig. 187. — Dinornis.

l'Autruche, étaient en partie atrophiées, le sternum aplati et dépourvu de bréchet ; leurs pattes lourdes et massives rappelaient celles des Coureurs actuels. Leurs œufs avaient une capacité de 5 à 6 litres et équivalaient à 3 ou 4 œufs d'Autruche. Ces Oiseaux, en partie dépourvus d'ailes, étaient mal armés pour se défendre contre les grands carnassiers de l'époque, aussi disparaissent-ils assez rapidement de nos contrées, subsistant un peu plus longtemps en Nouvelle-Zélande, où l'on retrouve leurs débris et où leur dernier représentant existe encore avec l'*Aptérix*. Ils sont remplacés par les nombreux Oiseaux actuels qui, plus petits et pourvus d'ailes puissantes, peuvent, en s'élevant dans l'air, se défendre de leurs ennemis.

Les Mammifères quaternaires, dont l'évolution est des plus intéressantes, appartiennent aux **Proboscidiens**, aux **Ruminants**, aux **Edentés** et aux **Carnassiers**.

a) Proboscidiens. — Les **Proboscidiens** sont représentés pendant l'ère quaternaire par des Eléphants. Ces Eléphants, descendants directs des Mastodontes du tertiaire, se trouvent

FIG. 188. — Mammouth (reconstitué).

déjà, vers la fin de cette ère, avec l'*Eléphant méridional*, qui mesurait 4 mètres de hauteur sur 6ᵐ,50 de longueur. Cet animal, grâce à sa grande taille, à sa peau épaisse, peut persister pendant toute la durée de la première extension glaciaire ; il est remplacé, au moment de la période interglaciaire, par l'*Eléphant antique*, de taille plus modeste, lequel lui-même fait place, au retour du froid, lors de la deuxième période glaciaire, au *Mammouth*, dont les Eléphants actuels sont les descendants directs. Le **Mammouth**, dont on a trouvé des exemplaires entiers conservés avec leur chair et leur peau dans les glaces de la Sibérie (*fig.* 188), se distinguait de nos Eléphants actuels

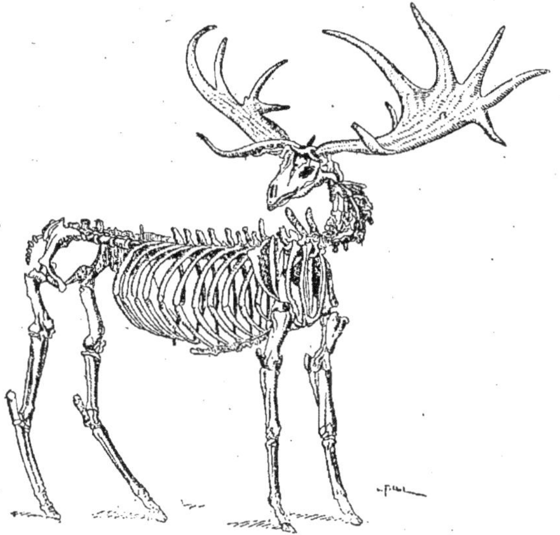

Fig. 189. — Cerf à grandes cornes.

par la courbure en demi-cercle de ses monstrueuses défenses, par son corps couvert de longs poils roux, par la crinière qui flottait le long de son épine dorsale et sur son cou; cet animal était donc organisé pour supporter le froid.

A côté des Mammouths vivaient des **Rhinocéros** dont le plus connu est le *Rhinocéros à narines cloisonnées*, qui portait *deux cornes* énormes de plus d'un mètre de long; sa peau, comme celle du Mammouth, était recouverte d'une épaisse fourrure.

On sait qu'aujourd'hui les Eléphants et les Rhinocéros ont émigré dans les régions chaudes et ont la peau presque nue;

toutefois il est intéressant de remarquer qu'à leur naissance ces animaux sont couverts de poils, rappelant ainsi leurs ancêtres quaternaires.

A ces grands herbivores, il faut ajouter le **Cheval**, déjà apparu à la fin du tertiaire, ainsi que de **nombreux Rongeurs**, d'espèces encore vivantes.

Les **Ruminants** se multiplient au quaternaire, et leur caractère commun est d'être pourvus de *grandes cornes*, admirables organes de défense qui se sont développés avec l'appa-

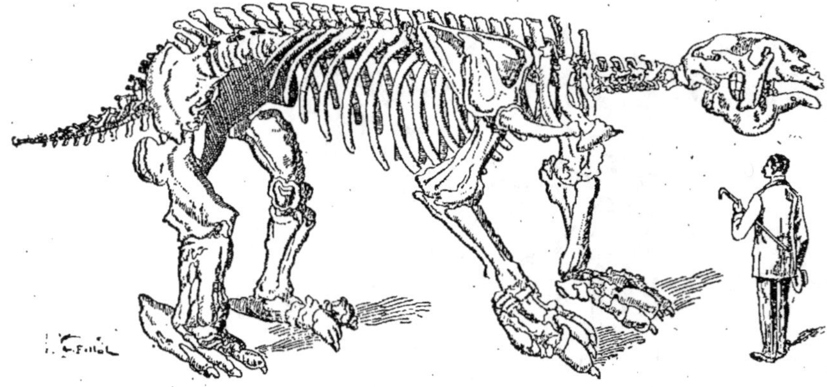

Fig. 190. — Squelette de Magathérium.

rition des carnassiers. Les types les plus importants sont le **Cerf** (*fig.* 189) et le **Renne**, dont les bois ont été utilisés par l'homme primitif; le *Bœuf musqué*, retiré aujourd'hui avec le Renne dans les contrées boréales; le *Bouquetin* et le *Chamois*, confinés actuellement sur les hautes cimes des Alpes et des Pyrénées.

Les **Edentés** étaient surtout développés en Amérique, où ils étaient représentés par des animaux de grande taille, dont les plus connus sont le **Mégathérium** (*fig.* 190) et le **Glyptodon** (*fig.* 191).

Le *Mégathérium* avait une taille énorme et l'aspect d'un Rhinocéros; sa dentition le rapproche des Edentés; le *Glypto-*

don était, comme le Tatou, recouvert d'une carapace de 2 à 3 mètres de longueur, qui servait d'abri, après la mort de l'animal, aux hommes quaternaires.

Fig. 191. — Glyptodon.

Les **Carnassiers** étaient représentés par des espèces sanguinaires, telles que le **Machairodus** (*fig.* 192), déjà apparu au Tertiaire, l'*Hyène des cavernes*, plus grande que l'Hyène actuelle, le *Lion* et le *Tigre*, à mâchoires puissamment armées de fortes et longues canines, enfin l'**Ours des cavernes**, terrible à cause de sa grande taille. Ces **Carnassiers** régnaient en maîtres

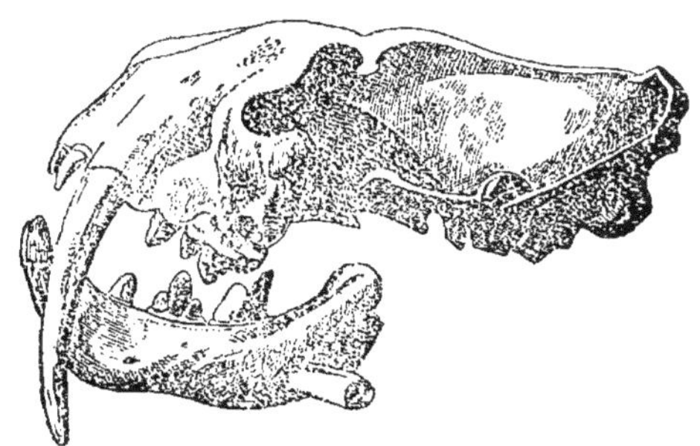

Fig. 192. — Crâne de Machairodus.

sur la terre, tuant les animaux plus faibles qu'ils emportaient et dévoraient dans les cavernes, quelquefois s'entre-dévorant entre eux. C'est avec ces animaux que l'homme primitif fait son apparition sur la terre.

2. Flore quaternaire. — La flore quaternaire est identique à la flore actuelle. Toutefois un certain nombre de plantes ont émigré vers le nord, après la période glaciaire, ou se sont réfugiées au sommet des hautes montagnes : ce sont nos plantes alpines. D'autres, au contraire, comme le Figuier, le Laurier, l'Oranger, qu'on trouve en grand nombre à la période interglaciaire, se sont retirées vers le sud, à l'apparition du climat actuel.

Ajoutons que, dans les dépressions du sol envahies par les eaux claires, les **Mousses** et en particulier les *Sphaignes* s'établirent au début de la période actuelle, donnant naissance aux **tourbières**, qui sont ainsi de date relativement récente.

3. Les climats quaternaires. — Les trois faunes successives déjà citées plus haut (page 287), comme caractéristiques du quaternaire, paraissent en relation avec les variations de climat déjà montrées par les phénomènes glaciaires.

La première, comprenant l'*Eléphant antique*, des *Rhinocéros* et des *Hippopotames d'espèces disparues*, devait correspondre à un **climat chaud** pendant le retrait des glaces de la première extension, car ces animaux ont aujourd'hui leurs analogues dans les régions chaudes.

La deuxième, avec le *Mammouth* et d'autres animaux pourvus comme lui de longs poils, paraît être adaptée au **climat froid et humide** de la deuxième extension glaciaire.

Enfin, la troisième, avec le *Renne* et d'autres animaux dont les espèces, encore vivantes, sont aujourd'hui réfugiées dans les régions de **climat froid et sec** ou sur les hautes montagnes, semble indiquer pour nos régions un climat de même nature.

Puis on arrive insensiblement à la faune actuelle, en même temps que s'établit le **climat tempéré et humide** qui règne encore de nos jours.

4. L'homme préhistorique. — L'apparition de l'homme pendant la période diluvienne n'est à l'heure actuelle niée par personne; elle est prouvée par la découverte de **silex taillés** dans les dépôts de cette époque. C'est en 1849 que Boucher de Perthes, dans ses *Antiquités celtiques et antédiluviennes*, affirma que certaines pierres, trouvées par lui dans les carrières de sables quaternaires des environs d'Abbeville, avaient été taillées *intentionnellement* pour servir d'armes, et il n'hésita pas à en rapporter la fabrication à l'homme primitif. Depuis, de nombreux savants ont étudié ces silex taillés; d'autres découvertes ont été faites, et tout démontre qu'à la fin de la **première extension glaciaire notre ancêtre existait.**

L'homme de ces temps reculés ne nous a laissé des preuves de son existence, en dehors de quelques fragments de squelettes, que par les restes de son industrie : silex taillés, haches, racloirs, dessins sur bois de renne ; aussi le désigne-t-on sous le nom d'**homme préhistorique**, son étude constituant la préhistoire.

Dès le début, c'est avec la pierre, généralement le silex, que l'homme a commencé à fabriquer ses armes et ses outils ; il ne s'est servi des métaux que plus tard, d'où deux grandes divisions dans les temps préhistoriques : l'âge de la pierre et l'âge des métaux.

Fig. 193. — Pierre taillée emmanchée.

Fig. 194. — Pierre polie emmanchée dans un os.

Les plus anciens objets en pierre sont toujours taillés par éclats successifs ; les plus récents sont, pour la plupart, polis à leur surface ; d'où deux époques dans l'âge de pierre : l'époque de la pierre taillée (*fig.* 193) ou **paléolithique**, et l'époque de la pierre polie (*fig.* 194) ou **néolithique**. La première coïncide avec la *période diluvienne ;* la seconde, réunie à l'*âge des métaux,* correspond à la *période actuelle.*

L'âge des métaux comprend lui-même deux phases : le premier métal employé est le *cuivre,* qui, bientôt uni à l'*étain,* a donné un alliage, le **bronze**, plus malléable, qui s'est substitué au cuivre ; enfin le **fer**, plus répandu, a remplacé le bronze, d'où deux époques dans l'âge des métaux : l'**époque du bronze** et l'**époque du fer.**

a. *Époque paléolithique*. — L'époque paléolithique comprend quatre phases bien distinctes, correspondant chacune à un progrès marqué dans la taille des silex; ces phases prennent les appellations de *Chelléenne, Moustérienne, Solutréenne* et *Magdalénienne*, du nom des stations les mieux caractérisées par leurs silex préhistoriques.

La **phase Chelléenne** (de Chelles, près Paris, où l'on a trouvé de nombreux silex taillés au milieu des alluvions quaternaires), correspond à l'*Elephas antiquus*. Elle est caractérisée par une *taille primitive* des silex, et ne comporte qu'*un seul instrument* de forme triangulaire, éclaté sur les deux faces.

L'homme devait habiter le bord des lacs et cours d'eau, son corps devait être couvert de longs poils; aussi pouvait-il rester nu sans souffrir du froid, le climat de l'époque interglaciaire qui correspond à la phase Chelléenne étant d'ailleurs relativement tempéré.

La **phase Moustérienne** tire son nom de la grotte du Moustier, dans la Dordogne, où l'on a découvert de nombreux restes de l'industrie de l'époque. Ces restes comprennent des *silex plus finement taillés* et de formes variées, des *pointes*, des *scies*, des *couteaux*, etc. C'est l'époque du *Mammouth* et de la deuxième extension glaciaire. L'homme cherche un abri dans les cavernes, se nourrit de chasse et de pêche, se couvre de la peau des animaux qu'il dépèce. Les restes de ces animaux s'accumulent dans les cavernes, ce qui explique le nombre prodigieux d'ossements que l'on a trouvé dans certaines d'entre elles.

Avec la **phase Solutréenne**, bien marquée à *Solutré* en Saône-et-Loire, la taille du silex atteint son apogée. L'homme ne se contente plus des instruments primitifs en forme de hache, il se confectionne des *racloirs* pour épiler les peaux, des *grattoirs*, des *perçoirs*, des *burins;* le climat étant devenu plus doux, il peut sortir de sa grotte et camper en plein air.

~ Mais un retour offensif du froid ne tarde pas à se produire: c'est l'époque du Renne qui correspond à la **phase Magdalénienne** (caverne de la Madeleine dans la Dordogne) : l'homme retourne dans les cavernes pour chercher un abri, et, après être arrivé à une grande perfection dans la taille du silex, il a l'idée de substituer l'os à la pierre, ce qui amène une révolution complète dans son industrie. L'os se prêtait merveilleusement à un travail délicat et facile, et dès lors l'ouvrier put façonner, rapidement et sans peine, ses armes qui, tirées du silex, demandaient une patience à toute épreuve. Le silex perd aussitôt de son importance, car désormais tous les instruments seront façonnés avec les os ou le bois de Renne. Ces instruments sont des plus variés : on trouve des *harpons*, des *sagaies*, des *flèches*, des *poinçons*, etc.

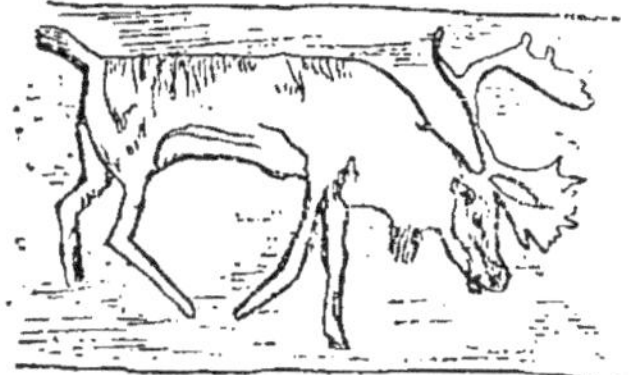

Fig. 195. — Bois de Renne trouvé dans une caverne et portant une gravure du même animal faite par un artiste préhistorique.

L'homme de cette époque n'est pas seulement un ouvrier fort habile, il se manifeste à nous avec des qualités artistiques appréciables. En présence d'outils bien réussis, de belle allure, il pense que l'ornementation doit en rehausser la valeur, et il réussit, en créant la **sculpture** et la **gravure**, à atteindre une perfection qu'on ne pouvait attendre de ces populations primitives. C'est ainsi qu'on trouve un Renne gravé sur un morceau d'os (*fig.* 195), un Ours de caverne (*fig.* 196) dessiné sur schiste, des poissons et des têtes d'animaux grossièrement sculptés.

Fig. 196. — Dessin préhistorique sur schiste, représentant l'Ours des cavernes.

b. *Époque néolithique.* — L'époque néolithique inaugure la période actuelle. L'homme plus intelligent devient sédentaire, fonde une famille, donne la sépulture à ses morts, qu'il se contentait d'abandonner à la voracité des fauves, pendant l'époque paléolithique. Il **domestique les animaux** les plus doux, Cheval, Bœuf, Chien ; commence à cultiver la terre pour avoir une nourriture plus variée et ne tarde pas à confectionner des poteries. Le climat lui permet d'abandonner les cavernes, et il se construit des habitations sur l'eau ou **palaffites**, pour être à l'abri des carnassiers qui pullulent encore. C'est de cette époque que date la naissance de l'idée religieuse et la plupart des monuments mégalithiques, comme les **dolmen** formés de dalles plantées en terre et soutenant une large pierre tombale, les **tumulus**, amas de terre qui recouvrent le plus souvent un dolmen, les *menhirs*, longues pierres enfoncées verticalement dans le sol, les *cromlechs* ou menhirs disposés par rangées régulières, si communs en Bretagne.

Le silex revient en faveur; mais on ne se contente plus de le tailler, on le *polit*, et on en fait des haches susceptibles d'être emmanchées; l'emploi de l'os et du bois de renne reste courant; les objets fabriqués indiquent une industrie plus développée qu'à la phase magdalénienne.

L'âge du bronze et du fer semble succéder partout à l'âge de la pierre polie, dans le développement successif des progrès de l'industrie des hommes préhistoriques. A ce moment les hommes tirent du sol leur matière première; ils ont trouvé des filons de **minerai de cuivre et d'étain** et obtiennent du **bronze** par la fusion du mélange; ils reconnaissent la supériorité de ce métal sur l'os et le bois et en fabriquent des ustensiles divers. On a trouvé les restes d'anciens ateliers de fondeur. Peu à peu, les fouilles continuant, l'homme trouve du **minerai de fer** en plus grande abondance; il abandonne le bronze, comme il avait abandonné la pierre, et travaille le **fer** avec lequel il fait des instruments plus durs et plus résistants. A partir de ce moment, les restes de son industrie permettent d'établir d'une façon certaine l'histoire de l'humanité; la préhistoire fait place à l'archéologie.

TABLEAU D'ENSEMBLE DE L'ÈRE QUATERNAIRE

PÉRIODES	AGES	ÉPOQUES		CLIMAT	ÉRUPTIONS
Période actuelle.	Age des métaux.	Epoque du fer. Epoque du bronze.		Climat actuel. Formation des tourbières.	
	Age de la pierre.	Epoque de la pierre polie ou néolithique.		Climat tempéré, encore un peu froid. *Cerf* Domestication des animaux.	
Période Diluvienne ou Pléistocène		Epoque de la pierre taillée ou paléolithique.	Magdalénien Solutréen	Climat sec et froid *Renne* Recul définitif des glaciers	Eruptions volcaniques dans le Massif Central. *Volcans à cratère*
			Moustérien Chelléen	2e extension glaciaire *Mammouth* Période interglaciaire *Eléphant antique*	
	Apparition de l'homme.			1re extension glaciaire *Eléphant méridional*	

LECTURE

Ce que l'on pensait autrefois des fossiles. — Si nous examinons de quels matériaux se sont inspirés les géologues pour débrouiller les ténébreuses phases de la Terre, nous voyons qu'on a pu puiser de précieux documents dans les nombreux vestiges des êtres qui l'animèrent successivement, et qu'on retrouve éparpillés à sa surface ou dans des couches profondes. En effet, les roches fossilifères ne représentent que les catacombes des anciennes créations, miraculeusement conservées par les siècles ; et les ineffaçables empreintes laissées par elles sur chaque strate du globe, semblent comme autant de médailles destinées à en retracer l'histoire. Les diverses assises du globe nous ont fidèlement légué les vestiges de tout ce qui anima leur surface ; rien n'en a été perdu dans ce grand médailler de la Nature. La Libellule, avec ses ailes de gaze, s'y trouve tout aussi bien conservée que la lourde ossature du Mastodonte. La carapace d'un Infusoire microscopique gît à côté de la boîte osseuse d'une Tortue gigantesque. On a retrouvé, sinon dans toute leur fraîcheur, mais au moins avec toute la délicatesse de leurs formes, quelques-unes des fleurs qui parfumèrent les premiers gazons du globe. Certaines sécrétions végétales ont elles-mêmes échappé à la fureur des cataclysmes. Ainsi nous découvrons la résine de quelques Conifères fossiles, et au milieu de ses amas transparents, gisent encore les insectes ailés qu'elle emprisonna en s'écoulant ; tel est notre *ambre jaune*. Pour ceux qui savent sonder les plus mystérieuses révélations de la Nature, celle-ci dévoile encore d'autres faits absolument inattendus ; des vestiges de certains actes ou de certains phénomènes qui n'ont eu que la durée d'un instant ! L'antiquaire ne retrouve déjà plus, sur l'arène, aucune trace du pied sanglant de ces conquérants superbes qui promenèrent leurs hordes sauvages d'un bout du globe à l'autre ; tandis que quelques humbles Tortues, quelques Lézards isolés, dont vingt cataclysmes nous séparent, offrent encore au naturaliste étonné la fugitive empreinte de leurs pas sur le sol à peine ébauché des plus anciens temps du globe. Ailleurs, qui pourrait s'en étonner ? on retrouve même certains indices des orages des primitives époques de la Terre. Des gouttes d'eau, en tombant sur le sable, y ont formé des empreintes que celui-ci nous a conservées en se transformant en grès solide. C'est presque de la pluie fossile !

Et cependant, malgré cette merveilleuse conservation des anciens êtres, pendant longtemps on ne voulut voir dans les fossiles que des *jeux de la Nature*, des *lusus naturæ*, comme on les appelait ! En vain la Terre s'efforçait-elle de nous rendre ses plus délicats squelettes avec toutes leurs fines arêtes ; en vain nous offrait-elle ses coquilles avec leurs plus charmantes guillochures, parfois même avec leur antique coloration ; en vain aussi retrouvions-nous au milieu des roches des Oiseaux encore enveloppés de leurs plumes, des Insectes avec leurs ailes transparentes ; jusqu'au xvie siècle, toutes ces choses ne passaient que pour des productions fortuites, engendrées par le hasard, et n'ayant que la trompeuse apparence d'êtres que la vie avait animés. Il fallut se fâcher pour marteler la vérité dans le cerveau réfractaire de quelques savants. Celui qui, le premier, eut ce courage, fut un potier de terre, pauvre de fortune, mais grand par le génie. C'était Bernard Palissy, qui fit des discours aux docteurs de Paris, — lui qui n'était rien, — pour leur démontrer que les coquilles que l'on rencontre dans le sol y ont été apportées par la mer; et, qu'anciennement, celle-ci a occupé les lieux où on les découvre. C'était un homme humble et fervent, qui devenait ainsi le fondateur de la Géologie positive.

Mais, pendant que se déposaient tous les terrains fossilifères, pendant que la terre renouvelait ses vivantes populations, les forces plutoniques, sans cesse en fermentation, de temps à autre, ébranlaient l'écorce du globe ou la fracturaient de place en place. Ses fragments formaient les montagnes, et celles-ci, sortant du fond des mers, portaient jusque dans la région des nuages les ossuaires des animaux qui avaient autrefois peuplé leurs profondeurs. Lorsque Buffon vint, à son tour, soutenir que les coquilles éparpillées sur les sommets des Alpes et des Apennins n'attestaient que les convulsions du globe, il trouva un contradicteur auquel personne ne se fût attendu. C'était Voltaire, qu'on vit, dans sa *Physique*, attaquer, par des mordantes plaisanteries, ceux qui adoptaient cette opinion. Il prétendit que toutes les coquilles rencontrées dans nos montagnes y avaient été disséminées par des pèlerins, à leur retour de Rome. On n'avait qu'un mot à répondre à l'immortel écrivain; mais Buffon ne le fit pas : c'est qu'on rencontre partout de ces vestiges fossiles, même dans les deux Amériques, où sans doute ces pieux voyageurs ne les portèrent pas; et que, d'un autre côté, il y a même d'imposantes montagnes qui en sont absolument formées.

Nonobstant la parfaite conservation de beaucoup de fossiles, l'amour du merveilleux, qui dominait nos ancêtres, en faisait méconnaître la nature; et ceux-ci étaient presque constamment rapportés à quelque être extraordinaire. Les os d'Ours, que l'on extrayait des cavernes de la Franconie, passaient en Allemagne pour un antidote souverain et se vendaient dans toutes les pharmacies comme des restes des fabuleuses Licornes. Pour les Eléphants et les Mastodontes, c'était généralement une autre histoire. Comme plusieurs des os de ces animaux ont, par leurs formes, d'intimes rapports avec ceux de l'homme; comms à cette époque, frappée par les récits des anciens temps, l'imagination de nos pères élevait la taille des héros à la hauteur de leur épopée, on rapportait constamment à quelque personnage célèbre les ossements des grands Mammifères que l'on rencontrait dans la terre. C'est ainsi, qu'au rapport de Pausanias, une rotule d'Eléphant, de la taille d'un disque du cirque, trouvée près de Salamine, fut considérée comme provenant d'Ajax. Les Spartiates se prosternèrent respectueusement devant le squelette d'un de ces animaux, dans lequel ils croyaient reconnaître la dépouille d'Oreste. Quelques restes de Mammouth, rencontrés en Sicile, furent considérés comme ayant appartenu à Polyphème.

Les savants ne furent pas plus exempts que le vulgaire de ces sortes d'erreurs. Le P. Kircher, dans son remarquable ouvrage du *Monde souterrain*, figure des géants à côté d'hommes de taille ordinaire. L'ossature d'un Éléphant découverte en Suisse, au pied d'un arbre arraché par le vent, fut considérée par l'anatomiste F. Plater comme le squelette d'un géant de dix-neuf pieds de hauteur. Il le restitua même à l'aide d'un dessin devenu célèbre, et qu'on voit encore aujourd'hui à Lucerne, dans un ancien collège de Jésuites. Sous Louis XIII on trouva, sur les bords du Rhône, un squelette qui acquit une extrême célébrité. On le montrait comme celui de Teutobocchus défait par Marius, au milieu des plus sanglantes luttes. On prétendait l'avoir exhumé d'un tombeau portant pour inscription : *Teutobocchus rex*, où il était accompagné de quelques médailles au même titre. Mais, malgré tous ces témoignages, la dépouille de ce trop fameux roi des Cimbres, qui occasionna tant d'acérbes disputes parmi la faculté et les médecins de Paris fut reconnue par de Blainville pour n'être que celle d'un Mastodonte à dents étroites [1].

Leçon XXVII

Les terrains tertiaires.

RÉSUMÉ. — **1.** Les *terrains tertiaires* de la région parisienne, *intercalés entre la craie et le limon des plateaux*, comprennent une *succession de couches* d'argile, de sable, de calcaire, de gypse, de meulière, dont certaines contiennent *des fossiles marins*, de sorte qu'il semble y avoir eu à plusieurs reprises, *en un même lieu, submersion par la mer* et *émersion*.

2. Les couches les plus anciennes forment l'*éocène*, et les dernières forment l'*oligocène*. On trouve vers la Basse-Loire et dans le midi de la France des couches plus récentes représentant le *miocène* et le *pliocène*.

3. C'est pendant ces deux dernières périodes que *se sont creusées les vallées* de nos cours d'eau comme la Seine, alors grossie de la Loire, qui fut ensuite détournée pour prendre son cours actuel.

4. Le grand plissement montagneux dit *plissement alpin* commença à l'*éocène* par les *Pyrénées*, puis continua au *miocène* et au

---

1. D'après F.-A. POUCHET.

pliocène par les *Alpes*, le *Jura*, les *Carpathes*, le *Caucase*, l'*Himalaya* et la plupart des hautes montagnes actuelles.

5. Le plissement alpin fut suivi d'*effondrements* qui formèrent la *Méditerranée occidentale* actuelle, le *détroit de Gibraltar* et l'*Atlantique nord*, ainsi que les plaines de la *Limagne* et du *Forez*, et qui amenèrent des *éruptions en Italie et en Sicile*, ainsi qu'au *Plomb du Cantal* et au *Mont-Dore*.

6. Les principales *roches tertiaires* utilisées sont : les *sables* (verre et mortier), les *grès* (pavés), les *argiles* (poteries), les *calcaires* (pierre à bâtir), les *meulières* (meules et pierre à bâtir), le *gypse* (plâtre), les *basaltes*, et autres *laves* (empierrement ou pierre à bâtir).

1. Le tertiaire parisien. — L'ère tertiaire correspond aux dépôts sédimentaires qui, dans le bassin de Paris, sont superposés à la craie jusqu'au limon des plateaux ou aux alluvions quaternaires exclusivement.

On peut avoir une première idée du tertiaire parisien, même aux environs immédiats de Paris. Au Bas-Meudon, la craie, exploitée pour la fabrication du blanc de Meudon ou blanc d'Espagne, est visible dans un escarpement sur une assez grande épaisseur (voir *fig.* 28). Cette craie, d'après la définition ci-dessus, marque la limite supérieure des dépôts secondaires, et tout ce qui se trouve au-dessus, jusqu'au sol du bois de Meudon qui couronne l'escarpement de craie, représente l'ensemble des dépôts tertiaires de la région, exception faite pour le limon des plateaux, peu épais à cet endroit.

En explorant les régions voisines, Issy, Vanves, Clamart, Châtillon, bois de Meudon, on peut voir, soit par *certaines carrières en exploitation* (argile près du lycée de Vanves, sablière et exploitations de meulières sur le plateau de Châtillon), soit par les *travaux de terrassement* faits pour la construction des maisons, toute la série des couches tertiaires qui y sont superposées.

Chacune de ces couches fournit, par les *fossiles* qu'on y trouve, des renseignements sur les *conditions dans lesquelles elle s'est formée*.

En multipliant les observations dans un certain rayon autour de Paris, on a pu établir la série résumée dans le tableau suivant, qu'on devra lire de bas en haut :

TABLEAU DES COUCHES TERTIAIRES DE LA RÉGION DE PARIS

h. **Calcaire de Beauce**, souvent transformé en meulières, avec **fossiles d'eau douce** (*lac de Beauce*, qui atteignait le Massif central).

g. **Marnes à huîtres et sables de Fontainebleau**, entremêlés de grès (60 mètres d'épaisseur maximum), avec **fossiles marins**.

f. **Marnes supra-gypseuses et meulières de Brie**, avec **fossiles d'eau douce** (*lac de Brie*).

e. **Gypse** (20 mètres d'épaisseur maximum), *produit de lagunes* avec ossements de **mammifères** [1], entremêlé à la base de **marnes avec coquilles marines**.

d. **Sables moyens**, entremêlés de grès, avec **fossiles marins et de rivages**.

c. **Calcaire grossier** (40 mètres d'épaisseur maximum), avec **nummulites et cérithes**, fossiles marins ou de rivages.

b. **Graviers et sables**, avec *dents de requins et nummulites*, **fossiles marins**.

a. **Argile plastique** (50 mètres d'épaisseur maximum), avec **coquilles d'eau douce**.

Si l'on ajoute que la craie, d'après les fossiles qu'on y trouve, est de formation marine, on voit, par cette énumération, qu'il y a eu dans la région de Paris, depuis le dépôt de la craie, des **oscillations du sol** qui amenaient alternativement, pour un même endroit, la **submersion** et l'**émersion**. Nous voyons de plus comment on a pu, d'après l'**extension des dépôts**, tracer assez approximativement la **limite des mers** à une époque donnée (Voir *fig*. 218).

2. Divisions du tertiaire. — L'étude des autres régions françaises (Basse-Loire, bassins de la Garonne et du Rhône) a permis d'établir, grâce aux fossiles, une concordance avec les dépôts de la région de Paris ; mais, on y a trouvé, de plus,

1. Voir la *Lecture*, p. 323.

d'autres dépôts postérieurs, dont les correspondants manquent dans la région parisienne. On a été ainsi amené à établir dans l'ensemble des temps tertiaires une division en quatre périodes, qui sont, en commençant par la plus ancienne :

1° **L'Eocène** (du grec *éos*, aurore, et *kainos*, récent, c'est-à-dire *aurore des temps récents*), correspondant aux cinq premiers dépôts de la région parisienne énumérés ci-dessus ;

2° **L'Oligocène** (du grec *oligos*, peu, et *kainos*), correspondant aux trois derniers dépôts de la région parisienne ;

3° **Le Miocène** (du grec *meion*, moins, et *kainos*) ;

4° Et le **Pliocène** (du grec *pleion*, plus, et *kainos*).

3. Creusement des vallées. — Pendant les deux dernières périodes, le bassin parisien émergé a été soumis à l'**érosion des eaux** de ruissellement, et c'est alors qu'ont dû se former les **vallées de nos cours d'eau** actuels, car nous avons vu que, dès le début des temps quaternaires, leur fond différait peu, comme niveau, du fond actuel. On a reconnu par l'étude des alluvions que, jusque vers la fin du pliocène, la **Loire supérieure**, en suivant la vallée du Loing jusqu'à Moret, **venait se joindre à la Seine**, lui apportant l'appoint de ses eaux torrentielles pour l'aider à creuser sa large vallée. On s'explique ainsi que, la Marne et l'Oise ajoutant leur action à celle de la Seine ainsi grossie, il ait pu se produire aux environs de Paris un **creusement** qui a enlevé une **épaisseur** d'environ 130 **mètres** de dépôts tertiaires, dont nous ne voyons plus que quelques témoins isolés, comme les buttes du Mont-Valérien, de Montmartre, de Cormeilles, etc.

Puis la *Basse-Loire*, d'abord tout à fait indépendante de la Loire supérieure, *en creusant de plus en plus son lit*, fit remonter son origine assez loin pour *atteindre la Loire supérieure* vers Gien et la *capter* à son profit. Le Loing fut alors réduit au rôle de petit affluent de la Seine.

4. Le mouvement alpin. — Les temps tertiaires nous montrent encore un autre phénomène géologique des plus intéressants : c'est la **formation de chaînes de montagnes.**

Ainsi dans les **Pyrénées**, le calcaire à **Nummulites** est soulevé jusqu'à plus de 3.000 mètres, et se montre plissé dans certains de ses affleurements, comme au-dessus du cirque de Gavarnie. Le **soulèvement** est donc postérieur au dépôt des couches à **Nummulites**, puisque ces couches se sont déposées au fond d'une mer.

De plus, on a pu constater que les **Pyrénées ne se sont pas formées d'un seul coup**; car, un **conglomérat** postérieur aux couches à Nummulites se montre également **soulevé** sur le versant français; ce conglomérat a dû se **former sur un rivage** qui bordait les premières rides montagneuses avant d'être soulevé par la continuation du plissement.

Enfin, on a constaté que les **couches du Miocène** sont restées **horizontales**.

On a conclu de toutes ces remarques que le **soulèvement des Pyrénées, commencé au cours de l'Eocène, a duré jusque vers la fin de l'Oligocène**.

Des observations analogues ont permis de constater que ce premier soulèvement n'était que le **début d'un effort de plissement** qui s'est continué pendant le Miocène et le Pliocène. On l'a appelé le **mouvement alpin**, parce qu'il a amené le **soulèvement des Alpes**; mais il s'est étendu bien au delà de nos régions. On rattache en effet à ce mouvement la formation du *Jura*, des *Apennins*, de l'*Atlas africain* et de la *Sierra-Nevada*, des *Carpathes*, du *Caucase*, de l'*Himalaya*, et même des *Andes* et des *Montagnes Rocheuses* du continent américain.

En même temps, le *Massif central* a dû être *soulevé en bloc*, car des dépôts marins éocènes s'y retrouvent maintenant à plus de 1.000 mètres d'altitude.

De tels changements dans le relief de nos régions ont sans doute contribué pour une bonne part à l'abondance des pluies et des neiges qui ont amené l'extension des glaciers aux temps quaternaires.

L'étude du mouvement alpin a donc montré que les **montagnes se forment par des plissements lents**. Tantôt il en résulte des *chaînes parallèles* où les *plis sont bien visibles* comme dans le *Jura*. Tantôt, comme dans les *Alpes*, le plissement ayant été plus énergique, plusieurs *plis se sont couchés et renversés* les uns sur les autres. Quelquefois même, l'un d'eux, s'étant déchiré, a été *charrié par glissement* à une certaine distance.

On comprend qu'un tel bouleversement rend très difficile l'étude géologique de ces régions, d'autant plus que l'érosion par les eaux pendant une longue suite de siècles a enlevé dans bien des endroits une partie très sensible des couches plissées.

5. Effondrements tertiaires et éruptions volcaniques. — Un des effets du *soulèvement alpin* a été d'*isoler de la Méditerranée*, dont elle faisait d'abord partie, la *dépression* que l'on a appelée *aralo-caspienne*, parce que la mer d'Aral et la mer Caspienne en sont des restes. La région occupée par la *Méditerranée actuelle* s'est elle-même trouvée *à peu près complètement émergée*. Mais bientôt des effondrements, que nous avons vu se poursuivre dans les temps quaternaires, l'ont reconstituée, d'abord dans sa partie occidentale et méridionale. C'est alors que se sont formés la **mer Tyrrhénienne** et le **détroit de Gibraltar**.

De même, dans le **Massif central**, soulevé en bloc comme nous l'avons dit plus haut, se sont produits des effondrements qui ont donné naissance aux deux dépressions de la **Limagne** et du **Forez**.

Ces dislocations paraissent avoir été suivies d'**éruptions**, en Italie, dans la région de l'*île d'Elbe*, de *Naples*, des îles *Lipari* et de la *Sicile*, ainsi qu'en Auvergne, au *Plomb du Cantal* et au *Mont-Dore*.

De même, les **affaissements successifs** qui, à partir du Miocène jusqu'au cours des temps quaternaires, ont donné naissance à l'*Atlantique nord*, semblent avoir été accompagnés d'éruptions en Islande, et l'affaissement qui, pendant l'Oligocène, a *séparé les Vosges de la Forêt-Noire*, en donnant naissance à la *plaine d'Alsace*, a dû être suivi de l'établissement des **volcans de l'Eifel**, que nous avons signalés comme encore actifs aux temps quaternaires.

Signalons enfin l'**affaissement** qui a donné naissance à la *grande faille N.-S.* jalonnée par la *mer Morte* (voir page 281), la *mer Rouge*, la *falaise d'Abyssinie et la dépression des grands lacs africains*.

Les volcans de cette époque, rongés par les eaux superficielles pendant une longue suite de siècles, n'ont pas, comme ceux des temps quaternaires, conservé leur forme : le *cône terminal a entièrement disparu*, ainsi qu'une grande partie des coulées de laves, et l'*on ne voit plus maintenant que les régions intérieures* du volcan mises à nu par l'érosion. Les roches éruptives ainsi rendues visibles, *solidifiées très lentement* à l'intérieur du sol sous une *forte pression*, n'ont pas la même structure que les laves des volcans actuels, bien que leur composition chimique soit la même. On y voit beaucoup plus de *gros cristaux*.

6. Les roches tertiaires et leurs usages. — Les roches sédimentaires tertiaires sont surtout représentées par des *sables*, des *grès*, des *argiles*, des *calcaires* et du *gypse*.

Les sables sont très abondants dans l'Éocène, dans l'Oligocène et dans le Miocène. Les sables éocènes affleurent dans les environs de Paris, à *Beauchamp* et à *Bracheux*, et sont exploités pour la fabrication des mortiers. Les sables oligocènes forment à Étampes et à Fontainebleau des assises de plus de 10 mètres de hauteur; ces sables très fins sont employés à la cristallerie de Meudon et à la manufacture de porcelaine de Sèvres. Les sables miocènes, abondants en Touraine, sont remplis de coquilles; le calcaire y est tellement abondant qu'on se sert de ces sables pour amender les terres; ils sont alors désignés sous le nom de **faluns.**

Très souvent les sables tertiaires sont agglutinés par un ciment et se présentent sous forme de **grès**, comme cela se voit dans la forêt de Fontainebleau; parfois, au lieu de sables réunis par un ciment, on trouve, comme à Nemours, des galets roulés, agglutinés par de la silice, qui constituent des *poudingues* employés pour le pavage.

Les argiles ont surtout été déposées pendant l'Éocène; à Vaugirard, elles forment des masses puissantes employées pour la fabrication des briques et des poteries grossières; à Montereau, où l'argile est plus pure et plus plastique, on en fait de la faïence.

L'argile et le sable mélangés en proportion variable constituent la *mollasse*, roche le plus souvent tendre au moment de l'extraction, mais durcissant à l'air et formant d'excellents matériaux de construction.

Les calcaires abondent à l'Éocène et à l'Oligocène; ils sont activement exploités aux environs de Paris où ils servent de pierres de construction. Ces calcaires se taillent facilement et permettent la décoration des édifices. Ils ont l'inconvénient de brunir rapidement, à cause de l'oxydation des sels de fer qu'ils renferment ; mais cette oxydation n'est jamais profonde.

Les calcaires oligocènes sont souvent imprégnés de silice et passent à l'état de **meulières** ; c'est sous cette forme qu'ils se présentent dans la Brie où ces meulières très développées, notamment aux environs de la Ferté-sous-Jouarre, sont exploitées pour la fabrication des meules à moulin.

Lorsque ces meulières, comme dans la Beauce, présentent des anfractuosités, les eaux ayant dissous une partie du calcaire sans attaquer la charpente siliceuse, on les emploie pour la construction dans les endroits humides ; ce sont d'excellentes pierres de fondation.

Le **gypse**, exploité autrefois à Montmartre, l'est encore aujourd'hui à Argenteuil, où il sert à la fabrication du *plâtre de Paris*.

Notons que, dans le Quercy, on exploite activement, pour l'agriculture, des poches de **phosphates de chaux** situés en plein terrain tertiaire et dont l'origine est hydrominérale.

Les roches éruptives ne datent que du Miocène et du Pliocène ; elles sont surtout utilisées là où elles existent, c'est-à-dire dans le Massif Central. Les **basaltes** sont, à cause de leur dureté, employés pour le pavage des routes; les prismes basaltiques servent de bornes kilométriques.

Les **andésites** sont d'excellentes pierres de construction ; elles sont surtout exploitées à Volvic, près de Clermont-Ferrand ; ce sont des roches noirâtres, très dures, qui se taillent difficilement.

Les **phonolithes** servent à couvrir les maisons, aux environs du Mont-Dore ; elles remplacent avantageusement les tuiles, mais exigent des charpentes solides à cause de leur grande densité.

LECTURE

Cuvier et les ossements fossiles. Voir p. 323 la *Lecture* de la XXVIIIe Leçon.

Leçon XXVIII

La faune, la flore et le climat tertiaires.

RÉSUMÉ. — 1. Comme Invertébrés tertiaires, il faut signaler, parmi les Foraminifères, les *Nummulites* et les *Miliolites*, et parmi les Gastéropodes, très abondants, les *Cérithes* ainsi que beaucoup de formes encore vivantes, *Escargots, Limnées, Planorbes*, etc.

2. Les Vertébrés inférieurs, Poissons, Batraciens, Reptiles, et même les Oiseaux, sont peu différents de ceux de l'époque actuelle.

3. Les Mammifères tertiaires présentent une grande variété et semblent s'*adapter* progressivement *aux divers genres de vie* que nous leur voyons actuellement. Ainsi par *réduction progressive du nombre des doigts*, on passe du *Phenacodon*, plantigrade à 5 *doigts*, par le *Coryphodon*, l'*Anchiterium* et l'*Hipparion*, au *Cheval*, qui est digitigrade et n'a qu'*un seul doigt*. On trouve aussi le *Paleotherium*, ancêtre du Tapir, l'*Anthracotherium*, ancêtre de l'Hippopotame et des Porcins, l'*Anoplotherium* et le *Xiphodon*, ancêtres des Ruminants, le *Mastodonte* et le *Dinotherium*, ancêtres des Éléphants, de grands Carnassiers, comme le *Machairodus*, de nombreux Rongeurs et des Singes.

4. La flore tertiaire dans nos régions comprenait surtout, à l'origine, des *Monocotylédones arborescentes*, comme les *Palmiers*, les *Bambous*, avec *quelques Dicotylédones*; puis celles-ci prédominent, ainsi que les *Graminées*, comme à l'époque actuelle. On en déduit que le *climat* dans nos régions, d'abord *analogue au climat algérien d'aujourd'hui*, s'est *rapproché peu à peu des conditions actuelles*, avec *alternance des saisons chaude et froide*.

1. Les Invertébrés tertiaires. — Les Invertébrés tertiaires comprennent beaucoup de formes encore vivantes. Nous citerons surtout ceux qui ont disparu ou diminué sensiblement.

Parmi les *Protozoaires*, nous avons déjà cité les **Nummulites** (du latin *nummulus*, petite monnaie, à cause de leur forme). Ce sont des Foraminifères de taille extraordinaire pour ces animaux généralement microscopiques, car ils ont souvent la taille d'une pièce de 50 centimes et on en trouve qui atteignent le diamètre d'une pièce de 5 francs. Ils forment des bancs entiers de calcaire, que les ouvriers appellent *pierre à liards* (*fig.* 197). A citer aussi d'autres Foraminifères beaucoup plus petits nommés **miliolites**, à cause de leur ressemblance avec des grains de millet.

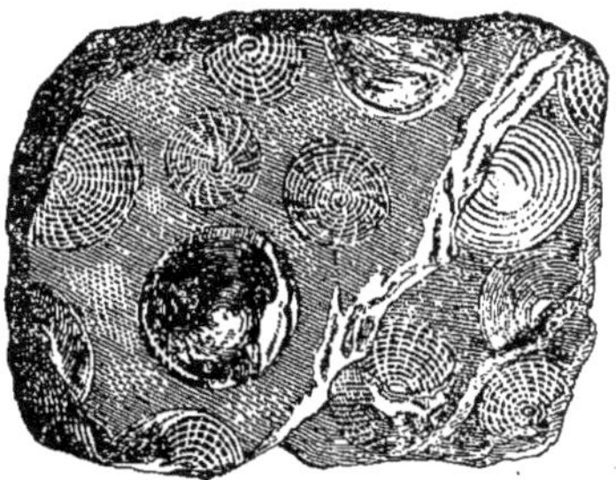

FIG. 197. — Roche contenant des Nummulites (pierre à liards).

Les *Articulés du tertiaire* se rapprochent des formes actuelles ; tous les ordres d'Insectes sont représentés. Les *Mollusques* sont représentés par leurs trois classes. Il y a cependant peu de *Céphalopodes ;* la prédominance appartient aux *Lamellibranches* et encore mieux aux *Gastéropodes*. Cette classe est représentée par les Cérithes (*fig.* 198) dont la coquille, plus ou moins ornée, est enroulée en cône et présente une ouverture terminale échancrée sur l'un des bords ; la taille des Cérithes varie de quelques millimètres à 1 mètre de longueur ; la plupart sont franchement marines ; quelques espèces cependant voisinaient avec les *Potamides*, dans les eaux saumâtres.

Parmi les *Gastéropodes d'eau douce*, nombreux dans les lacs tertiaires, on peut citer les *Limnées*, les *Planorbes*, les *Paludines* (*fig.* 199) et les Escargots.

FIG. 198. — Cérithe géante (réduite au 5e).

FIG. 199. Paludine.

2. Vertébrés inférieurs et Oiseaux. — Les Vertébrés sont représentés par leurs cinq classes ; mais la prédominance appartient de beaucoup aux Mammifères.

Les *Poissons* et les *Batraciens* sont à peu près les mêmes qu'actuellement. Comme Reptiles, on trouve des *Lézards*, des *Serpents*, des *Tortues* et des *Crocodiles*, d'une taille à peine plus élevée que celle des types actuels.

Les *Oiseaux à dents* dont nous parlerons à propos de l'ère

secondaire sont remplacés par de véritables Oiseaux, à bec dépourvu de dents, et offrant au début de grandes ressemblances avec l'*Autruche* ; peu à peu ils se multiplient et, au Miocène, presque tous les ordres sont représentés par des espèces voisines de celles de nos jours.

3. Les Mammifères. — Les *Mammifères* sont si nombreux pendant l'ère tertiaire qu'on a pu en décrire plus de trois mille espèces.

Parmi ces espèces, beaucoup ont disparu, d'autres se sont transformées, et leur étude permet de comprendre l'organisation actuelle des principaux groupes de Mammifères.

Les Marsupiaux, apparus dès les temps secondaires, se multiplient à l'Eocène sous forme de *Sarigues ;* mais ils ne tardent pas à abandonner nos contrées, et aujourd'hui leurs rares représentants sont retirés en Australie.

Les Mammifères ongulés sont ceux dont les doigts sont terminés par des sabots. On sait qu'ils forment deux séries divergentes : ceux qui ont les doigts en nombre impair et qu'on désigne sous le nom d'**Imparidigités**, et ceux qui ont les doigts en nombre pair et qu'on appelle **Paridigités**.

Les Imparidigités sont représentés actuellement :

1° Par les **Proboscidiens**, comprenant les *Eléphants* qui ont cinq doigts et les *Pachydermes*, Rhinocéros et Tapirs, les premiers ayant 3 doigts seulement à tous les pieds et les seconds 4 doigts aux pieds de devant et 3 aux pieds de derrière ;

2° Par les **Equidés**, appelés improprement Solipèdes, comprenant le Cheval, l'Ane, le Mulet, etc.

Or on a trouvé dans les terrains tertiaires des Mammifères fossiles dont le pied présente les dispositions suivantes (*fig.* 200 à 203) :

1° Le Phenacodon, plantigrade *à cinq doigts touchant le sol* (Eocène inférieur) ;

2° Le Coryphodon, dont le *doigt médian* est déjà *plus développé* que les autres (Eocène inférieur) ;

3° L'Anchitherium (Miocène inférieur) qui n'a que *trois doigts dont celui du milieu bien plus gros*, mais avec deux autres touchant encore le sol ;

4° L'Hipparion (miocène supérieur), qui a aussi *trois doigts*, mais le *médian seul touche le sol* ;

5° Le **Cheval** (Pliocène) qui n'a qu'*un seul doigt visible*, mais garde encore une *trace de deux doigts latéraux* sous forme de stylets osseux. De plus il est nettement digitigrade.

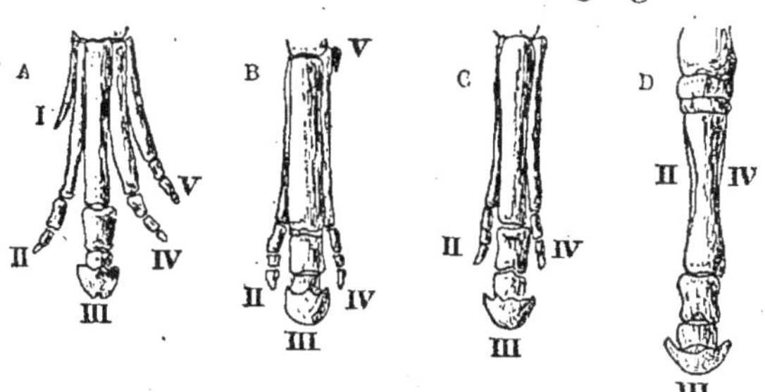

IG 200 a 203. — Evolution des membres des Imparidigités.
A, *Coryphodon*. B, *Anchitherium*. C, *Hipparion*. D, *Cheval*.

Dans le tertiaire américain, on a trouvé une série encore plus nombreuse de formes de passage.

Cette succession très curieuse a fait admettre que le Cheval dériverait d'un Mammifère primitif à cinq doigts, par une sorte d'**adaptation progressive à la course**. Le *doigt du milieu* jouant le rôle principal aurait pris un *développement plus grand*, et *les autres* se seraient successivement *atrophiés*, en même temps que l'animal, primitivement plantigrade, devenait de plus en plus nettement digitigrade.

Des adaptations un peu différentes auraient amené le même type primitif au type Tapir actuel, d'une part, au type Rhinocéros, d'autre part. Le **Paléotherium**, l'un des fossiles étudiés par Cuvier, serait un des termes de cette série (*fig.* 204).

Les *Paridigités* eux-mêmes dériveraient de cet *ancêtre à cinq doigts* par une *adaptation différente*, le *troisième et le quatrième doigt* ayant pris un *développement égal*, tandis que le premier disparaissait d'abord et que le deuxième et le cinquième s'atrophiaient ensuite peu à peu. Nous avons encore actuellement les *Porcins à quatre doigts visibles*, dont deux seulement touchent le sol et les *Ruminants à deux doigts* seulement.

Les **Porcins** semblent dériver de l'*Anthracotherium* (du grec *anthrakos*, charbon, et *therion*, animal), parce que les premiers restes de ces Mammifères ont été trouvés dans des terrains charbonneux de l'Oligocène). Cet animal, comme l'*Hippopotame* actuel dont il paraît être un proche parent, avait 4 doigts presque égaux. Il a été remplacé au Miocène par des *Sangliers*

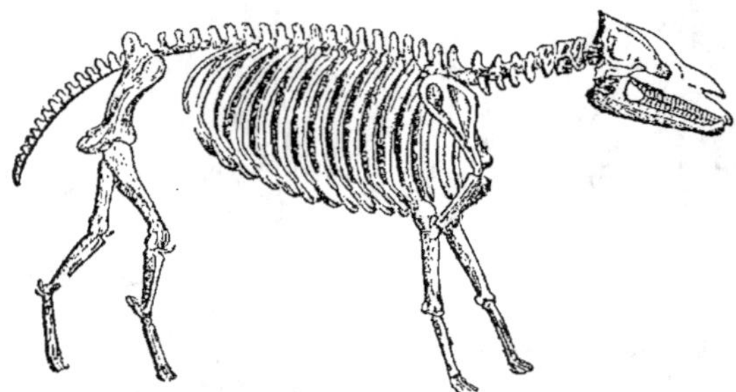

FIG. 204. — Paléothérium (taille d'un Bœuf).

primitifs, chez lesquels les deux doigts latéraux en partie atrophiés ne reposent plus sur le sol, et finalement au Pliocène par les *Sangliers* et les *Porcs* actuels.

Les **Ruminants** paraissent dériver de l'**Anoplotherium** trouvé dans le gypse de Montmartre (Éocène supérieur) et reconstitué par Cuvier. L'*Anoplotherium* avait la taille d'un Ane et vivait dans l'eau comme l'Hippopotame ; il présentait un pied fourchu comme celui des Ruminants et n'avait que 2 doigts à chaque membre ; mais, tandis que les Ruminants actuels ont les deux os métacarpiens ou métatarsiens, correspondant aux doigts, complètement soudés

FIG. 205. — Xiphodon reconstitué.

pour former un seul os appelé *canon*, ces deux os restaient séparés chez l'*Anoplotherium*.

Le **Xiphodon** (*fig.* 205), trouvé à l'Oligocène, a les membres semblables à ceux de l'*Anoplotherium*, mais rappelle davan-

tage les Ruminants par son genre de vie; il est terrestre et
ressemble à la Gazelle.

Peu à peu s'annoncent les vrais Ruminants par des types
miocènes, chez lesquels les *deux métatarsiens sont soudés,*
tandis que les *deux métacarpiens restent libres,* autrement dit
Porcins par les pattes antérieures, *Ruminants* par les pattes
postérieures. Chez l'*Antilope,* qui apparaît au Pliocène, la
soudure se fait aux pattes antérieures comme aux pattes postérieures, mais elle reste indiquée par une rainure longitudinale, qui elle-même disparaît chez le *Bœuf,* apparu au Pliocène (*fig.* 206 à 210).

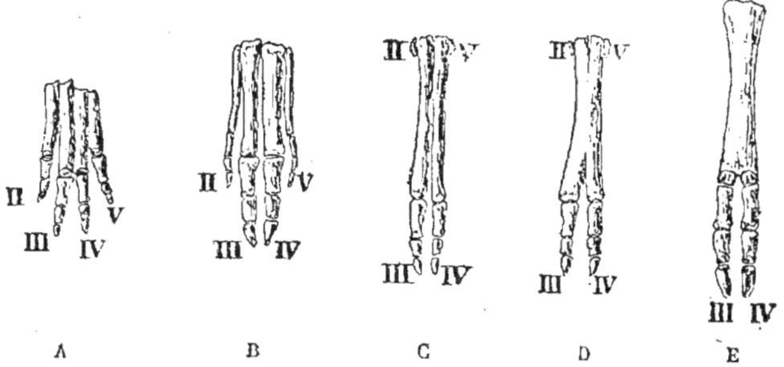

Fig. 206 à 210. — Evolution des membres des Paridigités.
A, *Anthracotherium.* B, Porc. C, *Xiphodon* D, Antilope. E, Bœuf.

Remarquons que les premiers Ruminants étaient pourvus
d'incisives à la mâchoire supérieure et parfois de canines,
organes de défense; ils n'avaient pas de **cornes;** celles-ci ne
commencent à apparaître qu'au moment de la disparition des
canines et des incisives de la mâchoire supérieure, servant
ainsi à la défense de l'animal, mal armé par ses mâchoires à
dentition incomplète.

L'évolution des Ongulés est donc caractérisée par l'allongement des membres et par la **réduction du nombre des doigts,**
ce qui favorise l'adaptation à la course, moyen unique pour
les Ongulés de se préserver de l'attaque des grands Carnivores, qui apparaissent dès le Miocène. Mais, tandis que chez
les Solipèdes le doigt médian seul persiste, surmonté du *canon.*

os unique formé par le troisième métacarpien ou métatarsien, chez les Ruminants les *deux doigts moyens, deuxième et troisième reposent sur le sol, donnant au pied l'aspect fourchu,* et le **canon** est formé de la *soudure des deuxième et troisième métacarpiens ou métatarsiens,* ce dont on s'assure en examinant les pattes d'un fœtus de Bœuf, chez lequel ces deux os ne sont pas encore soudés.

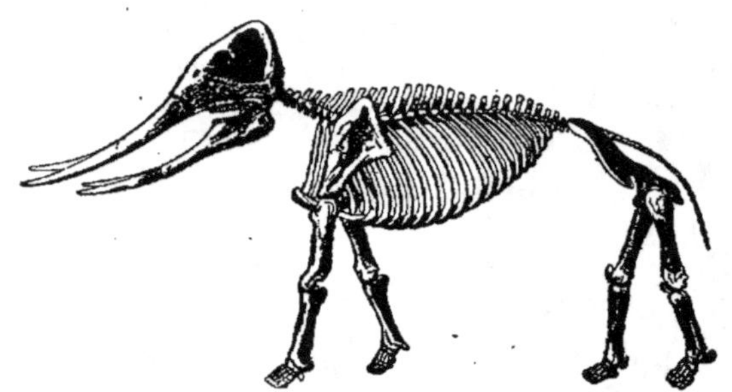

Fig. 211. — Mastodonte (taille d'un Eléphant).

Les Proboscidiens tertiaires étaient des animaux de grande taille, avec une trompe plus ou moins longue, des **incisives en défenses**, pas de canines, des molaires volumineuses; ils étaient pourvus de 5 *doigts à chaque pied.* Ils apparaissent au Miocène avec les **Mastodontes** (*fig.* 211) et les **Dinotherium** (*fig.* 213).

Les premiers **Mastodontes** possédaient 2 *incisives* transformées en défenses *à chaque mâchoire;* mais les incisives inférieures étaient toujours moins développées que les supérieures; ces incisives inférieures ne tardent pas à s'atrophier

Fig. 212. — Molaire de Mastodonte.

et à disparaître, de sorte que les *Mastodontes pliocènes* ne possèdent plus que 2 *défenses à la mâchoire supérieure* et se rapprochent ainsi des *Eléphants.* De plus les molaires mamelonnées des premiers Mastodontes (*fig.* 212) perdent peu à peu leurs tubercules, s'aplatissent de manière à former à leur surface

une table dentaire présentant des lamelles d'ivoire entourées
d'émail comme chez les Eléphants actuels. A côté des premiers
Mastodontes vivait le géant des Mammifères terrestres : le

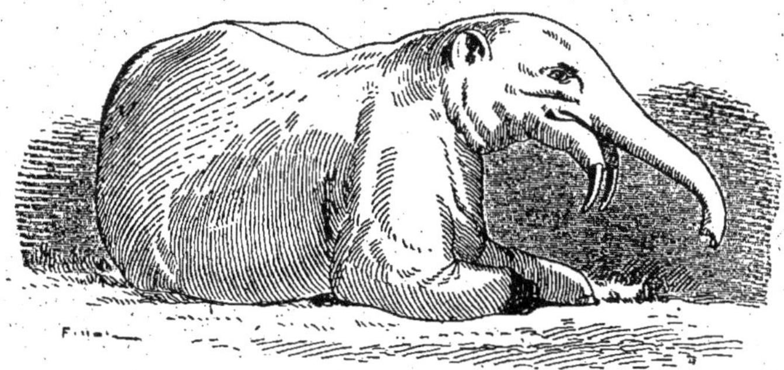

Fig. 213. — Dinotherium reconstitué.

Dinotherium (*fig*. 213), dont la hauteur pouvait atteindre
5 mètres, la tête à elle seule mesurant 2 mètres de longueur.
Par sa forme générale, il
se rapprochait des Masto-
dontes; mais ses deux dé-
fenses recourbées vers le
bas (*fig*. 214) étaient portées
par la mâchoire inférieure
contrairement à ce qui
existe chez les Eléphants.
L'existence de cet animal
est limitée au Miocène; on
ne lui connaît pas de descendants directs.

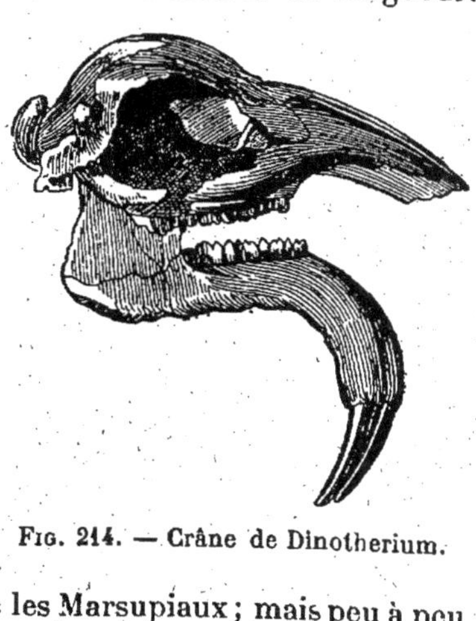

Onguiculés. — Les *Onguiculés ont des* **griffes** au
lieu de sabots et sont le
plus souvent carnassiers.
Les premiers Onguiculés

Fig. 214. — Crâne de Dinotherium.

ont de grandes analogies avec les Marsupiaux; mais peu à peu
ils font place à de vrais carnivores à molaires tranchantes et

à longues canines en pointes. L'un des plus redoutables devait être le **Machairodus**, qui avait la taille d'un tigre et la mâchoire supérieure armée de 2 canines aplaties comme des lames de poignard. A côté de lui vivaient au Pliocène les *Ours*, les *Hyènes*, les *Lions* et de nombreux *Rongeurs* et *Insectivores*. Ajoutons enfin que les **Singes** se montrent nombreux vers la fin de l'ère tertiaire.

Flore tertiaire.

L'accroissement des continents pendant l'ère tertiaire a pour conséquence l'augmentation du nombre des espèces végétales. Dès la fin de l'ère secondaire, les Angiospermes représentées par des **Monocotylédones arborescentes**, Palmiers, Dattiers, etc., étaient venues s'ajouter aux Gymnospermes en décroissance; avec l'ère tertiaire, cette évolution continue. Les **Dicotylédones** à grandes fleurs et à feuilles caduques vont apparaître et se développer au milieu d'une végétation de Graminées qui forme pour la première fois, à la surface du sol, des prairies étendues, dont l'herbe servira de nourriture aux nombreux Mammifères de l'époque.

Vers la fin de l'ère tertiaire, les Monocotylédones arborescentes, *Palmiers*, *Dattiers*, *Bambous*, ne se retrouvent plus dans nos contrées; ces plantes qui aiment la chaleur se retirent dans les pays plus chauds, au sud de la Méditerranée; la flore se rapproche de ce qu'elle est actuellement, comme le montrent les nombreuses empreintes de feuilles trouvées dans les cinérites du Mont-Dore.

De l'étude de la flore, nous pouvons déduire le climat de l'ère tertiaire. Dès le début on peut admettre que le climat de nos contrées était le même que le climat algérien actuel, puisque les Palmiers, Bambous, Dattiers croissaient dans nos pays; ce *climat correspondait à une* **température moyenne de** 23°, tandis que le climat actuel ne correspond qu'à une température moyenne de 11°,5. D'autre part, la présence de quelques arbres à feuilles caduques semble indiquer que les **saisons** *commençaient à se dessiner.*

Peu à peu la température décroît, si bien que, vers la fin de l'ère tertiaire, les Monocotylédones arborescentes ont émigré en Afrique. De hautes montagnes, comme les Alpes, se sont définitivement soulevées; d'autres, comme celles du Massif Central, se sont formées par accumulation de débris volcaniques; ces sommets élevés vont se couvrir de **glaciers**; aussi, à ce moment, distingue-t-on un *climat de plaine* voisin du climat actuel et un *climat de montagne* rappelant le climat alpin; c'est le prélude d'un notable *abaissement de température*, lequel va se traduire, dès le début de l'ère quaternaire, par une extension glaciaire des plus considérables.

TABLEAU SYNOPTIQUE DE L'ÈRE ET DES TERRAINS TERTIAIRES

Caractères généraux de l'ère et des terrains tertiaires
- Terrains constitués par des roches tendres (argiles, calcaires, sables, grès) de dépôts lagunaires.
- Réveil de l'activité volcanique avec le *mouvement alpin* et émission de *trachytes* et de *basaltes*.
- Ère caractérisée par le retrait lent et progressif de la mer, l'établissement définitif des continents actuels et le développement des *Mammifères* et des *Dicotylédones*.

Division des terrains tertiaires en 4 systèmes
- Eocène.
- Oligocène.
- Miocène.
- Pliocène.

Faune

Protozoaires : Nummulites (pierre à liards).
Articulés : Voisins des articulés actuels.

Mollusques
- *Bivalves :* nombreux.
- *Gastéropodes*
  - marins : Cérithe, Potamides.
  - d'eau douce ou terrestres : Limnée, Planorbe, Escargot.

Poissons, Batraciens et Reptiles ont terminé leur évolution.
Oiseaux à bec dépourvu de dents, se multiplient.

Mammifères

Ongulés
- Imparidigités
  - *Pachydermes* : Paléothérium, Tapir, Rhinocéros.
  - *Equidés* : Coryphodon, Anchiterium, Hipparion, Cheval.
- Paridigités
  - *Porcins* : Anthracotherium, Sanglier, Porc.
  - *Ruminants* : Anoplotherium, Xiphodon, Antilope, Bœuf.

Proboscidiens à trompe : Mastodonte, Dinotherium, Eléphant.

Onguiculés
- Carnivores : Machairodus, Ours, Hyène, Lion.
- Rongeurs.
- Insectivores.

Singe : Pithécanthrope.

Flore
- Monocotylédones arborescentes : Palmiers, Dattiers.
- Dicotylédones à grandes fleurs et à feuilles caduques.

Climat
- Algérien : la température moyenne était de 23°.

Mouvements du sol
- Surélévation des Pyrénées à la fin de l'Eocène.
- *Plissement alpin* au Miocène.
- Eruptions basaltiques et trachytiques dans le Massif Central pendant le Pliocène.

Distribution des terrains tertiaires
- *Eocène*, représenté dans le bassin de Paris (*sables, argiles, calcaires, gypse*).
- *Oligocène*, représenté dans la Brie (*calcaire de Brie*), la Beauce (*calcaire de Beauce*) et Limagne (*grès et calcaires*).
- *Miocène*, représenté dans la Touraine (*faluns*) et l'Aquitaine.
- *Pliocène*, représenté dans la vallée de la Loire et du Rhône.

Roches caractéristiques. Leur utilisation

Roches sédimentaires
- Sables
  - grossiers (Beauchamp) : mortiers.
  - fins (Etampes) : verrerie.
  - coquilliers (faluns de Touraine) : amendement.
- Grès de Fontainebleau : porcelaine.
- Argiles de Montereau : faïence.
- Calcaire
  - grossier : construction.
  - siliceux : meulière.
- Gypse : plâtre.
- Phosphates : engrais.

Roches éruptives
- Basaltes : pavage.
- Andésites : construction.
- Phonolithes : couverture.

LECTURE

Les ossements fossiles et la corrélation des caractères anatomiques. — Comment croire que les immenses Mastodontes, les gigantesques Mégathériums, dont on a trouvé les os sous la terre dans les deux Amériques, vivent encore sur ce continent? Comment auraient-ils échappé à ces peuplades errantes qui parcourent sans cesse le pays dans tous les sens, et qui reconnaissent elles-mêmes qu'ils n'y existent plus, puisqu'elles ont imaginé une fable sur leur destruction, disant qu'ils furent tués par le Grand Esprit, pour les empêcher d'anéantir la race humaine? Mais on voit que cette fable a été occasionnée par la découverte des os, comme celle des habitants de la Sibérie sur le Mammouth, qu'ils prétendent vivre sous terre à la manière des taupes, et comme toutes celles des anciens sur les tombeaux de géants, qu'ils plaçaient partout où l'on trouvait des os d'éléphant.

Ainsi l'on peut bien croire que, si aucune des grandes espèces de quadrupèdes, aujourd'hui enfouies dans des couches pierreuses régulières, ne s'est trouvée semblable aux espèces vivantes que l'on connaît, ce n'est ni l'effet d'un simple hasard, ni parce que précisément ces espèces, dont on n'a que les os fossiles, sont cachées dans les déserts et ont échappé jusqu'ici à tous les voyageurs : l'on doit, au contraire, regarder ce phénomène comme tenant à des causes générales, et son étude comme l'une des plus propres à nous faire remonter à la nature de ces causes.

Mais si cette étude est plus satisfaisante par ses résultats que celle des autres restes d'animaux fossiles, elle est aussi hérissée de difficultés beaucoup plus nombreuses. Les coquilles fossiles se présentent pour l'ordinaire dans leur entier, et avec tous les caractères qui peuvent les faire rapprocher de leurs analogues dans les collections ou dans les ouvrages des naturalistes; les poissons même offrent leur squelette plus ou moins entier : on y distingue presque toujours la forme générale de leur corps, et le plus souvent leurs caractères génériques et spécifiques, qui se tirent de leurs parties solides. Dans les quadrupèdes, au contraire, quand on rencontrerait le squelette entier, on aurait de la peine à y appliquer des caractères tirés pour la plupart des poils, des couleurs et d'autres marques qui s'évanouirent avec l'incrustation; et même il est infiniment rare de trouver un squelette fossile un peu complet; des os isolés, et jetés pêle-mêle, presque toujours brisés et réduits à des fragments, voilà tout ce que nos couches nous fournissent dans cette classe, et la seule ressource du naturaliste. Aussi peut-on dire que la plupart des observateurs, effrayés de ces difficultés, ont passé légèrement sur les os fossiles des quadrupèdes, les ont classés d'une manière vague, d'après des ressemblances superficielles, ou n'ont pas même hasardé de leur donner un nom; en sorte que cette partie de l'histoire des fossiles, la plus importante et la plus instructive de toutes, est aussi de toutes la moins cultivée.

Heureusement l'anatomie comparée possédait un principe qui, bien développé, était capable de faire évanouir tous les embarras : c'était celui de la *corrélation des formes* dans les êtres organisés, au moyen duquel chaque sorte d'être pourrait, à la rigueur, être reconnue par chaque fragment de chacune de ses parties.

Tout être organisé forme un ensemble, un système unique et clos, dont les parties se correspondent mutuellement, et concourent à la même action définitive par une réaction réciproque. Aucune de ces parties ne peut changer sans que les autres ne changent aussi, et, par conséquent, chacune d'elles prise séparément indique et donne toutes les autres.

Ainsi, si les intestins d'un animal sont organisés de manière à ne digérer que de la chair, et de la chair récente, il faut aussi que ses mâchoires soient construites pour dévorer une proie ; ses griffes pour la saisir et la déchirer ; ses dents pour la couper et la diviser ; le système entier de ses organes du mouvement pour la poursuivre et pour l'atteindre ; ses organes des sens pour l'apercevoir de loin ; il faut même que la nature ait placé dans son cerveau l'instinct nécessaire pour savoir se cacher et tendre des pièges à ses victimes. Telles seront les conditions générales du régime carnivore ; tout animal destiné pour ce régime les réunira infailliblement, car sa race n'aurait pu subsister sans elles ; mais, sous ces conditions générales, il en existe de particulières, relatives à la grandeur, à l'espèce, au séjour de la proie pour laquelle l'animal est disposé ; et de chacune de ces conditions particulières résultent des modifications de détail dans les formes, qui dérivent des conditions générales : ainsi, non seulement la classe, mais l'ordre, mais le genre, et jusqu'à l'espèce, se trouvaient exprimés dans les formes de chaque partie.

En effet, pour que la mâchoire puisse saisir, il lui faut une certaine forme de condyle, un certain rapport entre la position de la résistance et celle de la puissance avec le point d'appui, un certain volume dans le muscle crotaphite, qui exige une certaine étendue dans la fosse qui le reçoit, et une certaine convexité de l'arcade zygomatique sous laquelle il passe. Cette arcade zygomatique doit aussi avoir une certaine force pour donner appui au muscle masseter.

Pour que l'animal puisse emporter sa proie, il lui faut une certaine vigueur dans les muscles qui soulèvent sa tête, d'où résulte une forme déterminée dans les vertèbres où ces muscles ont leurs attaches, et dans l'occiput, où ils s'insèrent.

Pour que les dents puissent couper la chair, il faut qu'elles soient tranchantes, et qu'elles le soient plus ou moins selon qu'elles auront plus ou moins exclusivement de la chair à couper. Leur base devra être d'autant plus solide qu'elles auront plus d'os et de plus gros os à briser. Toutes ces circonstances influeront aussi sur le développement de toutes les parties qui servent à mouvoir la mâchoire.

Pour que les griffes puissent saisir cette proie, il faudra une certaine mobilité dans les doigts, une certaine force dans les ongles,
d'où résulteront des formes déterminées dans toutes les phalanges
et des distributions nécessaires de muscles et de tendons ; il faudra
que l'avant-bras ait une certaine facilité à se tourner, d'où résulteront encore des formes déterminées dans les os qui la composent. Mais
les os de l'avant-bras, s'articulant sur l'humérus, ne peuvent changer de formes sans entraîner des changements dans celui-ci : les os
de l'épaule devront avoir un certain degré de fermeté dans les animaux qui emploient leurs bras pour saisir ; et il en résultera encore
pour eux des formes particulières. Le jeu de toutes ces parties exi-
gera dans tous leurs muscles de certaines proportions, et les impres-
sions de ces muscles ainsi proportionnés détermineront encore plus
particulièrement les formes des os.

Il est aisé de voir que l'on peut tirer des conclusions semblables
pour des extrémités postérieures, qui contribuent à la rapidité des
mouvements généraux ; pour la composition du tronc et les formes
des vertèbres, qui influent sur la facilité, la flexibilité de ces mouvements ; pour les formes des os du nez, de l'orbite, de l'oreille,
dont les rapports avec la perfection des sens de l'odorat, de la vue,
de l'ouïe sont évidents. En un mot, la forme de la dent entraîne la
forme du condyle, celle de l'omoplate, celle des ongles, tout comme
l'équation d'une courbe entraîne toutes ses propriétés ; et de même
qu'en prenant chaque propriété séparément pour base d'une équation particulière, on retrouverait et l'équation ordinaire et toutes
les autres propriétés quelconques, de même l'ongle, l'omoplate, le
condyle, le fémur, et tous les autres os pris chacun séparément,
donnent la dent ou se donnent réciproquement ; et, en commençant
par chacun d'eux, celui qui posséderait rationnellement les lois
de l'économie organique pourrait refaire tout l'animal. (G. Cuvier).

Leçon XXIX

Les terrains secondaires.

RÉSUMÉ. — **1.** Les *terrains secondaires*, caractérisés par la
présence des *Ammonites* et des *Bélemnites*, sont visibles *tout autour des terrains tertiaires* du bassin de Paris et paraissent former
comme des *cuvettes emboîtées* qui s'étendent jusqu'aux Ardennes,
aux Vosges, au Massif Central et à la Bretagne.

2. Ils comprennent de bas en haut, le *Trias*, avec grès, calcaires
et marnes, le *Jurassique*, avec marnes, argiles et calcaires, quelquefois corallien, et le *Crétacé*, avec argiles, sables et craie.

3. Les mouvements du sol pendant l'ère secondaire **sont des** *mouvements lents*, qui ont amené l'*invasion de la mer* dans nos régions pendant le *Trias et le Jurassique*, puis une *émersion* suivie d'une nouvelle *submersion* pendant le *Crétacé*. Les *Ardennes*, les *Vosges*, le *Massif Central*, et la *Bretagne* restèrent *seuls émergés*, laissant communiquer le bassin de Paris avec l'Aquitaine et le bassin du Rhône.

4. Les principales roches secondaires utilisées sont : les *grès des Vosges* (pierre à bâtir), les *argiles* (tuiles), les *calcaires marneux* (ciment, pierre lithographique), le *calcaire oolithique* (pierre à bâtir), la *craie* (blanc d'Espagne), le *sel gemme* du Trias dans l'Est, le *phosphate de chaux* (engrais) et le *minerai de fer* du Jurassique.

❦ ❦ ❦

1. Le bassin de Paris. — L'ère secondaire correspond à la formation des dépôts sédimentaires qui contiennent, comme fossiles marins, des **Ammonites** (*fig.* 232) et des **Bélemnites** (*fig.* 237).

Nous avons déjà signalé, en définissant les terrains tertiaires, l'existence au Bas-Meudon d'une masse de craie visible sur une assez grande épaisseur. Or, si l'on s'éloigne de Paris dans n'importe quelle direction, on retrouve cette même craie sous la terre végétale à partir d'une certaine distance ; vers l'*Ouest*, par exemple, on la retrouve à *partir de Mantes jusque vers Caen, le Havre, Dieppe*, où elle forme les *falaises crayeuses* bien connues. Vers le Nord, elle forme les plaines vallonnées de la *Picardie et de l'Artois* jusque près de Calais. Vers l'Est, elle forme la *Champagne pouilleuse*. On la retrouve aussi *dans la Bourgogne vers Sens* et *dans la Touraine*. Elle semble donc former comme une **cuvette** dont Paris serait à peu près le centre, et cette supposition est confirmée par le fait que, lors du creusement des puits artésiens de Paris, on a dû traverser, pour atteindre la nappe d'eau utilisée, une épaisseur de *plus de 400 mètres de craie* au-dessous des différentes couches tertiaires. Plusieurs autres couches secondaires, situées au-dessous de la craie, semblent présenter la même disposition, car on les voit former, sous la terre végétale, comme une **série de ceintures** autour de la craie à des distances de plus en plus grandes de Paris. De là vient l'expression de **bassin de Paris**, par laquelle on désigne en Géologie toute *la région comprise entre les Ardennes, les Vosges, le Massif central et la Bretagne.*

2. Division des terrains secondaires. — C'est en allant de Paris vers les Vosges que l'on trouve la série la plus complète des couches secondaires du bassin de Paris. La plupart de ces couches sont de *formation marine* et représentent une *épaisseur totale d'environ 4.000 mètres.* On les a divisées en trois **systèmes**, correspondant à trois **périodes** de même nom, qui sont en commençant par les couches les plus anciennes :

1° Le système **Triasique**, qui tire son nom de ce qu'en Allemagne et en Lorraine, où on l'a étudié pour la première fois, on peut y établir trois divisions très nettes : la première, directement superposée aux terrains primaires, est formée de grès diversement colorés, appelés pour cela *grès bigarrés*; la seconde est constituée par un calcaire compact, grisâtre, rempli de fossiles marins et connu sous le nom de *Calcaire coquillier*, et enfin la troisième est représentée par un puissant massif de marnes argileuses que leurs teintes vives et variées ont fait nommer *marnes irisées*; ces marnes renferment des amas considérables de *gypse* et de *sel gemme*.

En résumé, le *Trias*, surtout développé dans l'Europe centrale, se compose d'une formation marine, intercalée entre deux formations littorales; l'une est *arénacée* à la base, l'autre *argileuse* et *salifère* à la partie supérieure.

La faune et la flore servent de transition entre l'ère primaire et l'ère secondaire.

2° Le système **Jurassique** (*fig.* 215) est ainsi nommé parce qu'il forme les montagnes du Jura; il comprend une série d'assises *franchement marines*, composées surtout de *marnes*, d'*argiles* et de *calcaires* en dépôts nettement stratifiés. Ces dépôts sont loin d'être limités à la région du Jura; ils forment autour du Massif Central une ceinture qui est due à un retour de la mer en France, par suite d'un affaissement de l'Europe occidentale.

Dans la région inférieure, ils sont de couleur sombre, puis deviennent clairs au fur et à mesure qu'on s'élève pour atteindre le système supérieur ou Crétacé ; c'est ce qui explique la division de ces assises en *Jura noir*, *Jura brun* et *Jura blanc*, auxquelles on substitue parfois les noms de *Lias* (Jura noir, appelé Lias en Angleterre), *Oolithe* (Jura brun, formé de calcaire oolithique à minerai de fer), *Corallien* (Jura blanc, formé de calcaire sécrété par les coraux).

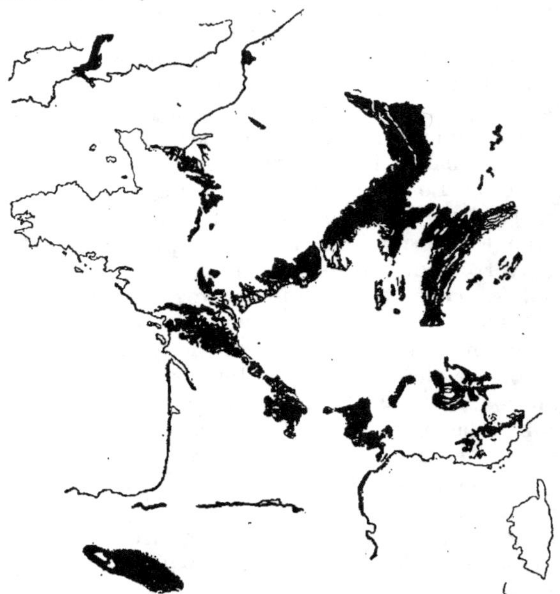

FIG. 215. — Répartition du Jurassique à la surface du sol en France.

La faune se signale par le développement des Mollusques, en particulier des *Ammonites* et des *Bélemnites*, et par la profusion des *Reptiles* qui envahissent l'air, les continents et les océans, à tel point qu'on donne à cette période le nom d'*ère des Reptiles*. On y voit *apparaître* les *Oiseaux* et les *Mammifères*.

3° **Le système Crétacé** tire son nom de ce que la *craie* (*creta*, en latin) prédomine dans les sédiments de l'époque ; toutefois la partie inférieure du système est plutôt de nature argileuse et calcaire. formant la transition entre les dépôts jurassiques et les dépôts nettement crétacés.

La *faune* est caractérisée par la *diminution* du *nombre des Reptiles*, et surtout par le **déroulement des Ammonites,** qui coïncide ainsi avec leur disparition prochaine.

3. Mouvements du sol pendant l'ère secondaire. — Les terrains secondaires en France étant surtout constitués par des *dépôts marins*, leur distribution correspond à celle des *mers secondaires*.

Or les terrains *triasiques* sont surtout représentés en *Lorraine*, les terrains *jurassiques* tout *autour du Massif central* et

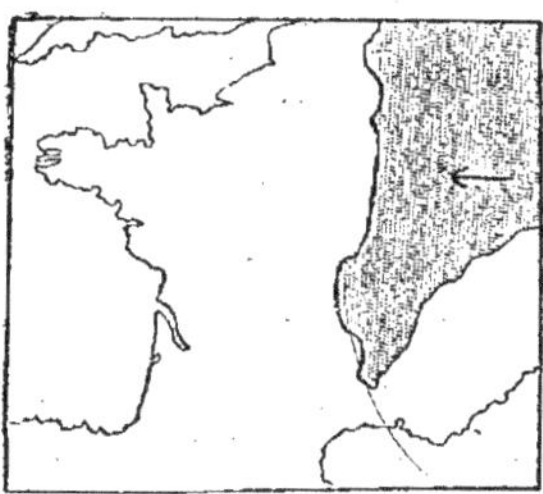

Fig. 216. — Mer au Trias.

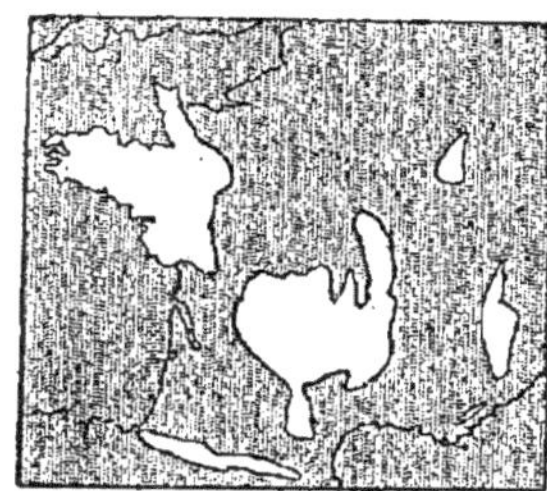

Fig. 217. — Mer au Jurassique.

les terrains *crétacés* dans les *mêmes régions*, au-dessus des précédents, formant, comme nous l'avons vu plus haut pour le bassin de Paris, une sorte de *ceinture autour des terrains tertiaires*.

On en a conclu qu'au **Trias** (*fig.* 216), début des temps secondaires, la mer n'occupait en France que les **régions de l'Est,** s'étant retirée dans l'Europe orientale. Puis, par suite d'un *mouvement lent* qui provoque un *affaissement de l'Europe occidentale*, la mer vient, au **Jurassique** (*fig.* 217), couvrir **toute la France,** *moins les Ardennes, les Vosges, le Massif central et la Bretagne*, qui formaient alors des terres élevées. Il y avait alors en France trois bassins marins : le *bassin de Paris*, le *bassin d'Aquitaine* et le *bassin du Rhône*, communiquant ensemble par les *détroits du Poitou, du Languedoc et de la Côte-d'Or*,

Après une *émersion momentanée des détroits* vers la fin du Jurassique, la **mer revient déposer la craie**, puis, vers la fin du Crétacé (*fig.* 218), elle se retire, comme nous l'avons vu en parlant des dépôts tertiaires. Il n'y aurait donc eu, pendant l'*ère secondaire*, que des *mouvements lents* du sol relativement faibles, sans grands plissements montagneux.

G. 218. — Mer à la fin du Crétacé.

4. Les principales roches secondaires et leurs usages. — Les terrains secondaires comprennent des dépôts nettement stratifiés, formés de grès, d'argiles et de calcaires.

Les *grès du Trias*, panachés de rouge et de blanc, et appelés pour cela *grès bigarrés*, sont assez tendres pour être taillés ; on en fait des pierres de construction en Lorraine : la cathédrale de Strasbourg est construite avec ces grès bigarrés.

Les *argiles du Jurassique* sont exploitées dans la Meuse pour la fabrication des tuiles et en Normandie, pour le dégraissage des draps, sous le nom de **terre à foulon**.

Les *calcaires marneux* sont surtout exploités à Vassy, à Grenoble et à Portland, en Angleterre, où ils servent à la fabrication d'un ciment renommé ; ces calcaires renferment parfois très peu d'argile et sont susceptibles de prendre un beau poli ; ils sont alors exploités comme **pierre lithographique**.

Les *calcaires oolithiques* sont surtout développés en Normandie ; d'importantes carrières sont ouvertes près de Caen, dans ce calcaire blanc jaunâtre, disposé par bancs épais et presque entièrement dépourvu d'argile. Les principaux monuments du Calvados sont construits avec ce calcaire connu sous le nom de **pierre de Caen** ; on l'exporte en Angleterre où il est très apprécié pour la construction ; c'est lui qu'on a employé pour la Tour de Londres et la célèbre cathédrale de Cantorbery.

La *craie*, débarrassée des parties siliceuses qu'elle renferme, est employée sous le nom de **blanc d'Espagne** ou de *blanc de Paris* pour nettoyer l'argenterie et pour faire des bâtons destinés à écrire au tableau noir ; elle est surtout exploitée à *Meudon*, près de Paris.

A côté de ces roches nettement sédimentaires et à dépôts très étendus, on trouve quelques autres roches à dépôts localisés et exploitées par l'industrie. Ainsi l'étage supérieur du Trias ou *étage saliférien* comprend d'importants gîtes de sel gemme.

Ces *gîtes salifères* sont, à Dieuze, l'objet d'une active exploitation ; il en existe treize couches dont l'épaisseur totale dépasse 50 mètres.

Ces dépôts salifères se prolongent dans le Jura où ils alimentent les nombreuses sources salées de la région, notamment à *Lons-le-Saunier*, qui doit son nom à l'abondance de ces sources.

Les *phosphates de chaux* se trouvent dans la Meuse et les Ardennes sous forme de nodules d'origine hydrothermale ; ils sont exploités dans toute l'Argonne pour l'amendement des terres ; en raison de leur dureté, les ouvriers les désignent sous le nom de *coquins*. Parfois ils se trouvent également sous forme de *coprolithes*, amas d'excréments d'animaux fossiles, très riches en phosphate de chaux.

Enfin le principal minerai retiré des terrains jurassiques est le *minerai de fer*, surtout abondant dans le Jurassique moyen. Ce minerai se présente sous forme de petits grains arrondis, ou **oolithe**, constituant le fer oolithique, si activement exploité en France.

LECTURE

La fabrication des pierres à briquet. — Bien que peu répandus aujourd'hui, les briquets à amadou donnent lieu, dans certaines localités, à une véritable industrie, celle de la confection des « silex » de ces appareils, constitués principalement de silex si fréquents dans la craie. On la rencontre, par exemple, au hameau de Porcherioux, dans le département de Loir-et-Cher.

L'extraction des rognons de silex, partie préliminaire de cette industrie, est, naturellement, l'affaire des hommes qui s'y livrent principalement à l'époque où les travaux des champs leur laissent quelque liberté. Elle a lieu dans des puits qui atteignent quelquefois une profondeur assez considérable. Puis vient la taille. Les hommes en accomplissent les premières opérations. A l'aide d'un gros marteau obtus analogue à celui des tailleurs de pierres et qu'ils appellent *assommeur*, ils commencent par dégager le silex. Ensuite, avec le *marteau* proprement dit, plat d'un côté et terminé de l'autre en pointe aiguë, ils l'éclatent en lames longues et étroites auxquelles on donne une forme aplatie. Ces lames sont portées à domicile, et c'est aux femmes qu'incombe presque complètement le reste de l'opération.

L'installation de l'atelier est simple. Un long *établi*, lourd billot allongé, devant lequel deux ou trois personnes peuvent prendre place, est percé d'autant de trous verticaux légèrement inclinés en avant, et dans lesquels, à l'aide de coins de bois, on fixe le ciseau d'acier, qui présente ainsi sa partie tranchante à l'ouvrière ; le plat est en partie quadrillé à la façon d'une lime très grossière destinée à amortir les arêtes du silex.

L'ouvrière pose la lame siliceuse sur le tranchant du ciseau, suivant la ligne où elle veut la couper et la fait éclater par petits fragments à l'aide de la *roulette*, — c'est une petite mailloche semblable à un champignon, — et composée d'un disque d'acier d'une dizaine de centimètres de diamètre (quand il est neuf, mais on l'use pour ainsi dire jusqu'au manche) emmanché en son centre. On est étonné de voir avec quelle précision et quelle rapidité une femme exercée découpe le silex au moyen de petits coups secs. Une ouvrière peut faire 5.000 à 6.000 pierres dans sa semaine, et le mille vaut de 2 fr. 50 à 4 francs.

Cette industrie peut, comme on le voit, étant donnée la médiocrité de la mise de fonds, donner une aisance relative aux campagnards qui l'exercent dans leurs moments perdus [1].

Leçon XXX

La faune, la flore et le climat secondaires.

RÉSUMÉ. — 1. Parmi les *Invertébrés*, il faut signaler les *Foraminifères microscopiques* qui ont formé la craie, les *Polypiers* qui construisaient des *récifs* jusque dans le bassin de Paris, de nombreux *Oursins* et *Crinoïdes ou Lis de mer*, des *Crustacés* et des *Insectes* rappelant certains des types actuels.

2. Parmi les *Mollusques*, on trouve des *Bivalves* comme les *Gryphées*, sorte d'huîtres à coquille entournée, et surtout des *Céphalopodes à deux branchies*, tels que les *Ammonites*, à coquille

1. D'après M. G. Belot.

externe cloisonnée, extrêmement nombreuses, et les *Bélemnites*, à coquille interne comme la Seiche actuelle.

3. Parmi les *Vertébrés*, les *Poissons* et les *Batraciens* se rapprochent peu à peu des formes actuelles. Les *Reptiles* présentent une *variété extraordinaire* et une taille généralement très grande : *Reptiles nageurs*, comme l'*Ichtyosaure* et le *Plésiosaure ; Reptiles terrestres* ou *Dinosauriens*, comme l'*Iguanodon* (10 mètres) et beaucoup d'autres qui atteignaient *jusqu'à 25 mètres ; Reptiles volants*, comme le *Ptérodactyle*.

4. Enfin, au *Jurassique*, apparaissent des *Oiseaux*, à caractères reptiliens, et pourvus de dents, comme l'*Archéoptéryx*, et plusieurs autres, et aussi des *Mammifères* de petite taille, à caractères de *Marsupiaux*.

5. La flore secondaire comprend d'abord les *Cycadées*, plantes des pays chauds, et des *Conifères*. Les *récifs coralliens* du Jurassique du bassin de Paris indiquent aussi un *climat tropical*. Puis on voit apparaître des *Palmiers* et enfin des *Chênes* et des *Hêtres*, qui marquent une *tendance à l'apparition des saisons*.

1. **Les Invertébrés, sauf les Mollusques.** — Les *Protozoaires* sont représentés, surtout dans le Crétacé, par de petites coquilles microscopiques (*fig.* 219) de nature calcaire ou siliceuse, ayant appartenu à des *Foraminifères* ou à des *Radiolaires* voisins des espèces actuelles.

Les *Spongiaires* se trouvaient surtout sous forme d'éponges siliceuses qui ont laissé leur trace par les spicules, abondants dans la craie; ce sont ces spicules qui font « crier » la craie lorsqu'on écrit au tableau noir.

Fig. 219. — Organismes de la craie vus au microscope.

Les *Polypiers* formaient, au milieu des temps secondaires, jusque dans le bassin de Paris, de véritables *récifs coralliens*, semblables à ceux qu'ils construisent actuellement dans l'océan Pacifique; ces récifs sont si abondants au Jurassique supérieur qu'on lui donne à cause de cela le nom d'*étage corallien*.

Les *Echinodermes* sont représentés par les *Crinoïdes* et les *Oursins*.

Les *Crinoïdes* ou *Lis de mer* sont constitués par une tige formée de disques empilés les uns sur les autres, se terminant par une rosette de tigelles de même constitution, à laquelle on donne le nom de calice ; ces tigelles peuvent s'étaler comme les pétales d'une fleur, d'où leur nom de Lis de mer. Les Crinoïdes secondaires étaient beaucoup plus grands que les Crinoïdes actuels : le type le plus connu est l'*Encrine* (*fig.* 220).

Les *Oursins* secondaires comprennent, comme les Oursins actuels, des *types réguliers* et des *types irréguliers*.

Les *Oursins réguliers* (*fig.* 221), représentés par les *Cidaris*, ont la *bouche opposée à l'anus* et la symétrie rayonnée parfaite ; les *Oursins irréguliers* (*fig.* 222), représentés par l'*Ananchytes*, sont aplatis à la face inférieure qui porte à la fois la bouche et l'anus ; la symétrie devient ainsi bilatérale au lieu d'être rayonnée.

Fig. 220.
Encrine.

Les *Brachiopodes*, dont nous parlerons plus loin au sujet des temps primaires, sont encore représentés par quelques types à coquille lisse, parmi lesquels on cite les *Térébratules* et les *Rynchonelles*.

Les *Articulés* secondaires sont représentés par de nombreux Crustacés, rappelant en partie les Ecrevisses et les Langoustes actuelles, et par la

Fig. 221. — Oursin régulier (*Cidaris*).

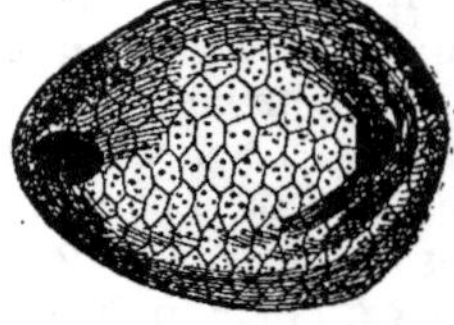

Fig. 222. — Oursin irrégulier (*Ananchytes*) vu de profil et par dessous.

majeure partie des types d'**Insectes** : Coléoptères, Orthoptères et Hémiptères qui vivent de nos jours. Les Hyménoptères avec les *Abeilles* et les Lépidoptères avec les *Papillons* apparaissent vers la fin, avec les plantes à fleurs.

2. Mollusques. — Les Mollusques secondaires sont abondants et variés : les *Bivalves* et les *Céphalopodes* ont surtout de nombreux représentants.

Les *Bivalves* formaient des bancs entiers; les deux plus caractéristiques sont l'*Ostrea virgula*, petite huître en forme de virgule (*fig.* 223), et la *Gryphée arquée* en forme de barque (*fig.* 224).

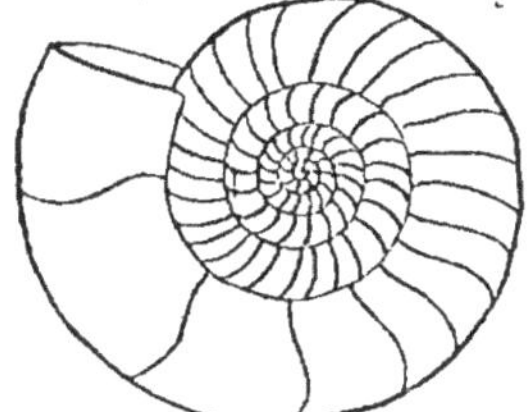

Fig. 223.
Ostrea virgula.

Les *Céphalopodes actuels* ont *quatre branchies*, comme le *Nautile*, que l'on trouve dans les mers chaudes de l'Extrême-Orient, ou *deux branchies* seulement comme les *Pieuvres* et les *Calmars*.

Le *Nautile* (*fig.* 225) a une *coquille externe* mince et nacrée, partagée par des *cloisons transversales* en plusieurs chambres, dont l'animal occupe seulement la dernière, qui est la plus

Fig. 224. — Gryphée arquée.

Fig. 225. — Nautile.

grande. En suivant le développement du Nautile, on voit que ces chambres se forment l'une après l'autre à mesure que l'animal grandit, celui-ci émigrant dans la nouvelle chambre formée, tout en restant relié à la première par un ligament contenu dans un tube central nommé *siphon*.

Les *Céphalopodes secondaires* comprennent *quelques Nautiles;* mais ils sont *surtout représentés* par les **Ammonites** et les **Bélemnites**, qui n'avaient qu'*une paire de branchies*.

Les **Ammonites** ont une coquille qui ressemble à celle du Nautile; mais elle s'en distingue d'une part parce que le *siphon, au lieu d'être central,* est sur le *bord externe,* et d'autre part, parce que la *suture des cloisons avec la coquille,*

FIG. 226. — Goniatite.

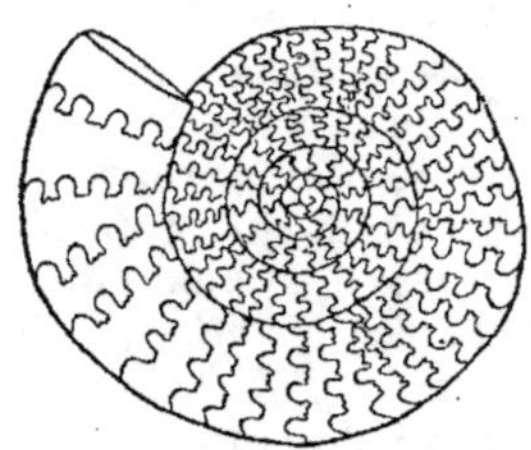

FIG. 227. — Cératite.

au lieu d'être droite, est ondulée, plissée en tous sens; on la dit
persillée pour rappeler sa forme, découpée en feuille de per-

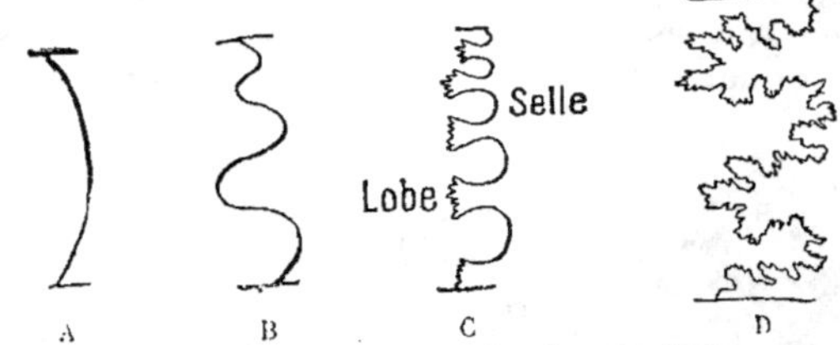

FIG. 228 à 231. — Forme des cloisons chez les Céphalopodes secondaires.
A, Nautile ; B, Goniatite ; C, Cératite ; D, Ammonite.

sil. Toutefois on trouve des formes intermédiaires, dans le
Trias, entre le Nautile et les Ammo-
nites : ainsi les **Goniatites** (*fig.* 226)
ont une coquille assez voisine de
celle des Nautiles; la ligne de suture est anguleuse au lieu de rester
droite; chez les **Cératites** (*fig.* 227),
la ligne de suture se complique un
peu ; elle présente des parties cré-
nelées (*lobes*) réunies par des demi-
circonférences (*selles*) (*fig.* 228 à
231). Enfin, chez les **Ammonites**

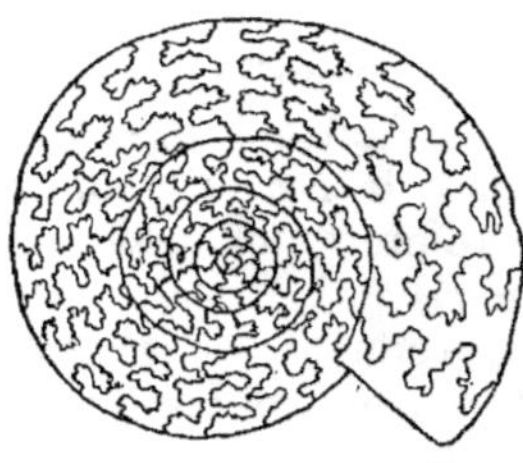

FIG. 232. — Ammonite.

(*fig.* 232), cette ligne devient sinueuse et se complique de
plus en plus, à mesure que les Ammonites se perfectionnent.

Leur nombre se multiplie à tel point qu'on en connaît plus de 4.000 espèces ; leur taille varie de celle d'une lentille à celle d'une roue de voiture.

Lorsqu'elles ont atteint leur apogée, au Jurassique supérieur, elles commencent à se **dérouler** avec le *Crioceras*

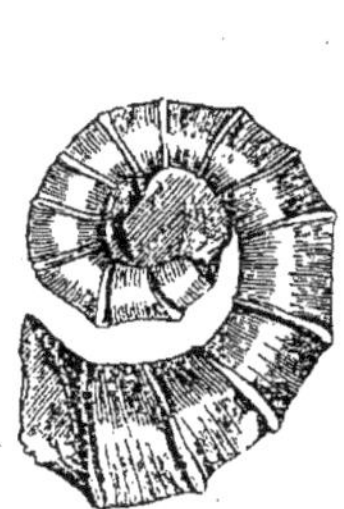

FIG. 233. — Ammonite déroulée (*Crioceras*).

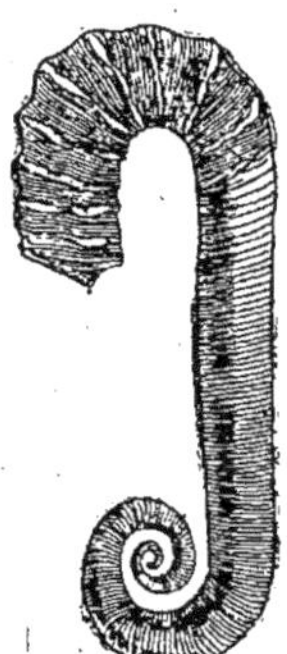

FIG. 234. — Ammonite déroulée (*Ancyloceras*).

FIG. 235. Ammonite déroulée (*Hamites*).

FIG. 236. Baculite.

(*fig.* 233) ; ce déroulement s'accentue avec les *Ancyloceras* (*fig.* 234) et les *Hamites* (*fig.* 235), et, vers la fin du Crétacé, les dernières Ammonites ont la forme de bâtonnets avec les *Baculites* (*fig.* 236).

Les Ammonites naissent donc avec l'ère secondaire et disparaissent avec elle ; ce sont donc des fossiles caractéristiques de cette ère

Les **Bélem-nites** se trouvent

FIG. 237. — Rostre de Bélemnite.

sous forme de baguettes cylindriques terminées en pointe, constituant ce qu'on appelle le *rostre* (*fig.* 237), de sorte que longtemps on s'est mépris sur la véritable nature de ces baguettes ; on en a fait des stalactites, des dents de Poissons, des baguettes d'Oursins, jusqu'à ce que des empreintes plus complètes aient permis d'établir qu'elles appartenaient à des Céphalopodes voisins des Calmars actuels (*fig.* 238). Ces baguettes représentent une partie de la coquille interne de la Bélemnite.

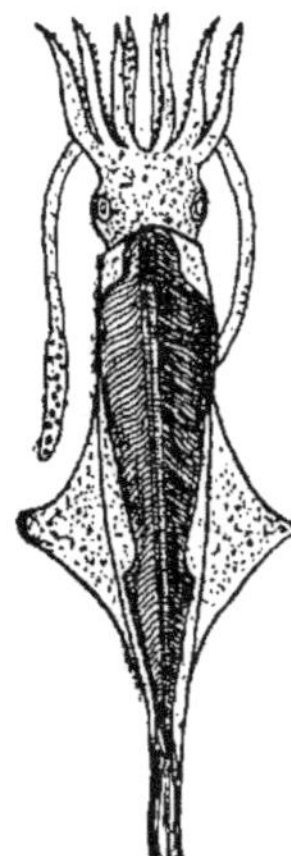

Fig. 238. — Bélemnite reconstituée.

La coquille complète se compose du *rostre* que l'on retrouve à l'état fossile, lequel est surmonté d'une sorte de *plume cartilagineuse* comparable à la plume des Calmars actuels.

Les Bélemnites apparaissent au Jurassique et disparaissent avec l'ère secondaire pour faire place aux calmars et aux Seiches, leurs descendants directs.

3. Vertébrés à sang froid. — Les *Poissons ganoïdes*, que nous verrons très abondants aux temps primaires, sont encore *nombreux au début* de l'ère secondaire, puis ils *diminuent* pour faire place à des *Poissons à écailles molles*, très voisins des Poissons osseux actuels.

De même les types actuels de *Batraciens* se montrent assez vite.

Il en est tout autrement pour les *Reptiles*, qui montrent pendant l'ère secondaire une *abondance extraordinaire*, avec une grande variété de formes, la plupart disparues. Ce n'est que vers la fin qu'apparaissent les types actuels. On peut diviser les Reptiles secondaires en *Reptiles nageurs*, *Reptiles terrestres* et *Reptiles volants*.

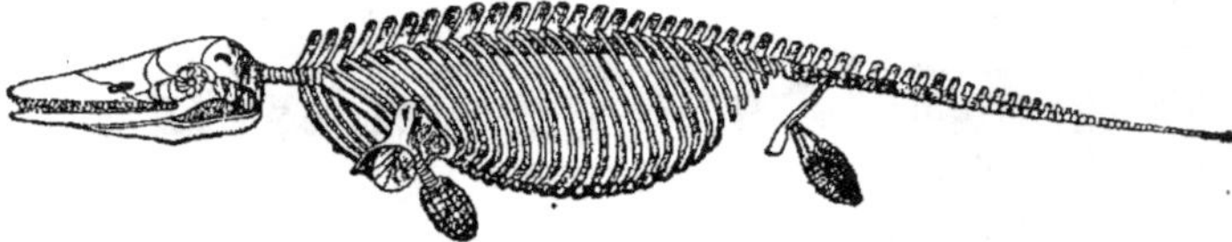

Fig. 239. — Squelette d'Ichtyosaure (8 mètres de longueur).

Les **Reptiles nageurs** étaient représentés par l'*Ichtyosaure* (du grec *ichthus*, poisson, et *sauros*, lézard) et le *Plésiosaure* (du grec *plésion*, voisin, et *sauros*, lézard). L'*Ichtyosaure* (*fig.* 239) était un grand Poisson-Lézard, comme son nom l'indique, de 7 à 8 mètres de longueur ; il avait un corps et des vertèbres, biconcaves de Poisson, des dents de Crocodile et une tête de Lézard. Le *Plésiosaure* s'en distingue en ce que son corps est plus mince et son cou très long (*fig.* 240).

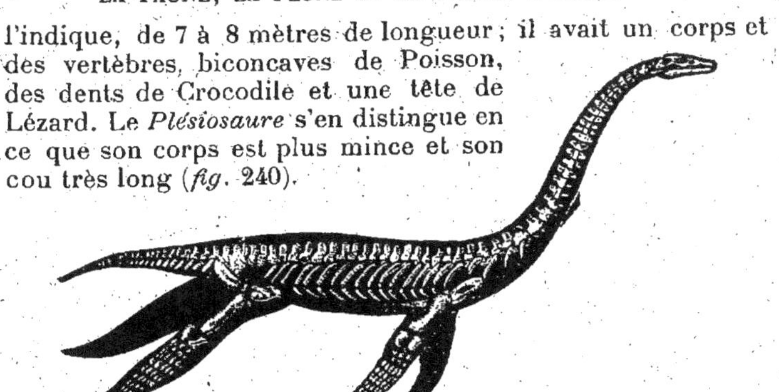

FIG. 240. — Plésiosaure (8 mètres de longueur).

Les **Reptiles terrestres** sont connus sous le nom de *Dinosauriens* (du grec *deinos*, terrible, et *sauros*, lézard), allusion à la taille monstre de ces Lézards, qui pouvaient atteindre jusqu'à 25 mètres de longueur.

L'un des plus connus est l'*Iguanodon* (*fig.* 241), qui reposait sur sa queue et ses membres inférieurs, l'ensemble formant trépied.

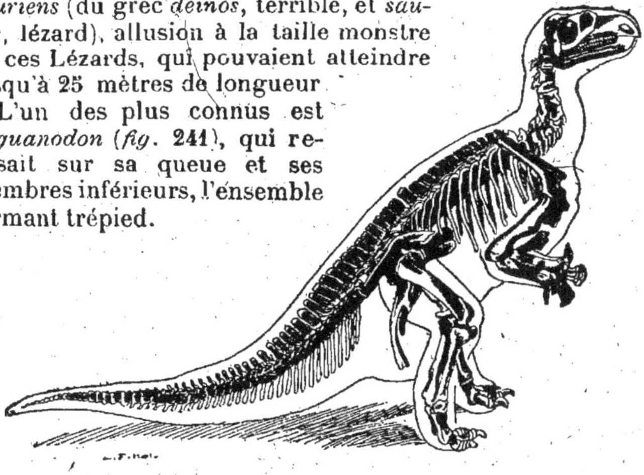

FIG. 241. — Squelette d'Iguanodon (10 mètres de longueur).

On en a trouvé en Belgique de nombreux exemplaires, que l'on peut voir dans un musée de Bruxelles.

Les **Reptiles volants** (*fig.* 242 et 243) sont connus sous le nom
de *Ptérodactyles* (du grec *pteron*, aile, et *dactylos*, doigt), à

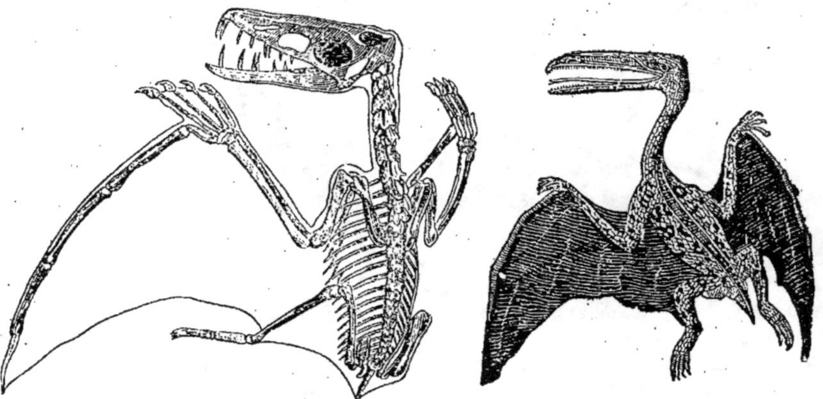

FIG. 242. — Ptérodactyle.

FIG. 243. — Ptérodactyle reconstitué.

cause de leurs ailes soutenues par l'un des doigts très développé.

4. Vertébrés à sang chaud.
— Les Oiseaux font leur apparition au Jurassique avec
l'*Archéoptérix* (*fig.* 244), animal moitié oiseau, moitié reptile. Comme les Oiseaux, il
avait le corps couvert de
plumes, mais comme les Reptiles il possédait des dents.
On a trouvé aussi dans le
Crétacé d'autres Oiseaux
mieux caractérisés, mais
également pourvus de dents
(*fig.* 245).

FIG. 244. — Archéoptérix reconstitué.

Oiseaux et Mammifères sont
à peine représentés pendant l'ère secondaire; tout au plus,
dans le Jurassique et le Crétacé, trouve-t-on quelques débris

de *Marsupiaux*, mammifères chétifs qui sont loin de laisser prévoir l'énorme développement que vont prendre ces animaux durant l'époque tertiaire.

En résumé, on peut dire que toutes les classes d'animaux sont représentées pendant les temps secondaires ; mais de même que ces temps correspondent à l'ère moyenne de la

FIG. 245. — Oiseau à dents (reconstitué).   FIG. 246. — Voltzia.

terre, de même ce sont les animaux du milieu de la série animale qui sont surtout prédominants : c'est ainsi que l'ère secondaire peut être appelée le **règne des Ammonites et des Reptiles**.

5. La Flore et le climat secondaires. — La flore secondaire est surtout caractérisée par le **développement des Gymnospermes**, qui avaient fait leur apparition vers la fin de l'ère primaire.

Les formes prédominantes sont les *Cycadées* et les *Conifères*, dont un type, le *Voltzia heterophylla* (*fig.* 246), semblable au Cyprès, domine dès le début.

Les *Angiospermes* apparaissent avec le Jurassique sous

forme de *Palmiers*, et, vers la fin, se montrent quelques-uns des arbres de nos bois : Chênes, Hêtres, qui vont peupler les forêts de l'époque tertiaire.

De l'étude de la flore on peut déduire qu'au début des temps secondaires la température était restée élevée, bien supérieure à ce qu'elle est aujourd'hui, puisque de nos jours les Cycadées sont reléguées dans les pays tropicaux. D'ailleurs la formation de récifs coralliens, qui exige une température de 25 à 30°, indique aussi nettement que le climat de l'époque secondaire était un **climat chaud**.

Vers la fin cependant, l'existence des Dicotylédones semble montrer que la température avait baissé et que le climat se rapprochait davantage du climat actuel.

<h3 style="text-align:center">LECTURE</h3>

Un reptile fossile gigantesque : le Diplodocus. — A l'ère secondaire, les lagunes, les îlots émergés, les forêts et les marécages étaient habités par des Reptiles gigantesques, les rois de cette étrange nature. Parmi eux nous citerons le Diplodocus.

Le *Diplodocus* n'a pas moins de 27 mètres de longueur et sa hauteur aux hanches est de plus de 5 mètres. Le Muséum d'Histoire naturelle de Paris en possède un moulage qui lui a été offert par M. Carnegie. Ce merveilleux spécimen d'être à jamais disparu fut trouvé dans un état d'intégrité extraordinaire dans une carrière du Wyoming, aux Etats-Unis. Il fallut plus de deux ans pour dégager le squelette entier du Diplodocus au prix d'immenses labeurs et de grosses dépenses. Ce formidable squelette est une des plus belles pièces du Muséum de M. Carnegie à Pittsburg. Comprenant tout l'intérêt qu'il y aurait pour la Science à posséder des reproductions exactes de ce Diplodocus, le Mécène américain n'hésita pas à en faire faire un moulage complet, ce qui permit d'obtenir trois reproductions dont chacune n'a pas coûté moins de 500.000 francs. L'une d'elles a été donnée au roi d'Angleterre et figure dans les galeries du Muséum de Londres ; les deux autres furent gracieusement offertes à la France et à l'empereur d'Allemagne.

D'après son squelette, on peut présumer que le Diplodocus devait peser au moins 20 tonnes. Que devaient manger de pareils géants pour ne pas mourir de faim ? Une comparaison nous en donnera l'idée. Un éléphant de 5 tonnes mange en moyenne 50 kilogs de foin et 12^{ks},500 de grains par jour ; c'est là une nourriture concentrée, et l'on peut admettre qu'à l'état de liberté il lui faut au moins le double de nourriture verte. Un Diplodocus ne devait pas absorber moins de 300 à 350 kilogs de feuilles et d'herbes par jour pour ne pas périr d'inanition. Et si l'on songe à la petitesse de la tête, il devient certain que l'animal passait sa vie à manger.

De quel genre de végétaux se nourrissait-il? Le Diplodocus, en raison de sa dentition extrêmement faible, devait se nourrir de plantes aquatiques charnues et tendres. Quand une dent venait à disparaître pour une raison quelconque, elle était aussitôt remplacée; on observe en effet, dans la coupe d'une même mâchoire, jusqu'à cinq dents à divers degrés de développement et qui paraissent attendre leur tour de sortie.

Par tout ce qui précède, et aussi par l'étude de certains caractères des articulations des os des jambes, on a pu conclure que le Diplodocus avait des mœurs amphibies, autrement dit qu'il devait vivre autant dans l'eau que sur la terre ferme. On comprend dès lors l'avantage pour lui de posséder un long cou pour mieux saisir la végétation au fond des eaux profondes. C'était aussi un moyen de voir arriver ses ennemis tout en restant le corps caché dans les herbes. Avec sa longue queue comme contrepoids, il pouvait ainsi dominer la surface liquide à une hauteur de plus de 10 mètres.

En Allemagne, dans le nouveau parc zoologique de Stellingen créé par Karl Hagenbeck, on peut voir la reconstitution des types d'animaux fantastiques et terrifiants de l'ère secondaire que l'on a placés dans un décor approprié. Rien ne saurait donner une idée de l'étrange vision que l'on emporte de ce parc unique au monde.

C'est ainsi que l'on assiste à un combat entre un *Stégosaure* de 8 mètres de longueur et un *Cératosaure*. Le Stégosaure, avec les lames qui hérissent son dos, présente un aspect effroyable ; peut-être cependant cet animal monstrueux et terrifiant qui fait songer à la Tarasque, dont s'épouvante encore Tarascon, était-il un pacifique?

Dans un lac, s'ébat une famille de *Triceratops*. Le mâle, enfoncé dans l'eau, ne présente que sa formidable tête ornée de trois puissantes cornes et son dos couvert de plaques et de pointes; sur le rivage, se trouvent une femelle et un jeune, espoir de cette aimable famille. La nature, désireuse d'ajouter à la grâce de ces animaux, les a parés d'une gigantesque collerette Henri II formée par les plaques du cou. Le Tricératops mesure 15 mètres de longueur.

Malgré la part d'imagination qui entre dans les reconstitutions du parc de Stellingen, elles offrent un certain intérêt.

TABLEAU SYNOPTIQUE DE L'ÈRE ET DES TERRAINS SECONDAIRES

Caractères généraux de l'ère et des terrains secondaires

Terrains constitués par des roches calcaires ou argileuses, en dépôts nettement stratifiés, d'une épaisseur de 4.000 mètres environ; absence de roches éruptives, due au repos de l'activité interne du globe.

Ère caractérisée par le développement des Ammonites, des Bélemnites et des Reptiles (*ère des Reptiles*). La végétation comprend surtout des Conifères et des Monocotylédones.

Division des terrains secondaires en trois systèmes

Trias : Faune et flore de transition.
Jurassique : Règne des Ammonites et des Reptiles et apparition des Oiseaux et des Mammifères.
Crétacé : Déroulement des Ammonites.

Faune

Protozoaires : Foraminifères nombreux dans la craie.
Polypiers : Formations coralliennes.

Échinodermes
Crinoïdes ou Lis de mer : Encrine.
Oursins
Réguliers : Cidaris.
Irréguliers : Ananchytes.

Brachiopodes : Rynchonelle, Térébratule.

Articulés
Crustacés : Disparition des Trilobites.
Insectes : Apparition des Insectes Lépidoptères et Hyménoptères butinant sur les fleurs.

Mollusques
Bivalves : Ostrea virgula, Gryphée arquée.
Céphalopodes : Goniatite, Cératite; Ammonites et Bélemnites.

Poissons : *Ganoïdes* écailleux et *Poissons* osseux.

Reptiles
nageurs : Ichtyosaure, Plésiosaure.
terrestres : Dinosauriens.
volants : Ptérodactyles.

Oiseaux : Archéoptérix.
Mammifères : Marsupiaux.

Flore

Diminution du nombre et de la taille des Cryptogames vasculaires.
Développement des Gymnospermes et en particulier des Conifères.
Apparition des Angiospermes avec les Monocotylédones.

Climat

chaud. Température moyenne de 25 à 30°, exigée par les formations coralliennes.

Mouvements du sol

à peine marqués. Absence de mouvements brusques et par suite d'éruptions.
Mouvements oscillatoires légers et très lents provoquant, au début de l'ère secondaire, le retour de la mer en France, et à la fin un exhaussement presque général.

Distribution des terrains secondaires

Trias, en Lorraine.
Jurassique, dans le bassin de Paris, du Rhône, d'Aquitaine, c'est-à-dire autour du Plateau Central).
Crétacé, en Champagne.

Roches caractéristiques

Roches sédimentaires
Grès bigarrés (Lorraine).
Argiles jurassiques (terre à foulon).
Calcaires marneux (ciments).
Calcaires oolithiques (pierre de Caen).
Craie de Meudon.

Roches à dépôts localisés
Sel gemme (Dieuze).
Phosphate de chaux (Ardennes).
Minerai de fer du Jurassique.

Leçon XXXI

Les terrains primaires.

RÉSUMÉ. — **1.** Les *terrains primaires*, comprenant toutes les roches plus anciennes que les roches contenant des Ammonites, se montrent en France, *plissés, bouleversés, entremêlés de roches éruptives* et profondément modifiés par le *métamorphisme* (*marbres, schistes, ardoises, quartzites*).

2. Les terrains primaires se divisent en : *Archéen*, à roches cristallophylliennes sans fossiles ; *Cambrien*, avec les *plus anciens fossiles* connus jusqu'ici ; *Silurien*, avec beaucoup de *Trilobites* et quelques *Poissons; Dévonien*, avec beaucoup de *Poissons* et de *Brachiopodes* et quelques plantes inférieures *Carbonifère*, avec abondance de *Cryptogames,* quelques *Insectes* et quelques *Batraciens ; Permien*, avec *Batraciens* assez nombreux.

3. Il y a eu pendant les temps primaires trois plissements montagneux : le *plissement huronien*, dans les régions septentrionales, pendant l'*Archéen ;* le *plissement calédonien* (Ecosse et Norvège), pendant le *Silurien ;* le *plissement hercynien* (Bretagne, Massif central, Vosges, Ardennes), pendant le *Carbonifère*. Les montagnes correspondantes sont aujourd'hui réduites à l'état de *pénéplaines*.

4. Les *éruptions primaires* qui ont suivi ces plissements ont laissé comme traces des roches éruptives solidifiées dans les profondeurs du volcan, *granite, granulite, syénite, porphyre*, etc., et ont produit par leurs *fumerolles* le *métamorphisme* des roches primaires.

5. La répartition des terrains primaires en France montre que *notre pays, sauf quelques îlots* (Bretagne, Massif central, Vosges) a dû être *submergé jusqu'au plissement hercynien*, qui en a amené l'*émersion*, excepté pour la région correspondant au bassin houiller franco-belge.

6. Les *principales roches primaires* utilisées sont : le *gneiss*, le *granite* et la *granulite* (construction, dalles, socles, empierrement), le *porphyre* (décoration), les *grès* et *quartzites* (construction, empierrement), les *marbres*, la *houille* et l'*anthracite.*

✿ ✿ ✿

1. Caractères généraux. — L'ère primaire correspond au dépôt des couches inférieures à celles qui contiennent les

Ammonites et les Bélemnites. Les *terrains primaires* comprennent un ensemble de roches stratifiées dont *l'épaisseur atteint ou même dépasse* celle de l'ensemble des roches stratifiées d'origine secondaire et tertiaire.

On trouve les *roches primaires en France* en certains points du pourtour du bassin de Paris, dans les Ardennes, les Vosges, le Massif central et la Bretagne. Dans toutes ces régions, elles semblent avoir subi des *plissements* qui les ont *relevées, bouleversées, déchirées*, et leurs déchirures sont remplies de *différentes roches éruptives*. En même temps leur *aspect diffère* sensiblement de celui des roches secondaires et tertiaires. Ainsi les *calcaires* sont souvent à l'état de *marbres*, les *argiles* durcies à l'état de *schistes* ou d'*ardoises*, les *grès* à l'état de *quartzites*.

Dans d'autres régions, comme *en Russie*, on trouve des terrains qui paraissent de même âge par les fossiles qu'ils renferment, mais dont les *couches* sont *restées horizontales* et ont conservé l'aspect des roches secondaires ou tertiaires de nos régions.

C'est pourquoi on attribue l'*aspect actuel* de nos roches primaires à des *transformations* subies après leur dépôt, sous l'influence de la *compression* due aux plissements, ou des *fumerolles volcaniques* dues aux éruptions primaires.

De telles transformations, dont on a retrouvé aussi des traces dans les terrains secondaires ou tertiaires bouleversés par le soulèvement alpin, ont reçu le nom de **métamorphisme.**

2. Divisions des terrains primaires. — On désigne quelquefois sous le nom de *terrains primitifs* un ensemble de roches dites **cristallophylliennes** (V. page 44), parce qu'elles rappellent à la fois les roches éruptives par leur *aspect cristallin* et les roches sédimentaires par leur *aspect feuilleté*. Ces roches, dont les plus connues sont le *gneiss* et le *micaschiste*, sont **dépourvues de fossiles.**

On a cru autrefois qu'elles représentent la *croûte solide* qui s'est formée d'abord par le refroidissement du globe terrestre, primitivement à l'état de fusion dans toute sa masse. Il semble, en effet, bien probable qu'une croûte de nature comparable à ces roches a dû se former. Mais d'autre part, il est aujourd'hui bien établi que, par l'effet du **métamorphisme**, une *roche primitivement sédimentaire* a pu être amenée à un état tout à fait identique à celui du *gneiss* ou du *micaschiste*, car, **en suivant une même couche** sur une certaine distance, on peut, en certains endroits, la voir passer successivement de l'état nettement sédimentaire et fossilifère à l'état de **roche cristallophyllienne** dépourvue de fossiles.

Il semble donc bien difficile d'établir nettement la limite entre la croûte de consolidation primitive et les premiers dépôts sédimentaires. Aussi désigne-t-on maintenant généralement sous le nom d'**archéen** (du grec *archaios*, ancien) ces premières couches, qui, au moins dans les régions explorées jusqu'ici, sont **dépourvues de fossiles**. Nous en ferons donc la partie la plus ancienne des terrains primaires.

Viennent ensuite les divisions suivantes, où l'on trouve des fossiles :

Le **système Cambrien**, ainsi appelé parce qu'il est très développé dans le pays de Galles, dénommé en latin *Cambria*. Il repose directement sur l'archéen avec lequel il semble se confondre : vers le milieu de la période, on y voit apparaître ces *Crustacés* si curieux connus sous le nom de *Trilobites;*

Le **système Silurien,** qui tire son nom des *Silures,* anciens habitants de l'Angleterre. La vie continue à progresser, les *Trilobites* atteignent le maximum de leur développement; mais les *Vertébrés* n'apparaissent encore que tardivement et sous forme de *Poissons;*

Le **système Dévonien**, très développé dans le canton de Devon, en Angleterre, qui se signale par la décadence des *Trilobites* et l'abondance des *Poissons;* la végétation apparaît, mais reste rabougrie ;

Le **système Carbonifère**, caractérisé par *l'exubérance de la végétation*, dont les débris ont constitué les principaux gisements houillers d'Europe, et par *l'apparition des Insectes* et des *Amphibies;*

Le **système Permien**, bien représenté dans la province de Perm, en Russie, appelé encore *Pénéen* à cause de la pauvreté de sa faune marine ; cette période est marquée par *l'extinction complète et définitive des Trilobites* et par le développement des *Amphibiens.*

On peut définir en quelques mots les grands traits paléontologiques de ces cinq dernières périodes : dans la *période Cambrienne*, la vie se manifeste pour la première fois, du moins d'après nos connaissances actuelles ; la *période Silurienne* est le règne des Trilobites ; la *période Dévonienne*, le règne des Poissons ; la *période Carbonifère*, le règne des plantes ; la *période Permienne* voit disparaître les types primaires et apparaître les Amphibiens et les Reptiles, qui vont prédominer dans l'ère secondaire.

3. Mouvements du sol pendant les temps primaires. — L'écorce terrestre, encore peu épaisse au début des temps primaires,

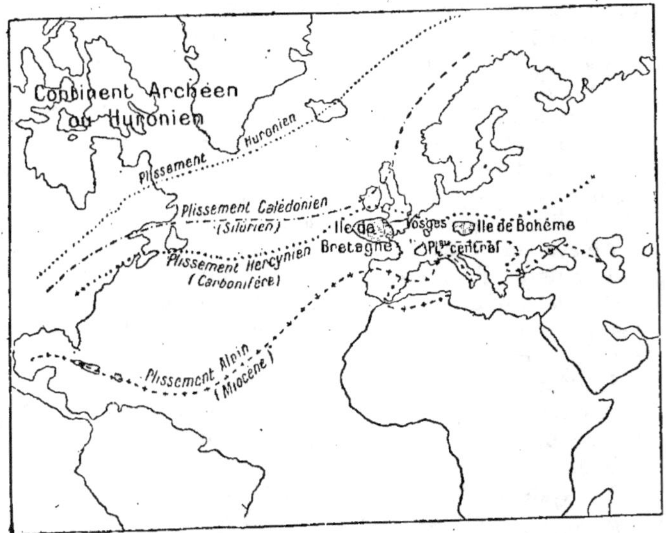

Fig. 247. — Plissements successifs de l'écorce terrestre.

n'a pas tardé à se plisser par endroits ; ces plis (*fig.* 247) ont ébauché les continents et provoqué la formation des premières chaînes de montagnes.

Le premier *plissement* date des temps archéens et est connu sous le nom de *plissement huronien*, car il a provoqué la formation d'un continent arctique, appelé *continent huronien*, nom tiré du *lac Huron* de l'Amérique du Nord. Ce continent occupait toutes les régions voisines du pôle Nord, c'est-à-dire les parties les plus septentrionales de l'Europe, de l'Asie et de l'Amérique. Plus au sud, s'étendaient les mers primaires, avec quelques îlots épars, comme le Plateau Central, la Bretagne, les Vosges et la Bohême.

Le plissement suivant, connu sous le nom de *plissement calédonien*, se produisit pendant le *Silurien*, sur le bord méridional du continent huronien; il provoqua la formation d'une chaîne de montagnes dite *calédonienne*, parce qu'elle occupe l'emplacement de l'Ecosse, dénommée anciennement Calédonie. Cette chaîne s'étend jusqu'en Scandinavie et marque le progrès des continents vers le sud.

Le *plissement hercynien* date de l'époque carbonifère ; il se produisit au sud du précédent, formant la *chaîne hercynienne*, du nom de l'ancienne Germanie, laquelle chaîne traverse la Bretagne, le Plateau Central, les Vosges et se dirige, par l'Europe centrale, vers la Sibérie. La mer est complètement rejetée vers le sud et vers l'est, de sorte que toute l'Europe occidentale est hors de l'eau. Entre les chaînes calédonienne et hercynienne existe cependant une grande dépression, passant par le nord de la France et de la Belgique, où s'accumulent avec les alluvions les débris de la végétation carbonifère ; c'est cette dépression qui jalonne les dépôts houillers du nord.

Tous ces *plissements montagneux* ont été d'autant plus *rongés par l'action des eaux* qu'ils sont plus anciens. Aussi les régions correspondantes sont aujourd'hui réduites *en quelque sorte à l'état de plaines* par la disparition de toute la partie supérieure des plis; mais on voit encore en certains endroits la partie inférieure de ces mêmes plis, qui reste comme un témoin de l'ancien bouleversement du sol. On a donné le nom de **pénéplaines** (du latin *pene*, presque) à ces régions dont nous avons comme exemple, en France, les *Ardennes*, la *Bretagne* et même le *Massif central*, si l'on fait abstraction des massifs volcaniques qui s'y sont développés plus tard aux temps tertiaires et quaternaires.

On voit donc que les *continents de l'hémisphère boréal se sont accrus sensiblement pendant l'ère primaire.*

L'histoire géologique de l'hémisphère austral est moins bien connue. Mais certains faits relatifs à la faune et à la flore font penser qu'il y eut d'abord un *continent austral unique s'étendant de l'Amérique du Sud à l'Australie*. Ce continent austral se serait ensuite morcelé par des effondrements qui auraient donné naissance, d'abord à l'Océan Indien pendant les temps secondaires, puis à l'Atlantique sud pendant les temps tertiaires.

4. Éruptions primaires. — Les volcans primaires ont laissé de nombreuses traces dans le *Massif central*, en *Bretagne* et dans les *Vosges*.

Chacun des plissements primaires a dû, comme le plissement alpin, être suivi de *déchirures* et d'*effondrements* qui ont permis l'*établissement de nombreux volcans*. Mais ici, bien plus encore que pour les volcans tertiaires, l'*érosion* superficielle par les eaux a *fait disparaître les cônes* et même les coulées de laves, et nous ne voyons plus guère que les roches éruptives solidifiées dans les profondeurs du sol des régions occupées par ces volcans.

C'est ainsi que beaucoup de **roches granitoïdes** (*granite*, *syénite*, etc.) correspondraient aux volcans dont la formation a suivi le **plissement huronien**, beaucoup de **granulites** aux volcans dus au **plissement calédonien** et beaucoup de **porphyres** à ceux qui suivirent le **plissement hercynien**.

Ce sont les *fumerolles* dues à ces éruptions qui auraient causé le *métamorphisme* des roches primaires de nos régions.

5. Distribution des terrains et des mers primaires en France. — Nous avons déjà dit qu'on trouve les terrains primaires en Bretagne, dans les Ardennes et dans le Massif central, régions où on voit leurs *couches bouleversées recouvertes de couches secondaires presque horizontales*, c'est-à-dire en **stratification discordante** avec les couches primaires. On en trouve aussi dans les Alpes et dans les Pyrénées, où elles ont dû être ramenées au jour par le plissement alpin (*fig.* 248).

Il est probable que ces terrains existent en bien des endroits inaccessibles à l'observation, en dessous des dépôts secondaires et tertiaires, comme dans le bassin de Paris, par exemple, puisqu'on les trouve en différents endroits du pourtour.

L'*emplacement des mers primaires* se déduit *de la distribu-*

tion des terrains correspondants aux différentes époques de l'ère.
A la fin de la *période* archéenne, la mer couvrait presque

Fig. 248. — Répartition des terrains primaires à la surface du sol en France.

complètement la France (*fig.* 249) et l'Europe centrale, ne
laissant en dehors des eaux que quelques îlots, indiqués par
la carte ci-jointe, et dont la formation est due à des éruptions
granitiques causées par le mouvement huronien. Le **plissement
calédonien** *rejette la mer vers le sud*, mais ne modifie pas sensiblement son domaine en France.

Au contraire, le **plissement hercynien** amène l'émersion
d'une partie de la France ; la mer n'occupe qu'un grand
fossé de plusieurs kilomètres de large vers le nord et la partie périphérique du Massif Central. Le soulèvement lent de

l'Europe occidentale, conséquence du mouvement hercynien, se poursuit pendant le Carbonifère; aussi, vers la fin de cette époque, la mer n'est plus représentée que par *quelques lagunes* dans lesquelles s'amassent les débris de forêts couvrant les continents. De sorte que les dépôts houillers du nord correspondent aux dépôts formés dans le bras de mer qui s'étendait au sud de l'Angleterre, et de là gagnait la Belgique en passant par le nord de la France; ces dépôts sont constitués par les débris des forêts qui couvraient les terres qui s'élevaient au nord et au sud de ce bras de mer; aussi sont-ils très étendus et

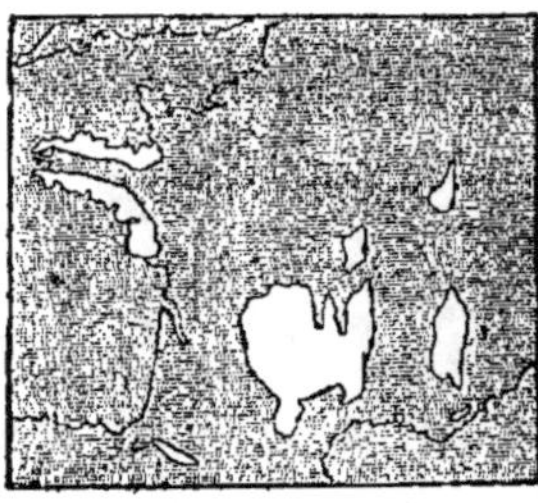

Fig. 249. — Mer au début
de l'ère primaire.

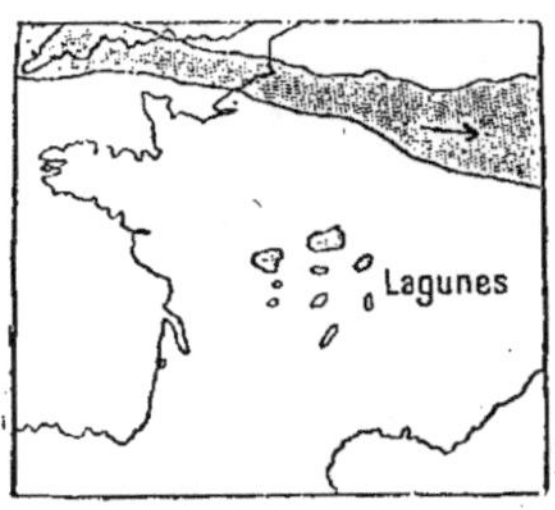

Fig. 250. — Mer
au Carbonifère.

plus anciens que les dépôts houillers du centre de la France, qui sont des dépôts lagunaires (*fig.* 250).

A la fin du Carbonifère, la mer a presque totalement abandonné la France, ne laissant que quelques lagunes vers l'est où elle dépose du sel : elle s'est retirée vers l'Europe orientale, en Russie, et a formé sur ses bords le célèbre *gîte de Stassfurt*, constitué par des sels de potassium et de sodium.

6. Les roches primaires et leurs usages. — Les terrains primaires sont peut-être les plus riches au point de vue de la variété des roches qu'ils renferment.

Les roches éruptives sont représentées par tous les types des roches *granitoïde* et *porphyroïde*. Le *granite* est surtout abondant dans le Massif central dont il forme le soubassement et en Bretagne. Certaines variétés de granite sont susceptibles de prendre un beau poli et sont employées pour les socles des monuments.

La *granulite* existe surtout à l'état de filons, s'étant moins épanchée que le granite ; elle est plus dure, plus résistante et convient à merveille pour l'empierrement des routes ou pour les constructions.

Les *porphyres* sont surtout employés comme pierres décoratives ; ils sont susceptibles de prendre un beau poli et simulent le marbre veiné.

Roches sédimentaires. — Les roches sédimentaires, profondément modifiées, sont représentées par les *grès*, les *schistes*, les *calcaires* et les *combustibles*.

Les *grès*, abondants au Silurien, sont exploités en Normandie et en Bretagne pour la construction ; ils proviennent de la désagrégation des granites par les eaux. Lorsqu'ils sont à grains fins très serrés et siliceux, ils constituent les *quartzites*, employés comme *pierres à aiguiser* ou pour l'empierrement.

Les *schistes* se trouvent dans les Ardennes, à Angers et à Travassac près de Brives, où ils sont exploités activement. Ce sont des roches de nature argileuse qui sont devenues dures et feuilletées au voisinage des roches éruptives ; lorsque ces schistes peuvent se diviser en lames minces pouvant être employées pour les couvertures, ils constituent les *ardoises*. Les ardoises de Fumay (Ardennes) sont violettes, celles d'Angers et de Travassac sont noires.

Les *schistes d'Autun* sont imprégnés de bitume et donnent par distillation l'*huile de schiste* analogue au pétrole.

Les *calcaires* déposés pendant les temps primaires ont été transformés en majeure partie en *marbres*, par suite de la chaleur dégagée par les roches éruptives du voisinage, d'après le principe de l'expérience de Hales.

Ces marbres sont blancs s'ils proviennent de calcaire pur.

Les marbres statuaires de Carrare, en Italie, sont d'une blancheur neigeuse ; ceux des Pyrénées ou *marbres campans* sont verts ; ceux de l'Aude ou *marbres griottes* sont rouges ; ceux de la Belgique présentent des parties noires et blanches et sont connus sous le nom de *petit granite*.

Les *combustibles* sont représentés par l'*anthracite* et la *houille* ; l'anthracite est plus pur que la houille, mais brûle beaucoup plus difficilement.

LECTURE

Les forêts houillères. — Si la pensée se laisse entraîner dans le lointain passé de la période carbonifère, elle contemplera des plages basses, au sol mouvant et imbibé, à peine assez élevées pour fermer aux flots de la mer l'accès des lagunes intérieures, voilées par une brume épaisse, se prolongeant à perte de vue et ceignant d'une verdure profonde une nappe dormante aux contours indécis. Ce fut là le berceau des houillères ; si l'on avait vécu sur leurs bords, on aurait vu par une sorte de roulement, non exempt de monotonie, les fougères et les calamariées, les lépidodendrées, les sigillariées et les cordaïtées se succéder ou s'associer dans des proportions très diverses. On aurait remarqué dans le port raide et nu des calamites, dans la tenue en colonne des sigillaires, dans l'inextricable lacis des fougères entremêlées, bien des sujets d'étonnement ; mais la grâce infinie des fougères arborescentes avec leur couronne de feuilles géantes, la beauté régulière des lépidodendrons, la souplesse et la légèreté des astérophyllites ; le jeu d'une lumière caressante tamisée à travers des ombrages si pleins d'opposition, auraient amené une surprise dont aucun spectacle terrestre ne saurait de nos jours donner l'idée. Pourtant un contraste, qu'il faut bien signaler, serait de nature à détourner l'esprit de son enchantement et l'admiration excitée par la vue de tant de merveilles ne serait pas exempte de tristesse.

Parmi ces tiges de calamites, de lépidodendrons, de sigillaires érigées avec tant de raideur, divisées suivant des lois presque mathématiques, dont les feuilles pointues ou coriaces se dressent de toutes parts, aucune fleur ne se montre. Les appareils reproducteurs des plantes étaient réduits aux seules parties indispensables ; privés d'éclat, ils ne se cachaient sous aucune enveloppe ou s'entouraient d'écailles insignifiantes. La Nature, devenue peu à peu opulente, s'est tissée des vêtements de noce ; pour cela elle a su assouplir les feuilles les plus voisines des organes fondamentaux : elle en a varié la forme, l'aspect et le coloris. Elle a créé la fleur, comme la civilisation a créé le luxe, en le faisant sortir peu à peu des nécessités de l'existence améliorée et embellie [1].

1. D'après DE SAPORTA.

Leçon XXXII

La faune, la flore et le climat primaires. — Conclusion.

RÉSUMÉ. — 1. La plupart des formes animales primaires ont aujourd'hui disparu. Au début, il n'y a que des *Invertébrés marins :* *Graptolites* (Polypiers), *Spirifers* et *Productus* (Brachiopodes), *Trilobites* (Crustacés) et *Céphalopodes* à quatre branchies; puis apparaissent les *Poissons*, d'abord recouverts de *plaques osseuses*, puis à *écailles osseuses* (*Ganoïdes*, comme l'Esturgeon actuel). Au Carbonifère, apparaissent les *Invertébrés terrestres*, comme les *Insectes*, et les *Vertébrés Amphibiens*, comme le *Labyrinthodonte.*

2. La *flore primaire*, d'abord très réduite jusqu'au Dévonien, prend une grande extension au Carbonifère, avec les Cryptogames vasculaires : *Calamites* (Prêles), *Lépidodendrons* et *Sigillaires* (Lycopodes), et *nombreuses Fougères*. Vers la fin seulement, on voit apparaître des Gymnospermes : *Cordaïtes* et *Walchia*, analogues aux Cycadées et aux Conifères actuelles.

3. L'*uniformité de la faune et de la flore* montre que le *climat* était, sous toutes les latitudes et à tout moment de l'année, *chaud et humide*, comme dans les régions tropicales actuelles.

4. La *houille* semble provenir de *débris végétaux* charriés par les eaux courantes dans un lac ou dans une mer, puis *enfouis dans la vase et carbonisés sous l'eau.*

5. L'étude des différentes périodes géologiques montre un *progrès continu* et une *variété de plus en plus grande* au point de vue de la faune, de la flore et des climats.

1. La faune primaire. — La faune primaire se fait remarquer par l'abondance et la variété des espèces; la plupart de ces espèces, aujourd'hui disparues, sont fort différentes de celles qui vivent actuellement; elles se répartissent principalement parmi les *Polypiers*, les *Crustacés*, les *Mollusques* et les *Poissons;* ce n'est que vers la fin que les *Insectes* et les *Amphibies* font leur apparition.

Les polypiers sont représentés par les *Graptolites* (du grec *graptos*, écrit, et *lithos*, pierre), parce qu'on a comparé les empreintes de ces animaux à des caractères d'écriture (*fig.* 251 et 252). Ces Graptolites étaient formés d'un axe portant de nombreuses petites loges renfermant chacune un polype; ils sont d'aspect varié, l'axe pouvant être droit, courbé, spiralé, etc.

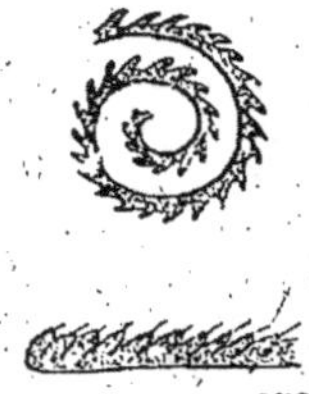

Les Brachiopodes (*fig.* 253) vivent dans une coquille à deux valves comme les Mollusques acéphales; mais ces valves, au lieu d'être placées latéralement sur

Fig. 251 et 252. Graptolites.

Fig. 253. — Spirifer en partie ouvert pour montrer l'appareil brachial.

lés côtés de l'animal, l'une à droite, l'autre à gauche, sont l'une ventrale et l'autre dorsale, de sorte que l'animal est couché dans la valve ventrale comme dans un berceau. Les Brachiopodes présentent de chaque côté de la bouche de longs bras (*fig.* 254) couverts de cils vibratiles, au moyen desquels ils créent des courants, amenant la nourriture à l'orifice buccal; ces bras ont été comparés au pied charnu qui existe chez lés Mollusques acéphales, d'où le nom de Brachiopodes (pied en forme de bras) donné à ces animaux. Ces bras ont une longueur telle qu'à l'intérieur de la coquille ils sont enroulés et soutenus par des lamelles calcaires en spirale, comme chez les *Spirifers.*

Fig. 254. — Brachiopode actuel, avec un de ses bras roulé.

Vers la fin des temps primaires, la coquille se hérisse de pointes, comme cela se voit sur le *Productus* (*fig.* 255), que l'on trouvé au Carbonifère.

Fig. 255. — Productus.

Les *Brachiopodes*, longtemps classés dans les Mollusques, sont aujourd'hui rangés dans les *Vers*, à cause de leur développement.

Les Crustacés sont représentés par les **Trilobites**, ainsi nommés parce que leur corps se divise longitudinalement en trois lobes et comprend trois segments distincts : la tête, la

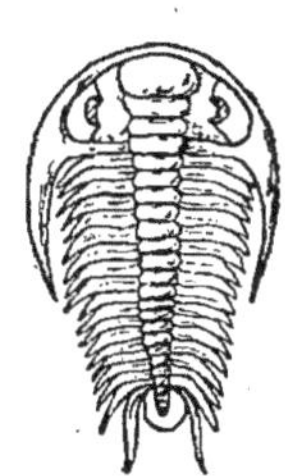

FIG. 256. — Trilobite
(*Paradoxides*).

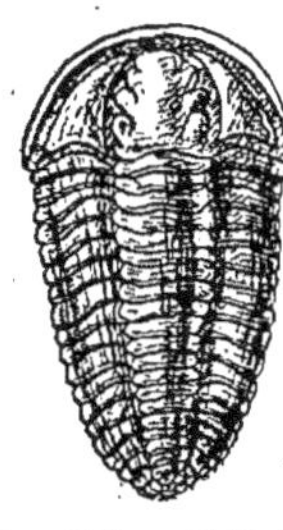

FIG. 257. — Trilobite
(*Calymène*).

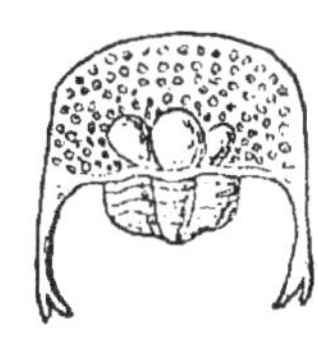

FIG. 258. — Trilobite
(*Trinucleus*).

thorax et l'abdomen. La tête, qui a la forme d'un large bou-clier demi-circulaire, est le plus souvent munie d'yeux à facettes, comme ceux des Insectes. Le thorax est composé d'anneaux mobiles, qui permettaient à l'animal de se rouler en boule à la façon du Cloporte. L'abdomen est également formé d'anneaux plus ou moins soudés. Les Trilobites les plus

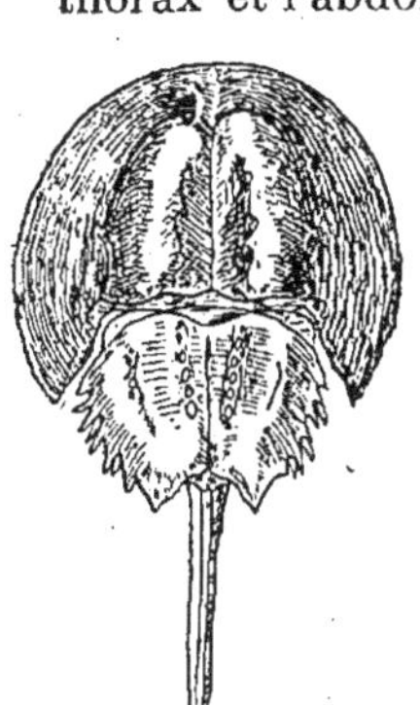

FIG. 259. — Limule
actuelle.

caractéristiques sont les *Paradoxides* (*fig.* 256), le *Calymène* (*fig.* 257) et le *Trinucleus* (*fig.* 258).

Vers la fin des temps primaires, ces Crustacés primitifs, relativement petits, ont été remplacés par des Crustacés beaucoup plus grands qui rappellent la *Limule* actuelle (*fig.* 259); le plus

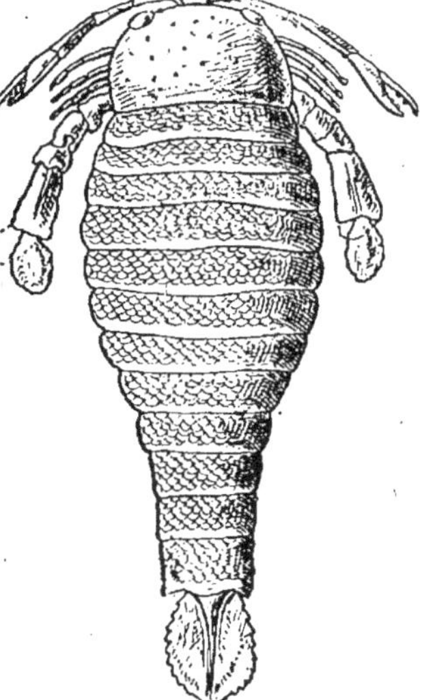

FIG. 260. — Pterygotus.

connu de ces grands Crustacés est le *Pterygotus* (*fig.* 260) qu'on trouve dans les grès d'Ecosse.

Les Mollusques sont représentés dans les terrains primaires par les *Céphalopodes* à quatre branchies (V. page 335).

A côté des Nautiles à coquille enroulée, on trouve des Céphalopodes de même nature, chez lesquels la coquille est plus ou moins déroulée, et parfois, comme chez les *Orthocères*, complètement droite.

Fᵢᴳ. 261. — Squelette d'un Poisson cuirassé.

Les Vertébrés n'apparaissent qu'avec le Silurien sous forme de *Poissons ganoïdes;* ces Poissons, dont l'ossification est incomplète, étaient protégés par de grandes plaques dures formant autour du corps une véritable cuirasse ; on donne à ces Poissons primitifs le nom de **Placodermes** (*fig.* 261). Peu à peu ces plaques font place à des écailles osseuses couvertes d'un émail brillant, et on arrive aux véritables Poissons ganoïdes (*Ganoïde* vient du mot grec *ganos*, qui signifie *éclat*) dont l'*Esturgeon* actuel représente une des espèces aujourd'hui peu nombreuses.

Fᵢᴳ. 262. — Poisson fossile hétérocerque.

Tous les Poissons primaires étaient *hétérocerques* (*fig.* 262), c'est-à-dire avec nageoire caudale ayant le lobe supérieur plus développé que le lobe inférieur.

Les *Poissons osseux*, qui dominent de nos jours, n'avaient aucun représentant.

La faune terrestre n'apparaît qu'au Carbonifère et est représentée par des *Insectes* et des *Batraciens*.

Essentiellement liés au monde des plantes, les Insectes

envahissent les forêts de l'époque houillère; ils sont représentés par de nombreux
Coléoptères voisins des
Scarabées et surtout par
des *Orthoptères*, *Blattes*
ou *Libellules*. Un de ces
Orthoptères vulgaire-
ment nommés *Spectres*,
en raison de leurs habi-
tudes nocturnes, le *Pro-
tophasma* (*fig.* 263), découvert dans le terrain
houiller de Commentry,
donne une idée de la
belle conservation de ces
Insectes carbonifères.

Remarquons que les
Insectes qui vivent sur
les fleurs, Papillons et
Abeilles, ne pouvaient exister, puisque la flore de l'époque ne

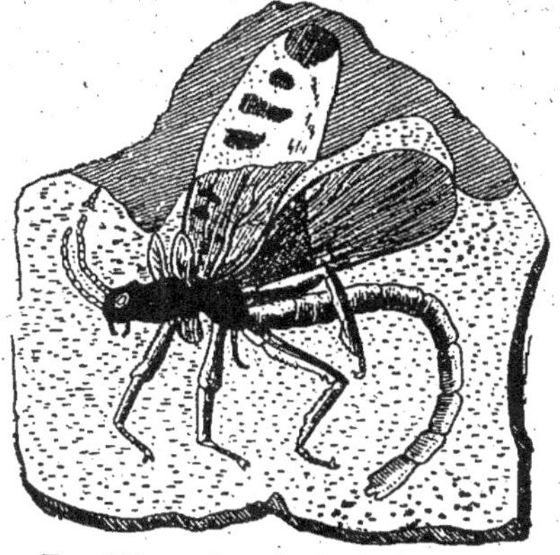

Fig. 263. — Insecte du Carbonifère
(*Protophasma*).

comprenait aucune plante
phanérogame.

Les Batraciens étaient
représen-
tés par
d'énormes
Crapauds,

Fig. 264. — Labyrinthodonte reconstitué.

recouverts de plaques osseuses, à dents à structure compliquée, d'où le nom de *Labyrintho-
dontes* qu'on leur a donné. Ces animaux (*fig.* 264)
sont connus non seulement par leurs restes,
mais encore par les traces de pas qu'ils ont
laissées sur les plages de l'époque.

A côté d'eux vivaient des *Tritons* (*Protriton*),
qui représentent vraisemblablement les larves
ou têtards d'Amphibiens plus volumineux, tels
que l'*Actinodon* (*fig.* 265), trouvé dans les
schistes d'Autun.

Fig. 265.—Sque-
lette d'*Actino-
don*.

2. La flore primaire. — Les plantes ont fait leur apparition au Dévonien, mais elles ne se sont réellement développées qu'avec le Carbonifère.

A en juger par les dimensions des plantes que l'on a pu reconstituer, la végétation dut prendre alors une exubérance extraordinaire. Cependant la flore carbonifère est peu variée; elle ne comprend que des *Cryptogames vasculaires* et des *Gymnospermes*, c'est-à-dire des plantes à feuilles persistantes.

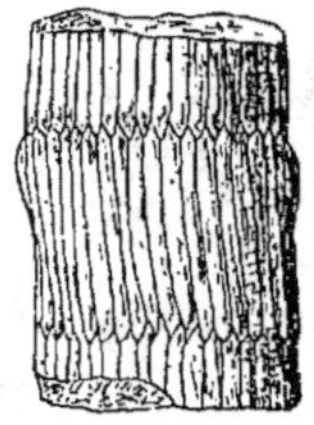

Les Cryptogames vasculaires actuelles, *Prêles*, *Lycopodes* et *Fougères*, ne peuvent donner une idée de ces mêmes plantes à l'époque carbonifère; celles-ci formaient de grands arbres, de 25 à 30 mètres de hauteur, lesquels, groupés au voisinage des marais, constituaient de véritables forêts.

Fig. 266. — Portion d'un tronc de *Calamite*.

Les **Prêles**, types des Equisétinées, étaient représentées par les *Calamites* (*fig*. 266), à tronc cannelé et à feuilles verticillées; ces Calamites, nombreuses dans les forêts houillères, dépourvues de rameaux, s'élançaient à la manière de colonnes, jusqu'à 20 mètres de haut.

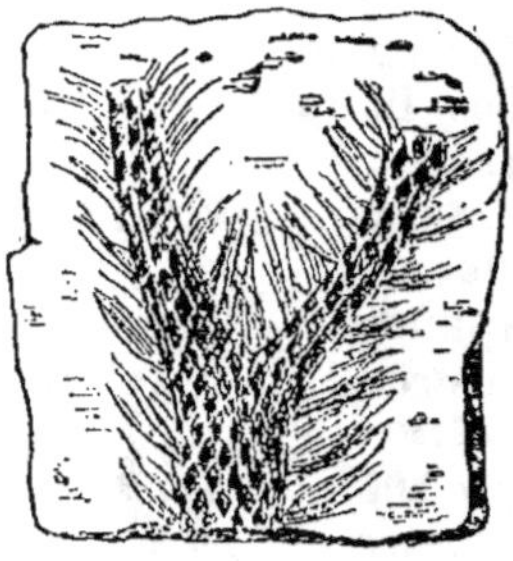

A côté de ces formes géantes, d'autres plantes voisines, comme les *Asterophyllites* et les *Annularia*, vivaient dans les marais, étalant à la surface des eaux leurs feuilles verticillées.

Fig. 267. — Lepidodendron.

Fig. 268. — Sigillaire.

Les **Lycopodes** de l'époque se nomment *Lepidodendrons* et *Sigillaires*. Les *Lepidodendrons* (*fig*. 267) (du grec *lepis*, écaille, et *dendron*, arbre) constituaient de grands arbres de 20 à 30 mètres de hauteur, à ramifications bifurquées; les dernières ramifications seules portaient des feuilles. La surface du tronc était recouverte de cicatrices de formes losangiques, disposées en spirale, qui ne sont autres que des cicatrices foliaires.

Les *Sigillaires* (du latin *sigillum*, sceau) doivent leur nom aux cicatrices carrées en forme de sceau (*fig.* 268), disposées régulièrement sur la tige et représentant les points d'insertion des feuilles tombées. Ces arbres, de 20 mètres de haut, se terminaient par un long panache de feuilles linéaires dressées.

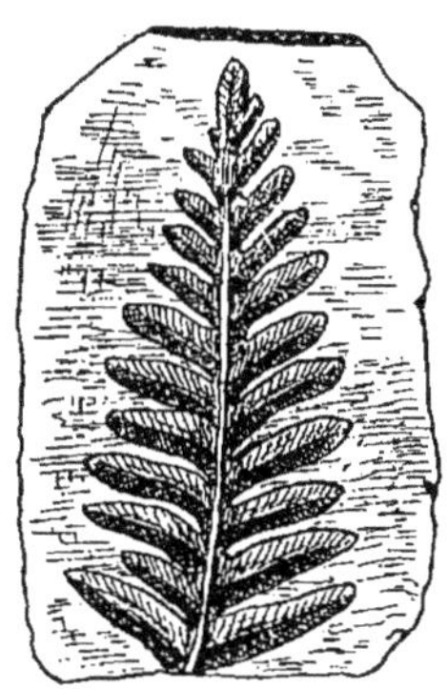

FIG. 269. — Pecopteris.

FIG. 270. — Fougère du genre *Sphenopteris*.

Les **Fougères**, nombreuses et variées, constituaient des arbres élevés, portant à leur sommet un feuillage épais formé par de grandes frondes. Les empreintes de leurs feuilles sont admirablement conservées et permettent d'en distinguer trois espèces dominantes : les *Pecopteris* (*fig.* 269), dont les folioles ou pinnules, en forme de langue, s'insèrent par toute leur largeur sur le pétiole ; 2° les *Sphenopteris* (*fig.* 270), moins élevées, couvertes de pinnules découpées en forme de trèfle ; 3° les *Nevropteris* (*fig.* 271), dont les pinnules ressemblent à des ailes de Névroptères, attachées au pétiole par un lourd pédoncule.

Les *Gymnospermes*, qui comprennent aujourd'hui les *Cycadées* et les *Conifères*, étaient représentés au Carbonifère par les *Cordaïtes* et les *Walchia*.

FIG. 271. — Fougère du genre *Nevropteris*.

Les *Cordaïtes* formaient de grands arbres de 40 mètres de

haut, ramifiés seulement au sommet et couverts de feuilles énormes atteignant jusqu'à 1 mètre de long ; ces feuilles, ses-siles et coriaces ressem-blaient à celles des Cyca-dées actuelles.

Les *Conifères* avaient pour représentant les *Wal-chia* (*fig.* 272), voisins des *Araucaria* actuels ; elles étaient rares dans les forêts houillères, composées sur-tout de *Cryptogames* ; elles ont pris une grande ex-tension pendant les temps secondaires.

3. Climat des temps pri-maires. — De l'étude de la flore nous pouvons déduire les conditions climatériques de l'époque carbonifère. Tout d'abord, de l'exubérance de la végétation nous pouvons con-clure à un *climat chaud et humide* ; la température de nos contrées devait être égale, sinon supérieure à celle des pays tropicaux, seules régions où l'on trouve encore des Cycadées et des Fougères arborescentes. De plus, les mêmes plantes se trouvant partout où l'on a pu explorer les couches houil-lères, il en résulte que cette forte *température* était *uniforme* et devait s'étendre à toute la terre : un **climat uniforme, chaud et humide** s'étendait donc d'un pôle à l'autre.

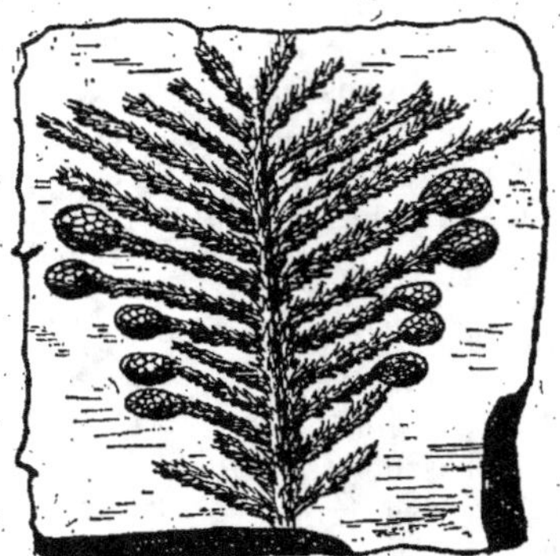

Fig. 272. — Walchia.

Ce *climat* était également *constant ;* tout indique l'*absence des saisons*, aussi bien la non-existence des plantes à fleurs et à feuilles caduques que l'absence de zones d'accroissement dans les tiges des Gymnospermes carbonifères, zones qui marquent le retour périodique des saisons.

L'existence de polypiers constructeurs de récifs jusque vers 70° de latitude septentrionale vient confirmer les déductions tirées de la flore.

4. Origine et formation de la houille. — La houille et l'an-thracite sont, à n'en pas douter, d'*origine végétale*. Leur *com-position* se rapproche de celle du bois ; on y trouve jusqu'à

83 0/0 de carbone ; leur *structure* montre nettement les cellules et les vaisseaux caractéristiques des racines et des tiges ; on peut même arriver à déceler au microscope la partie du végétal, écorce ou cylindre central, qui entre dans la constitution de certains morceaux de houille.

Mais comment la houille a-t-elle pu se former aux dépens des **débris végétaux** ? Le bois est composé, on le sait, de carbone, d'oxygène et d'hydrogène ; exposé à l'air libre, il se réduit au bout d'un certain temps en poussière, puis ses éléments disparaissent sous forme de vapeur d'eau ou de gaz carbonique. Au contraire, si le *bois est placé sous l'eau*, la quantité d'oxygène qu'il renferme étant trop faible pour oxyder le carbone et l'hydrogène, le bois, après des centaines d'années, *se carbonise* et s'imprègne de carbures d'hydrogène. Lorsque ces carbures sont en faible quantité, la houille est dure et constitue l'anthracite ; on s'explique ainsi, par la qualité des végétaux enfouis, l'origine des houilles grasses et maigres. Cette carbonisation du bois s'observe de nos jours dans le delta du Mississipi où de nombreux troncs d'arbres sont enfouis sous les eaux.

Il reste à se demander si la houille s'est formée sur l'emplacement des **anciennes forêts**, comme on l'a soutenu autrefois, parce qu'on avait trouvé dans quelques mines des troncs carbonisés dans la position verticale. Evidemment non, car les débris donnés par ces forêts auraient été en trop faible quantité pour produire les nombreuses couches de houille du terrain carbonifère, et, d'autre part, il aurait fallu admettre une série d'oscillations du sol ramenant, à intervalles de temps réguliers, les eaux marines sur l'emplacement de ces forêts, pour couvrir les débris végétaux ; or cette hypothèse est inconciliable avec le soulèvement lent qui caractérise l'époque houillère, rejetant la mer vers la Russie.

La houille provient donc d'alluvions végétales entraînées dans un lac ou dans une mer par des eaux torrentielles.

Tandis que les sables ou les graviers se déposaient d'abord, l'argile tombait plus lentement, et enfin les matières végétales après avoir flotté un certain temps, finissaient par couvrir l'argile. On doit donc trouver successivement, dans les lits de houille, des **grès**, des **argiles schisteuses** et du **charbon** : c'est ce que l'observation vérifie ; les couches de houille reposent toujours sur des schistes argileux, jamais sur des grès.

Ajoutons cependant que, si la plupart des couches de houille ont été formées par flottage, il n'est pas impossible que quelques-unes d'entre elles résultent de l'enfouissement d'une forêt. Ainsi s'expliquent les cas où l'on a cru reconnaître avec certitude la présence de racines en place dans les argiles servant de soubassement à la houille.

Les bassins houillers sont surtout nombreux en Belgique, en Angleterre et dans le nord de la France, c'est-à-dire sur le pourtour du bras de mer qui séparait la chaîne calédonienne de la chaîne hercynienne ; les couches sont nombreuses, étendues et relativement peu épaisses ; dans certains bassins, on en trouve jusqu'à 160, occupant une épaisseur totale de 2.500 mètres ; les couches les plus minces correspondent à des crues de faible importance ; les plus épaisses, au contraire, à des crues considérables et de longue durée.

Les bassins houillers du Plateau Central proviennent de dépôts lacustres ; ils renferment un moins grand nombre de couches, mais par contre celles-ci sont relativement épaisses.

5. Conclusion. — Jetons maintenant un coup d'œil d'ensemble sur l'histoire des temps géologiques que nous venons de parcourir. Nous avons vu les continents de l'hémisphère nord s'accroître progressivement par la formation de quatre plissements montagneux successifs, dont trois pendant les temps primaires et un pendant les temps tertiaires.

L'étude de la faune nous a montré que les premiers représentants du monde animal furent d'abord des Invertébrés marins, puis des Vertébrés inférieurs, aquatiques d'abord, puis amphibies vers la fin des temps primaires. Les temps secondaires voient ensuite prédominer les Reptiles, dont la respiration est aérienne, et apparaître les deux classes supérieures de Vertébrés sous les formes encore bien imparfaites de Marsupiaux et d'Oiseaux à dents. Puis les temps tertiaires virent la prédominance des Mammifères plus parfaits, avec leur adaptation progressive aux divers genres de vie que nous trouvons encore chez les Mammifères actuels. Enfin ce n'est qu'avec les temps quaternaires qu'apparaît l'homme avec son industrie d'abord rudimentaire, puis de plus en plus perfectionnée à mesure qu'approche l'aurore des temps historiques.

La flore nous montre des faits analogues : prédominance aux temps primaires des Cryptogames ou plantes sans fleurs, puis apparition successive des Gymnospermes et enfin des Angiospermes, formes les plus élevées des plantes à fleurs.

La faune et la flore nous montrent enfin que la répartition des zones climatériques a aussi varié : climat d'abord uniformément chaud et humide jusque dans les régions polaires, puis formation lente des zones actuelles par la localisation des régions chaudes au voisinage de l'équateur.

Tous ces faits concordent à montrer dans l'histoire géologique de la Terre une **évolution graduelle**, ordonnée dans le sens d'un **progrès continu** et d'une **variété de plus en plus grande**, tant au point de vue des climats qu'à celui des formes vivantes, animales et végétales.

LECTURE

Coup d'œil d'ensemble sur l'histoire de la Terre. — L'étude de l'Histoire de la Terre fait assister au spectacle le plus merveilleux que l'on puisse imaginer. Une poussière qui emplit l'espace, impondérable et immatérielle se condense, donne une nébuleuse d'où se détachent d'autres nébuleuses. Un de ces fragments est l'embryon de notre Terre ; il se refroidit, se condense, prend une forme sphérique, se fige et se recouvre d'une mince pellicule pâteuse, qui se solidifie. Les eaux se précipitent en pluies bouillantes, produisent des vagues énormes sous l'influence des marées colossales dans un océan sans rivage et sans vie. Mais la vie éclôt peu à peu ; longtemps elle reste mystérieuse et cachée dans les eaux tièdes ; plus tard encore elle s'anime avec les Trilobites et les Poissons cuirassés ; puis, la surface des océans est sillonnée de bêtes singulières à la poursuite des proies vivantes, tandis que d'énormes Reptiles s'allongent paresseusement dans les marécages ou se traînent sur le sol, que d'autres montent aux arbres, essaient leurs ailes, animaux étranges pourvus d'un bec armé de dents, d'ailes munies de griffes, d'une queue de lézard recouverte de plumes. Pas d'Europe, pas d'Asie, pas d'Afrique, pas d'Amérique. Sur des continents aujourd'hui disparus s'élèvent des forêts géantes où aucune fleur n'existe et où aucun Oiseau ne vient chanter. Peu à peu, un nouveau tableau s'organise, les continents actuels se dessinent, les Mammifères apparaissent, chétifs d'abord, gigantesques ensuite, et parmi lesquels existent les ancêtres de ceux qui nous sont familiers. Les Papillons ne tardent pas à voltiger de fleur en fleur, les arbres de nos forêts apparaissent, c'est le monde actuel qui se prépare.

De ce magnifique spectacle, de grandioses conclusions se dégagent : 1° l'histoire de la Terre a exigé pour se dérouler jusqu'à nous une durée immense, qu'il nous est difficile d'évaluer par des chiffres et qui atteint sans doute plusieurs millions de siècles ; 2° l'histoire de la Terre a été continue, lente et calme et non cataclysmale, comme on l'avait cru tout d'abord. Les déplacements de la mer, les soulèvements des continents, l'apparition des chaînes de montagnes, les effondrements, les transformations de la faune et de la flore ont été des phénomènes tellement lents que, s'il y avait eu, à cette époque, une personne à la surface du Globe, elle ne se serait pas plus aperçue de leur production que nous ne nous rendons compte aujourd'hui des changements de même ordre qui s'y effectuent ; 3° la Terre a subi une véritable évolution, le monde physique et le monde vivant ont évolué et cette évolution a obéi à une loi de progrès. Les groupes d'êtres vivants ont apparu dans l'ordre inverse de la supériorité hiérarchique : les Invertébrés avant les Vertébrés, et parmi ceux-ci les Poissons avant les Mammifères et les Mammifères avant l'Homme. De même, dans le monde végétal, les Cryptogames ont apparu avant les Phanérogames et, parmi celles-ci, les Gymnospermes avant les Angiospermes. « La loi du progrès gouverne le monde, car à une nature merveilleuse a succédé une nature plus merveilleuse encore. »

L'histoire de la Terre n'est pas terminée. Nos animaux, nos plantes et nous-mêmes, tout cela n'est qu'un anneau dans cette longue chaîne de la vie. Nous ignorons les stades ultérieurs de notre planète, mais nous pouvons nous en faire une idée en examinant les mondes qui gravitent dans l'infini. Vénus, qui est plus jeune que la Terre, possède des mers plus développées, mais Mars, qui est plus âgée, possède des mers réduites et une atmosphère mince. La Terre semble tendre vers un stade représenté par la Lune, globe sans atmosphère et sans eau et qui roule dans l'espace glacé sans conscience vivante. Et quand la Terre se sera effritée, qu'elle sera retournée peut-être à l'état de poussière cosmique, elle n'aura été qu'un point dans l'infini, qu'une seconde dans l'Éternité [1].

1 D'après G. Eisenmenger.

TABLEAU SYNOPTIQUE DE L'ÈRE ET DES TERRAINS PRIMAIRES

Caractères généraux de l'ère et des terrains primaires

- Terrains constitués par des roches stratifiées, à structure souvent cristalline, leur épaisseur est de 15.000 mètres.
- Ère caractérisée par l'apparition de la vie sur la terre.
- Faune d'abord marine, puis terrestre.
- Flore : Cryptogames et Gymnospermes.

Division des terrains primaires en cinq systèmes

- Cambrien : apparition des Trilobites.
- Silurien : règne des Trilobites
- Dévonien : — des Poissons.
- Carbonifère : règne des plantes.
- Permien : disparition des types primaires.

Faune

Faune marine

- Polypiers : Graptolites.
- Brachiopodes : Spirifers, Productus.
- Crustacés : Trilobites { Paradoxides. Calymène. Trinucleus.
- Mollusques Céphalopodes : Nautiles Orthocère.
- Poissons : Placodermes et Ganoïdes hétérocerques.

Faune terrestre

- Insectes : Coléoptères, Orthoptères.
- Batraciens : Labyrinthodonte, Protriton, Actinodon.

Flore

Cryptogames vasculaires

- Equisétinées : *Calamites* ou Prêles géantes.
- Lycopodinées : *Lépidodendron* et *Sigillaires*.
- Filicinées ou Fougères : Pecopteris, Nevropteris, Sphenopteris.

Gymnospermes

- Cycadées : Cordaïtes.
- Conifères : Wulchia.

Climat

- chaud et humide.
- constant (absence de saison).
- uniforme pour tout le globe.

Mouvements du sol

Plissements

- huronien, à l'époque archéenne.
- calédonien, — silurienne.
- hercynien, — carbonifère.

Éruptions

- granitiques avec le plissement huronien.
- granulitiques — calédonien.
- porphyriques — hercynien.

Distribution des terrains primaires

- *Cambrien :* Bretagne, Ardennes, Massif Central.
- *Silurien et Dévonien :* id.
- *Carbonifère* { Mines de houille du Nord (Formation marine), — Centre { — lacustre).
- *Permien :* Morvan.

Roches caractéristiques

Roches éruptives

- Granitoïdes { Granite. Granulite. Pegmatite.
- Porphyroïdes : porphyre.

Roches sédimentaires

- Grès et quartzites.
- Schistes ardoisiers.
- Calcaires et marbres.
- Combustibles : anthracite et houille.

TABLE DES MATIÈRES

Ruissellement.

ACTION DE LA MER

ACTION DE L'EAU A L'ÉTAT SOLIDE

ACTION DES ETRES VIVANTS

TROISIÈME PARTIE

PHÉNOMÈNES DÉPENDANT DE LA CHALEUR PROPRE DU GLOBE

QUATRIÈME PARTIE

PHÉNOMÈNES ANCIENS